中等职业教育基础化学类课程规划教材

"十四五"职业教育国家规划教材

有机化学

第三版

贺红举　主编
张伟松　贺攀科　副主编

化学工业出版社
·北京·

内 容 简 介

《有机化学》第三版全面贯彻党的教育方针,落实立德树人根本任务,在教材中有机融入党的二十大精神。

本书在保留原版教材的特色基础上,为适应当前职业教育对学生的要求和大多数职业院校面临的现状,对原教材中的部分内容进行了修改和完善,以二维码的形式融入数字资源,对教材中属于拓宽知识的内容用＊号标出,介绍了中国化学会最新发布的《有机化合物命名原则》(2017),同时为方便教学,书后增加了习题答案,大大方便了使用者的学习。

全书分为十章,包括绪论,饱和烃,不饱和烃,脂环烃,芳香烃,卤代烃,醇、酚和醚,醛和酮,羧酸及其衍生物,含氮有机化合物,其他类有机化合物简介。

本书可作为中等职业学校、高等技师学校分析检验类、加工制造类、医药卫生类专业的有机化学课程教材,也可作为其他专业学生的公共基础选修课教材,对提升学生化学学科核心素养、促进学生职业生涯发展和适应现代社会生活起到重要作用。

图书在版编目（CIP）数据

有机化学/贺红举主编. —3 版.—北京：化学工业出版社,2021.7（2024.8重印）
ISBN 978-7-122-39045-5

Ⅰ.①有… Ⅱ.①贺… Ⅲ.①有机化学-中等专业学校-教材 Ⅳ.①O62

中国版本图书馆 CIP 数据核字（2021）第 079570 号

责任编辑：刘心怡
责任校对：王　静　　　　　　　　　　装帧设计：关　飞

出版发行：化学工业出版社（北京市东城区青年湖南街13号　邮政编码100011）
印　　刷：北京云浩印刷有限责任公司
装　　订：三河市振勇印装有限公司
787mm×1092mm　1/16　印张19½　字数324千字　2024年8月北京第3版第6次印刷

购书咨询：010-64518888　　　　　　　　售后服务：010-64518899
网　　址：http://www.cip.com.cn
凡购买本书,如有缺损质量问题,本社销售中心负责调换。

定　价：46.00元　　　　　　　　　　　　　　　　　版权所有　违者必究

前言

《有机化学》第一版自2006年出版以来,受到了相关职业学校的关注和好评。遵照教育部对教材编写工作的相关要求,本教材在编写、修订及进一步完善过程中,注重融入课程思政,体现党的二十大精神,以潜移默化、润物无声的方式适当渗透德育,适时跟进时政,让学生及时了解最新前沿信息,力图更好地达到新时代教材与时俱进、科学育人之效果。

修订后的教材分为十章,主要介绍:饱和烃——烷烃,不饱和烃——烯烃、二烯烃和炔烃,脂环烃,芳香烃,卤代烃,醇、酚和醚,醛和酮,羧酸及其衍生物,含氮有机化合物,其他类有机化合物简介。

本版教材在保留原版教材的特色基础上,为适应当前职业教育对学生的要求及大多数职业院校面临的现状,本着"实用为主,够用为度,应用为本"的原则,按照最新化学课程标准进行修订。笔者对上一版教材中的部分教学内容和阅读资料进行了修改和完善;以二维码形式融入了数字资源,丰富了教材的内涵,使有机物分子的结构由抽象变得具体而形象,可大大提高使用者的学习兴趣;介绍了中国化学会最新发布的《有机化合物命名原则》(2017),体现了科学性与先进性;个别在教材内容的基础上有拓宽知识的内容以 * 号标出,可以选学;同时为方便教学,将大部分习题的答案附于教材后面。

本次修订,由贺红举负责绪论、第一章、第二章内容的修订工作,贺攀科负责第三章、第四章内容的修订工作,张伟松负责第五章至第七章的修订工作,刘阳负责第八章至第十章的修订工作。全书由贺红举整理并统稿。

在此,对参加前两版教材审稿及帮助指导工作的老师及其所在的重庆市化医高级技工学校、云南省化工高级技工学校、上海信息技术学校、河南化工技师学院、新疆职业技师培训学院、四川省化工技工学校、合肥市化工职业技术学校、山东化工高级技工学校、陕西工业技术学院、山西省工贸学校、广西石化高级技工学校、江苏盐城技师学院表示由衷的感谢。

本次修订得到了化学工业出版社的大力支持和协助,在此一并表示感谢。

由于笔者水平有限,在修订过程中难免出现疏漏和欠妥之处,敬请专家、读者和同行们批评指正。

编　者

第一版前言

《有机化学》教材是根据劳动和社会保障部颁布的《化学检验专业高级技工教学计划》，由全国化工高级技工教育教学指导委员会化学检验组组织编写的全国化工高级技工教材，该教材可作为各类高级技能人才培养参考书，也可作为全国化工企业工人培训教材使用。

该教材分为十章，主要介绍：饱和烃——烷烃；不饱和烃——烯烃、二烯烃和炔烃；脂环烃；芳香烃；卤代烃；醇、酚和醚；醛和酮；羧酸及其衍生物；含氮有机化合物；其他类有机化合物简介等内容。随着社会的进步和科学技术的飞速发展，有机化合物和有机化学已越来越广泛地应用到国民经济的各个领域，渗透到人们的衣、食、住、行之中，因此学好有机化学，不仅是专业的需要，更是生产和生活的需要。

本教材是在面向21世纪职业教育改革进程中诞生的，又是化学检验专业引进和开发的"模块式技能培训"教学模式的专业配套教材。根据大纲要求和专业特点，编者在编写本教材的过程中力求做到科学性和前瞻性，又能适合学生的知识和能力水平，同时，着重注意把握以下几点。

1. 改变以往的教材模式，突出学生的主体地位，将素质教育渗透到各个环节当中。如设立了学习目标、搜集整理等板块。学生实验也摒弃了原来教材中全盘给出，学生只是照单抓药，照葫芦画瓢的做法，而是给学生以充分的思考、想象、动手的空间，让学生在做中学，在学中做，不断提高自身素质。

2. 培养学生合作学习的意识。学会合作是和谐社会对每个公民的要求，也是每个人生存和发展所必需的基本素质之一。因此，本教材特别注重培养学生的合作学习意识。如：大家一起来，归纳与总结（让学生在教师的指导下，依据学习目标，分组商讨每章的各知识点），让学生在合作学习中扬长补短，共同提高。

3. 讲与练结合，理论与实践结合。教材每章中间穿插有思考与练习，每章后有本章自测题，很多章后有本章相关的学生实验，使讲与练、理论与实践有机地结合起来，不仅达到复习、巩固、验证的目的，也极大地提高了学生学习有机化学的兴趣和信心。

4. 课本知识与生活紧密结合起来。教材中设有"你知道吗""科海拾贝"等板块，将本章知识与生活实际紧密结合起来，介绍了部分有机化合物在生产、生活中的重要用途。

5. 认真贯彻理论"必需"和"够用"的原则，体现技工教材"实用为主，够用为度,应用为本"的特色。

本书由贺红举主编,金跃康主审。其中贺红举编写绪论、第一、二、三章,王晓玲编写第四、五章,张怡编写第六、七章,陈勇编写第八、九、十章。全书由贺红举统稿整理。参加本教材审稿及帮助指导工作的有胡仲胜、李文原、张荣、董吉川、盛晓东、池雨芮、古丽、杨永红、巫显会、王庆杰、宁芬英、师玉荣、吴丽文、冯素琴、陈辉、吴卫东、关杰强、黎坤、王波、杨兵、陈本寿、曾祥燕等老师。

本教材在编写过程中得到中国化工教育协会、化学工业出版社、全国化工高级技工教育教学指导委员的帮助和指导,得到了重庆市化医高级技工学校、上海化工高级技工培训中心、云南省化工高级技工学校、河南化学工业高级技工学校、陕西工业技术学院、四川省化工技工学校、山西省工贸学校、合肥市化工职业技术学校、上海信息技术学校、新疆职业技师培训学院、山东化工高级技工学校、广西石化高级技工学校、江苏盐城技师学院等学校的大力支持,在此一并表示感谢。

由于编者水平有限,不足之处在所难免,敬请读者和同行们批评指正。

编 者
2005 年 9 月

第二版前言

《有机化学》第一版自 2006 年出版以来，受到了相关职业学校的关注和好评，已成为工业分析与检验专业和化工工艺专业的高级工、预备技师及其他开设有机化学课程专业学生的良师益友。

修订后的教材仍然分为十章，主要介绍：饱和烃——烷烃；不饱和烃——烯烃、二烯烃和炔烃；脂环烃；芳香烃；卤代烃；醇、酚和醚；醛和酮；羧酸及其衍生物；含氮有机化合物；其他类有机化合物简介等内容。

再版教材在保留原版教材的特色外，为适应当前职业教育对学生的要求及大多数职业院校面临的现状，本着"实用为主，够用为度，应用为本"的原则，编者对原版教材中的部分内容和习题进行了修改、删减和完善。个别在教材内容的基础上有拓宽的习题以 * 号标出，可以选作。同时为方便教学，将大部分习题的答案附于教材后面。

本次修订，由贺红举负责绪论、第一、二、三章内容的修订工作，王晓玲负责第四、五章内容的修订工作，张怡负责第六、七章内容的修订工作，陈勇负责第八章内容的修订工作，魏鑫负责第九、十章内容的修订工作并编写全部习题答案。全书由贺红举整理并统稿。

在此，对参加第一版教材审稿及帮助指导工作的胡仲胜、张荣、董吉川、李文原、盛晓东、池雨芮、古丽、杨永红、巫显会、王庆杰、宁芬英、师玉荣、吴丽文、冯素琴、陈辉、吴卫东、关杰强、黎坤、王波、杨兵、陈本寿、曾祥燕等老师及其所在的重庆市化医高级技工学校、云南省化工高级技工学校、上海信息技术学校、河南化学工业高级技工学校、新疆职业技师培训学院、四川省化工技工学校、合肥市化工职业技术学校、山东化工高级技工学校、陕西工业技术学院、山西省工贸学校、广西石化高级技工学校、江苏盐城技师学院表示由衷的感谢。

本次修订得到了化学工业出版社的大力支持和协助，在此一并表示感谢。

由于编者水平有限，在修订过程中难免出现疏漏和欠妥之处，敬请专家、读者和同行们批评指正。

编　者
2010 年 3 月

目录

绪论 ·················· 1
 一、有机化合物和有机化学的概念 ·············· 1
 二、有机化合物的特点 ········ 2
 三、有机化合物的分类 ········ 3
 四、有机化合物的来源 ········ 5
 五、有机化学及有机化学工业的发展 ·············· 6
 六、学习有机化学的重要作用 ··· 6
科海拾贝 日用洗涤剂与人类健康 ··· 8

第一章 饱和烃——烷烃 ········ 10
第一节 烷烃的结构和同分异构 ··· 11
 一、烷烃的结构 ············ 11
 二、同系物 ·············· 12
 三、烷烃的同分异构现象 ······ 13
第二节 烷烃的命名 ············ 15
 一、碳原子的类型 ··········· 15
 二、烷基 ················ 15
 三、烷烃的命名 ············ 16
科海拾贝 第二大温室气体——甲烷 ··············· 19
第三节 烷烃的物理性质 ········· 19
 一、物态 ················ 20
 二、沸点 ················ 20
 三、熔点 ················ 20
 四、溶解性 ·············· 21
 五、折射率 ·············· 21
 六、相对密度 ············ 21
第四节 烷烃的化学性质 ········· 21
 一、氧化反应 ············ 22
 二、卤代反应 ············ 22
 三、裂化反应 ············ 23
 四、异构化反应 ·········· 24
你知道吗？"××号汽油"的含义是什么？ ············ 24
第五节 烷烃的来源、制法及重要的烷烃 ················ 24
 一、烷烃的来源和制法 ······· 24
 二、重要的烷烃及其用途 ······ 25
科海拾贝 车用乙醇汽油 ········ 25
实验一 甲烷的制取及性质 ······ 26
习题 ···················· 27

第二章 不饱和烃——烯烃、二烯烃和炔烃 ············ 30
第一节 烯烃 ··············· 31
 一、烯烃的结构 ············ 31
 二、烯烃的同分异构 ········ 32
 三、烯烃的命名 ············ 33
科海拾贝 植物催熟剂——乙烯 ····· 35
 四、烯烃的物理性质 ········ 35
 五、烯烃的化学性质 ········ 36
你知道吗？如何鉴别哪些塑料袋有毒 ·············· 41

科海拾贝　由保鲜纸到不粘底锅 …… 42
　　六、烯烃的来源、制法及重要的
　　　　烯烃 …………………………… 42
科海拾贝　塑料袋大灾难 …………… 43
实验二　乙烯的制取和性质 ………… 43
第二节　二烯烃 ……………………… 44
　　一、二烯烃的分类和命名 ………… 44
　　二、共轭二烯烃的化学性质 ……… 45
　　三、共轭二烯烃的来源、制法及重
　　　　要的二烯烃 …………………… 46
科海拾贝　橡胶在生活的应用 ……… 48
第三节　炔烃 ………………………… 48
　　一、炔烃的结构 …………………… 48
　　二、炔烃的构造异构和命名 ……… 49
　　三、炔烃的物理性质 ……………… 50
　　四、炔烃的化学性质 ……………… 50
科海拾贝　"合成金属"——聚乙炔 … 53
　　五、乙炔的制法与用途 …………… 54
科海拾贝　化学家的通式——C_4H_4 … 55
实验三　乙炔的制取及性质 ………… 56
习题 …………………………………… 57

第三章　脂环烃 ……………… 60

第一节　脂环烃的分类、异构和
　　　　命名 …………………………… 61
　　一、脂环烃的分类 ………………… 61
　　二、脂环烃的异构现象 …………… 62
　　三、脂环烃的命名 ………………… 62
第二节　环烷烃的物理性质 ………… 63
　　一、物态 …………………………… 63
　　二、熔点、沸点 …………………… 63
　　三、相对密度 ……………………… 63
　　四、溶解性 ………………………… 63

科海拾贝　香精油和类固醇 ………… 64
第三节　环烷烃的化学性质 ………… 64
　　一、氧化反应 ……………………… 64
　　二、取代反应 ……………………… 65
　　三、加成反应 ……………………… 65
第四节　环烷烃的来源、制法及重要
　　　　的脂环烃 ……………………… 67
　　一、环己烷 ………………………… 67
　　二、环戊二烯 ……………………… 67
科海拾贝　嗅觉与体味 ……………… 67
习题 …………………………………… 68

第四章　芳香烃 ……………… 71

第一节　苯分子的结构 ……………… 72
科海拾贝　苯结构的发现 …………… 74
第二节　单环芳烃的同分异构和
　　　　命名 …………………………… 74
　　一、单环芳烃的同分异构 ………… 74
　　二、单环芳烃的命名 ……………… 75
第三节　单环芳烃的物理性质 ……… 76
　　一、物态和颜色 …………………… 76
　　二、沸点和熔点 …………………… 76
　　三、相对密度 ……………………… 76
　　四、溶解性 ………………………… 76
科海拾贝　居室装修中的隐形杀手 … 77
第四节　单环芳烃的化学性质 ……… 78
　　一、氧化反应 ……………………… 78
　　二、取代反应 ……………………… 79
　　三、加成反应 ……………………… 82
第五节　苯环上的取代定位规律 …… 82
　　一、一元取代苯的定位规律 ……… 82
　　二、二元取代苯的定位规律 ……… 83
　　三、定位规律的应用 ……………… 84

科海拾贝 芳香型家用防虫剂……… 85
第六节 稠环芳烃……………… 85
　一、萘………………………… 85
　二、蒽和菲…………………… 86
　三、其他稠环芳烃…………… 87
第七节 重要的单环芳烃……… 87
第八节 芳烃的来源…………… 88
　一、从煤的干馏中提取芳烃… 88
　二、从石油加工中得到芳烃… 89
科海拾贝 多环芳烃的致癌性… 90
实验四 苯和甲苯的性质……… 90
习题……………………………… 92

第五章 卤代烃……………… 94

第一节 卤烷、卤烯的命名及同分
　　　　异构…………………… 95
　一、卤烷的命名及同分异构… 95
　二、卤烯的命名及同分异构… 96
第二节 卤烷的物理性质……… 96
　一、物态和颜色……………… 96
　二、溶解性…………………… 97
　三、沸点……………………… 97
　四、相对密度………………… 97
　五、火焰颜色………………… 97
科海拾贝 氟利昂……………… 98
第三节 卤烷的化学性质……… 98
　一、取代反应………………… 99
　二、消除反应………………… 100
　三、卤代烷与金属镁的反应… 100
第四节 卤代烃的制法………… 101
第五节 卤代烯烃的分类及特殊
　　　　性质…………………… 102
第六节 重要的卤代烃………… 102

　一、三氯甲烷………………… 102
　二、四氯化碳………………… 103
　三、二氟二氯甲烷…………… 103
　四、氯乙烯…………………… 103
　五、四氟乙烯………………… 104
　六、氯苯……………………… 104
科海拾贝 多氯联苯…………… 105
习题……………………………… 106

第六章 醇、酚和醚………… 108

第一节 醇……………………… 109
　一、醇的结构和分类………… 109
　二、醇的同分异构和命名…… 110
科海拾贝 木糖醇……………… 112
　三、醇的物理性质…………… 112
　四、醇的化学性质…………… 113
科海拾贝 甘油的润肤作用…… 119
　五、醇的制法………………… 119
　六、重要的醇………………… 120
科海拾贝 啤酒的度数………… 123
第二节 酚……………………… 123
　一、酚的构造、分类和命名… 123
　二、酚的物理性质…………… 124
　三、酚的化学性质…………… 125
科海拾贝 茶多酚……………… 127
　四、酚的制法………………… 128
　五、重要的酚………………… 129
科海拾贝 二噁英……………… 130
第三节 醚……………………… 130
　一、醚的构造、分类和命名… 130
　二、醚的物理性质…………… 132
　三、醚的化学性质…………… 132
　四、醚的制法………………… 133

五、重要的醚 ………………… 134
科海拾贝　麻醉剂 ……………… 135
实验五　醇、酚、醚的性质与鉴定 … 136
习题 ……………………………… 139

第七章　醛和酮 ……………… 142

第一节　醛、酮的结构、分类和
　　　　命名 ……………………… 143
　一、醛、酮的结构 ……………… 143
　二、醛、酮的分类 ……………… 143
　三、醛、酮的同分异构 ………… 144
　四、醛、酮的命名 ……………… 145
科海拾贝　你身边的甲醛 ……… 147
第二节　醛、酮的物理性质 …… 147
　一、物态 ………………………… 147
　二、沸点 ………………………… 147
　三、溶解性 ……………………… 148
　四、相对密度 …………………… 148
科海拾贝　难以处理的甲醛 …… 149
第三节　醛、酮的化学性质 …… 149
　一、羰基的加成反应 …………… 149
　二、与氨的衍生物的加成——缩合
　　　反应 ……………………… 153
　三、α-氢原子的反应 …………… 154
　四、氧化反应及醛、酮的鉴别 … 156
　五、还原反应 …………………… 157
　六、坎尼扎罗（Cannizzaro）
　　　反应 ……………………… 159
科海拾贝　最简单的饱和酮——
　　　　　丙酮 …………………… 160
第四节　醛、酮的制法 ………… 160
　一、醇的氧化和脱氢 …………… 160
　二、烯烃的羰基化 ……………… 161

三、炔烃的水合 ………………… 162
第五节　重要的醛和酮 ………… 162
　一、甲醛 ………………………… 162
　二、乙醛 ………………………… 164
　三、丙酮 ………………………… 165
　四、环己酮 ……………………… 165
　五、乙烯酮 ……………………… 166
　六、苯甲醛 ……………………… 166
科海拾贝　很久以前的那面镜子 … 167
实验六　醛和酮的性质与鉴别 …… 168
习题 ……………………………… 171

第八章　羧酸及其衍生物 ……… 174

第一节　羧酸 …………………… 175
　一、羧酸的结构、分类和命名 … 175
　二、羧酸的物理性质 …………… 177
　三、羧酸的化学性质 …………… 178
　四、羧酸的来源和制法 ………… 181
　五、重要的羧酸 ………………… 182
科海拾贝　苯甲酸和苯甲酸钠 …… 184
科海拾贝　乙酸的生产现状及前景
　　　　　展望 …………………… 185
第二节　羧酸的衍生物 ………… 186
　一、羧酸衍生物的命名 ………… 186
　二、羧酸衍生物的物理性质 …… 188
　三、羧酸衍生物的化学性质 …… 189
　四、重要的羧酸衍生物 ………… 193
科海拾贝　己内酰胺的用途及发展
　　　　　前景 …………………… 194
*第三节　油脂 …………………… 195
　一、油脂的组成和结构 ………… 195
　二、油脂的物理性质 …………… 195
　三、油脂的化学性质 …………… 195

试试看　自制肥皂 …………………… 196
实验七　羧酸及衍生物的性质 …… 198
习题 …………………………………… 200

第九章　含氮有机化合物 ……… 203

第一节　硝基化合物 …………… 204
一、硝基化合物的分类和命名 … 204
二、硝基化合物的物理性质 …… 205
三、硝基化合物的化学性质 …… 206
四、硝基化合物的制备 ………… 209
五、重要的硝基化合物 ………… 210
科海拾贝　诺贝尔 …………………… 211

第二节　胺 ……………………… 212
一、胺的结构、分类、命名 …… 212
二、胺的物理性质 ……………… 214
三、胺的波谱性质 ……………… 215
四、胺的化学性质 ……………… 215
你知道吗？　亚硝酸盐的危害有
　　　　　　哪些？ ………………… 219
五、胺的制法 …………………… 222
六、尿素 ………………………… 223
七、重要的胺 …………………… 225
科海拾贝　霍夫曼 …………………… 227

*第三节　腈 ……………………… 228
一、腈的结构和命名 …………… 228
二、腈的物理性质 ……………… 228
三、腈的化学性质 ……………… 229
四、腈的制法 …………………… 229
五、重要的腈 …………………… 230
科海拾贝　蛋白质纤维 ……………… 231

第四节　芳香族重氮和偶氮化
　　　　合物 ……………………… 231

一、重氮和偶氮化合物的结构和
　　命名 ………………………… 231
二、芳香族重氮化合物 ………… 231
三、偶氮化合物和偶氮染料 …… 234
你知道吗？　何为"苏丹红一号" … 237
科海拾贝　偶氮染料与服装 ………… 237
实验八　乙酰苯胺的制备及其熔点的
　　　　测定 …………………… 238
习题 …………………………………… 241

第十章　其他类有机化合物
　　　　简介 ……………………… 244

第一节　杂环化合物 …………… 245
一、杂环化合物的分类和命名 … 245
二、五元杂环及其衍生物 ……… 246
三、六元杂环化合物 …………… 249

第二节　糖类 …………………… 251
一、糖类化合物的结构和分类 … 252
二、单糖 ………………………… 252
三、低聚糖 ……………………… 255
四、多糖 ………………………… 256

第三节　高分子化合物 ………… 258
一、概述 ………………………… 258
二、高分子化合物的结构和
　　特性 ………………………… 260
三、高分子化合物的合成 ……… 262
四、合成高分子材料 …………… 263
习题 …………………………………… 265

课后习题答案 ……………………… 267

参考文献 …………………………… 299

绪　论

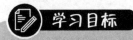 学习目标

1. 认识有机化合物的定义和结构特点。
2. 了解有机化合物的分类。
3. 了解有机化合物的来源和特性。

一、有机化合物和有机化学的概念

1. 有机化合物

有机化合物与我们的衣、食、住、行息息相关。从前人们把来源于有生命的动物和植物的物质叫做有机化合物，而把从无生命的矿物中得到的物质叫做无机化合物，认为有机化合物与生命有关，所以它们是"有机"的，故称为有机化合物，也简称为有机物。实际上有机化合物也可以以无机物为原料，在实验室中人工合成出来。如 1828 年，德国化学家武勒（Wohler）就用氰酸铵制得了尿素；我国于 1965 年在世界上第一次成功合成了具有生物活性的蛋白质——牛胰岛素。

大量的研究证明，所有的有机化合物中都含有碳元素，绝大多数有机化合物中含有氢元素，许多有机化合物除含碳、氢元素外，还含有氧、氮、硫、磷和卤素等元素。所以，现在有人把**有机化合物定义为碳氢化合物及其衍生物（碳氢化合物中的一个或几个氢原子被其他原子或原子团取代后得到的化合物）**。此外，含碳的化合物不一定都是有机化合物，如一氧化碳、二氧化碳、碳酸盐及金属氰化物等，由于它们的性质与无机化合物相似，因此习惯上仍把它们放在无机化学中讨论。

2. 有机化学

研究有机化合物的化学叫做有机化学，它主要研究有机化合物的组成、结构、性质、来源、相互之间的转化关系及其在生产、生活中的应用。

二、有机化合物的特点

1. 结构特点

(1) 碳原子是四价的 碳原子最外层有四个价电子,它不仅能与电负性较小的氢原子结合,也能与电负性较大的氧、硫、卤素、氮等元素形成四个化学键。因此,碳原子是四价的。

(2) 碳原子与其他原子以共价键相结合 碳原子与其他原子结合成键时,既不易得到电子,也不易失去电子,而是以共价键相结合。每个碳原子不仅能与其他原子形成共价键,而且碳原子与碳原子之间也能相互形成共价键。不仅可以形成单键,还可以形成双键或三键,多个碳原子可以相互连接形成长长的碳链,也可以形成碳环。

(3) 分子中的原子是按一定次序和方式相连接的 有机化合物分子中的原子是按一定的顺序和方式相连接的,在书写时一定要注意。分子中原子间的排列顺序和连接方式叫做分子的构造,表示分子构造的式子叫做构造式。

构造式的表达式：

① 结构式（短线式）。用一条短线代表一个共价键,双键或三键则以两条或三条短线相连。如：

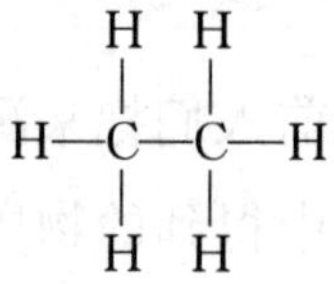

$$
\underset{\text{乙烷}}{H-\overset{\overset{H}{|}}{\underset{\underset{H}{|}}{C}}-\overset{\overset{H}{|}}{\underset{\underset{H}{|}}{C}}-H} \qquad \underset{\text{乙烯}}{\overset{H}{\underset{H}{>}}C=C\overset{H}{\underset{H}{<}}} \qquad \underset{\text{乙炔}}{H-C\equiv C-H}
$$

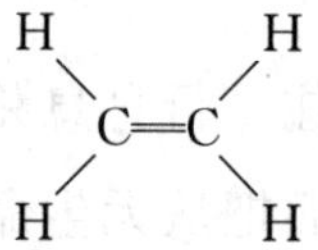

② 结构简式（缩简式）。省略结构式中碳氢键的短线。如：

$$
\underset{\text{乙烷}}{CH_3CH_3} \qquad \underset{\text{乙烯}}{CH_2=CH_2} \qquad \underset{\text{乙炔}}{CH\equiv CH} \qquad \underset{\text{环丁烷}}{\overset{CH_2-CH_2}{\underset{CH_2-CH_2}{|}}}
$$

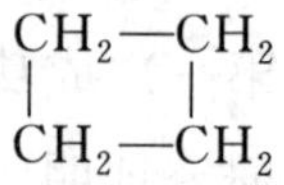

③ 键线式。不写出碳原子和氢原子,用短线代表碳碳键,短线的连接点和端点代表碳原子。如：

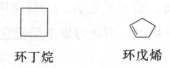

环丁烷　　环戊烯

(4) 同分异构现象 分子式相同而构造式不同的化合物称为同分异构体,这种现象称为同分异构现象。如：

$$CH_3-CH_2-CH_2-CH_2-CH_3 \qquad CH_3-\underset{\underset{CH_3}{|}}{CH}-CH_2-CH_3 \qquad CH_3-\underset{\underset{CH_3}{|}}{\overset{\overset{CH_3}{|}}{C}}-CH_3$$

它们的分子式都是 C_5H_{12}，但由于碳原子的排列次序和方式不同，产生了不同的构造式，具有不同的性质，是不同的化合物。同分异构现象的普遍存在，是有机化合物数目繁多（至今已达 1000 万种以上）的一个主要原因。

2. 性质特点

（1）熔点、沸点较低，热稳定性差　有机化合物的熔点通常比无机化合物要低。有机物在常温下通常为气体、液体或低熔点的固体，其熔点多在 400℃ 以下，如乙酸的熔点为 16.6℃。而无机物很多是固体，其熔点高得多，如氯化钠的熔点为 808℃。同样，液体有机化合物的沸点也比较低。与典型的无机化合物相比，有机化合物一般对热不稳定，有的甚至在常温下就能分解；有的虽在常温下稳定，但一放在坩埚中加热，即炭化变黑。由于有机物的熔点、沸点都较低，又比较容易测定，且纯的有机物大多有固定的熔点，含有杂质时熔点一般会降低，因此，可以利用测定熔点来鉴别固体有机物或检验其纯度。

（2）易于燃烧　绝大多数有机物都能燃烧，如天然气、液化石油气、乙醇、汽油、煤等，燃烧时放出大量的热，最后产物主要是二氧化碳和水。大多数无机化合物则不易燃烧，也不能燃尽，故常利用这一性质来初步鉴别有机物和无机物。当然这一性质也有例外，有的有机物不易燃烧，甚至可以作灭火剂，如 CF_2ClBr、CF_3Br、CCl_4 等。

（3）难溶于水，易溶于有机溶剂　绝大多数有机化合物都难溶于水，而易溶于有机溶剂，这就是"相似相溶"规则。但是，当有机化合物分子中含有能够和水形成氢键的羟基（如乙醇）、羧基（如乙酸）、氨基、磺酸基时，该有机化合物也可能溶于水。

（4）反应速率慢，副反应多　由于有机化合物的反应一般为分子之间（而不是离子之间）的反应，反应速率决定于分子之间的有效碰撞，所以比较慢，为了增加有机反应的速率，往往需要采取加热、加压、振荡或搅拌，以及使用催化剂等方法。且有机反应的产率较低，在主要反应的同时，还常伴随着副反应。因此，在有机反应中，一定要选择适当的试剂，控制适宜的反应条件，尽可能减少副反应的发生，有效地提高产率。

三、有机化合物的分类

有机化合物种类繁多，数目庞大，为了系统地进行学习和研究，对有机化合物进行科学的分类是非常必要的。常用的分类方法有两种，一种是按有机化合物的碳原子连接方式（碳骨架）分类，另一种是按决定分子的主要化学性质的原子或基团（官能团）来分类。

1. 按碳骨架分类

根据组成有机化合物的碳架不同，可将其分为 3 类。

（1）开链化合物（脂肪族化合物） 这类化合物的共同特点是分子中的碳原子相互连接成链状。开链化合物最早是从动植物油脂中获得的，所以又称为脂肪族化合物。如：

$$CH_3—CH_2—CH_3 \qquad CH_2=CH—CH_3 \qquad CH_3—CH_2—OH$$

丙烷　　　　　　　丙烯　　　　　　　乙醇

（2）碳环化合物 这类化合物的共同特点是碳原子间互相连接成环状。按性质不同，它们又分为两类。

① 脂环族化合物。分子中的碳原子连接成环，性质与脂肪族相似的一类化合物。如：

环戊烷　　　　环己烯　　　　环己醇

② 芳香族化合物。这类化合物中都含有由六个碳原子组成的苯环，且性质与脂肪族和脂环族化合物不同。由于这类化合物最初是从具有芳香味的有机化合物和香树脂中发现的，故称为芳香族化合物。如：

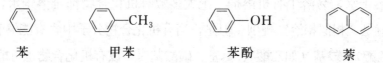

苯　　　　甲苯　　　　苯酚　　　　萘

（3）杂环化合物 这类化合物的共同特点是，在它们的分子中也具有环状结构，但在环中除碳原子外，还有其他原子（如氧、硫、氮等），故称为杂环化合物。如：

呋喃　　　　噻吩　　　　吡啶

2. 按官能团分类

根据《有机化合物命名原则》（2017）的定义，**官能团是指有机化合物分子中那些特别容易发生反应的、决定有机化合物主要性质的原子或基团，也叫特性基团。** 一般来说，含有相同官能团的化合物，性质也相似，所以将它们归为一类，便于学习和研究。一些常见的重要的官能团见表0-1。

表0-1 一些常见的重要的官能团

官能团	名称	官能团	名称
$-\text{C}=\text{C}-$	双键	$\overset{\text{O}}{\underset{\|}{-\text{C}-}}$	羰基
$-\text{C}\equiv\text{C}-$	三键	$\overset{\text{O}}{\underset{\|}{-\text{C}-\text{OH}}}$	羧基
$-\text{X}(\text{X}=\text{F},\text{Cl},\text{Br},\text{I})$	卤原子		
$-\text{OH}$	羟基	$-\text{CN}$	氰基
$-\text{O}-$	醚键	$-\text{NO}_2$	硝基
		$-\text{NH}_2$	氨基
$\overset{\text{O}}{\underset{\|}{-\text{C}-\text{H}}}$	醛基	$-\text{SO}_3\text{H}$	磺基

四、有机化合物的来源

有机化合物的主要来源是煤、石油、天然气等。

1. 煤

煤是蕴藏在地层下的可燃性固体，主要由深埋在地下的各地质时代的植物，经长期煤化作用而形成，其主要成分为碳及少量的氢、氮、硫、磷等。依碳化程度可将煤分为无烟煤（含碳量85%～95%）、烟煤（含碳量70%～85%）、褐煤（含碳量60%～70%）。煤干馏（隔绝空气加强热950～1050℃的过程）后可得到甲烷、乙烯、苯、甲苯、二甲苯、萘、蒽、酚类、杂环化合物及沥青等有机物。

2. 石油

石油是蕴藏在地层内的可燃烧黏稠液体，一般为黑色或深褐色，也称原油。主要成分是烃类的混合物，此外，还有少量含氢、氮、硫的有机化合物。将原油蒸馏会得到不同成分不同用途的有机物，如表0-2所列。

表0-2 原油蒸馏产物

成分	组成	分馏温度/℃	用途
石油气	$C_1 \sim C_4$	20以下	燃料
石油醚	$C_5 \sim C_6$	20～60	有机溶剂
汽油	$C_6 \sim C_9$	60～200	汽车燃料、有机溶剂
煤油	$C_{10} \sim C_{16}$	175～300	柴油机、喷油机燃料
柴油	$C_{15} \sim C_{20}$	250～400	柴油机燃料
石蜡油	$C_{18} \sim C_{22}$	>300	润滑油、壁纸
残留物	$C_{18} \sim C_{40}$		沥青

一般家庭用的液化石油气是石油分馏的产物，主要成分为丙烷和丁烷，其他为较低沸点的烃类。

3. 天然气

天然气是蕴藏在地层内的可燃烧气体，可分为干气和湿气两种。干气的主要成分是甲烷；湿气的主要成分除甲烷外，还含有乙烷、丙烷和丁烷等低级烷烃。天然气主要用作气体燃料，也可用作化工原料。

五、有机化学及有机化学工业的发展

有机化学的深入研究推动了有机化学工业的快速发展，有机化学工业的飞速发展又促进了有机化学的研究。在有机化学领域，我们已逐渐缩短了与世界科技先进国家的差距。但是，近十年来国际上在有机化学学科中又涌现了一些新的发展领域。这些领域有些是我们当年曾感觉到、但还未很好认识到的，有些则完全是新开展起来的。几十年前我们已预感到有机化学与生命科学、材料科学以及环境科学的交叉渗透，但是发展到今日，以致出现诸如化学生物学、化学遗传学、糖化学生物学、组合化学、绿色化学等新名词和新领域，这是始料未及的。以金属复分解反应（metathesis）为代表的新反应的发明、不对称反应的普及以及近年来计算机以难以想象的高速度发展，以至于计算机化学、分子模拟已成为有机实验室的常规技术，众多的反应和新性能产物的发现等，这些都显示了有机化学在这十年中有了很大的飞跃。但是有机化学还应当随着社会经济的发展与时俱进，不断创新，开拓新领域。可喜的是，我们已经看到有机化学在以下几个重大科学领域上的发展。

① 生命科学中显现出有机化学的巨大发展空间，包括后基因时代的化学、小分子的化学生物学、糖化学生物学以及天然产物化学发展的新趋势等。

② 材料科学中有机化学的机遇。各种结构材料和功能材料是人类赖以生存和发展的物质基础，为提高人类生存质量和生存安全，保证可持续发展，人们对新功能材料会不断提出新的需求。

③ 环境科学中对有机化学的挑战。绿色化学今天已经赢得了空前的声誉，但应该说现在仅仅还只是起步，从源头上消除有机物的污染，保护生态环境的持续发展，有机化学家是义不容辞的。

六、学习有机化学的重要作用

1. 巩固和深化物质结构基础知识

有机物区别于无机物的一些特点，跟有机物的结构密切相关。有机物分子中稳定的碳链和碳环构成了有机物分子的骨架，这种分子骨架的构成是由碳原子的独特的结构决定的。所以，在学习有机物时，学生对碳原子在元素周期表中的位置和原子结构的特点，以及共价键形成的基础知识需要进行复习和再认识。学生在学习有机物的分类、有机物反应的特性、各类有机物之间的相互转化关系时，都离不开物质结构知识的指导。因此，对有机物的学习，有助于巩固和深化物质结构的基础知识。

2. 有助于学生进一步了解化学与人类的关系

无机化学基础知识的学习，已使学生初步了解到无机物的应用范围十分广泛，在国民经济建设中占有很重要的地位。而有机化学基础知识的学习，将会使学生进一步认识到有机化学的成就和有机化学工业的发展，对于创造日益增长的物质财富，满足人类生活、生产的需要，推动国民经济各个部门和科学技术的发展起着十分重要的作用。例如，通过对糖类、氨基酸、蛋白质、脂肪、高分子、橡胶和塑料等具体知识的学习，使学生进一步了解化学与人的生命、生活以及社会主义现代化建设的关系是十分密切的，从而激发他们学习有机化学的兴趣，提高学习的自觉性和积极性。

3. 有利于辩证唯物主义观点的培养

有机化合物知识蕴藏着丰富的辩证唯物主义因素。教师应结合有机化学的教学来进行辩证唯物主义观点教育。

有机同系物的教学，为学生进一步树立物质的量变引起质变的观点，提供了极好的条件。恩格斯曾以正烷烃系列、伯醇系列和一元脂肪酸系列为例，说明了质量互变规律在有机化合物中的显著表现。有机物的每一个同系列中，每两个化合物在分子组成上相差一个或若干个 CH_2，随着 CH_2 数目的增加，碳链逐渐增长，同系列中各物质的性质和状态也发生着有规律的递变。所以说，有机物的每一个同系列都有力地揭示了物质由于量变引起质变这一普遍规律。各类有机物间相互转化的知识，有助于学生进一步树立物质间联系、运动与发展的观点。

4. 有助于科学方法的训练和思维能力的培养

与学习无机物一样，为了让学生认识有机物的性质与制备方法，常要采取观察、实验的方法；为了帮助学生理解有机物的分子结构，常需借助于物质模型、模型图或动画；为了更好地掌握各类有机物的性质、反应特征，常要采用与无机物或其他类有机物的对比方法。还有，同分异构体的推导，有机物的命名、合成、鉴别、推断等，这些练习对训练学生学习科学方法、培养逻辑思维能力都有积极作用。

思考与练习

0-1 有机化合物的结构特点和性质特点有哪些?

0-2 什么叫做同分异构体?同分异构现象是怎样产生的?

0-3 简述有机化合物的分类?

0-4 通过各种途径,搜集你身边的有机化合物。

科海拾贝

日用洗涤剂与人类健康

日用化学洗涤剂正逐步地成为当今社会人们离不开的生活必需品。不管是在公共场所、豪华饭店,还是在每个家庭、大众小吃摊,我们都可以看到化学洗涤剂的踪迹。每天的新闻媒介如广播、电视、报刊上在大量地做着化学洗涤剂的广告。在使用这些被包装的多彩多姿的化学洗涤剂的同时,化学污染便通过各种渠道对人类的健康进行着危害。

化学洗涤剂实际上是由石油开发的副产品。由于它溶于水,所以它的本质一直被忽视。同时由于它造价低,洗涤性能良好,所以一经发现,很快被人们所接受,并用色、香、味障眼法将其包装并进入社会中。

化学洗涤剂的去污能力主要来自表面活性剂。表面活性剂有降低表面张力的作用,它可渗入到连水都无法渗入的纤维空隙中,把藏在纤维空隙中的污垢挤出来。而部分表面活性剂则挤在这些空隙之中,水难以清洗它们。

同样,表面活性剂也可以渗入人体。沾在皮肤上的洗涤剂大约有0.5%渗入血液,皮肤上若有伤口则渗透力提高10倍以上。进入人体内的化学洗涤剂毒素可使血液中的钙离子浓度下降,血液酸化,人容易疲倦。这些毒素还使肝脏的排毒功能降低,使原本该排出体外的毒素淤积在体内,积少成多,使人们免疫力下降,肝细胞病变加剧,容易诱发癌症。

化学洗涤剂侵入人体与其他的化学物质结合后,毒性增加数倍,尤其具有很强的诱发癌特性。据有关报道,人工实验培养胃癌细胞,注入化学洗涤剂基本物质LAS会加速癌细胞的恶化。LAS的血溶性很强,容易引起血红蛋白的变化,造成贫血症。化学产品的泛滥是人类癌症越来越多的最大根源,而化学洗涤剂是人类最直接最密切使用的生活用品。

人们在广泛使用化学洗涤剂洗头发、洗碗筷、洗衣服、洗澡的同时,化学毒素就从千千万万的毛孔渗入,人体就在夜以继日地吸毒,化学污染从口中渗入,从皮肤渗入,日积月累,潜伏集结。由于这种污染的危害在短时间内不可能很明显,因此,往往会被忽视。但是，微量污染持续进入体内，积少成多可能造成严重的后果，导致人体的各种病变。人类生活的都市化是无可避免的，都市生活对清洁剂的依赖也是不可避免的。所以，改善洗涤剂，使用不危害人体、不破坏生存环境、无毒无公害的洗涤剂就成为当务之急，在全世界高呼"环保""拯救地球"的呼声中，许多国家把希望寄托在海洋中。

从取之不尽、用之不竭的海水中提炼天然洗涤剂是全人类迫不及待的愿望。远在3000多年前中东死海附近的居民就懂得用海水净身；在第一次世界大战前夕，德国就在研究从海水中提炼洗涤剂；20世纪80年代在日本的西药房里也可以买到医用海水洗涤剂，这种洗涤剂已接近无毒无公害的标准。在我国也曾有用鸡蛋清洗头发，用皂角泡水洗衣服等做法的记载，这也说明在天然资源中开发洗涤剂是前途宽广的。当人们逐步认识到化学洗涤剂的危害之后，一定会加速开发天然洗涤剂资源的步伐，为使人们更健康，社会更进步而努力奋斗。

第一章 饱和烃——烷烃

学习目标

1. 认识碳原子的成键特点、同分异构现象。
2. 了解烷烃的系统命名法。
3. 认识烷烃的结构特点。
4. 理解烷烃的主要性质及其在生产、生活中的重要应用。
5. 知道烷烃的化学反应类型。

思维导图

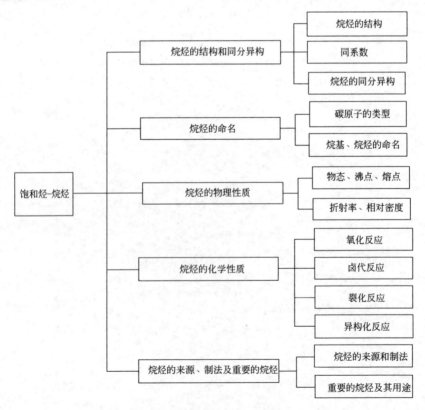

只有碳和氢两种元素组成的有机化合物叫做烃。开链的碳氢化合物叫做脂肪烃。在脂肪烃分子中，只有C—C单键和C—H单键的叫做烷烃，也叫石蜡烃。由于烷烃分子中碳的四价达到饱和，所以烷烃又叫饱和烃。

第一节　烷烃的结构和同分异构

一、烷烃的结构

1. 甲烷的正四面体构型

甲烷是最简单的烷烃，分子中只有1个碳原子和4个氢原子，分子式为CH_4，实验测得甲烷分子为正四面体构型，碳原子处于四面体的中心，且4个C—H键是完全等同的，彼此间的键角为109.5°。甲烷的构型如图1-1及码1-1所示。

2. σ键

甲烷分子中碳原子的sp^3杂化轨道（1个s轨道和3个p轨道杂化后得到4个sp^3杂化轨道，见码1-2）和氢原子的s轨道是沿着轨道的对称轴方向重叠形成C—H键的。像这种沿轨道对称轴方向重叠（也叫"头碰头"重叠）形成的共价键叫做σ键。σ键的特点是轨道重叠的程度大，键比较牢固，成键电子云呈圆柱形对称，成键的原子可绕键轴相对自由旋转。

码1-1　甲烷的分子构型

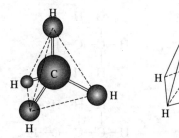

图1-1　甲烷的正四面体构型

3. 其他烷烃的结构

在其他烷烃分子中，碳原子也是采取sp^3杂化方式，以sp^3杂化轨道彼此之间或与氢原子之间形成σ键。例如，乙烷分子中有2个碳原子和6个氢原子。2个碳原子之间各以1个sp^3杂化轨道沿键轴方向重叠，形成了一个C—C σ键，每个碳原子以剩余的3个sp^3杂化轨道分别与3个氢原子的s轨道沿键轴方向重叠，共形成6个C—H σ键，即乙烷分子。乙烷分子、丙烷分子的构型见码1-3、码 1-4。

码 1-2 碳原子轨道的 sp³ 杂化

码 1-3 乙烷的分子构型

码 1-4 丙烷的分子构型

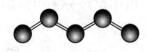
图 1-2 正戊烷的碳链结构

需要注意的是，由于烷烃分子中的碳原子都是正四面体构型，所以除乙烷外，其他烷烃分子中的碳链并不是以直线形排列的，而是排布成锯齿形，以保持正常的键角。正戊烷的碳链模型如图 1-2 所示。

虽然烷烃分子中的碳链排列是曲折的，但在书写构造式时，为方便起见，还是将其写成直链形式。

二、同系物

在烷烃分子中，碳原子和氢原子之间的数量关系是一定的。例如：

烷烃	构造式	碳原子数	氢原子数
甲烷	$\mathrm{H-\overset{\overset{\displaystyle H}{\mid}}{\underset{\underset{\displaystyle H}{\mid}}{C}}-H}$	1	4
乙烷	$\mathrm{H-\overset{\overset{\displaystyle H}{\mid}}{\underset{\underset{\displaystyle H}{\mid}}{C}}-\overset{\overset{\displaystyle H}{\mid}}{\underset{\underset{\displaystyle H}{\mid}}{C}}-H}$	2	6
丙烷	$\mathrm{H-\overset{\overset{\displaystyle H}{\mid}}{\underset{\underset{\displaystyle H}{\mid}}{C}}-\overset{\overset{\displaystyle H}{\mid}}{\underset{\underset{\displaystyle H}{\mid}}{C}}-\overset{\overset{\displaystyle H}{\mid}}{\underset{\underset{\displaystyle H}{\mid}}{C}}-H}$	3	8

由上面所列的构造式和数字不难看出，从甲烷开始，每增加一个碳原子，就相应增加两个氢原子，碳原子与氢原子之间的数量关系为 C_nH_{2n+2}（n 为碳原子数目），这个式子就是烷烃的通式。从上面列举的 3 种烷烃可以看出，任何两个烷烃的分子式之间都相差一个或整数个 CH_2。这些**具有同一通式、结构和性质相似、相互间相差一个或整数个 CH_2 的一系列化合物称为同系列。同系列中的各个化合物称为同系物**。相邻同系物之间的差叫做系差。同系物一般具有相似的化

学性质。在有机化学中，同系列现象是普遍存在的。

三、烷烃的同分异构现象

烷烃的同分异构现象是由于分子中碳原子的排列方式不同而引起的，所以烷烃的同分异构又叫做构造异构。甲烷、乙烷、丙烷分子中的碳原子只有 1 种排列方式，所以没有构造异构体。丁烷的分子中有 4 个碳原子，它们可以有两种排列方式，所以有两种异构体，一种是直链的（见码 1-5），另一种是带支链的。戊烷分子中有 5 个碳原子，它们可以有 3 种排列方式，所以有 3 种异构体，它们的构造式如下：

码 1-5　正丁烷的分子构型

$$CH_3—CH_2—CH_2—CH_2—CH_3 \qquad CH_3—\underset{\underset{CH_3}{|}}{CH}—CH_2—CH_3 \qquad CH_3—\underset{\underset{CH_3}{|}}{\overset{\overset{CH_3}{|}}{C}}—CH_3$$

烷烃分子中，随碳原子数目的增加，构造异构体的数目迅速增加（见表 1-1）。

表 1-1　部分烷烃构造异构体的数目

烷　　烃	构造异构体数	烷　　烃	构造异构体数
己烷	5	壬烷	35
庚烷	9	癸烷	75
辛烷	18	二十烷	36 万多种

烷烃的异构体可以按一定的步骤推导写出。例如，己烷的异构体推导步骤如下：

（1）**先写出最长的碳直链**（为方便起见，可只写出碳原子）：

$$\overset{1}{C}—\overset{2}{C}—\overset{3}{C}—\overset{4}{C}—\overset{5}{C}—\overset{6}{C}$$

（2）**写出少一个碳原子的直链，把这一直链作为主链**。剩余的一个碳原子作为支链连在主链中可能的位置上：

$$\overset{1}{C}—\underset{\underset{C}{|}}{\overset{2}{C}}—\overset{3}{C}—\overset{4}{C}—\overset{5}{C} \qquad \overset{1}{C}—\overset{2}{C}—\underset{\underset{C}{|}}{\overset{3}{C}}—\overset{4}{C}—\overset{5}{C}$$

注意：支链不能连在端点的碳原子上，因为那样相当于又接长了主链；也不能连在可能出现重复的碳原子上，例如，上式中支链若连在 C4 上就与连在 C2 上的构造式相同了。

（3）写出少两个碳原子的直链作为主链，把剩余的两个碳原子作为一个或两个支链连在主链中可能的位置上，两个支链可以连在主链中不同的碳原子上，也可以连在同一碳原子上：

$$
\begin{array}{c}
\overset{1}{C}-\overset{2}{C}-\overset{3}{C}-\overset{4}{C} \\
| \quad | \\
C \quad C
\end{array}
\qquad
\begin{array}{c}
\quad\quad C \\
\overset{1}{C}-\overset{2}{C}-\overset{3}{C}-\overset{4}{C} \\
| \\
C
\end{array}
$$

由于上式主链中只有 4 个碳原子，若将两个碳原子作为一个支链连在主链上，相当于又接长了主链，所以在这里，就不能将两个碳原子作为一个支链连在主链上了。

若碳原子数目较多，可依次类推：写出少 3 个碳原子的直链作为主链，将剩余的 3 个碳原子作为 1 个、2 个、3 个支链连在主链中可能的位置上……，这样就可以推导出烷烃所有可能存在的异构体。最后，补写上氢原子。如己烷的 5 个异构体为：

$$CH_3-CH_2-CH_2-CH_2-CH_2-CH_3$$

$$\underset{\underset{CH_3}{|}}{CH_3-CH-CH_2-CH_2-CH_3}$$

$$\underset{\underset{CH_3}{|}}{CH_3-CH_2-CH-CH_2-CH_3}$$

$$\underset{\underset{CH_3}{|}\;\underset{CH_3}{|}}{CH_3-CH-CH-CH_3}$$

$$\underset{\underset{CH_3}{|}}{\overset{\overset{CH_3}{|}}{CH_3-C-CH_2-CH_3}}$$

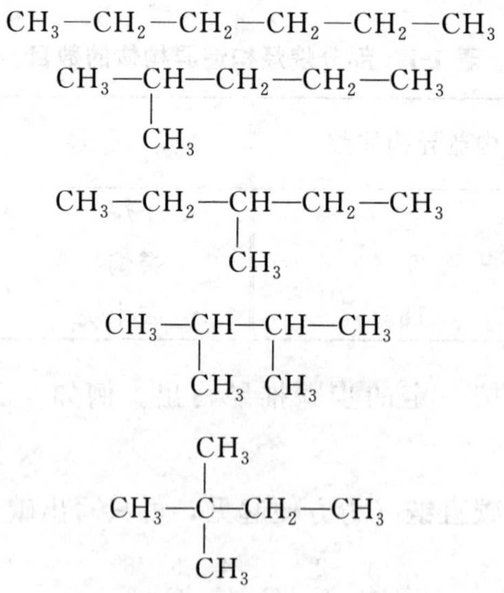

书写同分异构体的口诀：主链由长到短，支链由整到散，位置由心到边，排布孪邻到间。

思考与练习

1-1 请写出庚烷的 9 种同分异构体。

第二节 烷烃的命名

一、碳原子的类型

在烷烃分子中，由于碳原子所处的位置不完全相同，它们所连接的碳原子数目也不一样。根据连接碳原子的数目，可将其分为4类。

1. 伯碳原子（也称一级碳原子）

仅与1个碳原子直接相连的碳原子叫做伯碳原子，常用1°表示。端点上的碳原子一般都是伯碳原子。

2. 仲碳原子（也称二级碳原子）

与2个碳原子直接相连的碳原子叫做仲碳原子，常用2°表示。

3. 叔碳原子（也称三级碳原子）

与3个碳原子直接相连的碳原子叫做叔碳原子，常用3°表示。

4. 季碳原子（也称四级碳原子）

与4个碳原子直接相连的碳原子叫做季碳原子，常用4°表示。

与伯、仲、叔碳原子连接的氢原子分别叫做伯、仲、叔氢原子，季碳原子上没有氢原子，所以也就没有季氢原子。

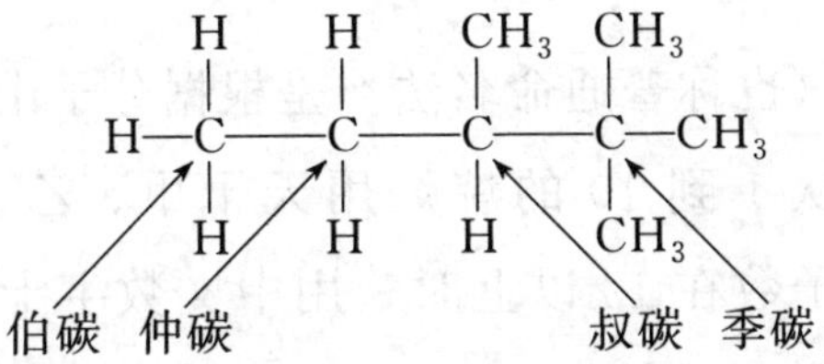

$$\underset{\text{伯碳 仲碳}}{H-\overset{\overset{H}{|}}{\underset{\underset{H}{|}}{C}}-\overset{\overset{H}{|}}{\underset{\underset{H}{|}}{C}}-}\underset{\text{叔碳 季碳}}{\overset{\overset{CH_3}{|}}{\underset{\underset{H}{|}}{C}}-\overset{\overset{CH_3}{|}}{\underset{\underset{CH_3}{|}}{C}}-CH_3}$$

在化学反应中，四种碳原子和伯、仲、叔氢原子所处的环境不同，它们的反应活性也是不相同的。

二、烷基

从烷烃分子中去掉一个氢原子后所得到的基团叫做烷基，通式为 C_nH_{2n+1}，常用 R— 表示。

烷基的名称是根据相应烷烃的名称以及去掉的氢原子的类型而得来的。例如：

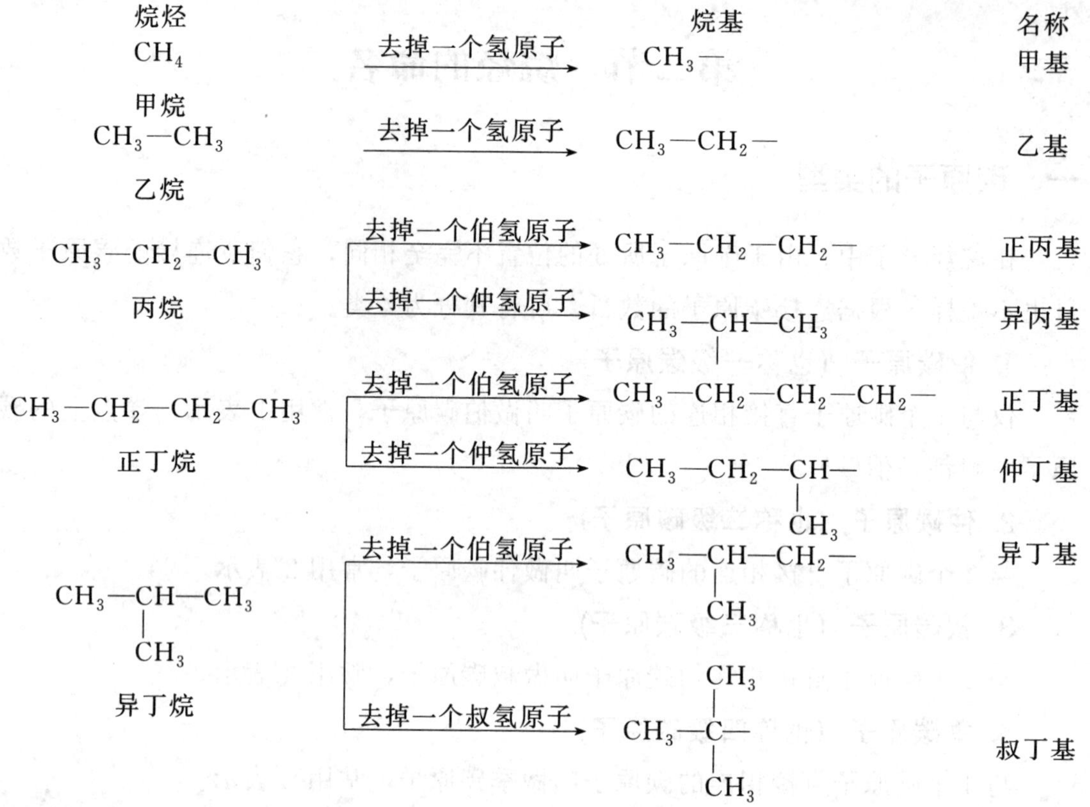

烷烃		烷基	名称
CH₄ 甲烷	去掉一个氢原子 →	CH₃—	甲基
CH₃—CH₃ 乙烷	去掉一个氢原子 →	CH₃—CH₂—	乙基
CH₃—CH₂—CH₃ 丙烷	去掉一个伯氢原子 →	CH₃—CH₂—CH₂—	正丙基
	去掉一个仲氢原子 →	CH₃—CH—CH₃ 　　　|	异丙基
CH₃—CH₂—CH₂—CH₃ 正丁烷	去掉一个伯氢原子 →	CH₃—CH₂—CH₂—CH₂—	正丁基
	去掉一个仲氢原子 →	CH₃—CH₂—CH— 　　　　　　| 　　　　　　CH₃	仲丁基
CH₃—CH—CH₃ 　　| 　　CH₃ 异丁烷	去掉一个伯氢原子 →	CH₃—CH—CH₂— 　　　| 　　　CH₃	异丁基
	去掉一个叔氢原子 →	CH₃ 　　　| CH₃—C— 　　　| 　　　CH₃	叔丁基

三、烷烃的命名

1. 习惯命名法

烷烃的习惯命名法（也称普通命名法）是根据分子中碳原子的数目称为"某烷"。其中，碳原子数从 1 到 10 的烷烃用天干甲、乙、丙、丁、戊、己、庚、辛、壬、癸表示。碳原子数在 10 以上时，用中文数字十一、十二、十三……表示。为了区别同分异构体，通常在直链烷烃的名称前加"正"字；在链端第二个碳原子上有一个—CH₃的烷烃名称前加"异"字；在链端第二个碳原子上有两个—CH₃的烷烃名称前加"新"字。例如：

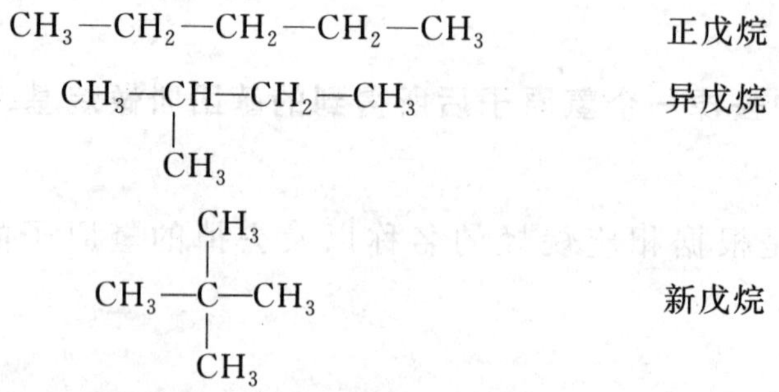

$$CH_3-CH_2-CH_2-CH_2-CH_3 \qquad 正戊烷$$

$$\begin{array}{c} CH_3-CH-CH_2-CH_3 \\ | \\ CH_3 \end{array} \qquad 异戊烷$$

$$\begin{array}{c} CH_3 \\ | \\ CH_3-C-CH_3 \\ | \\ CH_3 \end{array} \qquad 新戊烷$$

习惯命名法简单方便，但只适用于结构比较简单的烷烃，难以命名碳原子数较多、结构较复杂的烷烃。

2. 系统命名法

由于普通命名法在使用中存在较大的局限性，所以人们更多使用系统命名法。它是采用国际上通用的IUPAC（国际纯粹与应用化学联合会）命名原则，结合我国的文字特点制定出来的命名方法。我国常用的是1980年制定的《有机化学命名原则》(1980)(CCS1980)。随着IUPAC对命名的不断更新，中国化学会有机化合物命名审定委员会也对现行规则进行了修订，并于2017年12月20日正式发布了《有机化合物命名原则》(2017)(CCS2017)。鉴于目前尚处于两种规则并行阶段，本书仅对CCS2017新规作一介绍，供读者选择性了解。当两种命名都标出时，分别在两种名称前加"CCS2017"和"CCS1980"予以标明。本书中如无特殊说明，依然沿用"CCS1980"规则。

(1) **直链烷烃的命名** 系统命名法对于直链烷烃的命名与普通命名法基本相同，只是把"正"字去掉。例如：

$$CH_3-CH_2-CH_2-CH_2-CH_2-CH_3$$

习惯命名法：正己烷

系统命名法：己烷

(2) **支链烷烃的命名** 对于带支链的烷烃则看成是直链烷烃的烷基衍生物，按照下列步骤和规则进行命名。

① **选取主链作为母体**。选择一个带支链最多的最长碳链作为主链（母体），支链作为取代基。按照主链中所含的碳原子数目称为某烷，作为母体名称。

② **给主链碳原子编号**。为标明支链在主链中的位置，需要将主链上的碳原子编号。编号应从靠近支链的一端开始。当碳链两端相应的位置上都有支链时，编号应遵守最低序列规则。即顺次逐项比较第二个、第三个……支链所在的位次，以位次最低者为最低序列。

③ **写出烷烃的名称**。按照取代基的位次（用阿拉伯数字表示）、相同基的数目（用中文数字表示）、取代基的名称、母体名称的顺序，写出烷烃的全称。注意阿拉伯数字之间需用","隔开，阿拉伯数字与文字之间需用半字线"-"隔开。

④ **当分子中含有不同支链时，写名称时将优先基团排在后面，靠近母体名称**。在立体化学的次序规则中，将常见的烷基按下列次序排列（符号">"表示"优先于"）。

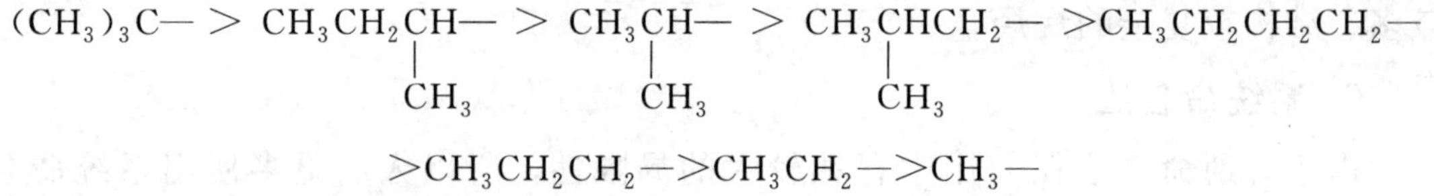

$(CH_3)_3C-$ > $CH_3CH_2\underset{\underset{CH_3}{|}}{C}H-$ > $CH_3\underset{\underset{CH_3}{|}}{C}H-$ > $CH_3\underset{\underset{CH_3}{|}}{C}HCH_2-$ > $CH_3CH_2CH_2CH_2-$

> $CH_3CH_2CH_2-$ > CH_3CH_2- > CH_3-

例如：

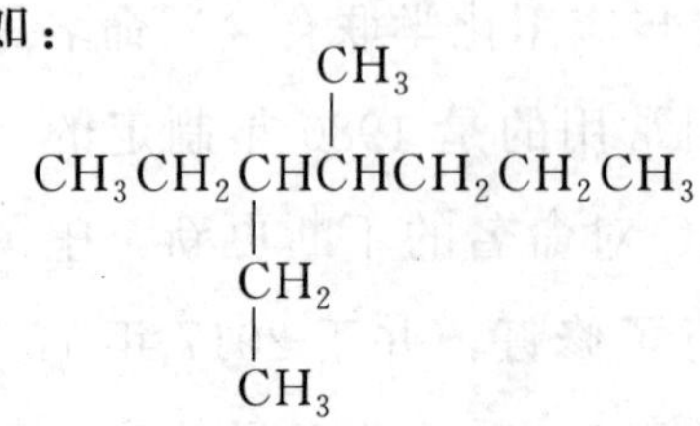

4-甲基-3-乙基庚烷

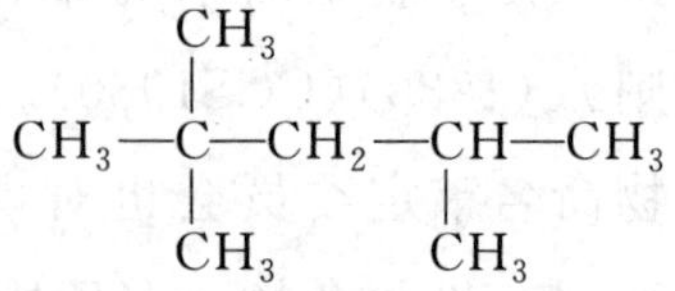

2,2,4-三甲基戊烷
（而不是 2,4,4-三甲基戊烷）

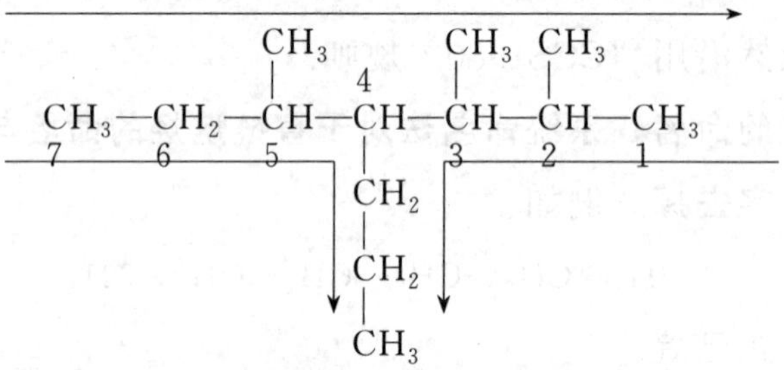

2,3,5-三甲基-4-正丙基庚烷
（不是 2,3-二甲基-4-仲丁基庚烷）

> CCS2017 规则是按照 IUPAC 命名方法，即按取代基英文名称的字母顺序排列次序。
>
> 上例中由于乙基的英文名首字母 E 排在甲基的英文名首字母 M 之前，所以按 CCS2017 规则应称为 3-乙基-4-甲基庚烷，但若按 CCS1980 规则，甲基＜乙基，则应称为 4-甲基-3-乙基庚烷。
>
> 常见的烃基英文名缩写如下：
>
> 甲基：Me　　　　　　异丁基：*iso*-Bu
>
> 乙基：Et　　　　　　仲丁基：*sec*-Bu
>
> 丙基：Pr　　　　　　叔丁基：*t*-Bu
>
> 丁基：Bu　　　　　　烷基：R
>
> 异丙基：*i*-Pr　　　　苯基：Ph
>
> 正丁基：*n*-Bu　　　　芳基：Ar

总之，系统命名时应遵循以下最简原则：

"一长"——碳主链最长；

"二多"——支链最多；

"三小"——编号最小。

思考与练习

1-2 请写出下列烷烃的构造式：

(1) 2,2,3-三甲基丁烷　　(2) 4-异丙基庚烷

(3) 2,4-二甲基-3-乙基戊烷　　(4) 十五烷

1-3 请用系统命名法命名庚烷的 9 种同分异构体，并指出其中碳原子、氢原子的名称。

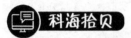

第二大温室气体——甲烷

温室效应是由于大气中的大量二氧化碳（CO_2）、氟氯烃（CFCs）、甲烷（CH_4）、二氧化氮（NO_2）等温室气体（其中主要是 CO_2），像玻璃罩一样，紧紧地罩在我们的上空，太阳照射到地球上的热量不断到达地面，却无法逸散，从而使大气层增温。人类近代历史上的温室效应，与过去相比特别的显著。之所以如此，是由于工业革命以来，人类燃烧化石燃料而使大气中二氧化碳含量急剧增加，近十年来增加将近30%；其次是甲烷，甲烷从饲养牲畜的粪便发酵、污水泄漏、稻田粪肥发酵等活动产生。现在，人类活动造成大气层中甲烷含量已超过其原本自然含量的 145%。因此，对甲烷的合理应用及处理也是亟待解决的问题。

第三节　烷烃的物理性质

有机化合物的物理性质通常是指它们的状态、颜色、气味、熔点、沸点、相对密度、折射率和溶解度等。纯的有机化合物的物理性质，在一定条件下是不变的，其数值一般为常数。因此可利用测定物理常数来鉴别有机化合物或检验其纯度。

一般来说，同系列的有机化合物，其物理性质往往随分子量的增加而呈现规律性变化。表 1-2 列出了一些常见的直链烷烃的物理性质。

表 1-2　一些常见的直链烷烃的物理性质

名　称	沸点/℃	熔点/℃	相对密度	折射率(n_D^{20})
甲烷	−164	−182.5	0.4240	
乙烷	−88.6	−183.3	0.5462	

续表

名　称	沸点/℃	熔点/℃	相对密度	折射率(n_D^{20})
丙烷	−42.1	−189.7	0.5824	
丁烷	−0.5	−138.4	0.5788	
戊烷	36.1	−129.7	0.6264	1.3575
己烷	68.9	−95.0	0.6594	1.3749
庚烷	98.4	−90.6	0.6837	1.3876
辛烷	125.7	−56.8	0.7028	1.3974
壬烷	150.8	−51.0	0.7179	1.4054
癸烷	174.0	−29.7	0.7298	1.4119
十一烷	195.9	−25.6	0.7493	1.4176
十二烷	216.3	−9.6	0.7493	1.4216
十三烷	235.4	−5.5	0.7568	1.4233
十四烷	253.7	5.9	0.7636	1.4290
十五烷	270.6	10.0	0.7688	1.4315
十六烷	287.0	18.2	0.7749	1.4345
十七烷	301.8	22.0	0.7767	1.4369
十八烷	316.1	28.2	0.7767	1.4349
十九烷	329.1	32.1	0.7776	1.4409
二十烷	343.0	36.8	0.7777	1.4425

一、物态

常温常压下 $C_1 \sim C_4$ 的烷烃为气体；$C_5 \sim C_{16}$ 的烷烃为液体；C_{17} 以上的烷烃为固体。

二、沸点

直链烷烃的沸点随分子中碳原子数的增加而升高，这是因为烷烃是非极性分子，随着分子中碳原子数目的增加，分子量增大，分子间的范德华引力增强，若要使其沸腾汽化，就需要提供更多的能量，所以**烷烃的分子量越大，沸点越高**。在碳原子数目相同的烷烃异构体中，直链烷烃的沸点较高，支链烷烃的沸点较低，支链越多，沸点越低。例如，戊烷的 3 种异构体的沸点分别为：正戊烷 36℃；异戊烷 28℃；新戊烷 9.5℃。这主要是由于烷烃的支链产生了空间阻碍作用，使得烷烃分子彼此间难以靠得很近，分子间引力大大减弱的缘故。支链越多，空间阻碍作用越大，分子间作用力越小，沸点就越低。

三、熔点

烷烃的熔点基本上也是随分子中碳原子数目的增加而升高。其中含偶数碳原子烷烃的熔点比相邻含奇数碳原子烷烃的熔点升高多一些。这是因为偶数碳原子烷烃呈锯齿状排列时，链端的两个甲基处于相反位置，具有较大的对称性，因而使分子间可以靠得更近，色散力较大，熔点升高就多一些。

随着分子中碳原子数目的增加，这种差异逐渐变小，以致最后消失。这是因为在较长的碳链中，甲基的空间位置对整个分子对称性的影响已经显得微不足道了。

四、溶解性

烷烃分子没有极性或极性很弱，因此难溶于水，易溶于有机溶剂。

五、折射率

折射率是液态有机化合物纯度的标志。液态烷烃的折射率随分子中碳原子数目的增加而缓慢加大。

六、相对密度

烷烃的相对密度都小于1，比水轻，随分子中碳原子数目增加而逐渐增大。支链烷烃的密度比直链烷烃略低些。

思考与练习

1-4 烷烃分子的对称性越大，熔点越高。据此推测一下，正戊烷、异戊烷和新戊烷这3个构造异构体中，哪一个熔点最高？哪一个最低？

1-5 比较下列各组烷烃分子沸点的高低。
（1）正丁烷和异丁烷　　　　　（2）己烷和辛烷

第四节　烷烃的化学性质

烷烃分子中只有 C—C 键和 C—H 键，这两种键都是结合得比较牢固的共价键。烷烃分子无极性，也无特征官能团，与其他各类有机化合物相比，烷烃（特别是直链烷烃）的化学性质最不活泼，即最不容易发生化学反应。在常温下，它们与大多数试剂如强酸、强碱、强氧化剂和强还原剂等都不发生化学反应。所以烷烃是常用的有机溶剂和润滑剂。

烷烃的稳定性并不是绝对的。在一定条件下，如高温、光照或加催化剂，烷烃也能发生一系列的化学反应。正是这些化学反应使人们得以对石油和石油产品进行化学加工和利用。

一、氧化反应

1. 完全氧化

常温下，烷烃一般不与氧化剂反应，也不与空气中的氧气反应。但是，烷烃在空气中易燃烧，在空气中完全燃烧时，生成二氧化碳和水，同时放出大量的热。石油产品如汽油、煤油、柴油等作为燃料就是利用它们燃烧时放出的热能。烷烃燃烧不完全时会产生游离碳，如汽油、煤油等燃烧时带有黑烟（游离碳）就是空气不足燃烧不完全的缘故。

$$CH_4 + 2O_2 \xrightarrow{\text{燃烧}} CO_2 + 2H_2O + 889.9 kJ/mol$$

2. 控制氧化

在控制的条件下，用空气氧化烷烃可以生成醇、醛、酮、酸等含氧有机化合物。因原料（烷烃和空气）便宜，这类氧化反应在有机化学工业上十分重要。例如，工业上生产乙酸的一个新方法就是以乙酸钴或乙酸锰为催化剂，在150～225℃、约5MPa的压力下，于乙酸溶液中用空气氧化正丁烷（液相氧化）。

$$2CH_3CH_2CH_2CH_3 + 5O_2 \xrightarrow{\text{催化剂}} 4CH_3COOH + 2H_2O$$

烷烃的氧化反应非常复杂，上述反应中还有许多副产物生成。

应该注意，烷烃是易燃易爆的物质。烷烃（气体或蒸气）与空气混合达到一定程度时（爆炸范围以内），遇到火花就发生爆炸。在生产上和实验室中处理烷烃时必须小心。

二、卤代反应

有机化合物分子中的氢原子或其他原子与基团被别的原子与基团取代的反应总称为取代反应。被卤素原子取代的反应称为卤化或卤代反应。

烷烃的卤代通常是指氯代或溴代，因为氟代反应过于激烈，难于控制，而碘代反应又难以发生。

1. 甲烷的卤代

烷烃与氯或溴在黑暗中并不作用，但在强光照射下则可发生剧烈反应，甚至引起爆炸。例如，甲烷与氯气的混合物在强烈的日光照射下，可发生爆炸性反应，生成碳和氯化氢：

$$CH_4 + 2Cl_2 \xrightarrow{\text{强光}} C + 4HCl$$

但是，如果在漫射光或加热（400～450℃）的情况下，甲烷分子中的氢原子可逐渐被氯原子取代，生成一氯甲烷（CH_3Cl）、二氯甲烷（CH_2Cl_2）、三氯甲烷（$CHCl_3$）和四氯化碳（CCl_4），见码 1-6。

甲烷氯代反应得到的通常是 4 种氯代产物的混合物。工业上常把这种混合物作为有机溶剂或合成原料使用。

码 1-6 甲烷的氯代反应历程

如果控制反应条件，特别是调节甲烷与氯气的配比，就可使其中的某种氯甲烷成为主要产物。例如，当 $V(CH_4):V(Cl_2)=10:1$ 时，主要产物是一氯甲烷；当 $V(CH_4):V(Cl_2)=1:4$ 时，则主要生成四氯化碳。

2. 其他烷烃的卤代

丙烷和丙烷以上的烷烃发生一元卤代反应时，生成的卤代烷一般是两种或两种以上的构造异构体。如：

$$H_3C-CH_2-CH_3 \xrightarrow[光,25℃]{Cl_2} H_3C-CH_2-CH_2-Cl + H_3C-\underset{Cl}{\overset{|}{C}}H-CH_3$$

（45%） （55%）

$$H_3C-\underset{H}{\overset{\overset{CH_3}{|}}{C}}-CH_3 \xrightarrow[光,25℃]{Cl_2} H_3C-\underset{Cl}{\overset{\overset{CH_3}{|}}{C}}-CH_3 + H_3C-\underset{H}{\overset{\overset{CH_3}{|}}{C}}-CH_2-Cl$$

（63%） （37%）

由此可见，不同类型的氢原子反应活性顺序为：叔氢＞仲氢＞伯氢。

三、裂化反应

烷烃在隔绝空气的情况下，加热到高温，分子中的 **C—C** 键和 **C—H** 键发生断裂，由较大分子转变成较小分子的过程，称为裂化反应。裂化反应的产物往往是复杂的混合物。

1. 热裂化

一般把不加催化剂，在较高温度（500～700℃）和压力（2～5MPa）下进行的裂化叫做热裂化。

热裂化反应可使汽油中的重油成分转化成汽油，提高汽油质量。

2. 催化裂化

在催化剂存在下的裂化叫做催化裂化。催化裂化可在较缓和的条件（450～500℃，压力 0.1～0.2MPa）下进行。

催化裂化产生较多带支链的烷烃和芳烃，可大幅度提高汽油质量。

3. 裂解

在比热裂化更高的温度（高于700℃）下，将石油深度裂化的过程叫做裂解。裂解的目的主要是为了获得更多的低级烯烃。

四、异构化反应

由一种异构体转化为另一种异构体的反应叫做异构化反应。例如，正丁烷在酸性催化剂存在下可转变为异丁烷：

$$CH_3CH_2CH_2CH_3 \xrightleftharpoons{AlCl_3, HCl} CH_3-\underset{\underset{CH_3}{|}}{CH}-CH_3$$

烷烃的异构化反应主要用于石油加工工业中，将直链烷烃转变成支链烷烃，可以提高汽油的辛烷值及润滑油的质量。

> **你知道吗？**　　　"××号汽油"的含义是什么？
>
> 汽油，是从石油里分馏或裂化、裂解出来的具有挥发性、可燃性的烃类混合物液体，可用作燃料。外观为透明液体，可燃，馏程为30℃至220℃，主要成分为 $C_5 \sim C_{12}$ 脂肪烃和环烷烃以及一定量芳香烃。汽油具有较高的辛烷值（抗爆震燃烧性能），并按辛烷值的高低分为89号、90号、92号、93号、95号、97号、98号等牌号。
>
> 人们规定正庚烷的辛烷值为0，异辛烷的辛烷值为100。在两者的混合物中，异辛烷所占的百分比叫做辛烷值。它只是表示汽油爆震程度的指标，并不是汽油中异辛烷的真正含量。通常人们所说的"××号汽油"便是指汽油的辛烷值。如90号汽油，即代表它的辛烷值是90。辛烷值越高，说明汽油中支链烷烃越多，质量就越好。

思考与练习

1-6　烷烃在发生卤代反应时，各类氢原子的反应活性有什么不同？

1-7　写出2,3-二甲基丁烷发生氯代反应时，可能生成的一氯代产物的构造式。

第五节　烷烃的来源、制法及重要的烷烃

一、烷烃的来源和制法

在自然界，烷烃主要存在于天然气和石油之中。

天然气中含有大量$C_1 \sim C_4$的低级烷烃，其中主要成分是甲烷。我国是最早开发和利用天然气的国家，天然气资源也十分丰富，在四川、甘肃等地都有丰富的贮藏量。

沼泽地的植物腐烂时，经细菌分解也会产生大量的甲烷，所以甲烷俗称沼气。目前我国农村许多地方就是利用农产品的废弃物、人畜粪便及生活垃圾等经过发酵来制取沼气作为燃料的。

从油田开采出来的原油经过分馏、裂化或异构化等加工处理后，便可得到汽油、煤油、柴油、润滑油和石蜡等中、高级烷烃。

某些动、植物体内也含有少量烷烃。例如，白菜叶中含有二十九烷；菠菜叶中含有三十三烷、三十五烷和三十七烷；烟草叶中含有二十七烷和三十一烷；成熟的水果中含有$C_{27} \sim C_{33}$的烷烃；一些昆虫体内用来传递信息而分泌的信息素中也含有烷烃。

工业上常采用烯烃加氢、卤代烷与金属有机试剂作用等方法来制取烷烃。

二、重要的烷烃及其用途

甲烷等低级烷烃是常用的民用燃料，也用作化工原料。 中级烷烃如汽油、煤油、柴油等是常用的工业燃料，石油醚、液体石蜡等是常用的有机溶剂，润滑油则是常用的润滑剂和防锈剂。

 搜集整理

1-8 请你通过各种渠道搜集整理有关甲烷和其他烷烃在生产和生活中的重要用途，并在班内组织一次小型的信息发布会。

科海拾贝

车用乙醇汽油

车用乙醇汽油是指在不含甲基叔丁基醚（MTBE）、含氧添加剂的专用汽油组分油中，按体积比加入一定比例（我国目前暂定为10%）的变性燃料乙醇，由车用乙醇汽油定点调配中心按国标 GB 18351—2017 的质量要求，通过特定工艺混配而成的新一代清洁环保型车用燃料。车用乙醇汽油按研究法辛烷值分为90号、93号、95号三个牌号。标志方法是在汽油标号前加注字母 E，作为车用乙醇汽油的统一标示。三种牌号的汽油标志分别为"E90——乙醇汽油90号""E93——乙醇汽油93号""E95——乙醇汽油95号"。车用乙醇汽油适用于装配点燃式发动机的各类车辆，即化油器或电

喷供油方式的大、中、小型车辆。在使用过程中遇到的一些问题人们也正在逐渐加以解决。

实验一 甲烷的制取及性质

一、实验目的

掌握甲烷的实验室制法，验证其主要的化学性质。

二、实验原理

实验室中常用无水乙酸钠和碱石灰共热来制备甲烷：

$$CH_3COONa + NaOH \xrightarrow[\triangle]{CaO} CH_4 \uparrow + Na_2CO_3$$

三、实验方法

1. 制备

取 3g 无水醋酸钠和 6g 碱石灰，放在研钵内研细，混合均匀后，装入干燥洁净的大试管中，用带有玻璃导气管的塞子塞住试管口。然后，将试管横夹在铁架台上，使管口微微向下倾斜，并通过单孔塞将导气管插入装有水的洗气装置中。

2. 性质检验

准备 3 支试管。一支加入 2mL 3% 的溴水，另一支加入 0.5mL 0.5% 的高锰酸钾溶液并稀释到 2mL，第三支装满水倒置于水盆中供排水集气用。

先用小火微热大试管的全部，再用较大的火焰加热无水乙酸钠和碱石灰的混合物，将火焰自试管前部逐渐向后部移动。把生成的甲烷分别通入事先准备好的溴水和高锰酸钾溶液中，仔细观察溶液是否褪色。

继续加热，用排水集气法收集甲烷气体。待甲烷充满试管后，用手指按住管口，从水中取出试管，管口向下，移近火焰，放开手指，点燃甲烷。观察淡蓝色火焰的产生。

3. 实验后的处理

实验结束时，应先去掉洗气装置，然后移去酒精灯，以免造成倒吸，使大试管破裂。

4. 整理台面

研究与实践

1-1 请在讨论和思考的基础上写出本实验所需要的所有仪器、试剂、物品。

1-2 根据实验过程画出合理的实验装置图。

1-3 碱石灰的成分有哪些？其中的 CaO 起何作用？

1-4 本实验为何要用洗气装置？

1-5 你在实验过程中遇到了哪些问题？试分析一下原因。

归纳与总结

请在教师的指导下，在分组商讨的基础上，从烷烃的基本概念、结构、命名、物理性质、化学性质、来源和制法、用途等几方面进行归纳与总结，并分组上台展示（注意从认知、理解、应用三个层次去把握）。

习 题

一、填空题

1. 只含有伯碳原子的烷烃构造式是_____。

2. 含有伯碳、仲碳、叔碳、季碳原子的分子量最小的烷烃构造式是_____。

3. 下列各组物质中，表示是同一物质的是_____，互为同系物的是_____，互为同分异构体的_____。

(1) $CH_3CHCH_2CH_2CH_3$ 与 $CH_2—CH$
      $\quad\ |$ $\quad |\quad\ |$
      $\ CH_3$ $CH_3\ CH_3$

(2) $CH_3(CH_2)_2C(CH_3)_3$ 与 $(CH_3)_2CH—C(CH_3)_3$

(3) $CH_3(CH_2)_2CH(CH_3)_2$ 与 $CH_3CHCH_2CH_3$
                                              $\qquad\qquad\quad\ |$
                                              $\qquad\qquad\ CH_3$

4. A、B 两种烷烃的分子量都是 72，控制一氯取代时，A 只生成一种一氯代烷；B 生成三种一氯代烷。试推测 A、B 的结构式_____。

5. 不查物理数据表，试根据烷烃沸点的变化规律，把下列物质按沸点由高到低排列。

(1) 2-甲基己烷 (2) 2,3-二甲基己烷 (3) 癸烷 (4) 3-甲基辛烷 (5) 己烷

_____。

二、选择题

1. 下列分子中，属于烷烃的是（　　）。

   A. C_2H_2 B. C_2H_4 C. C_2H_6 D. C_6H_6

2.
$$CH_3CH_2\underset{\underset{CH_3}{|}}{\overset{\overset{CH_3}{|}}{C}}-\underset{\underset{\underset{CH_3}{|}}{CH-CH_3}}{\overset{\overset{CH_3}{|}}{CH}}-CHCH_2CH_3$$
的正确名称是（　　）。

   A. 3,3,5-三甲基-4-异丁基庚烷　　B. 2,5,5-三甲基-4-仲丁基庚烷

   C. 3,5,5-三甲基-4-异丁基庚烷　　D. 2,5-二甲基-4-叔戊基庚烷

3. 下列化合物的熔点由高到低的顺序是（　　）。

   ① 正辛烷　　② 2,2,3,3-四甲基丁烷　　③ 正戊烷

   ④ 2-甲基丁烷　　⑤ 2,2-二甲基丙烷

   A. ①＞②＞③＞④＞⑤　　B. ①＞③＞④＞⑤＞②

   C. ②＞①＞⑤＞③＞④　　D. ①＞③＞④＞②＞⑤

4. 50mL 甲烷、乙烷的混合气体，完全燃烧后得 60mL CO_2 气体（均在同温、同压下测定），该混合气体中甲烷的体积分数为（　　）。

   A. 90%　　B. 80%　　C. 70%　　D. 60%

5. 实验室制取甲烷的正确方法是（　　）。

   A. 乙醇与浓硫酸在170℃条件下反应

   B. 电石直接与水反应

   C. 无水乙酸钠和碱石灰的混合物加热至高温

   D. 乙酸钠与氢氧化钠混合物加热至高温

三、判断题（下列叙述对的在括号中打"√"，错的打"×"）

1. 某有机物燃烧后的产物只有 CO_2 和 H_2O，因此可以推断该有机物肯定是烃，它只含有碳和氢两种元素。（　　）

2. 互为同系物的物质，它们的分子式一定不同；互为同分异构体的物质，它们的分子式一定相同。（　　）

3. 同分异构体的化学性质相似，物理性质不同。（　　）

4. 具有同一通式的两种物质，一定互为同系物。（　　）

5. 甲烷和氯气混合时，在强光或加热（辐射能）条件下都能发生氯代反应。（　　）

四、下列化合物的系统命名对吗？如有错误，请指出违背了什么命名原则？并正确命名之

(1) (CH$_3$)$_3$CCH$_2$CH(CH$_3$)$_2$ 1,1,1-三甲基-3,3-二甲基丙烷

(2) 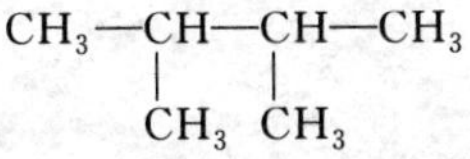 CH$_3$—CH—CH—CH$_3$ 2,3,2-甲基丁烷
   | |
   CH$_3$ CH$_3$

五、写出相当于下列名称化合物的构造式，这些名称如不符合系统命名法的要求，请给予正确命名

(1) 3-甲基-3,4-二乙基己烷　　　　(2) 2,4-二甲基-4-异丙基己烷

(3) 2-甲基-3-乙基戊烷　　　　　　(4) 2-甲基-3-异丙基丁烷

第二章

不饱和烃——烯烃、二烯烃和炔烃

学习目标

1. 掌握烯烃、二烯烃和炔烃的通式和系统命名法。
2. 熟悉烯烃、炔烃的物理性质及其变化规律。
3. 掌握烯烃、二烯烃和炔烃的化学性质及其在化工生产中的应用，举一反三。
4. 掌握乙烯、乙炔的实验室制法及其用途。

思维导图

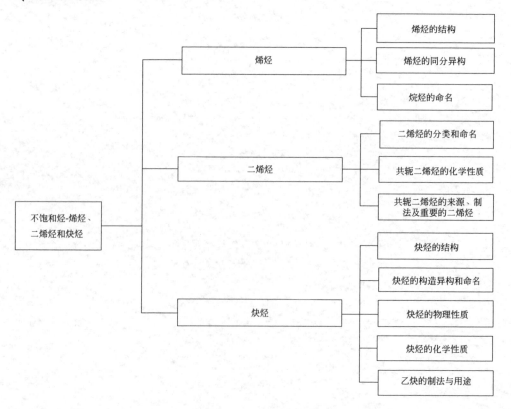

分子中含有碳碳双键（ C=C ）或三键（—C≡C—）的碳氢化合物，由于所含氢原子的数目比相应的烷烃少，因此称其为不饱和烃。它们的种类很多，包含有开链和环状的各类不饱和烃，本章主要介绍开链不饱和烃中的烯烃、二烯烃和炔烃。如

CH_2=CH_2	CH_3—CH=CH_2	CH_2=CH—CH=CH_2	CH≡CH
乙烯	丙烯	1,3-丁二烯	乙炔

第一节 烯 烃

分子中含有一个碳碳双键（ C=C ）的链状不饱和烃，称为单烯烃，习惯上也叫烯烃。烯烃比相同碳原子数的烷烃少两个氢原子，故其通式为 C_nH_{2n}（$n \geqslant 2$）。碳碳双键又叫烯键，是烯烃的官能团。

一、烯烃的结构

在所有烯烃分子中，乙烯是最简单的烯烃，其分子式为 C_2H_4，结构式为

$$\begin{array}{c} H\ \ \ H \\ |\ \ \ | \\ H—C=C—H \end{array}$$，结构简式为 CH_2=CH_2，见码 2-1。

1. 平面构型

由物理方法测得，乙烯分子是平面型结构，如图 2-1 所示。两个碳原子和四个氢原子都在同一平面内，分子中的键角接近于 120°。

码 2-1 乙烯的分子构型

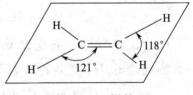

图 2-1 乙烯构型

2. π 键

实验测得，碳碳双键的键长（0.134nm）比碳碳单键的键长（0.154nm）短，而其键能（615kJ/mol）比两倍碳碳单键的键能（696kJ/mol）要小，这说明碳碳双键并不等于两个单纯的 C—C，它由一个 σ 键和一个 π 键（由未参加 sp^2 杂化的两个 C 原子上的 p 轨道从侧面"肩并肩"重叠而形成的共价键，见码 2-2～

码2-4) 所组成。σ键可绕键轴自由旋转，而π键则不能，侧面重叠又可使π键的重叠程度比较小，故π键不如σ键牢固，容易断裂，也正是这个原因，导致烯烃的化学活性比烷烃大得多。

码2-2　σ键、π键的形成　　码2-3　碳原子轨道的sp^2杂化　　码2-4　乙烯分子中键的形成

3. 其他烯烃的结构

其他烯烃可看作是乙烯分子中的氢原子被烃基取代的产物，故其基本结构都是相似的，即除 $\text{C}=\text{C}$ 中有一个σ键和一个π键，其余的C—C键、C—H键与烷烃一样，都是σ键。

二、烯烃的同分异构

烯烃的同分异构现象比烷烃复杂，除构造异构外还有顺反异构。

1. 构造异构

烯烃的构造异构包括碳链异构和双键位置异构。

（1）碳链异构　它是由分子中碳原子的排列方式不同而引起的，乙烯和丙烯分子中的碳原子只有一种排列方式，没有异构体。C_4以上的烯烃，由于碳原子可以不同方式进行排列，故存在碳链异构体，如烯烃C_4H_8有两种碳链异构体：

$$CH_2=CHCH_2CH_3 \qquad CH_2=C(CH_3)-CH_3$$

（2）位置异构　它是由双键在碳链中的位置不同而引起的。

如烯烃C_4H_8有两种位置异构：

$$CH_2=CHCH_2CH_3 \qquad CH_3CH=CHCH_3$$

烯烃构造异构体的推导方法是：先按烷烃碳链异构的推导方法写出碳链异构，再在碳链中可能的位置上依次移动双键的位置。

如烯烃C_5H_{10}的构造异构体共有5个：

$CH_2=CHCH_2CH_2CH_3$（碳链）　　　　$CH_3CH=CHCH_2CH_3$（位置）

$CH_2=C(CH_3)-CH_2CH_3$（碳链）　　　$CH_3-C(CH_3)=CH-CH_3$（位置）

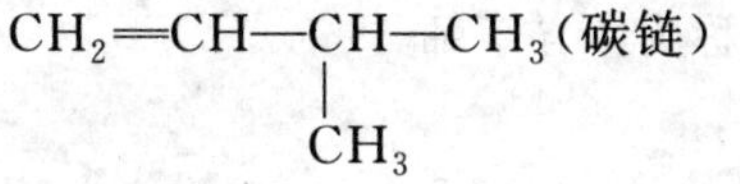

CH$_2$=CH—CH—CH$_3$ （碳链）
           |
          CH$_3$

*2. 顺反异构

由于原子或基团在空间的排列方式不同所引起的异构现象叫顺反异构。这两种异构体叫顺反异构体。

并不是所有的烯烃都存在顺反异构体。只有当分子具有下列结构时，才会产生顺反异构现象：

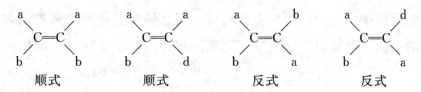

也就是说，同一个双键碳原子上所连接的原子或基团互不相同。只要有一个碳原子上连接两个相同的原子或基团，就没有顺反异构。如：

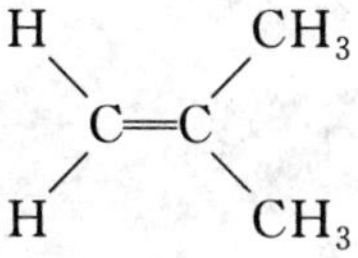

$$\begin{array}{c} H \\ \diagdown \\ C=C \\ \diagup \\ H \end{array} \begin{array}{c} CH_3 \\ \diagup \\ \\ \diagdown \\ CH_3 \end{array}$$

思考与练习

2-1 请写出烯烃 C$_6$H$_{12}$ 的 13 个同分异构体。

三、烯烃的命名

1. 烯基

烯烃分子中去掉一个氢原子后剩余的基团叫做烯基。几个常见烯基的名称如下：

CH$_2$=CH—　　　　CH$_3$—CH=CH—　　　　CH$_2$=CH—CH$_2$—　　　　CH$_3$—C̈=CH$_2$ 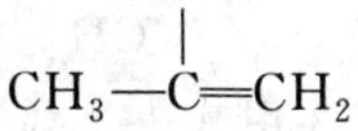
 乙烯基　　　　　　　　丙烯基　　　　　　　　　烯丙基　　　　　　　　　异丙烯基

其中最常遇到的是烯丙基。

2. 烯烃的命名

与烷烃相似，烯烃的命名也有习惯命名法、衍生物命名法和系统命名法。

（1）习惯命名法　某些低级烯烃习惯上采用"正、异"等词头加在烯烃"天干"名称之前来称呼，如：

CH$_3$CH$_2$CH=CH$_2$　　　　称为：正丁烯

$$CH_2=C-CH_3$$
$$\quad\quad |$$
$$\quad\quad CH_3$$
称为：异丁烯

对于碳原子数较多和结构较为复杂的烯烃，只能用系统命名法命名。

(2) 系统命名法

① 构造异构体的命名

a. 直链烯烃的命名。直链烯烃的命名是按照分子中碳原子的数目称为某烯，与烷烃一样，碳原子数在10以内的用天干表示，10以上的用中文数字表示，并常在烯字前面加碳字。为区别位置异构体，需在烯烃名称前用阿拉伯数字标明双键在链中的位次。阿拉伯数字与文字之间同样要用半字线隔开。例如：

$$CH_3-CH=CH_2 \quad\quad\quad CH_2=CH_2$$

（没有位置异构体，双键位次可省略）

$$CH_2=CHCH_2CH_3 \quad\quad CH_3CH=CHCH_3 \quad\quad CH_3(CH_2)_5CH=CH(CH_2)_6CH_3$$
　　1-丁烯　　　　　　　　2-丁烯　　　　　　　　　7-十五碳烯

> CCS2017：丁-1-烯　　　　　丁-2-烯　　　　　　　十五碳-7-烯

b. 支链烯烃的命名

(a) 选取主链作为母体。应选择含有双键且连接支链较多的最长碳链作为主链（母体），并按主链上碳原子数目命名"某烯"。

(b) 给主链碳原子编号。从靠近双键一端开始给主链编号，用以标明双键和支链的位次。

(c) 写出烯烃的名称。按取代基位次、相同基数目、取代基名称、双键位次、母体名称的顺序写出烯烃的名称。如：

$$CH_2=CH-CH-CH_3 \quad\quad CH_3-CH=C-CH_2-CH_3 \quad\quad CH_3-C=CH-CH-CH_3$$
$$\quad\quad\quad\quad | \quad\quad\quad\quad\quad\quad\quad\quad\quad\quad | \quad\quad\quad\quad\quad\quad\quad\quad\quad\quad | \quad\quad\quad\quad |$$
$$\quad\quad\quad\quad CH_3 \quad\quad\quad\quad\quad\quad\quad\quad CH_2-CH_3 \quad\quad\quad\quad\quad\quad CH_3 \quad\quad CH_3$$
　3-甲基-1-丁烯　　　　　　3-乙基-2-戊烯　　　　　　　2,5-二甲基-2-己烯

② 顺反异构体的命名。有顺反命名法和 Z、E 命名法，在此仅介绍顺反命名法。

两个相同原子或基团位于双键同侧的称为顺式，在异侧的称为反式。在顺式异构体的名称前加上"顺"字，在反式异构体的名称前加上"反"字。如：

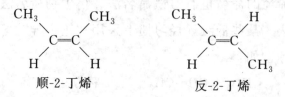

顺-2-丁烯　　　　　　反-2-丁烯

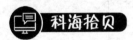

2-2 请将烯烃 C_6H_{12} 的 13 个同分异构体用系统命名法命名。

植物催熟剂——乙烯

乙烯是一种气体激素。成熟的植物组织释放乙烯较少,而在分生组织、萌芽的种子、凋谢的花朵和成熟过程的果实中,乙烯的产量较大。

如果你家里有青香蕉、绿橘子等还没有成熟的水果,要想使它们尽快变熟怎么办?你可以把没有成熟的生水果和已经成熟的水果放在同一个塑料袋里扎紧袋口,这样,过几天青香蕉就会变黄、成熟。原来水果在成熟的过程中,自身能够释放出乙烯气体。利用成熟水果释放出的乙烯气体可以催熟生水果。

四、烯烃的物理性质

1. 物态

常温下 $C_2 \sim C_4$ 的烯烃为气体,$C_5 \sim C_{18}$ 的烯烃为液体,C_{19} 以上的烯烃为固体。

2. 颜色、气味

纯的烯烃都是无色的。乙烯略带甜味,液态烯烃具有汽油的气味。

3. 沸点

烯烃的沸点随分子中碳原子数目的增加而升高,在顺反异构体中,顺式异构体的沸点略高于反式异构体。

4. 熔点

烯烃的熔点随分子中碳原子数目的增加而升高。但在顺反异构体中,反式异构体的熔点比顺式异构体高。

5. 溶解性

烯烃难溶于水,易溶于有机溶剂。

6. 相对密度

烯烃的相对密度都小于 1,比水轻。常见烯烃的物理常数见表 2-1。

表 2-1 常见烯烃的物理常数

名称	构造式	熔点/℃	沸点/℃	相对密度	折射率(n_D^{20})
乙烯	$CH_2=CH_2$	-169.2	-103.7	0.3840(-10℃)	1.63(-100℃)

续表

名称	构造式	熔点/℃	沸点/℃	相对密度	折射率(n_D^{20})
丙烯	$CH_3CH=CH_2$	−184.9	−47.4	0.5193	1.3567(−40℃)
1-丁烯	$CH_3CH_2CH=CH_2$	−183.4	−6.3	0.5951	1.3962
顺-2-丁烯	(顺式结构)	−138.9	3.7	0.6213	1.3931(−25℃)
反-2-丁烯	(反式结构)	−105.5	0.88	0.6042	1.3848(−25℃)
1-戊烯	$CH_3CH_2CH_2CH=CH_2$	−138	30.1	0.6405	1.3715
1-庚烯	$CH_2=CH(CH_2)_4CH_3$	−119	93.6	0.697	1.3998
1-十八碳烯	$CH_3(CH_2)_{15}CH=CH_2$	17.5	179	0.791	1.4448

五、烯烃的化学性质

烯烃的化学性质主要表现在官能团 $\diagdown C=C \diagup$ 的氧化与加成反应，以及受碳碳双键影响较大的 α-碳原子（与官能团直接相连的碳原子）上的氢原子（α-H）的氧化与取代反应，这是因为分子中的双键是由一个 σ 键和一个 π 键组成的，π 键较弱，易于被极化断裂而发生反应，**烯烃的主要反应有氧化、加成、聚合和 α-H 的反应。**

1. 氧化反应

烯烃的 $\diagdown C=C \diagup$ 双键非常活泼，容易发生氧化反应，当氧化剂和氧化条件不同时，产物也不相同。

（1）被氧气氧化 在点燃的情况下，乙烯与纯净的氧气发生反应，生成二氧化碳和水。

$$CH_2=CH_2 + 3O_2 (纯) \xrightarrow{点燃} 2CO_2 + 2H_2O$$

（2）催化氧化 在活性银催化剂作用下，乙烯被空气中的氧直接氧化，π 键断裂，生成环氧乙烷。

$$2CH_2=CH_2 + O_2 \xrightarrow[220\sim330℃]{Ag} 2\ \underset{O}{CH_2\text{—}CH_2}$$

该反应必须严格控制反应温度，反应温度低于 220℃，则反应太慢；超过 300℃，使部分地氧化生成二氧化碳和水，致使产率下降。

当乙烯或丙烯在氯化钯等催化剂存在下，也能被氧化，产物为乙醛或丙酮，它们都是重要的化工原料。

$$2CH_2=CH_2 + O_2 \xrightarrow[100\sim125℃]{PdCl_2\text{-}CuCl_2} 2CH_3CHO$$

$$2CH_2=CH-CH_3 + O_2 \xrightarrow[120℃]{PdCl_2\text{-}CuCl_2} 2CH_3-\underset{\underset{O}{\|}}{C}-CH_3$$

（3）氧化剂氧化　常用的氧化剂有高锰酸钾、重铬酸钾-硫酸和有机过氧化物等。

用适量冷的高锰酸钾稀溶液作氧化剂，在碱性或中性介质中，烯烃双键中的 π 键断裂，被氧化成邻二醇，而高锰酸钾被还原为棕色的二氧化锰从溶液中析出，由此来鉴定不饱和烃的存在。

$$3R-CH=CH-R' + 2KMnO_4 + 4H_2O \longrightarrow 3R-\underset{OH}{C}H-\underset{OH}{C}H-R' + 2MnO_2\downarrow + 2KOH$$

如果用酸性热高锰酸钾浓溶液氧化烯烃，则碳碳双键完全断裂，不同结构烯烃得到不同的氧化物，根据反应得到的氧化产物，可以推测原来烯烃的结构。

$$R-CH=CH-R' \xrightarrow[\triangle]{过量\ KMnO_4, H^+} R-\underset{\underset{O}{\|}}{C}-OH + R'-\underset{\underset{O}{\|}}{C}-OH$$
　　　　　　　　　　　　　　　　　　　　　　羧酸　　　　　羧酸

$$R-\underset{\underset{R'}{|}}{C}=CH_2 \xrightarrow[\triangle]{过量\ KMnO_4, H^+} R-\underset{\underset{O}{\|}}{C}-R' + CO_2$$
　　　　　　　　　　　　　　　　　　　　　酮

由此可以看出，具有 R—CH= 结构的烯烃，氧化后生成羧酸（RCOOH）；具有 R—C= 结构的烯烃，氧化后生成酮（R—C—R'），具有 CH₂=结构的烯烃，
　　　　　|　　　　　　　　　　　　　　　　　　‖
　　　　　R'　　　　　　　　　　　　　　　　　　O

氧化后生成二氧化碳（CO_2）。

【例 2-1】 某烯烃用酸性高锰酸钾溶液强烈氧化后，只生成一种产物乙酸 $CH_3\underset{\underset{O}{\|}}{C}-OH$，试推测该烯烃的构造式。

解　烯烃的氧化产物是烯烃断裂碳碳双键之后形成的，产物中连接氧原子的碳原子就是原烯烃中的双键碳原子，只生成 $CH_3\underset{\underset{O}{\|}}{C}-OH$ 说明原烯烃中有两个 $CH_3CH=$结构，将这两部分连接起来，即为该烯烃的构造式：

$$CH_3CH=CHCH_3 \quad\quad 2\text{-丁烯}$$

第二章　不饱和烃——烯烃、二烯烃和炔烃

【例 2-2】 某烯烃分子式为 C_5H_{10}。用酸性 $KMnO_4$ 氧化后，得到乙酸 ($CH_3-C(=O)-OH$) 和丙酮 ($CH_3-C(=O)-CH_3$)，试推测该烯烃的构造式。

解 产物中有乙酸说明原烯烃中有 $CH_3CH=$ 结构，产物中有丙酮说明原烯烃中有 $CH_3-C(CH_3)=$ 结构，这两部分连接起来即为原烯烃的构造式：

$$CH_3-CH=C(CH_3)-CH_3 \quad \text{2-甲基-2-丁烯}$$

2. 加成反应

碳碳双键中 π 键较易断裂，在双键的两个碳原子上各加一个原子或基团，生成饱和化合物的反应叫加成反应，这是烯烃最普遍、最典型的反应。

$$\underset{\text{烯烃}}{\diagdown C=C \diagup} + \underset{\text{试剂}}{X-Y} \longrightarrow \underset{\text{加成产物}}{-\underset{X}{\overset{|}{C}}-\underset{Y}{\overset{|}{C}}-}$$

（1）**催化加氢（H_2）** 在常温常压下，烯烃与氢气很难反应，但在催化剂存在下，烯烃能与氢气反应生成烷烃，故称为催化加氢。例如：

$$RCH=CHR' + H_2 \xrightarrow{\text{催化剂}} RCH_2-CH_2R'$$

工业上常用的催化剂有 Pt、Pd、Ni 等，实验常用活性较高的雷氏镍。

应用催化加氢反应，可把汽油中的不饱和烃转变为烷烃，可提高汽油的质量。还可使油脂中的不饱和脂肪酸转变为饱和脂肪酸用于生产肥皂，也可用于烯烃的化学分析，根据吸收氢气的量可以计算出混合物中不饱和化合物的含量或双键的数目（不饱和度）。

（2）**加卤素（X_2）** 烯烃容易与卤素发生加成反应，生成邻位二卤代烃。不同的卤素反应活性不同，氟与烯烃的反应非常剧烈，常使烯烃完全分解，氯与烯烃反应较氟缓和，但也要加溶液稀释，溴与烯烃可正常反应，碘与烯烃难以发生加成反应，即**活性顺序为：$F_2 > Cl_2 > Br_2 > I_2$**。如：

$$CH_2=CH_2 + Cl_2 \xrightarrow[40℃,\text{溶剂}]{FeCl_3} \underset{\text{1,2-二氯乙烷}}{CH_2-CH_2} \atop {\underset{Cl}{|} \quad \underset{Cl}{|}}$$

1,2-二氯乙烷为无色油状液体，有毒，大量吸入其蒸气或误食均能引起中毒死亡。

$$CH_2=CH_2 + Br_2 \xrightarrow[40℃,溶剂]{CCl_4} \underset{\underset{Br}{|}\ \underset{Br}{|}}{CH_2-CH_2}$$
（红棕色） 　　　　　1,2-二溴乙烷（无色液体）

码 2-5　烯烃与溴的加成机理

此反应前后有明显的颜色变化，因此可用来鉴别烯烃，原理见码 2-5。工业上即用此来检验汽油、煤油中是否含有不饱和烃。

（3）加卤化氢（HX）　烯烃与卤化氢气体或浓的氢卤酸在加盐下发生加成反应，生成一卤代烷，**卤化氢的活性顺序为：HI＞HBr＞HCl**，例如：

$$CH_2=CH_2 + HCl \xrightarrow[130\sim 250℃]{AlCl_3} CH_3CH_2Cl$$
氯乙烷

氯乙烷常温下是无色气体，能与空气形成爆炸性混合物，它能在皮肤表面很快蒸发，使皮肤冷至麻木而不致冻伤皮下组织，因此用作局部麻醉剂，也被称为足球场上的"化学大夫"。

乙烯是对称分子，不论氢原子和卤原子加在哪个碳原子上，都得到同样的一卤代乙烷，但对于结构不对称的烯烃，与卤化氢加成时，可以得到两种加成产物。如：

$$CH_3CH=CH_2 + HX \longrightarrow \begin{cases} CH_3\underset{\underset{X}{|}}{CH}CH_3 & \text{2-卤丙烷} \\ CH_3CH_2CH_2X & \text{1-卤丙烷} \end{cases}$$

实验证明，上述反应的主要产物是 2-卤丙烷，1869 年俄国化学家马尔科夫尼科夫（MarkovniKov）根据大量的实验事实总结出一条经验规律：**不对称烯烃与 HX 加成时，氢原子主要加在含氢较多的双键碳原子上，而卤原子加到含氢较少的双键碳原子上，此规律叫做马尔科夫尼科夫规则，简称马氏规则。**

反马氏规则加成——过氧化物效应：在过氧化物存在下，烯烃与 HBr 加成时，得到的产物是反马氏规则的。如：

$$CH_3CH_2CH=CH_2 + HBr \begin{cases} \xrightarrow{\text{有过氧化物}} CH_3CH_2\underset{\underset{H}{|}}{CH}-\underset{\underset{Br}{|}}{CH_2} & \text{反马氏规则} \\ \xrightarrow{\text{无过氧化物}} CH_3CH_2\underset{\underset{Br}{|}}{CH}-\underset{\underset{H}{|}}{CH_2} & \text{马氏规则} \end{cases}$$

注意：过氧化物的存在对不对称烯烃与 HCl 和 HI 的加成反应无影响，仍然遵循马氏规则。

（4）加硫酸（H—O—SO$_2$OH）

$$CH_2=CH_2 + H-O-SO_2OH \longrightarrow CH_3CH_2O-SO_2OH$$
硫酸氢乙酯

$$CH_3CH=CH_2 + H-O-SO_2OH \longrightarrow CH_3-\underset{\underset{\text{硫酸氢异丙酯}}{O-SO_2OH}}{CH}-CH_3 \quad \text{(按马氏规则加成)}$$

（5）加水（H—OH）　烯烃与水不易直接作用，但在适当的催化剂和加压下也可与水直接加成生成相应的醇。如：

$$CH_2=CH_2 + H_2O \xrightarrow[300℃,7MPa]{磷酸\text{-}硅藻土} CH_3CH_2OH$$
乙醇

$$CH_3CH=CH_2 + H_2O \xrightarrow[300℃,4MPa]{磷酸\text{-}硅藻土} CH_3-\underset{\underset{\text{异丙醇}}{OH}}{CH}CH_3$$

这是工业上生产乙醇、异丙醇最重要的方法，叫做烯烃直接水化法。

（6）加次卤酸（HO—X）　烯烃与次卤酸加成，生成卤代醇，当不对称烯烃与次卤酸加成时，带部分正电荷的卤原子首先加到氢较多的双键碳原子上，带部分负电荷的羟基加到含氢较少的双键碳原子上，也符合马氏规则。如：

$$CH_3CH=CH_2 + HO-Cl \longrightarrow CH_3-\underset{OH}{CH}-\underset{Cl}{CH_2}$$

3. 聚合反应

烯烃不仅能与许多试剂发生加成反应，还能在引发剂或催化剂的存在下，双键中的π键断裂，以头尾相连的形式自相加成，生成分子量较大的化合物，这种由**低分子量的化合物转变为高分子量的化合物的反应，叫聚合反应，得到的产物称为聚合物或高聚物**。如：

$$nCH_2=CH_2 \xrightarrow[100MPa]{100\sim 300℃} \text{⁅}CH_2-CH_2\text{⁆}_n$$
聚乙烯

式中，$CH_2=CH_2$ 称为单体；$\text{⁅}CH_2-CH_2\text{⁆}_n$ 称为链节，n 称为链节数（聚合度）。

$$n\underset{\underset{\text{丙烯}}{CH_3}}{CH}=CH_2 \xrightarrow[1\sim 2MPa,60\sim 80℃]{TiCl_4\text{-}Al(C_2H_5)_2Cl,汽油} \underset{\underset{\text{聚丙烯}}{CH_3}}{\text{⁅}CH}-CH_2\text{⁆}_n$$

聚合反应在合成橡胶、塑料、合成纤维等三大合成材料工业上有十分重要的意义。

> **你知道吗？**
>
> **如何鉴别哪些塑料袋有毒**
>
> 无毒的塑料袋一般是用聚乙烯做的，有毒的塑料袋是用聚氯乙烯做的，聚氯乙烯中含有未聚合的氯乙烯单体及加入的增塑剂、稳定剂及颜料等辅助材料，这些材料往往有毒。在使用过程中，这些物质可被食物中的油和水吸收出来而进入食品，人若吃下这样的食品，会对健康产生危害。
>
> 聚乙烯塑料和聚氯乙烯塑料，凭外观一般难以划分清楚。在燃烧的情况下，可以简便地加以区别。聚乙烯能够燃烧，火焰为蓝色，上端为黄色，有石蜡气味；聚氯乙烯难以燃烧，着火时为黄色，火焰外围显绿色，有盐酸的刺激性气味。

4. α-氢原子的反应

烯烃分子中的 α-氢原子因受双键的影响，表现出特殊的活泼性，容易发生取代反应和氧化反应。

（1）取代反应　在较低温度下，丙烯与卤素主要发生碳碳双键的加成反应，生成 1,2-二氯丙烷，而在较高温度下，则是 α-氢原子被取代，生成 α-氯代烯烃。

$$CH_3-CH=CH_2 + Cl_2 \begin{cases} \xrightarrow{<300℃,加成} CH_3CHCH_2 \text{（主要反应）} \\ \quad\quad\quad\quad\quad\quad |\ \ | \\ \quad\quad\quad\quad\quad\quad Cl\ Cl \\ \xrightarrow{500℃,取代} CH_2-CH=CH_2 \text{（主要反应）} \\ \quad\quad\quad\quad\quad\quad | \\ \quad\quad\quad\quad\quad\quad Cl \end{cases}$$

（2）氧化反应　在不同的催化条件下，用空气或氧气作氧化剂，氧化 α-氢原子，其产物不同。

$$CH_2=CH-CH_3 + O_2 \text{（空气）} \xrightarrow[350℃,0.25MPa]{Cu_2O} CH_2=CH-CHO + H_2O$$
　　　　　　　　　　　　　　　　　　　　　丙烯醛

这是工业上生产丙烯醛的主要方法。

$$CH_2=CH-CH_3 + \frac{3}{2}O_2 \text{（空气）} \xrightarrow[300\sim400℃]{钼酸铋} CH_2=CH-COOH + H_2O$$
　　　　　　　　　　　　　　　　　　　　　丙烯酸

这是工业上生产丙烯酸的主要方法之一。

思考与练习

2-3　实验室中制取甲烷时，会产生少量烯烃，试设计一实验方案将其除去。

2-4　分别写出 $CH_3-\underset{\underset{CH_3}{|}}{C}=CH_2$ 与 H_2、Br_2、$HO-Cl$、H_2O、HBr 反应的所有方程式，并注明反应条件。

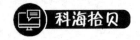

由保鲜纸到不粘底锅

由乙烯（C_2H_4）经聚合作用而成的聚乙烯，是保鲜纸的主要材料。当乙烯中所有氢原子都转换成氟原子，乙烯便变成了四氟乙烯（C_2F_4），经过聚合后便是不粘底锅的主要材料——聚四氟乙烯，简写为PTFE，又称为特氟龙或"塑料王"。在使用不粘底锅时，须使用木质或塑料类的餐具，不可用金属类餐具，以免损坏其保护层，降低其使用寿命。

六、烯烃的来源、制法及重要的烯烃

1. 烯烃的来源、制法

（1）**从石油裂解气和炼厂气中分离** 主要得到乙烯、丙烯、丁烯等低级烯烃。

（2）**用醇脱水制取** 实验室中制取少量烯烃时，通常是在催化剂存在下，由醇脱水制得。如：

$$CH_3CH_2OH \xrightarrow[170℃]{浓 H_2SO_4} CH_2{=\!\!=}CH_2 + H_2O$$
乙醇

$$CH_3CH_2OH \xrightarrow[350\sim400℃]{Al_2O_3} CH_2{=\!\!=}CH_2 + H_2O$$

$$\underset{\underset{OH}{|}}{CH_3CHCH_3} \xrightarrow[350\sim400℃]{Al_2O_3} CH_3CH{=\!\!=}CH_2 + H_2O$$
异丙醇

（3）**由卤代烷脱卤化氢制取** 卤代烷与强碱的醇溶液共热时，脱去1分子卤化氢生成烯烃，例如：

$$\underset{\underset{Br}{|}}{CH_3CHCH_3} \xrightarrow[\triangle]{KOH/醇} CH_3CH{=\!\!=}CH_2 + KBr + H_2O$$

2. 重要的烯烃

（1）**乙烯** 乙烯是无色略带甜味的气体。微溶于水，比空气轻，在空气中燃烧时火焰比甲烷明亮，这是因为乙烯分子中碳的质量分数高于甲烷，乙烯与空气混合，遇明火会发生爆炸，爆炸极限为3%～29%（体积分数）。

乙烯是有机化学工业最重要的起始原料之一。由乙烯出发，通过各类化学反应，可以制得许多有用的化工产品和中间体。

乙烯还具有催促水果成熟的作用。

（2）**丙烯** 丙烯是无色气体。在空气中的爆炸极限是2%～11%（体积分数）。不溶于水，易溶于汽油、四氯化碳等有机溶剂。丙烯也是有机化学工业重要的起始原料之一。

搜集整理

2-5 请采取各种途径搜集乙烯、丙烯在化工行业的重要用途。

科海拾贝

塑料袋大灾难

小小塑料袋似乎不起眼，但你是否留意过，一个人或一个家庭每天会得到和使用多少个塑料袋？回家后丢进垃圾桶里的又有多少？如果我们计算一下，其资源浪费、污染环境的程度十分惊人，全国仅每天买菜要用掉10亿个塑料袋，其他各种塑料袋的用量每天在20亿个以上。据统计，香港平均每天都有8000t固体废物由住宅和商户产生，塑料废料占15%，其中塑料袋又占塑料废料的60%，换言之，香港人每天共弃置720t生物不可降解的塑料袋。

由于燃烧塑料会产生有毒气体，故一般处理的方法是把它们埋在堆填区的泥土里。不过，塑料普遍是不能被细菌分解的，所以这些废料成了永远的废弃物。同时塑料废料也会阻碍植物吸取泥土中的养分，影响植物生长。塑料废料愈多，堆埋区的面积就愈大，这不单浪费土地，也会破坏环境，加剧温室效应。

建议：(1) 少用塑料袋或自备购物袋；(2) 清洁的塑料袋可以再次使用；(3) 尽量选择非塑料袋装的产品；(4) 使用生物可降解的塑料袋。

实验二 乙烯的制取和性质

一、实验目的

掌握乙烯的实验室制法，验证其部分性质。

二、实验原理

1. $CH_3CH_2OH \xrightarrow[170℃]{浓 H_2SO_4} CH_2{=}CH_2\uparrow + H_2O$。

2. 点燃乙烯气体生成二氧化碳和水。

3. 乙烯可使高锰酸钾溶液和溴水褪色。

三、实验方法

1. 制备

在50mL的蒸馏瓶中倒入5mL 95%酒精，然后一边摇动，一边慢慢加入

15mL 浓硫酸（相对密度 1.84），再投入少量碎瓷片（防止加热时暴沸）。用带有温度计的塞子塞住瓶口，并使温度计的水银球没入混合液中。将蒸馏瓶固定在铁架台并置于石棉网上，蒸馏瓶的支管通过导气管与盛有 10% 氢氧化钠溶液的洗气装置相连。

2. 性质检验

准备三支洁净的试管，第一支加入 2mL 3% 溴水，第二支加入 0.5mL 0.5% 高锰酸钾溶液并加水稀释到 2mL，第三支装满水后倒立在水盆中。

用小火缓缓地加热蒸馏瓶内的混合液体，当温度上升到 160℃时，调整火焰的高度，使液体的温度保持在 160～180℃之间。

将生成的乙烯气体分别通入准备好的溴水和高锰酸钾溶液中，观察溶液是否褪色。

用排水集气法收集乙烯，并用与点燃甲烷相同的方法点燃试管中的乙烯。可以看到，乙烯燃烧的火焰比甲烷燃烧时明亮一些。

3. 实验后的处理

结束实验时，先去掉洗气装置，再移开灯火，以免碱液流入热的蒸馏瓶内，发生事故。

4. 整理台面

研究与实践

2-1 请在讨论和思考的基础上，写出本实验所需的所有仪器、试剂、物品。

2-2 根据实验过程画出合理的实验装置图。

2-3 本实验中为何要连接洗气装置？为何要用氢氧化钠溶液？

2-4 你在实验过程中遇到了哪些问题？试分析其原因。

第二节 二烯烃

分子中含有两个碳碳双键的不饱和烃叫做二烯烃，二烯烃的分子中比相应的单烯烃少两个氢原子，故通式为：C_nH_{2n-2} ($n \geqslant 3$)。

一、二烯烃的分类和命名

1. 分类

在二烯烃分子中，由于两个碳碳双键的相对位置不同，致使其性质也有差异，因此通常根据二烯烃的分子中两个碳碳双键相对位置的不同，将二烯烃分为三种类型。

(1) 累积二烯烃　分子中两个双键连接在同一个碳原子上的二烯烃，如：$CH_2=C=CH_2$（丙二烯）。

累积双键不稳定，容易发生异构化——双键位置改变，因此一般它很活泼，也不容易制备。

(2) 共轭二烯烃　分子中两个双键被一个单键隔开的二烯烃，如：$CH_2=CH-CH=CH_2$ [1,3-丁二烯（简称丁二烯）]。丁二烯的分子构型见码2-6。

共轭二烯烃是二烯烃中最重要的一类，它在理论和应用方面都具有重要意义。

(3) 孤立二烯烃　分子中两个双键被两个或两个以上单键隔开的二烯烃，如：$CH_2=CH-CH_2-CH=CH_2$（1,4-戊二烯）。孤立二烯烃的性质与单烯烃相似。

2. 命名

二烯烃的命名与烯烃相似，不同之处在于：①选择主链时应把两个双键都包含在内；②两个双键的位次都必须标明。例如：

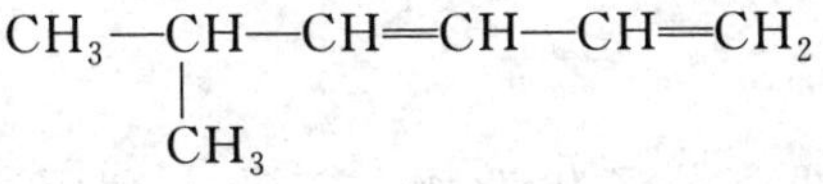

$$CH_3-\underset{\underset{CH_3}{|}}{CH}-CH=CH-CH=CH_2 \qquad \text{5-甲基-1,3-己二烯}$$

二、共轭二烯烃的化学性质

共轭二烯烃分子中含有 $C=C-C=C$ 共轭 π 键，与烯烃的 $\diagup C=C \diagdown$ 相似，它主要可进行加成和聚合反应。现以 1,3-丁二烯为例加以说明。

1. 加成反应

共轭二烯烃在与 1mol 卤素或卤化氢等试剂加成时，既可发生 1,2-加成反应，也可发生 1,4-加成反应，故可得到两种产物。例如：

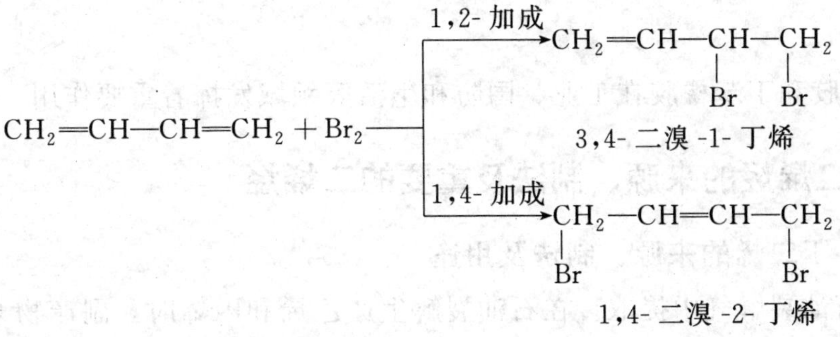

$$CH_2=CH-CH=CH_2 + Br_2 \begin{cases} \xrightarrow{1,2-\text{加成}} CH_2=CH-\underset{\underset{Br}{|}}{CH}-\underset{\underset{Br}{|}}{CH_2} \\ \quad\quad\quad\quad\quad 3,4\text{-二溴-1-丁烯} \\ \xrightarrow{1,4-\text{加成}} \underset{\underset{Br}{|}}{CH_2}-CH=CH-\underset{\underset{Br}{|}}{CH_2} \\ \quad\quad\quad\quad\quad 1,4\text{-二溴-2-丁烯} \end{cases}$$

一般在低温下或非极性溶剂中有利于 1,2-加成产物的形成；升高温度或在极性溶剂中则有利于 1,4-加成产物的生成，见码 2-6～码 2-8。

码 2-6　丁二烯的分子构型

码 2-7　1,2-加成

码 2-8　1,4-加成

共轭二烯烃与卤化氢加成时，符合马氏规则。

2. 双烯合成

共轭二烯烃在加热条件下，能与含有 $\text{C}=\text{C}$ 双键或 $—\text{C}\equiv\text{C}—$ 三键的化合物发生 1,4-加成反应，生成环状化合物，这类反应称为狄尔斯-阿尔德（Diels-Alder）反应，也称双烯合成反应。如：

$$\begin{array}{c}\text{CH}_2\\\|\\\text{CH}\\\|\\\text{CH}\\\|\\\text{CH}_2\end{array} + \begin{array}{c}\text{CH}_2\\\|\\\text{CH}_2\end{array} \xrightarrow[17\text{h}]{165\,^{\circ}\text{C},90\text{MPa}} \text{环己烯}$$

3. 聚合反应

共轭二烯烃比较容易发生聚合生成高分子化学物，工业上利用这一反应生产合成橡胶。例如：

$$n\text{CH}_2=\text{CH}-\text{CH}=\text{CH}_2 \xrightarrow{\text{齐格勒-纳塔催化剂}} \left[\begin{array}{c}\text{CH}_2\quad\text{CH}_2\\\diagdown\quad\diagup\\\text{C}=\text{C}\\\diagup\quad\diagdown\\\text{H}\quad\quad\text{H}\end{array}\right]_n$$

顺-1,4-聚丁二烯（顺丁橡胶）

另外，共轭二烯烃还可以与其他含有双键的化合物进行共聚生成共聚物。例如：

$$n\text{CH}_2=\text{CH}-\text{CH}=\text{CH}_2 + m\text{CH}=\text{CH}_2\text{(Ph)} \xrightarrow{\text{过氧化物}} \cdots-\text{CH}_2-\text{CH}=\text{CH}-\text{CH}_2-\text{CH(Ph)}-\text{CH}_2-\cdots$$

顺丁橡胶和丁苯橡胶在工业、国防和生活等领域发挥着重要作用。

三、共轭二烯烃的来源、制法及重要的二烯烃

1. 1,3-丁二烯的来源、制法及用途

① 从石油裂解气中提取。在石油裂解生产乙烯和丙烯时，副产物 C_4 馏分中

含有大量的1,3-丁二烯。采用合适的溶剂，可从这种C_4馏分中将1,3-丁二烯提取出来。

此法的优点是原料来源丰富、价格低廉、生产成本低、经济效益高。目前世界各国用此法生产1,3-丁二烯的越来越多，西欧已全部用这一生产方法。

② 由丁烷和丁烯脱氢制取。

$$CH_3CH_2CH_2CH_3 \xrightarrow[600℃]{Al_2O_3\text{-}Cr_2O_3} CH_2=CH-CH=CH_2 + 2H_2$$

$$\left.\begin{array}{l}CH_3CH_2CH=CH_2\\CH_3CH=CHCH_3\end{array}\right\} \xrightarrow[600\sim650℃]{Fe_2O_3} CH_2=CH-CH=CH_2 + 2H_2$$

③ 由乙醇脱水、脱氢制取。

$$2CH_3CH_2OH \xrightarrow[360\sim370℃]{MgO\text{-}SiO_2} CH_2=CH-CH=CH_2 + H_2O + H_2$$

1,3-丁二烯是无色气体，沸点-44℃，不溶于水，可溶于汽油、苯等有机溶剂，是合成橡胶的重要单体，也用作ABS树脂、尼龙纤维、医药及染料等的原料。

2. 2-甲基-1,3-丁二烯（异戊二烯）的来源、制法及用途

① 从石油裂解馏分中提取。工业上可从石油裂解的C_5馏分中提取异戊二烯，这也是一个越来越广泛采用的很经济的方法。

② 由异戊烷和异戊烯脱氢制取。

$$\underset{\underset{CH_3}{|}}{CH_3CHCH_2CH_3} \xrightarrow[600℃]{\text{催化剂}} \underset{\underset{CH_3}{|}}{CH_2=C-CH=CH_2} + H_2\uparrow$$

$$\underset{\underset{CH_3}{|}}{CH_3-CHCH=CH_2} \xrightarrow[600\sim621℃]{\text{催化剂}} \underset{\underset{CH_3}{|}}{CH_2=C-CH=CH_2} + H_2\uparrow$$

异戊二烯是无色液体，沸点34℃，不溶于水，易溶于汽油、苯等有机溶剂。主要用作合成橡胶的单体，也用于制造医药、农药、塑料和胶黏剂等。

思考与练习

2-6 给下列二烯烃命名。

$$\underset{\underset{CH_3}{|}}{CH_2=CH-CH-CH_2} \qquad \underset{\underset{CH_3}{|}\ \underset{CH_3}{|}\ \underset{CH_3}{|}}{CH_3-CH=C-C-C=CH_2} \qquad \underset{\underset{CH_2CH_3}{|}}{CH_2=C-CH=CH_2}$$

2-7 请写出异戊二烯：(1) 在低温下与HBr；(2) 在高温下与Br_2；(3) 在165℃、90MPa、17h下与乙烯（$CH_2=CH_2$）的反应方程式。

*2-8 某化合物A的分子式为C_5H_8，它能使溴水褪色，催化加氢得到正戊烷，用酸性高锰酸钾溶液氧化时生成丙二酸（HOOC—CH₂—COOH）和二氧化碳。试推测化合物 A 的构造式。

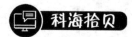

橡胶在生活的应用

合成橡胶向来在国防、民生、建筑、医疗等领域扮演着重要角色，合成橡胶的市场需求量往往与当地的工业化程度呈正比。我国内地被视为全球合成橡胶用量膨胀最快的市场，但我国的合成橡胶自制率偏低，半数以上依赖进口，随着政府的奖励政策，一些外国公司进驻设厂。

国际橡胶研究组织（IRSG）公布数据显示，2017 年全球橡胶产量共 28590kt，合成橡胶产量 15051kt，占全球橡胶总产量的 52.6%。现在，我国的橡胶加工业正值蓬勃发展时期，各地的橡胶业不仅加快了我国工业化的进程，也带动了各地的经济建设。我国橡胶工业比较发达的地区有：江浙沪、山东、广东、河北等。

第三节 炔 烃

分子中含有碳碳三键（—C≡C—）的开链不饱和烃叫做炔烃，碳碳三键是炔烃的官能团。炔烃比相同碳原子数的单烯烃少两个氢原子。通式为：C_nH_{2n-2}（$n \geqslant 2$），与二烯烃互为同分异构体。

一、炔烃的结构

1. 乙炔的结构

乙炔是最简单和最重要的炔烃，分子式为 C_2H_2。

实验测得乙炔分子中的 2 个碳原子和 2 个氢原子都在同一条直线上，是直线型分子，其 C≡C 键与 C—H 键之间的夹角为 180°，如图 2-2 所示。

碳碳三键中有一个 σ 键和两个 π 键，其键长比 C=C 双键的键长（0.134nm）更短，为 0.12nm。乙炔的分子构型及键的形成见码 2-9～码 2-11。

码 2-9　乙炔的分子构型（一）

码 2-10　乙炔的分子构型（二）

码 2-11　乙炔中键的形成

2. 其他炔烃分子的结构

其他炔烃分子中 —C≡C— 的结构与乙炔一样，也是由一个 σ 键和两个 π 键组成（其中 C 原子采取的是 sp 杂化方式，见码 2-12）。

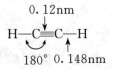

图 2-2　乙炔分子中共价键的
　　　　　键长和键角

码 2-12　碳原子轨道的 sp 杂化

二、炔烃的构造异构和命名

1. 构造异构

炔烃的构造异构主要表现为碳链构造异构和三键位置异构，因为三键碳原子上只能连接一个原子或基团，故炔烃没有顺反异构，如炔烃 C_5H_8 有 3 种异构体：

$$CH\equiv CCH_2CH_2CH_3 \qquad CH_3CH_2C\equiv CCH_3 \qquad CH_3CHC\equiv CH$$
$$\qquad\qquad\qquad\qquad\qquad\qquad\qquad\qquad\qquad\qquad\qquad\qquad | $$
$$\qquad\qquad\qquad\qquad\qquad\qquad\qquad\qquad\qquad\qquad\qquad\qquad CH_3$$

2. 炔烃的命名

炔烃的命名法与烯烃相似。

（1）衍生物命名法　此法是以乙炔为母体，其他部分看作是乙炔的烃基衍生物。如：

$$CH_3-C\equiv C-CH_3 \qquad CH_3-C\equiv C-CH_2-CH_3$$
$$\quad\text{二甲基乙炔} \qquad\qquad\qquad \text{甲基乙基乙炔}$$

此法只适用于简单的炔烃。

（2）系统命名法　炔烃的系统命名法与烯烃相似，只是把相应的"烯"字改成"炔"即可。例如：

$$\qquad\qquad\qquad\qquad\qquad\qquad\qquad\qquad CH_3$$
$$\qquad\qquad\qquad\qquad\qquad\qquad\qquad\qquad |$$
$$CH_3CHC\equiv CH \qquad\qquad CH_3-C-C\equiv C-CH_3$$
$$\quad |\qquad\qquad\qquad\qquad\qquad\qquad |$$
$$\quad CH_3 \qquad\qquad\qquad\qquad\qquad\quad CH_3$$
$$\text{3-甲基-1-丁炔} \qquad\qquad\qquad \text{4,4-二甲基-2-戊炔}$$

思考与练习

2-9　请写出分子式为 C_6H_{10} 的 7 种炔烃同分异构体，并用系统命名法命名。

三、炔烃的物理性质

1. 物态

通常情况下，$C_2 \sim C_4$ 的炔烃是气体，$C_5 \sim C_{17}$ 的炔烃是液体；C_{18} 以上的炔烃是固体。

2. 熔点、沸点

炔烃的熔、沸点都随碳原子数目增加而升高。一般比相应的烷烃、烯烃略高，这是因为碳碳三键键长较短、分子间距离较近、作用力较强。

3. 相对密度

炔烃的相对密度都小于1，比水轻，相同碳原子数的烃的相对密度为：炔烃＞烯烃＞烷烃。

4. 溶解性

炔烃难溶于水，易溶于乙醚、石油醚、丙酮、苯和四氯化碳等有机溶剂。

部分炔烃的物理常数见表 2-2。

表 2-2　部分炔烃的物理常数

名　称	构　造　式	熔点/℃	沸点/℃	相对密度	折射率(n_D^{20})
乙炔	CH≡CH	－80.8	－84	—	—
丙炔	$CH_3C\equiv CH$	－101.5	－23.2	—	—
1-丁炔	$CH_3CH_2C\equiv CH$	－125.7	8.1	—	1.3962
1-戊炔	$CH_3(CH_2)_2C\equiv CH$	－90	40.2	0.6901	1.3852
2-戊炔	$CH_3CH_2C\equiv CCH_3$	－101	56	0.7107	1.4039
3-甲基-1-丁炔	$(CH_3)_2CHC\equiv CH$	－89	29.5	0.5660	1.3723
1-己炔	$CH_3(CH_2)_3C\equiv CH$	131.9	71.3	0.7155	1.3989
1-庚炔	$CH_3(CH_2)_4C\equiv CH$	－81	99.7	0.7328	1.4115
1-十八碳炔	$CH_3(CH_2)_{15}C\equiv CH$	28	180(52kPa)	0.8025	1.4265

四、炔烃的化学性质

由于 —C≡C— 中含有两个 π 键，故炔烃的化学性质比较活泼，与烯烃相似，也可以发生氧化、加成和聚合反应，另外受 —C≡C— 的影响，炔烃还有一些特殊的性质。

1. 氧化反应

(1) 燃烧　乙炔在氧气中燃烧，生成二氧化碳和水，同时放出大量的热（火焰温度可达 3000℃ 以上，故工业上广泛用于切割和焊接金属）。

$$2CH\equiv CH+5O_2 \xrightarrow{点燃} 4CO_2+2H_2O$$

(2) 被高锰酸钾氧化　碳碳三键也能进行氧化反应。**将乙炔通入 KMnO₄ 的水溶液中，KMnO₄ 被还原为棕褐色的二氧化锰沉淀，原来的紫色消失，三键断裂。**

$$3CH\equiv CH+10KMnO_4+2H_2O \longrightarrow 6CO_2+10MnO_2\downarrow+10KOH$$

$$R-C\equiv CH \xrightarrow[H_2O]{KMnO_4} R-COOH+CO_2\uparrow$$
羧酸

$$R-C\equiv C-R' \xrightarrow[H_2O]{KMnO_4} R-COOH+R'COOH$$

因此，可根据氧化产物来推测原来炔烃的结构，也可用高锰酸钾的颜色变化来鉴别炔烃（或烯烃）。

【例 2-3】　某一炔烃经高锰酸钾氧化后，得到两种酸：$CH_3\underset{\underset{CH_3}{|}}{C}HCOOH$ 和 CH_3COOH，试推测原来炔烃的结构。

解　氧化产物中有 $CH_3\underset{\underset{CH_3}{|}}{C}HCOOH$，说明原炔烃中有 $CH_3\underset{\underset{CH_3}{|}}{C}HC\equiv$ 结构；产物中有 CH_3COOH，说明原炔烃中有 $CH_3C\equiv$ 结构，两部分合在一起即为原炔烃的结构：

$CH_3\underset{\underset{CH_3}{|}}{C}HC\equiv CCH_3$　　　4-甲基-2-戊炔

2. 加成反应

(1) 催化加氢（H₂）　炔烃催化加氢可以生成相应的烯烃或烷烃。例如：

$$R-C\equiv CH+H_2 \xrightarrow{Pt、Pd、Ni} R-CH=CH_2 \xrightarrow{Pt、Pd、Ni} R-CH_2CH_3$$

若选择活性适当的催化剂，如用乙酸铅处理过的附在碳酸钙上的钯做催化剂，也称林德拉（Lindlar）催化剂，可使炔烃加氢生成烯烃。

$$R-C\equiv CH+H_2 \xrightarrow{林德拉} R-CH=CH_2$$

(2) 加卤素（X₂）　炔烃容易与氯或溴发生加成反应。与 1mol 卤素加成生成二卤代烯烃，与 2mol 卤素加成生成四卤代烷烃，在较低温度下，反应可控制在二卤代烯烃阶段。例如：

$$CH\equiv CH \xrightarrow[较低温度]{Cl_2} \underset{\underset{Cl}{|}}{C}H=\underset{\underset{Cl}{|}}{C}H \xrightarrow{Cl_2}_{80\sim85℃} CHCl_2CHCl_2$$

$$R-C\equiv CH \xrightarrow{Br_2} R-\underset{\underset{Br}{|}}{\overset{\overset{Br}{|}}{C}}=CH \xrightarrow{Br_2} R-\underset{\underset{Br}{|}}{\overset{\overset{Br}{|}}{C}}-\underset{\underset{Br}{|}}{\overset{\overset{Br}{|}}{C}}H$$

溴与炔烃发生加成反应后，其红棕色褪去，可由此检验碳碳三键或碳碳双键的存在。

（3）加卤化氢（HX） 炔烃与 HX 的加成不如烯烃活泼，也比与卤素加成反应难，通常需要在催化剂存在下进行。例如，在氯化汞-活性炭催化作用下，于 180℃左右，乙炔与氯化氢加成生成氯乙烯：

$$CH\equiv CH + HCl \xrightarrow[180℃]{HgCl_2\text{-}C} CH_2=CH-Cl$$
$$\text{氯乙烯}$$

不对称炔烃与卤化氢的加成符合马氏规则。例如：

$$CH_3C\equiv CH \xrightarrow{HBr} CH_3\underset{Br}{C}=CH_2 \xrightarrow{HBr} CH_3-\underset{Br}{\overset{Br}{C}}-CH_3$$
$$\qquad\qquad\qquad\text{2-溴丙烯}\qquad\quad\text{2,2-二溴丙烷}$$

卤化氢的活泼性为：HI＞HBr＞HCl。

（4）加水（H—OH） 一般情况下，炔烃与水不发生反应，但在催化剂（如硫酸汞的稀硫酸溶液）存在下，炔烃与水反应生成醛或酮。不对称炔烃与水加成时遵循马氏规则。例如：

$$CH\equiv CH + H_2O \xrightarrow[98\sim 105℃,0.15\text{MPa}]{HgSO_4,\text{稀}H_2SO_4} CH_2=\underset{OH}{CH} \xrightarrow{\text{重排}} CH_3CHO$$
$$\qquad\qquad\qquad\qquad\qquad\text{乙烯醇}\qquad\qquad\text{乙醛}$$

$$CH_3-C\equiv CH + H_2O \xrightarrow[70℃]{H_2SO_4} CH_3-\underset{\underset{O}{\|}}{C}-CH_3$$
$$\qquad\qquad\qquad\qquad\qquad\text{丙酮}$$

工业上利用上述反应来制取乙醛和丙酮，但汞和汞盐的毒性很大，影响健康并严重污染环境，现已利用铜、锌等非汞催化剂来代替汞盐类。

（5）加醇（R—OH） 在碱的催化下，乙炔与醇加成得到乙烯基醚。例如：

$$CH\equiv CH + CH_3OH \xrightarrow[160\sim 165℃,2\sim 2.2\text{MPa}]{20\%\text{KOH 水溶液}} CH_2=CH-O-CH_3$$
$$\qquad\text{甲醇}\qquad\qquad\qquad\qquad\qquad\text{甲基乙烯基醚}$$

甲基乙烯基醚经聚合生成的高聚物，可做涂料、增塑剂和胶黏剂等。

（6）加氢氰酸（HCN） 乙炔在 Cu_2Cl_2 催化下，在 80～90℃下与 HCN 进行加成反应，生成丙烯腈。

$$CH\equiv CH + HCN \xrightarrow[80\sim 90℃,\text{约}0.7\text{MPa}]{Cu_2Cl_2\text{水溶液}} CH_2=CH-CN$$
$$\qquad\qquad\qquad\qquad\qquad\text{丙烯腈}$$

丙烯腈是合成人造羊毛的原料。

（7）加羧酸（R—COOH） 在催化剂作用下，乙炔能与羧酸发生加成反应，生成羧酸乙烯酯。例如：

$$CH\equiv CH + CH_3\underset{\underset{O}{\|}}{C}-OH \xrightarrow[180\sim 220℃]{ZnAc_2-C} CH_3\underset{\underset{O}{\|}}{C}-O-CH=CH_2$$
　　　　　　　　乙酸　　　　　　　　　　　　　乙酸乙烯酯

乙酸乙烯酯主要用作合成纤维——维纶的原料。

3. 聚合反应

乙炔的聚合产物随催化剂和反应条件的不同而不同。

如：乙炔可发生两分子聚合、三分子聚合和多分子聚合。

$$2CH\equiv CH \xrightarrow[\text{少量}HCl,70℃]{Cu_2Cl_2-NH_4Cl} CH_2=CH-C\equiv CH$$
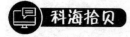
乙烯基乙炔

乙烯基乙炔是合成橡胶的主要原料。

$$3CH\equiv CH \xrightarrow[600\sim 650℃]{\text{活性炭}} \text{苯}$$

$$nCH\equiv CH \xrightarrow{\text{齐格勒-纳塔}} \text{—[CH=CH]}_n\text{—}$$
　　　　　　　　　　　　　　　聚乙炔

思考与练习

2-10 请写出丙炔与 O_2、$KMnO_4$、H_2、Br_2、HCl、H_2O、HCN 反应的方程式，并注明反应条件。

科海拾贝

"合成金属"——聚乙炔

乙炔的聚合物，有顺式聚乙炔和反式聚乙炔两种立体异构体。聚乙炔是最简单的聚炔烃。线型高分子量聚乙炔是不溶不熔、对氧敏感的结晶性高分子半导体，深色有金属光泽。顺式和反式聚乙炔的电导率分别为 10^{-9} S/cm 和 10^{-5} S/cm，如用碘、溴等卤素或 BF_3、AsF_3 等路易斯酸掺杂后，其电导率可提高到金属水平（约 10^3 S/cm），因此称为合成金属及高分子导体。用齐格勒-纳塔催化剂，如 $TiCl_4$、$TiCl_3$ 或 $Ti(OR)_4$ 与 AlR_3（R 为烷基）组合催化剂可使乙炔直接聚合成膜，此外也可用钒、钴、铁等化合物如 $VO(CH_3COO)_2$ 与 $Al(C_2H_5)_3$ 组成的催化剂体系聚合，聚合温度 $-78℃$。用稀土催化剂（如环烷酸稀土和 AlR_3）时，则可在室温制得高顺式聚乙炔。聚乙炔是尚在开发研究中的新型功能高分子，已成功制成太阳能电池、电极和半导体材料，但尚未达到工业应用阶段。

4. 炔氢的反应

与三键碳原子直接相连的氢原子叫做炔氢原子，它具有微弱的酸性，比较

"活泼"，可以与强碱、碱金属或某些重金属离子反应生成金属炔化物，例如：

（1）与钠或氨基钠反应：

$$CH\equiv CH \xrightarrow[110℃]{Na} CH\equiv C-Na \xrightarrow[190\sim 220℃]{Na} Na-C\equiv C-Na$$
$$\text{乙炔钠} \qquad\qquad \text{乙炔二钠}$$

$$R-C\equiv CH + NaNH_2 \xrightarrow{\text{液氨}} R-C\equiv C-Na$$

炔化钠与伯卤代烷作用，可在炔烃分子中引入烷基，例如：

$$Na-C\equiv CH + CH_3CH_2Br \xrightarrow{\text{液氨}} CH\equiv C-CH_2CH_3$$

（2）与硝酸银或氯化亚铜的氨水溶液反应　将乙炔通入硝酸银或氯化亚铜的氨水溶液中，炔氢原子可被 Ag^+ 或 Cu^+ 取代生成灰白色的乙炔银或棕红色的乙炔亚铜的沉淀。

$$CH\equiv CH + 2Ag(NH_3)_2NO_3 \longrightarrow Ag-C\equiv C-Ag\downarrow + 2NH_4NO_3 + 2NH_3$$
$$\text{乙炔银（灰白色）}$$

$$CH\equiv CH + 2Cu(NH_3)_2Cl \longrightarrow Cu-C\equiv C-Cu\downarrow + 2NH_4Cl + 2NH_3$$
$$\text{乙炔亚铜（棕红色）}$$

其他分子中含有炔氢原子的炔烃，也可以发生这一反应，例如：

$$R-C\equiv CH + Ag(NH_3)_2NO_3 \longrightarrow R-C\equiv C-Ag\downarrow + NH_4NO_3 + NH_3$$
$$R-C\equiv CH + Cu(NH_3)_2Cl \longrightarrow R-C\equiv C-Cu\downarrow + NH_4Cl + NH_3$$

故实验室中常由此来鉴别乙炔和末端炔烃，也可利用这一性质分离、提纯炔烃，或从其他烃类中除去少量炔烃杂质。

【例 2-4】用化学方法鉴别下列化合物：丙烷、丙烯、丙炔。

解

$$\left.\begin{array}{l}\text{丙烷}\\ \text{丙烯}\\ \text{丙炔}\end{array}\right\} + Br_2/CCl_4 \left\{\begin{array}{l}\times\\ \text{褪色}\\ \text{褪色}\end{array}\right. + Ag(NH_3)_2NO_3 \left\{\begin{array}{l}\times\\ \text{白色沉淀}\\ \text{或棕红色沉淀}\end{array}\right.$$
$$\text{（溶液）}$$
$$[\text{或 }Cu(NH_3)_2Cl\text{ 溶液}]$$

炔银和炔亚铜潮湿时比较稳定，干燥时，因撞击、振动或受热会发生爆炸。因此，实验中对生成的炔银或炔亚铜要及时用酸处理，以免发生危险：

$$Ag-C\equiv C-Ag + 2HNO_3 \longrightarrow CH\equiv CH + 2AgNO_3$$
$$Cu-C\equiv C-Cu + 2HCl \longrightarrow CH\equiv CH + Cu_2Cl_2\downarrow$$

五、乙炔的制法与用途

纯净的乙炔为无色无臭气体，微溶于水，易溶于丙酮。乙炔与空气混合点火则发生爆炸，爆炸极限为 2.6%～80%（体积分数），范围相当宽，使用时一定要注意安全。

1. 乙炔的制法

（1）电石法　将生石灰和焦炭在高温电炉中加热至2200～2300℃就生成电石（碳化钙）。电石水解即生成乙炔：

$$CaO + 3C \xrightarrow{2200\sim 2300℃} CaC_2 + CO$$

$$CaC_2 + 2H_2O \longrightarrow CH\equiv CH + Ca(OH)_2$$

电石法技术比较成熟，但因耗能较高，故工业上多采用下述方法。

（2）甲烷裂解法　甲烷在1500～1600℃时发生裂解，可制得乙炔：

$$2CH_4 \xrightarrow[0.001\sim 0.01s]{1500\sim 1600℃} CH\equiv CH + 3H_2$$

2. 乙炔的用途

乙炔是三大合成材料工业重要的基本原料之一。由乙炔出发，通过化工过程，可以生产出塑料、合成橡胶、合成纤维以及其他许多化工原料和化工产品。

另外，乙炔在氧气中燃烧，火焰温度高达3000～4000℃，称为氧炔焰，广泛用于焊接和切割金属材料。

思考与练习

2-11　用化学方法鉴别1-丁炔、2-丁炔。

2-12　具有分子式C_5H_8的两种同分异构体，加氢后都可生成2-甲基丁烷，它们也都可以和两分子溴加成。但是其中一种可与$AgNO_3$的氨水溶液产生白色沉淀，另一种则不能，试推测这两种异构体的结构式，并写出有关的反应式。

2-13　分子式为C_6H_{10}的烃，加氢后生成2-甲基戊烷；当用$HgSO_4$-稀H_2SO_4处理时，能与水化合，但它不与$AgNO_3$的氨水溶液发生反应。写出这种烃的结构式。

2-14　请你通过多种途径搜集整理乙炔及其作为有机合成原料时在生活当中的重要用途。

科海拾贝

化学家的通式——C_4H_4

厦门大学的著名化学家张资教授曾对化学家应具备的素养提出精辟的见解，并巧妙而形象地概括为：化学家的"组成通式"是C_3H_3。C_3H_3指的是：Clear Head（聪明的头脑）、Clever Hands（灵巧的双手）和 Clean Habit（清洁的习惯）。中国科学院原院长卢嘉锡教授对此深表赞赏。从C_3H_3可以看出，老一辈化学家对实验方面的要求是非常高的,甚至将应养成的干净清洁的习惯也提到了这样高的地位,可见他们治学的严谨态度。

由于现今科学技术迅速发展,科学研究工作的重要性日愈增强,贾宗超教授又提出一个新的"CH",以适应新的要求。这个CH即是Curious Heart（好奇的精神）。一位美国高分子物理化学家说过:"好奇心乃是研究工作的起点"。对于通式C_4H_4,我们还可以将意思稍稍引申一下,从碳氢比来看,C_4H_4是高度不饱和的,应具有很高的化学活性。由此对照,作为一个化学家,亦具有很高的"化学活性",对许多试剂应高度敏感而"发生反应"。即作为一个化学家,应具有高度活力——能够精力充沛地、创造性地工作、学习,同时对各种新事物、新技术高度敏感,尽可能多地吸收新的科学技术。

实验三　乙炔的制取及性质

一、实验目的

掌握乙炔的实验室制法及性质验证方法。

二、实验原理

1. $\underset{Ca}{C{\equiv}C} + 2H_2O \longrightarrow CH{\equiv}CH + Ca(OH)_2$。

2. 点燃乙炔气体生成二氧化碳和水。

3. 乙炔可使高锰酸钾溶液或溴水褪色。

4. 乙炔遇到硝酸银的氨水溶液生成乙炔银沉淀。遇到氯化亚铜的氨水溶液生成乙炔亚铜沉淀。

三、实验方法

1. 制备

在干燥的100mL蒸馏瓶中,沿壁放入小块碳化钙（5~6g）,瓶口通过单孔塞安装一个50mL滴液漏斗,漏斗的活塞关紧。将蒸馏瓶固定在铁架台上,蒸馏瓶的支管与尖嘴导气管相连。

2. 性质检验

准备4支试管,分别加入3％溴水2mL、0.5％高锰酸钾溶液0.5mL并加水稀释到2mL、硝酸银的氨水溶液（在10％硝酸银溶液中,滴加稀氨水到生成的沉淀恰好溶解,得澄清的硝酸银氨水溶液）2mL和氯化亚铜的氨水溶液［取1g氯化亚铜加 1~2mL 浓氨水和 10mL 水，用力振摇后，静置片刻，倾出溶液并投入一铜片（或铜丝），贮存备用〕2mL。

把饱和食盐水倒入溶液漏斗中，然后开启活塞，将饱和食盐水慢慢地滴入蒸馏瓶。不要一次滴入太多，以控制乙炔生成的速率。

将生成的乙炔依次通入上述 4 支试管中，观察溶液是否变色。

向蒸馏瓶中滴加较多的食盐水，使乙炔大量的生成，然后在尖嘴口点燃乙炔，可以看到明亮带烟的火焰。点火时应特别注意气流充分，且点燃时间不宜过长，以免火焰延烧入蒸馏瓶中，引起爆炸。

3．实验后的处理

乙炔银和乙炔亚铜干燥时极易爆炸，在实验完成后不可随便弃置，而应集中到指定的地方，由老师用稀酸处理，加以销毁。

4．整理台面

研究与实践

3-1 请在讨论和思考的基础上写出本实验所需要的所有仪器、试剂、物品。

3-2 根据实验过程画出合理的实验装置图。

3-3 本实验为何要用饱和食盐水代替自来水？

3-4 你在实验过程中遇到了哪些问题？试分析一下原因。

归 纳 与 总 结

请在教师的指导下，在分组商讨的基础上，从烯烃、二烯烃、炔烃的基本概念、命名、物理性质、化学性质、乙烯和乙炔的制法和用途等几方面进行归纳与总结，并分组上台展示（注意从认识、理解、应用三个层次去把握）。

习 题

一、填空题

1．实验室鉴别烯烃和烷烃的试剂是_____溶液和_____溶液，现象是_____。

2．烯烃和炔烃均能发生水合反应。烯烃在酸的催化下水合，其产物是_____类。

炔烃在 Hg^{2+} 催化下水合，其产物是_____。

3. 炔烃催化加氢时，催化剂有选择性。若要制取烷烃，使用的催化剂是_____，若要制取烯烃，使用的催化剂是_____。

4. 在乙炔与氯化氢加成制备氯乙烯的过程中，氯乙烯往往含有少量氯化氢杂质，该杂质可用简便易行、经济实用的_____法洗涤除去。

5. 试把与 HI 作用主要生成 $(CH_3)_2CHCHICH_3$、$(CH_3)_2CICH_3$ 的烯烃构造式写在横线上_____、_____。

6. 乙醇与浓硫酸共热制取乙烯时，常以_____作洗液，以洗去制备乙烯过程中产生的_____、_____等气体杂质。

二、选择题

1. 下列基团中，烯丙基的构造式是（　　）。

   A. $CH_3CH=CH-$ B. $CH_3CH_2CH_2-$

   C. $CH_2=CHCH_2-$ D. $CH_2=C\overset{CH_3}{\underset{}{-}}$

2. 下列物质中，与 2-戊烯互为同系物的是（　　）。

   A. 1-戊烯 B. 2-甲基-1-戊烯

   C. 2-甲基-2-丁烯 D. 4-甲基-2-戊烯

3. 分子式为 C_6H_{12} 的烯烃，其同分异构体的数目是（　　）。

   A. 10 B. 11 C. 12 D. 13

4. 下列物质中，没有固定沸点的物质是（　　）。

   A. 乙烯 B. 丙烯 C. 聚乙烯 D. 丁二烯

5. 构造式 $CH_3C=CHCH_3$ 正确的名称是（　　）。
   （上为 CH_3，下为 CH_2CH_3）

   A. 2-乙基-4-甲基-2-戊烯 B. 4-甲基-2-乙基-2-戊烯

   C. 3,5-二甲基-3-己烯 D. 2,4-二甲基-3-己烯

6. 在下列烯烃中，用作水果催熟剂的物质是（　　）。

   A. 乙烯 B. 丙烯 C. 丁烯 D. 异丁烯

*7. 下列烯烃被热的高锰酸钾溶液氧化时，有乙酸（CH_3COOH）产生的是（　　）。

   A. $CH_3CH=CHCH(CH_3)_2$ B. $(CH_3)_2C=CHCH_2CH_3$

   C. $CH_2=CHCH_2CH_3$ D. $CH_3CH=CHCH=CHCH_3$

8. 在常温常压下，称取相同物质的量的下列各烃，分别在氧气中充分燃烧，消耗氧气最少的是（　　）。

A. 甲烷　　　　　B. 乙烷　　　　　C. 乙烯　　　　　D. 乙炔

9. 在适当条件下，1mol 丙炔与 2mol 溴化氢加成主要产物是（　　）。

A. $CH_3CH_2CHBr_2$　　　　　　B. $CH_3CBr_2CH_3$

C. $CH_3CHBrCH_2Br$　　　　　D. $CH_2BrCBr=CH_2$

*10. 在室温下，下列物质分别与硝酸银的氨溶液作用能立即产生沉淀的是（　　）。

A. 乙烯基乙炔　　B. 1,3-己二烯　　C. 1,3-己二炔　　D. 2,4-己二炔

三、用系统命名法命名下列化合物

(1) $(CH_3)_2C=CCH(CH_3)_2$
          　　|
          　　Cl

(2) $CH_3C=C(CH_3)CH(CH_3)_2$
          　　|
          　　C_2H_5

(3) $(CH_3)_3CC≡CCH(CH_3)_2$

四、完成下列反应式

1. $CH_3CHC≡CH + Ag(NH_3)_2NO_3 \longrightarrow$
   　|
   　CH_3

2. $CH_3CH_2CH=CH_2 + Cl_2$ (1mol) →常温
   →500℃

3. $CH_3CH_2C=CHCH_3$ →HBr
   　　　　|　　　　　　→HBr 过氧化物
   　　　　CH_3

五、用简便的化学方法鉴别下列化合物

丁烷、1-丁炔、2-丁炔

六、以乙炔为唯一的有机原料和其他的无机试剂合成下列化合物

1. 乙醇　　2. CH_3CHO　　3. 1,1-二溴乙烷

七、化合物 A 和 B，分子式都是 C_5H_8，都能使溴的四氯化碳溶液褪色。A 与硝酸银的氨溶液反应生成白色沉淀，用高锰酸钾溶液氧化，则生成 $CH_3CH_2CH_2COOH$ 和 CO_2。B 不与硝酸银的氨溶液反应。用高锰酸钾溶液氧化时，生成 CH_3COOH 和 CH_3CH_2COOH，试写出 A 和 B 的构造式及各步化学反应式。

第三章 脂环烃

学习目标

1. 了解脂环烃的分类与结构。
2. 掌握脂环烃的系统命名法和物理、化学性质。
3. 了解脂环烃的工业制法和用途。

思维导图

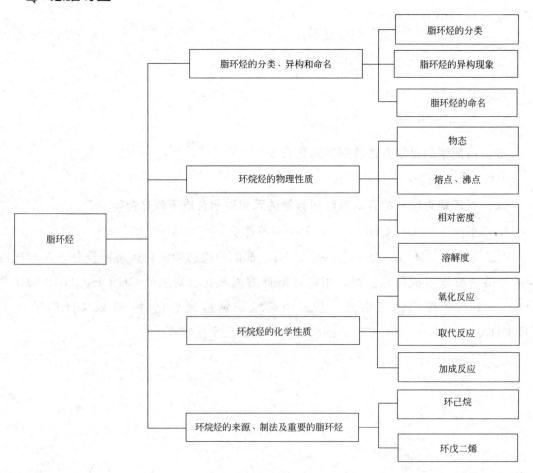

脂环烃是指分子中具有碳环结构而性质与开链脂肪烃相似的一类有机化合物，它们在自然界中广泛存在，且大都具有生理活性。

第一节　脂环烃的分类、异构和命名

一、脂环烃的分类

1. 根据分子中含有的碳环数目分类

可分为单环脂环烃（分子中只有一个碳环），如环丙烷、环丁烷、环戊烷、环己烷（见码 3-1 至码 3-4），和多环脂环烃（分子中有两个或两个以上的碳环）。

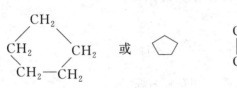

环戊烷（单环脂环烃）

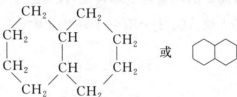

十氢化萘（二环脂环烃）

码 3-1　环丙烷的分子构型　　码 3-2　环丁烷的分子构型　　码 3-3　环戊烷的分子构型　　码 3-4　环己烷的分子构型

2. 根据分子中组成环的碳原子数目分类

可分为三元环、四元环、五元环脂环烃等。如：

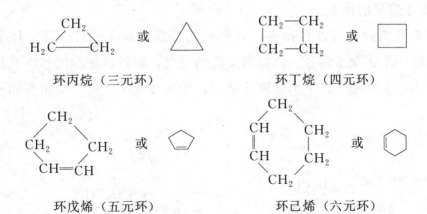

环丙烷（三元环）　　　　　　环丁烷（四元环）

环戊烯（五元环）　　　　　　环己烯（六元环）

3. 根据碳环中是否含有双键和三键来分类

可分为饱和脂环烃（如环丙烷、环丁烷、环戊烷等）和不饱和脂环烃（如环戊烯、环己烯等）。

二、脂环烃的异构现象

脂环烃的异构现象比较复杂,这里只介绍单环烷烃的同分异构现象。

单环烷烃可看作是烷烃分子中两端的碳原子各去掉一下氢后彼此连接而成。因此,单环烷烃比相应的烷烃少两个氢原子,它们的通式为 $C_nH_{2n}(n \geq 3)$,与开链单烯烃互为同分异构体,但不是同一系列。

单环烷烃可因环的大小不同、环上支链的位置不同而产生不同的异构体,此外,由于脂环烃中 C—C 键不能自由旋转,当环上至少有两个碳原子连有不相同的原子或基团时,环烷烃也存在顺反异构体。

最简单的环烷烃是环丙烷(C_3H_6),没有环状异构体。

环丁烷(C_4H_8)有两个环状异构体:

环丁烷　　　　甲基环丙烷

环戊烷(C_5H_{10})有 5 个环状构造异构体:

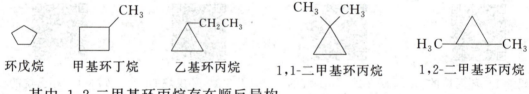

环戊烷　　甲基环丁烷　　乙基环丙烷　　1,1-二甲基环丙烷　　1,2-二甲基环丙烷

其中,1,2-二甲基环丙烷存在顺反异构。

三、脂环烃的命名

1. 单环烷烃的命名

单环烷烃的命名与烷烃相似,只是在烷烃前面加上"环"字。环上有支链时,则需将环上碳原子编号,以标明支链的位置,编号以使取代基所在位次最小为原则,当环上有两个以上不同取代基时,则按"次序规则"决定基团排列的先后。例如:

1-甲基-2-乙基环丙烷　　　　1-甲基-3-乙基环戊烷
（不叫 1-甲基-4-乙基环戊烷）

2. 环烯烃的命名

环烯烃命名时,先给环上碳原子编号以标明双键的位次和支链的位次。编号

应使双键的位次最小,如有支链时则应使支链的位次尽可能小。例如:

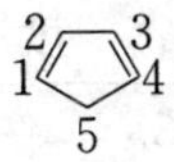

1,3-环戊二烯 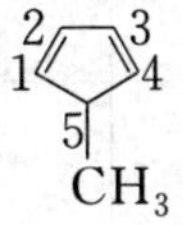　　　　　　　5-甲基-1,3-环戊二烯

思考与练习

3-1 请写出分子式为 C_6H_{12} 的环烷烃的 12 个构造异构体的结构简式,并用系统命名法命名。

第二节　环烷烃的物理性质

一、物态

常温下 $C_3 \sim C_4$ 环烷烃为气体;$C_5 \sim C_{11}$ 的环烷烃为液体;高级环烷烃为固体。

二、熔点、沸点

环烷烃的熔点、沸点变化规律是随分子中碳原子数增加而升高,且都高于同碳原子数的开链烷烃。

三、相对密度

环烷烃的相对密度都小于 1,比水轻,但比相应的开链烷烃的相对密度大。

四、溶解性

环烷烃不溶于水,易溶于有机溶剂。几种常见的环烷烃的物理常数见表 3-1。

表 3-1　几种常见的环烷烃的物理常数

名　称	熔点/℃	沸点/℃	相　对　密　度	折射率(n_D^{20})
环丙烷	−127.6	−33	0.6807(沸点)	1.3799(沸点)
环丁烷	−80	13	0.7038(0℃)	1.3752(0℃)
环戊烷	−90	49	0.7457	1.4065

续表

名 称	熔点/℃	沸点/℃	相 对 密 度	折射率(n_D^{20})
环己烷	6.5	80.8	0.7785	1.4266
环庚烷	−12	118.5	0.8098	1.4436
环辛烷	14.8	149	0.8349	1.4586
环十二烷	61	—	0.861	—
甲基环戊烷	−142.4	72	0.7486	1.4097
甲基环己烷	−126.6	101	0.7694	1.4231

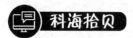 科海拾贝

香精油和类固醇

香精油和类固醇的主要成分都是脂环族化合物。

香精油的主要成分是萜（tiē）类化合物，可以看成是由异戊二烯或异戊烷以各种方式联结而成的一类天然化合物。香精油是可以从植物的花、果、叶、茎及根中提取出来的有挥发性香味的油状物质，有一定的生理活性，如祛痰、止咳、祛风、发汗或镇痛等。

类固醇化合物又叫甾（zāi）体化合物，是广泛存在于生物体内的一类重要的天然物质，有的可直接作为药物，有的可作为合成药物的原料，如胆固醇、胆甾酸以及肾上腺皮质激素和性激素等甾体激素。

第三节 环烷烃的化学性质

环烷烃的化学性质与相应的烷烃相似，可以发生取代反应和氧化反应。但由于具有碳环结构，因此还有与环状结构相关的一些特性，如有与不饱和烃相似的加成反应等。

一、氧化反应

与开链烷烃相似，在常温下，环丙烷、环丁烷这样的小环烷烃都不能与一般的氧化剂（如高锰酸钾的水溶液）发生氧化反应。

如果在加热条件下用强氧化剂，或在催化剂存在下用空气作氧化剂，环烷烃也能发生氧化反应。条件不同时，氧化产物也不同。如：

$$\text{C}_6\text{H}_{12} + \text{O}_2 \xrightarrow[120\sim124℃, 1.8\sim2.4\text{MPa}]{\text{乙酸钴(锰)}} \text{环己酮} + \text{环己醇}$$

$$\text{C}_6\text{H}_{12} + \frac{5}{2}\text{O}_2 \xrightarrow{\text{热 HNO}_3} \begin{array}{c}\text{CH}_2\text{—CH}_2\text{—COOH}\\|\\ \text{CH}_2\text{—CH}_2\text{—COOH}\end{array} + \text{H}_2\text{O}$$
己二酸

二、取代反应

环烷烃与烷烃一样，也可发生取代反应。但由于小环易开环，只有环戊烷和环己烷等较易发生环上的取代反应。如：

$$\text{环戊烷} + \text{Br}_2 \xrightarrow[\text{或加热}]{\text{紫外线照射}} \text{溴代环戊烷} + \text{HBr}$$

溴代环戊烷是合成利尿降压药物的原料。

$$\text{环己烷} + \text{Cl}_2 \xrightarrow[\text{或加热}]{\text{紫外线照射}} \text{氯代环己烷} + \text{HCl}$$

氯代环己烷是合成抗癫痫、抗痉挛药物的原料。

三、加成反应

1. 催化加氢

在催化剂铂、钯或镭尼镍的作用下，环丙烷与环丁烷可以开环发生加氢反应，生成开链烷烃。如：

$$\triangle + \text{H}_2 \xrightarrow[80℃]{\text{Ni}} \text{CH}_3\text{—CH}_2\text{—CH}_3$$

$$\square + \text{H}_2 \xrightarrow[120℃]{\text{Ni}} \text{CH}_3\text{—CH}_2\text{—CH}_2\text{—CH}_3$$

2. 加卤素

环丙烷与卤素的加成常温下就可进行，而环丁烷需加热才能进行。

$$\triangle + \text{Br}_2 \xrightarrow{\text{室温}} \begin{array}{c}\text{CH}_2\text{CH}_2\text{CH}_2\\|\qquad\quad|\\ \text{Br}\qquad\text{Br}\end{array}$$
1,3-二溴丙烷

$$\square + Br_2 \xrightarrow{\text{加热}} \underset{Br}{CH_2}CH_2CH_2\underset{Br}{CH_2}$$
1,4-二溴丁烷

根据环丙烷、环丁烷能与溴加成但不能被高锰酸钾溶液氧化的性质，可将其与烷烃、烯烃、炔烃区别开来。也可以由此鉴别环丙烷、环丁烷。

3. 加卤化氢

环丙烷、环丁烷及其烷基衍生物还可以在常温下与卤化氢发生加成反应，生成开链一卤代烷烃。如：

$$\triangle + HBr \longrightarrow CH_3CH_2CH_2Br$$
溴丙烷

溴丙烷是合成医药、染料、香料的原料，也可作添加剂。

$$\square + HBr \longrightarrow CH_3CH_2CH_2CH_2Br$$
溴丁烷

溴丁烷主要用作麻醉药物的中间体，也用于合成染料和香料。

分子中带有支链的小环烷烃与卤化氢加成时，环的断裂通常发生在含氢最少与含氢最多的相邻两个成环碳原子之间，且符合马氏规则。如：

$$\triangle\!-\!CH_3 + HCl \longrightarrow CH_3\underset{Cl}{CH}CH_2CH_3$$
2-氯丁烷

由以上讨论可见，环戊烷、环己烷易发生取代反应和氧化反应，而环丙烷、环丁烷易发生加成反应。它们的化学性质可概括为："小环"似烯，"大环"似烷。

📝 思考与练习

3-2 用化学方法鉴别丙烷、环丙烷、丙烯和丙炔。

3-3 完成下列反应式。

(1) $\square\!-\!CH\!=\!CH_2 \xrightarrow[H_2SO_4]{KMnO_4}$

(2) $\pentagon + Cl_2 \xrightarrow{\text{光照}}$

(3) $\hexagon + Br_2 \longrightarrow$

(4) $\triangle\!\!<\!\!{}^{CH_3}_{CH_3}\quad\begin{array}{l}\xrightarrow{H_2/Ni}\\ \xrightarrow{Br_2}\\ \xrightarrow{HBr}\end{array}$

(5) 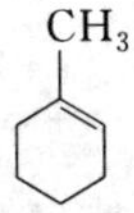 [甲基环己烯] + HCl ⟶

3-4 A 与 B 互为同分异构体，分子式为 C_5H_{10}，A 与溴反应只得到一种一溴代物 C_5H_9Br，B 与溴反应却得到 $C_5H_{10}Br_2$。A 在通常条件下不被高锰酸钾氧化，B 易被高锰酸钾氧化生成乙酸和丙酸的混合物。写出 A 和 B 的结构式及各步反应式。

第四节　环烷烃的来源、制法及重要的脂环烃

石油是环烷烃的主要来源之一，其中常见的有环戊烷、环己烷及它们的烷基衍生物。原油中一般含有 0.5%～1% 的环己烷，粗汽油中含环己烷 5%～15%。

一、环己烷

环己烷是无色液体，沸点 80.8℃，易挥发，不溶于水，可与许多有机溶剂混溶。

工业上以苯为原料，通过催化加氢制取环己烷。

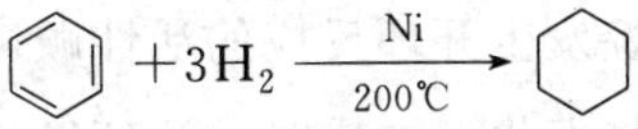

$$\text{C}_6\text{H}_6 + 3H_2 \xrightarrow[200℃]{Ni} \text{C}_6\text{H}_{12}$$

环己烷是重要的化工原料，主要用于合成尼龙纤维，制造己二酸、己二胺和己内酰胺以及用作溶剂等。

二、环戊二烯

环戊二烯是无色液体，沸点是 41.5℃，易燃，易挥发，不溶于水，易溶于有机溶剂。

工业可由石油裂解产物中分离，也可由环戊烷或环戊烯催化脱氢制取。

环戊二烯主要用于制备二烯类农药、医药、涂料、香料以及合成橡胶、石油树脂、高能燃料等。

> **科海拾贝**
>
> **嗅觉与体味**
>
> 男子散发的体味中，真正对女子起作用的是一类男性激素的衍生物（如环十五内酯等，可散发出特别的麝香味），可以被视为男子的外激素，与动物的外激素（如毒蛾的外激素）有异曲同工之妙。环十五内酯属于大环麝香类香料，广泛用于香水、香精、化

妆品、食品、医药等领域,在香料工业中占有极其重要的地位。

归纳与总结

请在教师的指导下,在分组商讨的基础上,从脂环烃的有关概念、结构、命名、物理性质、化学性质、来源和制法、用途等几方面进行归纳与总结,并分组上台展示(注意从认知、理解、应用三个层次去把握)。

习　题

一、填空题

1. 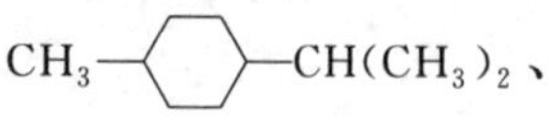 CH_3—⟨⟩—$CH(CH_3)_2$、⟨⟩—CH_3、⟨⟩—CH_2CH_3 的正确名称分别是 _____、_____、_____。

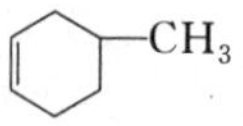

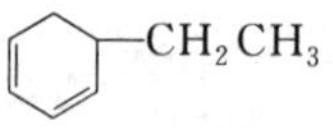

2. 分别写出下列化合物的构造式。

(1) 1-甲基-2-乙基环丁烷_____；

(2) 3-异丙基环己烯_____。

3. 环丙烷、环丁烷、环戊烷发生开环反应的活性顺序是_____。

4. 环丙烷及其烷基衍生物与卤化氢加成时,开环发生在_____的两个碳原子之间,按_____规则加成。

5. 分别写出下列各反应的主要有机产物的构造式。

(1) 环己烷在 300℃下与溴作用_____。

(2) 1,1-二甲基-2-乙基环丙烷与溴化氢作用_____。

(3) 1-甲基-2-丙烯基环丁烷与热的高锰酸钾溶液作用_____。

(4) 1-甲基环己烯在过氧化物存在下与溴化氢作用_____。

(5) 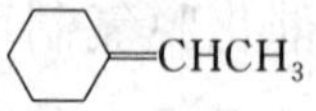 ⟨⟩=$CHCH_3$ 在硫酸催化下与水相互作用_____。

二、选择题

1. 分子式为 C_4H_8 和 C_6H_{12} 的两种烃属于(　　)。

　A. 同系列　　　　　　　B. 不一定是同系物

　C. 同分异构体　　　　　D. 既不是同系列,也不是同分异构体

2. 下列物质的化学活泼顺序是(　　)。

　①丙烯　②环丙烷　③环丁烷　④丁烷

　A. ①＞②＞③＞④　　　B. ②＞①＞③＞④

C. ①＞②＞④＞③　　　　D. ①＞②＞③＝④

3. 室温下，能使溴水褪色，但不能使高锰酸钾溶液褪色的是（　　）。

A.  ⌖(环戊烯)　　　　B.  ⌖(环戊烷)

C. $CH_3(CH_2)_3CH_3$　　　　D. 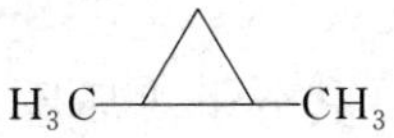 H_3C—△—CH_3

4. 下列试剂中，⌬—CH=CH₂ 与 ⌬—C≡CH 最适当的鉴别试剂是（　　）。

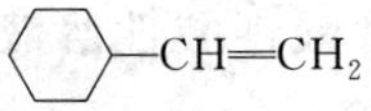

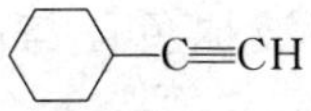

A. 稀 $KMnO_4$ 溶液　　　　B. 稀溴水

C. 硝酸银的氨溶液　　　　D. 1,3-丁二烯

三、判断题（下列叙述中对的在括号中打√，错的打×）

1. C_4H_{10} 和 C_5H_{12} 的有机物一定是同系物；C_4H_8 和 C_5H_{10} 的有机物不一定是同系物。（　　）

2. $CH_2=CH_2$ 和 环丙烷 都是由碳氢两元素组成的，两者相差一个 CH_2，所以它们互为同系物。（　　）

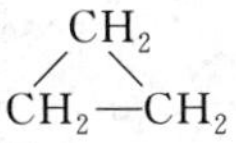

3. 环丙烷和环己烷都是环烷烃，二者相差 3 个 CH_2，它们互为同系物。（　　）

4. 环丙烷含有丙烯杂质，可加入硫酸洗涤后分离。（　　）

四、命名下列化合物

(1) 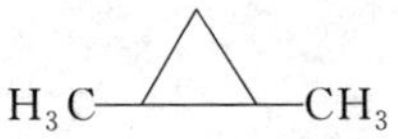 H_3C—△—CH_3　　(2) 甲基环戊烯　　(3) H_3C—⌬—$CH_2CH=CH_2$

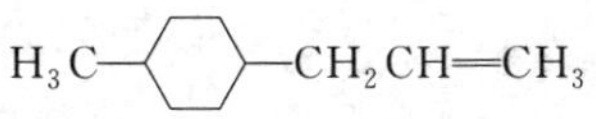

五、完成下列反应式

1. 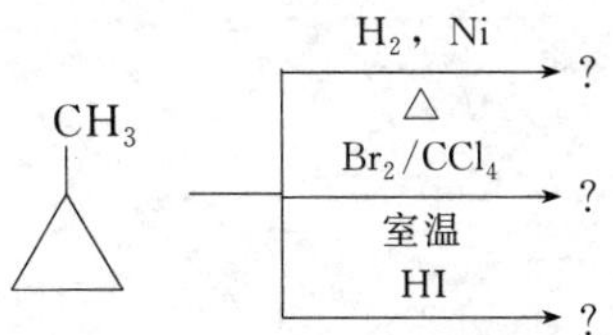 甲基环丙烷 $\xrightarrow{H_2, Ni, \triangle}$?　$\xrightarrow{Br_2/CCl_4}$?　$\xrightarrow{\text{室温} \; HI}$?

2. 环己烷 + ? $\xrightarrow{?}$ 1-溴环己烯 + HBr

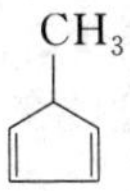

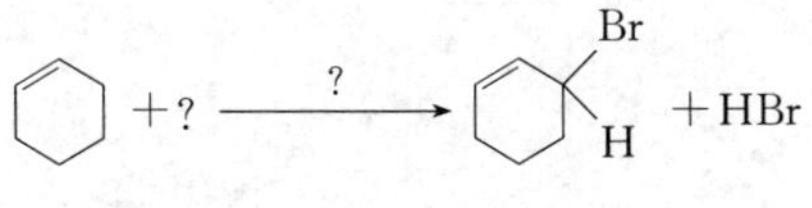

3. 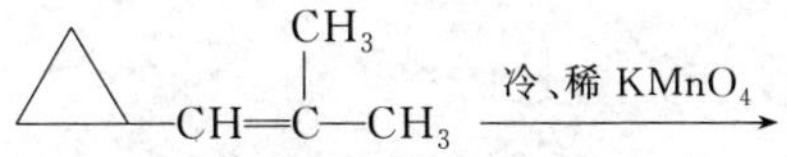 环丙基—CH=C(CH₃)CH_3 $\xrightarrow{\text{冷、稀} KMnO_4}$

六、试用简便的化学方法区别 C_5H_{10} 的下列四种同分异构体

1. 1-戊烯

2. 2-戊烯

3. 1,2-二甲基环丙烷

4. 环戊烷

七、化合物 A 和 B，分子式都是 C_4H_8，室温下它们都能使溴的 CCl_4 溶液褪色；与高锰酸钾溶液作用时，B 能使它褪色，但 A 却不能使它褪色；1mol 的 A 或 B 和 1mol 的溴化氢作用时，都生成同一化合物 C。试推测 A、B、C 的结构，并写出各步化学反应式。

八、有 A、B、C 三种烃，其分子式都是 C_5H_{10}，它们与碘化氢反应时，生成相同的碘代烷；室温下都能使溴的 CCl_4 溶液褪色；与高锰酸钾酸性溶液反应时，A 不能使其褪色，B 和 C 则能使其褪色，C 还同时产生 CO_2 气体。试推测 A、B、C 的构造式。

第四章

芳 香 烃

学习目标

1. 了解芳香烃的含义、分类和来源。
2. 掌握单环芳香烃的结构和命名方法。
3. 掌握单环芳香烃的物理及其化学性质。
4. 了解重要的单环芳烃和稠环芳烃的用途。

思维导图

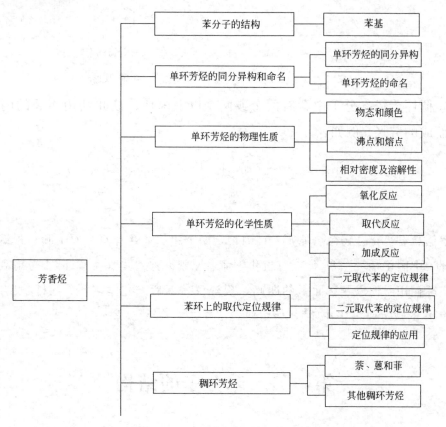

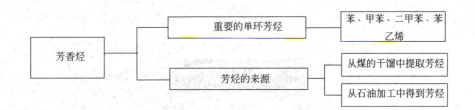

芳香烃是芳香族碳氢化合物的简称,也可简称为芳烃。芳烃及其衍生物总称为芳香族化合物。实验证明芳香族化合物大多含有苯环结构,具有独特的化学性质,如不易发生加成反应和氧化反应,而容易进行取代反应。本章重点介绍芳香烃,其中以单环芳烃为主。

芳香烃可按分子中所含苯环的数目和结构分为三大类。

(1) 单环芳烃 分子只含一个苯环结构的芳烃。例如:

苯 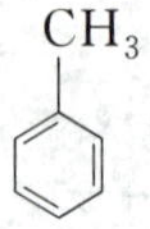   甲苯 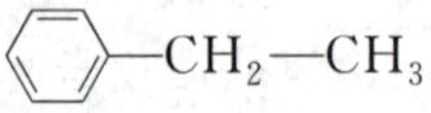   乙苯

(2) 多环芳烃 分子含有两个或两个以上独立苯环的芳烃。例如:

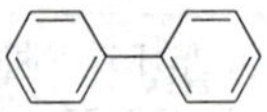

联苯 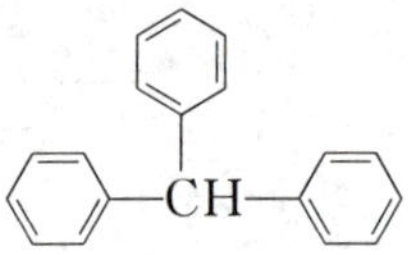   三苯甲烷

(3) 稠环芳烃 分子中含有两个或两个以上苯环、彼此共用相邻的两个碳原子稠合而成的芳烃。例如:

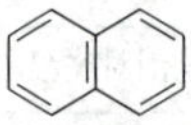

萘 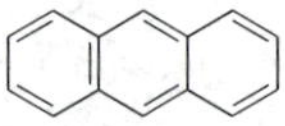   蒽 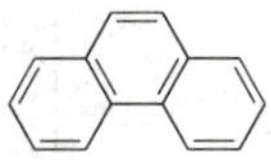   菲

> 根据《有机化合物命名原则》(2017),两个相邻环共有两个原子和一根键者称为并环,中国化学会 1980 年《有机化学命名原则》称"并(稠)环"。考虑到多年来的实际使用习惯以及字面上的明晰,现建议按新版《化学名词》(科学出版社,2016 年)的规定改用"并环",保留使用"并(稠)环"。

第一节 苯分子的结构

苯是芳香烃中最简单和最重要的化合物,要掌握芳烃的特性,首先要从认识苯的结构开始。

近代物理方法证明，苯（C_6H_6）分子中的6个碳原子和6个氢原子处在同一平面内，6个碳原子构成平面正六边形，碳碳键键长都是0.140nm，比碳碳单键（0.154nm）短，比碳碳双键（0.134nm）长，碳氢键键长都为0.108nm，所有键角都是120°，见码4-1、码4-2。

码4-1　苯　　　　　　　　　　　码4-2　苯的分子构型及电子云

从图4-1苯分子的形状可知：苯分子中的6个碳原子都是以 sp^2 杂化轨道而成键的，互相以 sp^2 杂化轨道形成6个 C—C σ 键，以 sp^2 杂化轨道分别与6个氢原子的1s轨道形成了6个 C—H σ 键（所有的σ键轴在同一平面内），每个碳原子还有1个未杂化的 p_z 轨道（含1个 p_z 电子），这6个 p_z 轨道垂直于碳氢原子所在的平面，相互平行，并且与两侧同等程度地相互重叠，形成了一个6个原子、6个电子的环状共轭 π 键（见图4-2），这种共轭 π 键上的电子能高度离域，使电子云密度完全平均化（见图4-3），从而能量降低，使苯分子十分稳定。

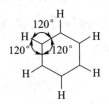   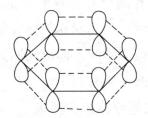   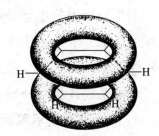

图4-1　苯分子形状　　图4-2　苯分子中的共轭π键　　图4-3　苯分子中的π电子云

为了表示苯分子中的环状共轭 π 键，有些书刊上采用了 ⌬ 来表示苯分子的结构，而有的书刊上则习惯采用 ⌬ 或 ⌬，对于苯的这种特殊的结构，在没有更好的表达方式之前，采用两种表示方法均可。

苯环上去掉了一个氢原子后剩余的部分叫苯基，写作 ⌬— 或 C_6H_5—，常用 Ph— 表示。由甲苯支链上去掉了一个氢原子后剩余的部分叫苯甲基或苄基，写作 ⌬—CH_2— 或 C_6H_5—CH_2—。

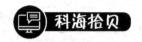

苯结构的发现

苯分子的结构发现者是德国有机化学家凯库勒,他主要研究有机化合物的结构理论。关于凯库勒悟出苯分子的环状结构的经过,一直是化学史上的一个趣闻。

凯库勒分析了大量的实验事实之后认为,苯的结构是一个很稳定的"核",6个碳原子之间的结合非常牢固,而且排列十分紧凑,它可以与其他碳原子相连形成芳香族化合物。1865年的一天夜晚,他在书房中打起了瞌睡,眼前又出现了旋转的碳原子。碳原子的长链像蛇一样盘绕卷曲,忽见一蛇抓住了自己的尾巴,并旋转不停。他猛醒过来,整理苯环结构的假说,悟出闭合链的形式是解决苯分子结构的关键。对此,凯库勒说:"我们应该会做梦!那么我们就可以发现真理,但不要在清醒的理智检验之前,就宣布我们的梦。"

第二节 单环芳烃的同分异构和命名

一、单环芳烃的同分异构

单环芳烃包括苯、苯的同系物和苯基取代的不饱和烃。

苯的同系物即苯的烷基衍生物,指苯环上的氢原子被烷基取代的化合物。

苯是最简单的单环芳烃,没有同分异构现象。由于苯环上6个碳原子相同,当环上任意一个碳原子连上甲基时,得到同样的化合物甲苯,所以甲苯也没有同分异构现象。当支链上含有两个碳原子时,即出现同分异构现象。

苯同系物产生同分异构现象的原因有两个。

① **因支链结构不同而产生的同分异构。** 例如:

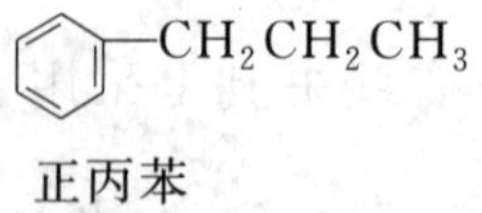

正丙苯 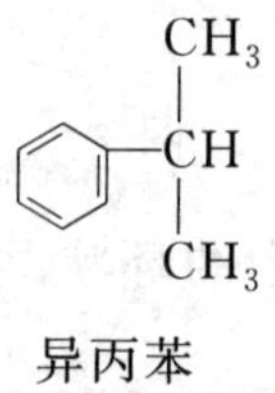   异丙苯

② **因支链在环上的相对位置不同而产生的同分异构。** 例如:

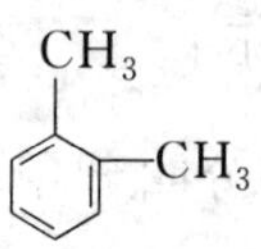

邻二甲苯 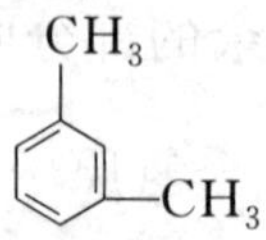   间二甲苯 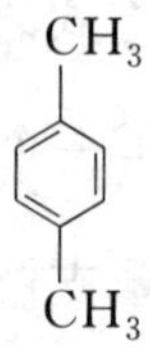   对二甲苯

二、单环芳烃的命名

单环芳烃的命名，一般是以苯为母体，把烷基当作取代基，称为某烷基苯，对于小于等于 10 个碳的烷基，常省略苯基的"基"字；对于大于 10 个碳的烷基，一般不省略"基"字。例如：

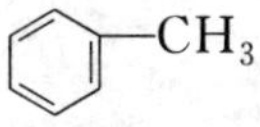

甲（基）苯 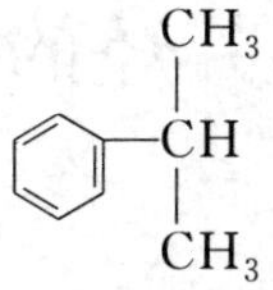　　　　　异丙（基）苯 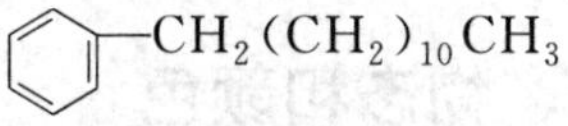　　　　　十二烷基苯

如果苯环上连有两个或两个以上的取代基，可用阿拉伯数字表明取代基的相对位置。但二元取代物也可用"邻""间""对"，三元取代物也可用"连""偏""均"等字头，来表示取代基的相对位置。**苯环编号的原则一般选择含碳原子最少的取代基为 1 位，使其余取代基号数尽可能小。**例如：

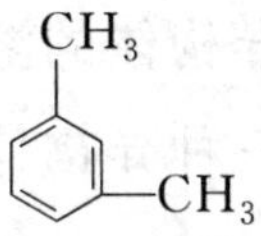

1,3-二甲苯　　　　　1,2-二甲苯　　　　　1,4-二甲苯
（间二甲苯）　　　　（邻二甲苯）　　　　（对二甲苯）

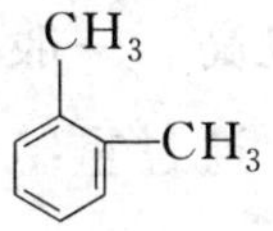

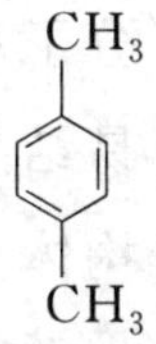

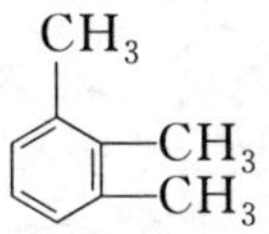

1,2,3-三甲苯　　　　1,2,4-三甲苯　　　　1,3,5-三甲苯
（连三甲苯）　　　　（偏三甲苯）　　　　（均三甲苯）

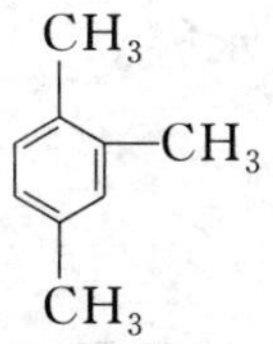

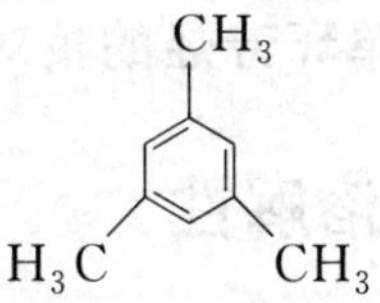

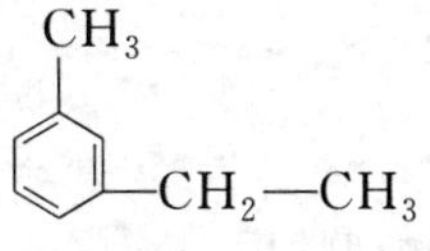

1-甲基-3-乙苯　　　　　1-甲基-4-异丙苯
（间甲乙苯）　　　　　（对甲异丙苯）

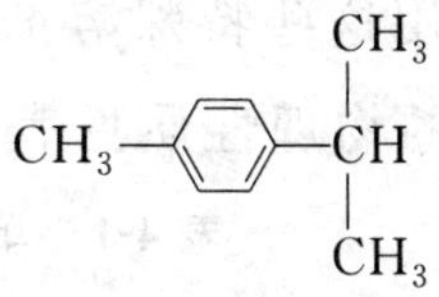

当苯环上连接的脂肪烃基比较复杂，或连接的是不饱和烃基，或烃链上有多个苯环时，则以脂肪烃作为母体、苯环作为取代基来命名。

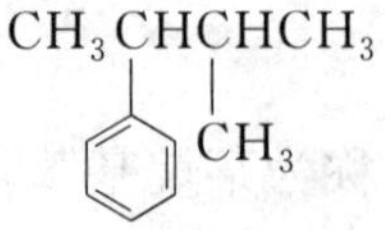

2-甲基-3-苯基丁烷 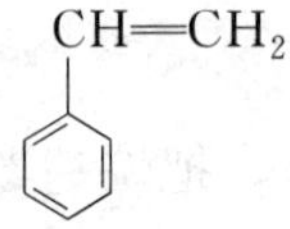　　　　　苯乙烯 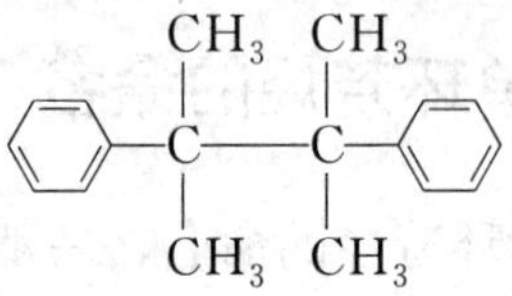　　　　　2,3-二甲基-2,3-二苯基丁烷

第三节　单环芳烃的物理性质

一、物态和颜色

在常温下，苯和苯的同系物大多是无色具有芳香气味的液体。其蒸气有毒，其中苯的毒性较大，长期吸入它们的蒸气对健康有害。

二、沸点和熔点

苯及其同系物的沸点随分子量的增加而升高。它们的熔点与分子量和分子形状有关。分子对称性越高，熔点也高。一般来说，熔点越高，异构体的溶解度也就越小，易结晶，利用这一性质，通过重结晶可以从二甲苯的三种异构体中分离出对位异构体。

三、相对密度

单环芳烃的相对密度小于1，比水轻。

四、溶解性

单环芳烃不溶于水，溶于汽油、乙醇、乙醚、四氯化碳等有机溶剂。与脂肪烃不同的是，芳烃易溶于二甘醇、环丁砜、N,N-二甲基甲酰胺等特殊溶剂中。因此常利用这些特殊溶剂萃取芳烃。

一些单环芳烃的物理性质见表4-1。

表4-1　单环芳烃的物理性质

名　称	熔　点/℃	沸　点/℃	相对密度	折射率(n_D^{20})
苯	5.5	80.0	0.879	1.5011
甲苯	−95.0	110.6	0.867	1.4961
邻二甲苯	−25.2	144.4	0.880	1.5055
间二甲苯	−47.9	139.1	0.864	1.4972
对二甲苯	13.3	138.4	0.861	1.4958
乙苯	−95.0	136.2	0.867	1.4959

续表

名　称	熔　点/℃	沸　点/℃	相对密度	折射率(n_D^{20})
正丙苯	−99.5	159.2	0.862	1.4920
异丙苯	−96.0	152.4	0.862	1.4915
苯乙烯	−30.6	145.0	0.906	1.5668

思考与练习

4-1 命名下列化合物。

(1) 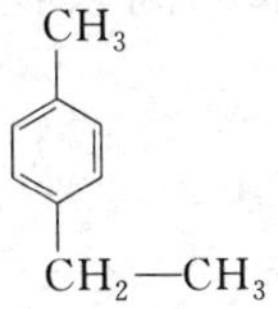 [对乙基甲苯结构式]　(2) 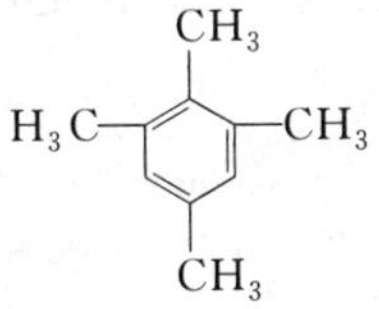 [1,2,4-三甲苯结构式]　(3) $(CH_3)_3CCHC(CH_3)_3$-苯基

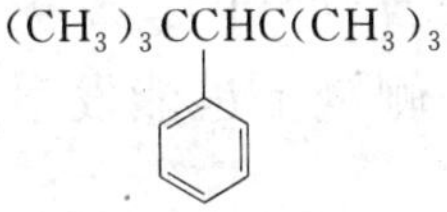

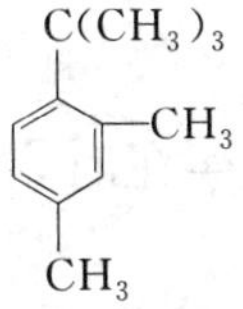

(4) [2-叔丁基-4-甲苯结构式]　(5) 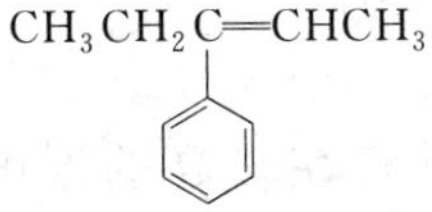 $CH_3CH_2C(C_6H_5)=CHCH_3$

4-2 写出下列化合物的结构式。

（1）间甲叔丁苯　　　　　　　　（2）1,4-二苯基-2-丁烯

（3）对乙异丙苯　　　　　　　　（4）2-甲基-3-苯基戊烷

科海拾贝

居室装修中的隐形杀手

随着人们生活水平的提高，居室装修成了热点，装修越来越普及和豪华。可人们在装修的同时，忽视了一些隐形杀手——装修中一些有机化学污染物等。它们悄悄地蒸发于空气中，导致人们的健康受损，甚至带来严重的疾病。

苯、甲苯、二甲苯都属于有机化合物中芳香烃家族。芳香烃是一类无色、易挥发、具有芳香气味的物质，是一种重要溶剂，常用作某些涂料的稀释剂、溶剂。别看它们气味香，可害人不浅。它们主要对人的中枢神经系统和造血系统有毒性，被专家确认是严重致癌物质。短时间内吸入高浓度苯蒸气可引起以中枢神经系统抑制作用为主的急性苯中毒。轻度中毒会出现头晕、兴奋、昏迷、抽搐、血压下降。重度中毒可出现视物模糊、震颤、呼吸浅而快、心律不齐、抽搐和昏迷的症状。少数严重患者可出现呼吸和循环衰竭、心室颤动。苯在各种建筑材料的有机溶剂中大量存在，比如各种油漆的添加剂和一些防水材料等。苯主要对皮肤、眼睛和上呼吸道有刺激作用。长期接触苯系混合物的人，再生障碍性贫血发率较高，并能引起白血病。孕妇吸入大量甲苯有可能造成胎儿

畸形、中枢神经系统功能障碍及生长发育迟缓等。可用乳胶漆作内墙涂料来代替含有苯系混合物的涂料。装修后，要通风对流，过一段时间方可搬入。

第四节 单环芳烃的化学性质

苯具有环状的共轭 π 键，它有特殊的稳定性，没有典型的 C═C 双键的性质，不易发生加成反应和氧化反应，而容易发生氢原子被取代的反应，苯这种特殊的性质称为芳香性。对于苯来说，反应只发生在环上。但苯的同系物除环上发生反应外，侧链上也能发生反应。

一、氧化反应

1. 苯环氧化

苯环很稳定，一般不易氧化，只有在较高的温度和催化剂存在时，才被空气氧化，苯环破裂，生成顺丁烯二酸酐（简称顺酐）。

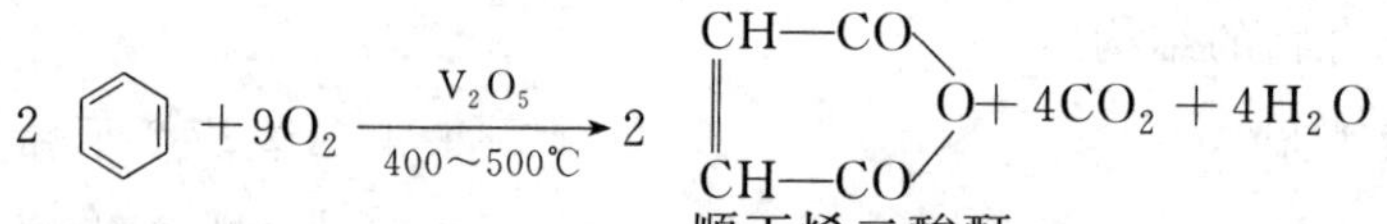

$$2\ C_6H_6 + 9O_2 \xrightarrow[400\sim 500℃]{V_2O_5} 2\ \underset{\text{顺丁烯二酸酐}}{\begin{array}{c}CH-CO\\ \parallel\qquad\quad\ \ \ \\ CH-CO\end{array}\!\!\!\!>\!\!O} + 4CO_2 + 4H_2O$$

顺酐为白色结晶，熔点 60℃，沸点 200℃，相对密度 1.480，主要用于制造聚酯树脂和玻璃钢，也用于增塑剂、医药、农药等的生产。工业上采用此法来生产顺丁烯二酸酐。

2. 侧链氧化

苯环侧链上含有 α-氢时，侧链较易被氧化成羧酸。而且侧链上只要含有 α-氢，不论侧链的长短，反应的最终产物都是苯甲酸。例如：

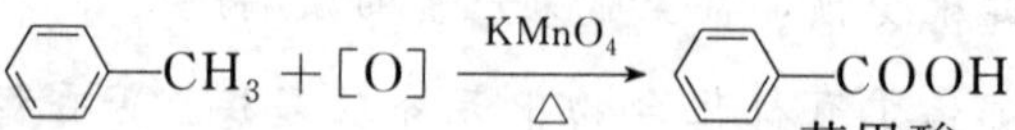

$$C_6H_5-CH_3 + [O] \xrightarrow[\triangle]{KMnO_4} C_6H_5-COOH\ \text{苯甲酸}$$

$$C_6H_5-CH_2R + [O] \xrightarrow[\triangle]{KMnO_4} C_6H_5-COOH$$

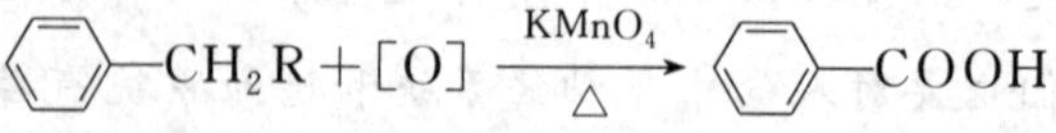

当苯环上对位含有烷基时，两个烷基均被氧化成羧基，生成对苯二甲酸。例如：

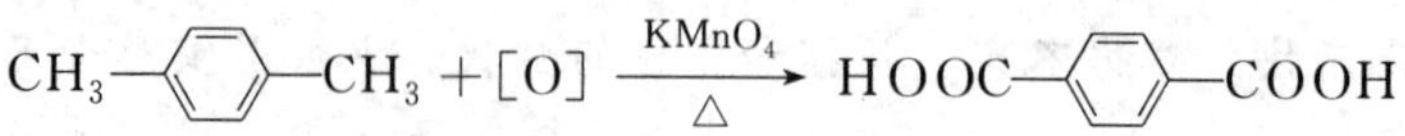

$$CH_3-C_6H_4-CH_3 + [O] \xrightarrow[\triangle]{KMnO_4} HOOC-C_6H_4-COOH\ \text{对苯二甲酸}$$

当苯环上邻位含有烷基时，气相高温催化氧化的产物是酸酐。例如：

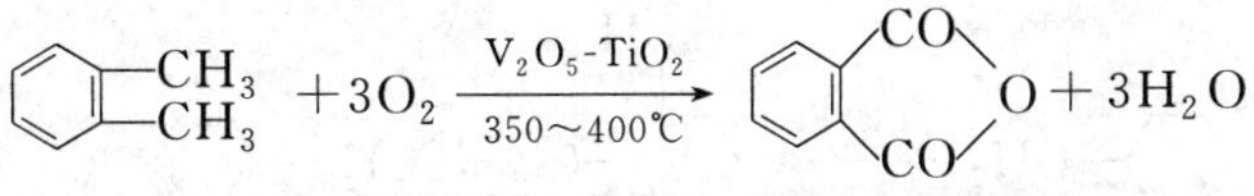

$$\text{邻二甲苯} + 3O_2 \xrightarrow[350\sim400℃]{V_2O_5\text{-}TiO_2} \text{邻苯二甲酸酐} + 3H_2O$$

邻苯二甲酸酐

邻苯二甲酸酐为无色鳞片状晶体，熔点 131℃，沸点 284℃，易升华，难溶于冷水，可溶于热水，也可溶于有机溶剂，是重要的有机化工原料，主要用于制备邻苯二甲酸二丁酯、邻苯二甲酸二辛酯等。此法是工业上合成邻苯二甲酸酐的方法之一。

侧链上若无 α-氢原子，如叔丁苯，一般不能被氧化。

二、取代反应

码 4-3　亲电取代反应历程

苯环上发生的取代反应主要有硝化、卤化、磺化和傅瑞德尔-克拉夫茨反应四种类型，反应机理见码 4-3。

1. 硝化

苯及其同系物与浓硝酸和浓硫酸的混合物（通常称为混酸）在一定温度下发生反应，苯环上的氢原子被硝基（—NO_2）取代，生成硝基化合物，这类反应叫硝化反应。例如：

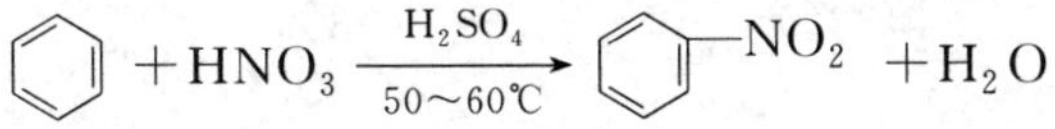

$$\text{苯} + HNO_3 \xrightarrow[50\sim60℃]{H_2SO_4} \text{硝基苯} + H_2O$$

硝基苯是无色或浅黄色油状液体，熔点 5.7℃，沸点 210.8℃，比水重，具有苦杏仁气味，有毒，不溶于水，工业上主要用来生产苯胺及制备染料和药物。

甲苯比苯容易硝化，硝化的主要产物是邻、对位硝基甲苯。

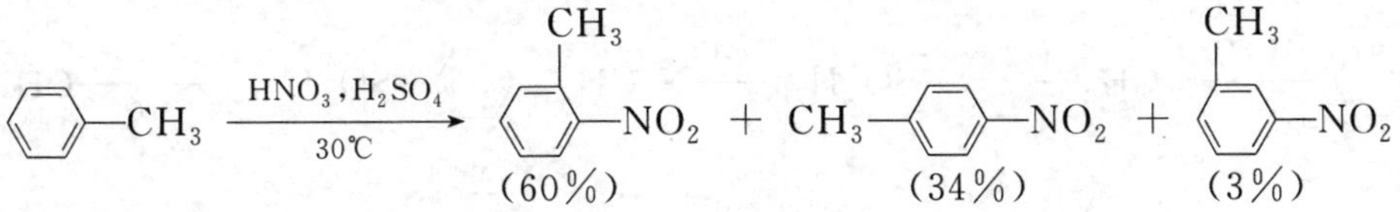

$$\text{甲苯} \xrightarrow[30℃]{HNO_3, H_2SO_4} \text{邻硝基甲苯}(60\%) + \text{对硝基甲苯}(34\%) + \text{间硝基甲苯}(3\%)$$

硝化是不可逆反应，苯环上的硝化是制备芳香族硝基化合物的重要方法之一。

2. 卤化

卤化反应中最重要的是氯化和溴化反应。以铁粉或无水氯化铁为催化剂，苯与氯发生氯化反应生成氯苯。

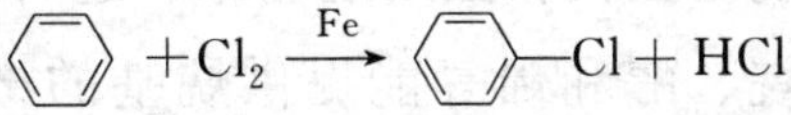

$$\text{苯} + Cl_2 \xrightarrow{Fe} \text{氯苯} + HCl$$

甲苯的氯化比苯容易，产物主要是邻氯甲苯和对氯甲苯。

$$\text{C}_6\text{H}_5\text{-CH}_3 \xrightarrow{\text{Cl}_2, \text{Fe}} \text{o-CH}_3\text{C}_6\text{H}_4\text{-Cl} + \text{CH}_3\text{-C}_6\text{H}_4\text{-Cl}$$

苯的溴化条件与氯化相似。在苯的氯化或溴化反应中，真正起催化作用的是氯化铁或溴化铁。当用铁粉作催化剂时，氯或溴先与铁粉反应生成氯化铁或溴化铁，生成的氯化铁或溴化铁作了催化剂。

苯环上的氯化或溴化是不可逆反应。氯化或溴化是制备芳香族氯化物或溴化物的重要方法之一。芳香族卤化物是制造农药、医药和合成高分子材料的重要原料。

3. 磺化反应

苯及其同系物与浓硫酸或发烟硫酸作用，在苯环上引入磺基（—SO_3H），生成芳磺酸。这种在有机化合物分子中引入磺基的反应，称为磺化反应。例如：

$$\text{C}_6\text{H}_6 + \text{H}_2\text{SO}_4 \underset{}{\overset{70 \sim 80℃}{\rightleftharpoons}} \text{C}_6\text{H}_5\text{-SO}_3\text{H} + \text{H}_2\text{O}$$
苯磺酸

甲苯比苯容易磺化，主要得到邻、对位产物。

$$\text{C}_6\text{H}_5\text{-CH}_3 \xrightarrow[0℃]{\text{H}_2\text{SO}_4} \text{o-CH}_3\text{C}_6\text{H}_4\text{-SO}_3\text{H} + \text{CH}_3\text{-C}_6\text{H}_4\text{-SO}_3\text{H} + \text{m-CH}_3\text{C}_6\text{H}_4\text{-SO}_3\text{H}$$
（43%） （53%） （4%）

磺化反应是可逆反应。磺化反应的逆过程称为脱磺基反应或水解反应。高温和稀酸对脱磺基反应有利。磺化反应的可逆性，在有机合成上具有重要的意义。用磺基占据苯环上的某些位置，使取代基进入指定位置，然后水解除去磺基，得到预期的产物。例如，由甲苯制取高产率的邻氯甲苯，可采用下列合成步骤：

$$\text{CH}_3\text{-C}_6\text{H}_5 \xrightarrow{\text{H}_2\text{SO}_4} \text{CH}_3\text{-C}_6\text{H}_4\text{-SO}_3\text{H} \xrightarrow{\text{Fe}, \text{Cl}_2} \text{CH}_3\text{-C}_6\text{H}_3(\text{Cl})\text{-SO}_3\text{H} \xrightarrow[\text{约} 150℃]{\text{H}^+, \text{H}_2\text{O}} \text{CH}_3\text{-C}_6\text{H}_4\text{-Cl}$$

磺化反应是制备芳磺酸的重要方法。

4. 傅瑞德尔-克拉夫茨（Friedel-Crafts）反应

傅瑞德尔-克拉夫茨反应简称傅-克反应，一般分为烷基化反应和酰基化反应两类。

（1）**烷基化反应** 在无水氯化铝的催化作用下，芳烃与卤烷、醇和烯烃等试剂作用，环上的氢原子被烷基取代，生成烷基苯，这种反应叫烷基化反应，工业上也叫烃化反应。其中卤烷、醇和烯等能提供烷基的试剂，统称为烷基化试剂。例如：

$$\text{C}_6\text{H}_6 + \text{CH}_3\text{CH}_2-\text{Cl} \xrightarrow{\text{AlCl}_3} \text{C}_6\text{H}_5-\text{CH}_2\text{CH}_3 + \text{HCl}$$

$$\text{C}_6\text{H}_6 + \text{CH}_3-\text{CH}=\text{CH}_2 \xrightarrow[70\sim100\text{℃}]{\text{AlCl}_3,\text{HCl}} \text{C}_6\text{H}_5-\text{CH}(\text{CH}_3)_2$$

在烷基化反应中，引入的烷基如含有三个或三个以上碳原子时，常常发生重排，生成少量重排产物。另外，烷基化反应一般不停止在一元取代物阶段，在生成一元烷基苯以后，可继续反应，最后得到各种多元取代苯的混合物。故为了使一元烷基苯为主要产物，制备时，往往苯是过量的。

值得注意的是，卤原子直接连在 C═C 双键上或苯环上时，如氯乙烯 $\text{CH}_2=\text{CHCl}$、氯苯 C$_6$H$_5$—Cl，由于苯环和双键的影响，卤原子活性较小，不发生烷基化反应。另外，如果苯环上带有钝化的取代基，如—NO$_2$、—SO$_3$H 等，由于钝化取代基的影响，一般也不发生烷基化反应。

烷基化反应是可逆的。在生成烷基苯的同时，也存在脱烷基的反应。

$$\text{C}_6\text{H}_6 + \text{RX} \underset{}{\overset{\text{AlCl}_3}{\rightleftharpoons}} \text{C}_6\text{H}_5-\text{R} + \text{HX}$$

傅-克烷基化反应在工业生产上具有重要的意义。例如，苯与乙烯或丙烯的烷基化反应，是工业上生产乙苯和异丙苯等的方法，像乙苯、异丙苯、十二烷基苯都是重要的化工原料。乙苯经催化脱氢后生成苯乙烯，后者是合成树脂和橡胶的重要单体；异丙苯是生产苯酚、丙酮的重要原料；十二烷基苯经磺化、中和后生成十二烷基苯磺酸钠是重要的合成洗涤剂。

(2) **酰基化反应**　**在无水氯化铝的催化下，芳烃与酰氯、酸酐等酰基化试剂作用，生成芳酮的反应称为酰基化反应。** 例如，

$$\text{C}_6\text{H}_6 + \text{CH}_3\overset{\text{O}}{\text{C}}\text{Cl} \xrightarrow{\text{AlCl}_3} \text{C}_6\text{H}_5-\overset{\text{O}}{\text{C}}-\text{CH}_3 + \text{HCl}$$

乙酰氯　　　　苯乙酮

$$\text{C}_6\text{H}_6 + \text{CH}_3\overset{\text{O}}{\text{C}}-\text{O}-\overset{\text{O}}{\text{C}}\text{CH}_3 \xrightarrow{\text{AlCl}_3} \text{C}_6\text{H}_5-\overset{\text{O}}{\text{C}}-\text{CH}_3 + \text{CH}_3\text{COOH}$$

乙酸酐

酰基化反应所需要的催化剂无水氯化铝的量比烷基化反应所需要的多得多。那是因为酰基化反应所生产的产物芳酮与氯化铝反应生成配合物，消耗了部分的氯化铝，故氯化铝的供给量多才能维持它的催化作用。

傅-克酰基化反应是制备芳酮的重要方法之一。

三、加成反应

苯及其同系物与烯烃或炔烃相比，不易进行加成反应，但在一定条件下，仍能与氢、氯等加成，生成脂环烃或其衍生物。

1. 加氢

在镍作催化剂作用下，于150～250℃，2.5MPa压力下，苯与氢加成生成环己烷。

$$\text{C}_6\text{H}_6 + 3\text{H}_2 \xrightarrow[150\sim 250℃,2.5\text{MPa}]{\text{Ni}} \text{C}_6\text{H}_{12}$$

工业上利用此法来制备环己烷。环己烷主要用于制造尼龙-66和尼龙-6的单体己二酸、己二胺及己内酰胺。

2. 加氯

在日光或紫外线照射下，苯与氯加成，生成六氯环己烷，也叫六氯化苯，简称六六六。

$$\text{C}_6\text{H}_6 + \text{Cl}_2 \xrightarrow{\text{日光或紫外线}} \text{C}_6\text{H}_6\text{Cl}_6$$

六六六曾作为有机氯农药大量使用。它化学性质稳定，难以降解，易通过食物链在人体蓄积，具有慢性和潜在性的毒性作用，虽然在1987年已经禁止使用此类农药，但至今仍有检出。六六六在土壤中的半衰期为2年。人体长期摄入含有有机氯农药的食物后，主要会发生急、慢性中毒，侵害肝、肾及神经系统，对分泌及生殖系统也有一定损害作用。

第五节 苯环上的取代定位规律

一、一元取代苯的定位规律

苯环在进行取代反应时，如果苯环上已有一个取代基团A，第二个基团B可取代苯环上不同位置的氢原子，分别生成邻位、间位、对位三种二元取代物。

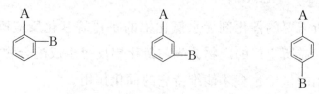

(1) 第一类定位基——邻对位定位基 苯环上原有取代基使新引入的取代基主要进入其邻位和对位（邻位和对位取代物之和大于60%），称为邻对位定位基，也称为第一类定位基，见表4-2。在邻对位定位基中，除卤原子和氯甲基等外，一般使苯环活化。

(2) 第二类定位基——间位定位基 苯环上原有取代基使新引入的取代基主要进入其间位（间位产物大于40%），称为间位定位基，也称为第二类定位基，见表4-2。间位定位基使苯环钝化。

表 4-2 苯环上取代反应的两类取代基

邻对位定位基	间位定位基
强烈活化	强烈钝化
—NR_2，—NHR，—NH_2，—OH	—NR_3，—NO_2，—CF_3，—CCl_3
中等活化	中等钝化
—OR，—NHCOR，—OCOR	—CN，—SO_3H，—CHO，—COR，—COOH，—$CONH_2$
较弱活化	
—Ph，—R	较弱钝化
	—F，—Cl，—Br，—I，—CH_2Cl

二、二元取代苯的定位规律

当苯环上已有两个取代基，欲引入第三个取代基时，有以下几种情况。

(1) 当苯环上原有的两个取代基对于引入第三个取代基的定位作用一致时，仍由上述定位规律来决定，取代基进入箭头所指的位置。

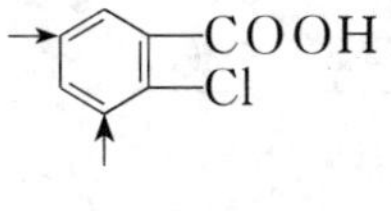

又有：

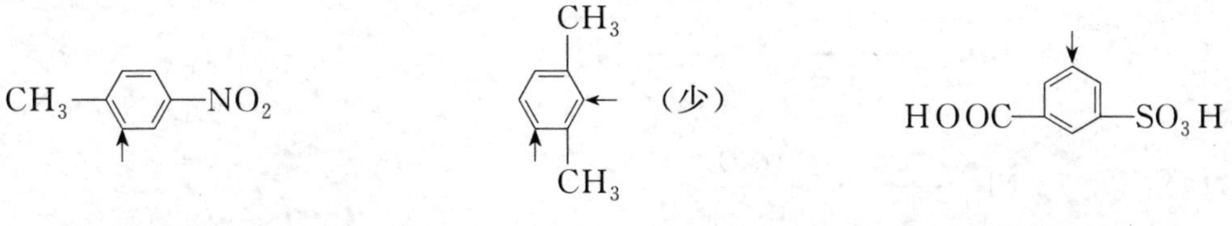

(2) 当苯环上原有的两个取代基对于引入第三个取代基的定位作用不一致时，有两种情况。

① 两个取代基属于同一类时，第三个取代基进入苯环的位置，主要由较强的定位基决定。例如：

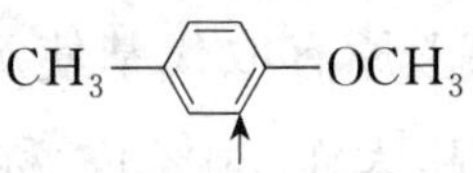

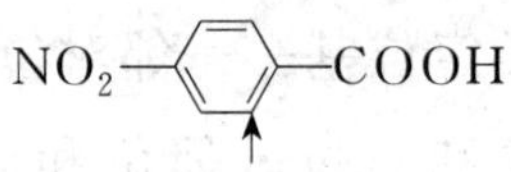

② 两个取代基属于不同类时，第三个取代基进入苯环的位置，主要决定于邻对位定位基。例如：

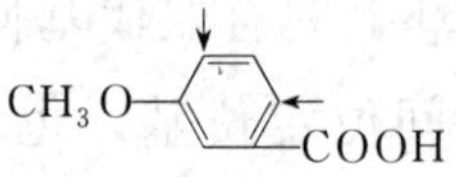

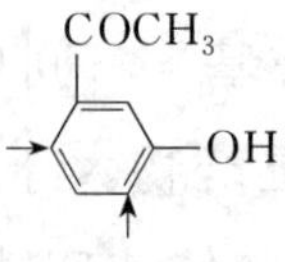

三、定位规律的应用

苯环上的定位规律对于预测反应主要产物，确定合理的合成路线，得到较高产量和容易分离的有机化合物具有重大的指导作用。例如，由苯合成对硝基氯苯，其合成过程为：

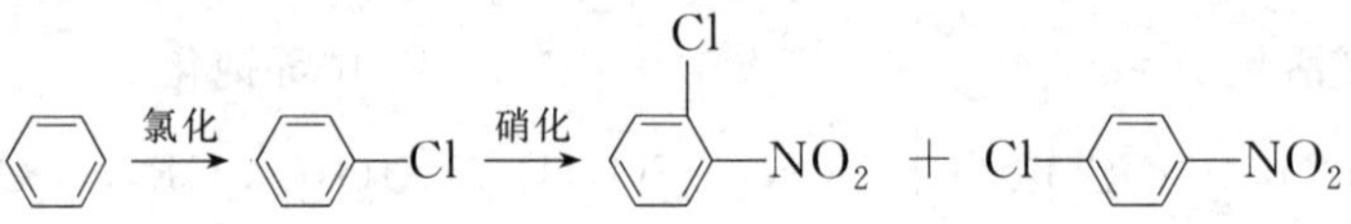

对于两种主要产物进行分离、精制，得到对硝基氯苯。

再如由甲苯合成邻氯甲苯，其合成过程为：

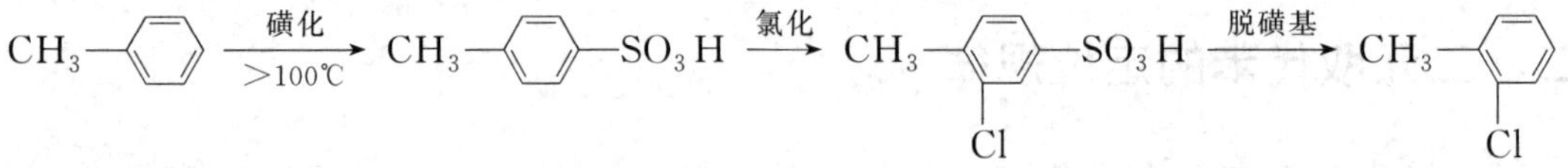

思考与练习

4-3 完成下列反应。

(1) 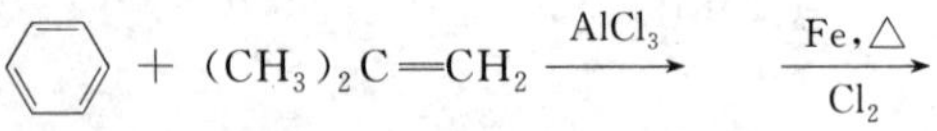 ⌬ + $(CH_3)_2C=CH_2$ $\xrightarrow{AlCl_3}$ $\xrightarrow[Cl_2]{Fe, \triangle}$

(2) ⌬ + ⌬—CH_2Cl $\xrightarrow{AlCl_3}$

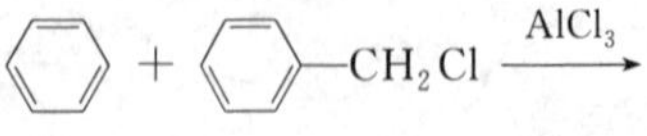

(3) ⌬ + CH_2Cl_2 $\xrightarrow{AlCl_3}$ $\xrightarrow[⌬]{AlCl_3}$

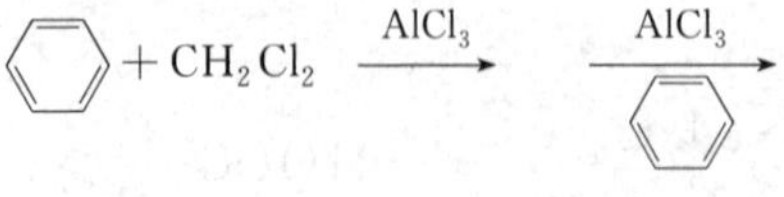

(4) 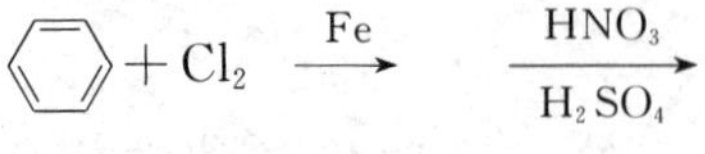 ⌬ + Cl_2 $\xrightarrow{Fe}$ $\xrightarrow[H_2SO_4]{HNO_3}$

(5) 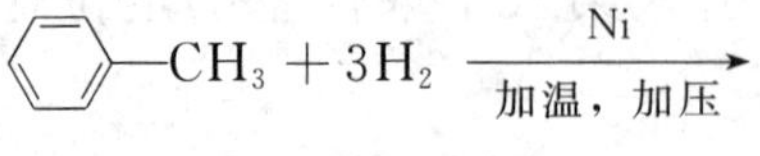 ⌬—CH_3 + $3H_2$ $\xrightarrow[加温，加压]{Ni}$

芳香型家用防虫剂

夏天到了，扰人的蚊子又开始在我们家里横行，这时候，芳香型防虫剂又成了各个家庭的宠儿。

现在国内市场上的家用防虫剂主要有三大类：一种是以天然植物为主要原料制成的樟脑丸或合成樟脑丸，一种是以对二氯苯为主要原料制成的芳香型防虫剂，还有一种是拟除虫菊酯类防虫剂。

从20世纪90年代中期开始，我国许多消费者就已与对二氯苯"亲密接触"了——一种包装漂亮且散发香气的芳香防虫剂大量进入城镇居民家庭。此外，许多除臭剂和空气清新剂也是以对二氯苯为主要原料制成的。

对二氯苯属于具有毒性的挥发性有机化合物，过量使用会引起肺功能障碍、肝脏受损等。2017年，世界卫生组织将其定义为致癌物。使用这种芳香型防虫剂，蚊虫虽然防住了，可空气也被污染了，更可能对人身体造成更大的危害，实在是得不偿失啊！我国目前已颁布有关文件，禁止使用对二氯苯做防虫剂、杀虫药。

第六节 稠环芳烃

稠环芳烃分子中含有两个或两个以上的苯环，相邻的两个苯环之间有两个共用的碳原子，萘是最简单最重要的稠环芳烃。

一、萘

1. 萘分子的结构

萘（$C_{10}H_8$）由两个苯环稠合而成，结构简式为：。测定表明，萘分子中的碳碳键键长并不是完全相同的。

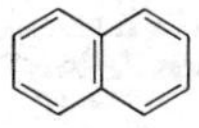

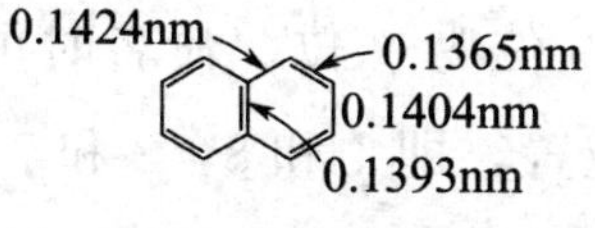

0.1424nm
0.1365nm
0.1404nm
0.1393nm

为了区分不同的碳原子，通常按一定顺序对萘环进行编号，其编号如下：

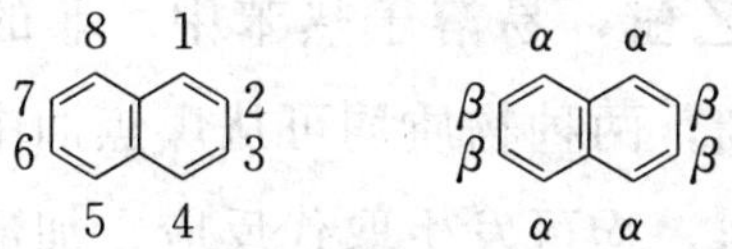

其中1、4、5、8位等同，称为α位；2、3、6、7位等同，称为β位，故一

元取代萘有两种同分异构体。例如：

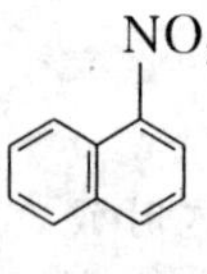

α-硝基萘　　　　　β-硝基萘
(1-硝基萘)　　　　(2-硝基萘)

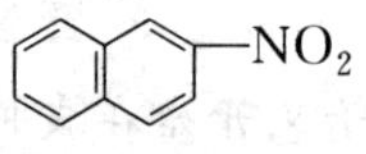

2. 萘的性质

萘是无色片状晶体，熔点80℃，沸点218℃，易升华。萘有特殊的气味，易溶于乙醇、乙醚及苯中。萘的很多衍生物是合成染料、农药的重要中间体。

萘的化学性质与苯相似，也容易发生取代反应，但萘环上的电子云不是平均分布的，α-碳原子上的电子云密度较高，β位次之，α位比β位活泼，故取代反应较易发生在α位上。萘也能够发生加成和氧化反应，且比苯容易进行。

萘可做防虫剂。市售的避瘟球就是萘的球形制品。一般将其误称为樟脑丸，因为萘的气味与樟脑相似，故得此名。实际上两者并非同一物质。

二、蒽和菲

蒽和菲都是由三个苯环稠合而成的。三个苯环以直线稠合的为蒽，以角式稠合的为菲，两者互为同分异构体，并都是从煤焦油中提取的。蒽环和菲环的编号分别如下：

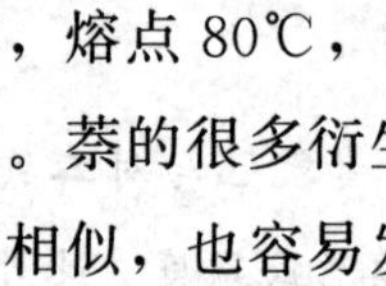

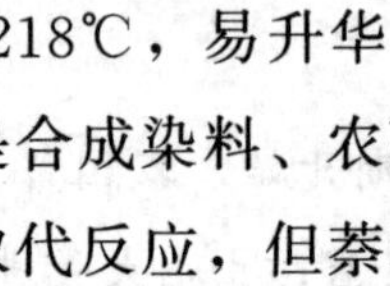

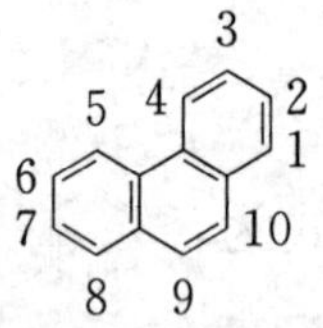

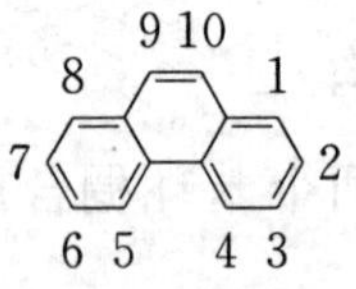

蒽分子中的碳原子不完全相同，其中1、4、5、8位是相同的，为α位；2、3、6、7位相同为β位；9、10位为γ位。命名时可按给定的编号表示取代基的位次。菲环中有五对对应的位置，即1和8，2和7，3和6，4和5，9和10。

蒽和菲都是片状晶体，溶液都有蓝色荧光。蒽的熔点217℃，沸点354℃，不溶于水，难溶于乙醇和乙醚，易溶于热苯中。菲的熔点101℃，沸点340℃，不溶于水，易溶于有机溶剂，两种物质均可从煤焦油中提取。

蒽和菲的化学性质相似，均可发生取代反应、加成反应和氧化反应。在反应中以9、10位的活性最大，故反应往往发生在9、10位。例如：

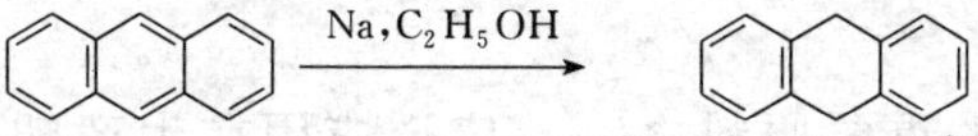

蒽是一种化工原料,用于生产蒽醌,蒽醌的许多衍生物是染料的中间体,用于制造蒽醌染料。菲醌用于制造染料和药物,农业上用于拌种杀菌。

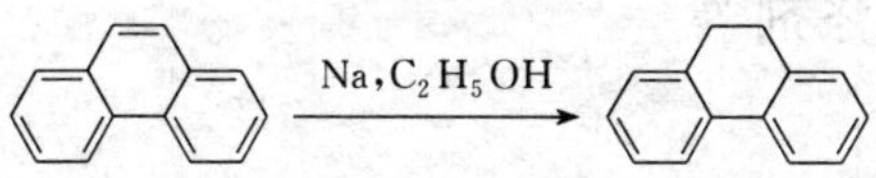

三、其他稠环芳烃

比较常见的稠环芳烃还有苊、芴、芘等,结构如下:

苊　　芴　　芘

还有一些稠环芳烃具有致癌作用,叫致癌烃,如3,4-苯并芘,其结构如下:

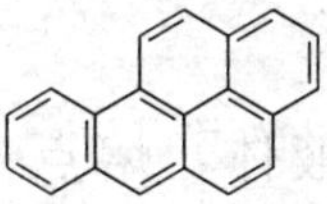

3,4-苯并芘

3,4-苯并芘是黄色片状结晶,熔点179℃,是公认的强致癌物质,是含碳化合物的不完全燃烧产物和热解产物,主要存在于烟尘、废气和烟气中,是检测大气污染的重要指标之一。

搜集整理

4-4 请你通过各种渠道搜集整理生产和生活中的致癌芳烃,并在班内组织一次小型的信息发布会。你将如何有效避免它们的危害?

第七节　重要的单环芳烃

1. 苯

苯是无色易挥发和易燃的液体,有芳香味,熔点5.5℃,沸点80.1℃,相对密度0.879,爆炸极限1.5%~8%(体积分数)。不溶于水,溶于四氯化碳、乙醇、乙醚等有机溶剂。

苯是有机合成工业的重要原料之一，广泛应用在生产塑料、合成橡胶、合成纤维、染料、医药及合成洗涤剂等。

2. 甲苯

甲苯是无色可燃液体，具有与苯相似的气味，熔点 $-95℃$，沸点 $110.6℃$，相对密度 0.866，爆炸极限 1.27%～7.0%（体积分数）。不溶于水，溶于乙醇、乙醚、氯仿等有机溶剂。

甲苯也是有机合成的重要原料之一，主要用于生产苯和二甲苯，制造 TNT 炸药，有时也作溶剂。

3. 二甲苯

二甲苯具有邻、间、对三种异构体，一般为三种异构体的混合物，称为混合二甲苯。它们都是无色可燃液体，具有芳香气味，不溶于水，溶于乙醇、乙醚等有机溶剂。混合二甲苯也经常作溶剂。

二甲苯也是有机化工的重要原料，邻二甲苯用于生产邻苯二甲酸酐、染料、药物等。对二甲苯用于生产涤纶和对苯二甲酸等。间二甲苯用于染料工业。

4. 苯乙烯

苯乙烯是无色或微黄色易燃液体，熔点 $-30.6℃$，沸点 $145℃$，相对密度 0.9095，爆炸极限 1.1%～6.1%（体积分数）。不溶于水，溶于乙醇、乙醚等有机溶剂。

苯乙烯是生产聚苯乙烯、ABS 树脂（丙烯腈、1,3-丁二烯和苯乙烯的共聚物）、丁苯橡胶（丁二烯和苯乙烯共聚物）及离子交换树脂等的原料。

第八节　芳烃的来源

芳烃是重要的有机化工原料，其中主要以苯、甲苯、二甲苯和萘为主。芳烃主要来自于石油加工和煤加工。特别是石油化工的发展，为芳烃提供了丰富的来源。近年来，苯及苯的同系物也主要由石油加工提供，但稠环的萘和蒽等仍来自于原始的煤焦油炼焦工业中。

一、从煤的干馏中提取芳烃

将煤隔绝空气加强热，煤便发生分解，这个过程叫煤的干馏。干馏后得到焦炭和焦炉煤气。焦炉煤气经过冷却、洗油吸收，最后得到煤气、氨、粗苯和煤焦油。

粗苯占原料煤量的 1%～1.5%，它的主要成分是苯（50%～70%）、甲苯（12%～22%）、二甲苯（2%～6%）。粗苯经过精馏后可得到较纯的苯、甲苯和二甲苯。

煤焦油的产率占原料的 3%～4%，其成分相当复杂，已被确定的组成约有 500 种，其中芳烃含量较多。煤焦油分馏后得到沸点不同的馏分，其主要产物如表 4-3 所示。

表 4-3 煤焦油分馏的主要产品

馏 分	沸点范围/℃	主 要 成 分	馏 分	沸点范围/℃	主 要 成 分
轻油	<180	苯、甲苯、二甲苯等	蒽油	270～360	蒽、菲等
中油	180～230	萘、苯酚、甲苯酚等	沥青	>360	残渣
重油	230～270	萘、甲苯酚、喹啉等			

从煤中得到芳烃，其产量有限，不能满足生产需要。目前芳烃的来源主要由煤转向石油化工。

二、从石油加工中得到芳烃

1. 从石油裂解的副产品中得到芳烃

石油化工最主要的产品是乙烯、丙烯、丁二烯，这些产品是通过石油裂解得到的，在裂解的过程中能得到 C_5～C_9 副产品，这些馏分叫裂解汽油。裂解汽油中含有芳烃，其中苯、甲苯、二甲苯的含量大约为 40%～80%，是芳烃的主要来源。

随着石油工业的发展，低级烯烃的产量越来越高，副产品裂解汽油的量也越多，裂解汽油也成为芳烃的主要来源之一。

2. 石油的催化重整

以金属铂为催化剂，约 500℃、3MPa 下处理汽油的 C_6～C_8 馏分，该馏分中各组分发生一系列反应，最后生成 C_6～C_8 的芳烃，这个过程在石油工业中叫做石油的铂重整，也叫做芳构化。大致归纳为以下几种反应。

(1) 环烷烃脱氢转变为芳烃。如：

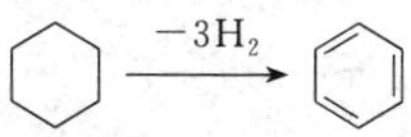

$$\text{环己烷} \xrightarrow{-3H_2} \text{苯}$$

(2) 环烷烃异构化，再脱氢转变为芳烃。例如：

$$\text{二甲基环戊烷} \xrightleftharpoons{\text{异构化}} \text{甲基环己烷} \xrightarrow{-3H_2} \text{甲苯}$$

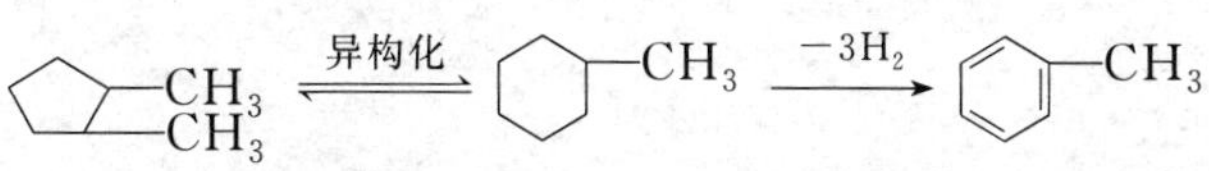

(3) 烷烃脱氢环化，再脱氢转变为芳烃。例如：

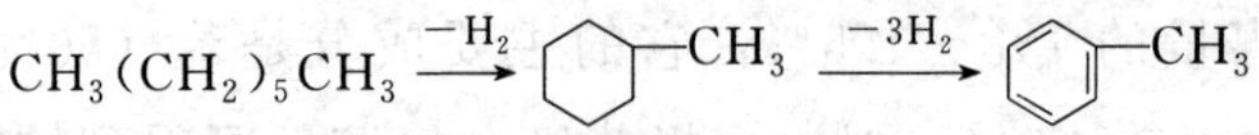

$$CH_3(CH_2)_5CH_3 \xrightarrow{-H_2} \text{环己基甲烷} \xrightarrow{-3H_2} \text{甲苯}$$

铂重整后的产物经过萃取、分离、精馏等过程，即可得苯、甲苯及二甲苯等的混合物。

石油铂重整是 $C_6 \sim C_8$ 芳烃最重要的来源之一。

思考与练习

4-5 命名下列化合物或写出化合物的结构。

(1)

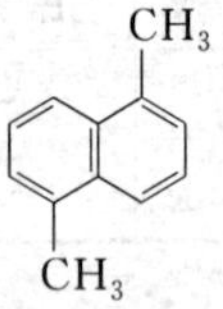

(2) 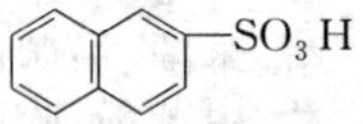 萘-2-磺酸 (结构式：萘环上带 SO_3H)

(3) 邻苯二甲酸酐

(4) 对十二烷基苯磺酸钠

科海拾贝

多环芳烃的致癌性

多环芳烃（PAHs）主要来自有机物的不完全燃烧，在人类的生活和生产中很容易产生。多环芳烃进入人体后，其中一些代谢产物会与 DNA 共价结合，引起 DNA 损伤，诱导基因突变，甚至诱发肿瘤形成。

肿瘤专家还发现，多环芳烃物质能阻断肿瘤细胞与周围细胞之间的联系，对肿瘤的发病有着"姑息养奸"的作用。致癌物质导致细胞遗传物质变异后，如果细胞间能保持联系，正常细胞就能发现变异细胞并将其杀死，阻止其继续增殖发展。多环芳烃类物质阻断细胞间的联系，会导致癌细胞进一步扩散，这可能是多环芳烃物质具有致癌性的原因之一。

实验四 苯和甲苯的性质

一、实验目的

检验苯及甲苯的性质，掌握区别二者的方法。

二、实验原理

1. 苯与高锰酸钾不氧化，甲苯与高锰酸钾氧化（褪色）。

2. $C_6H_6 + Br_2 \xrightarrow[\text{光}]{Fe} C_6H_5\text{—Br} + HBr$

$C_6H_5\text{—}CH_3 + Br_2 \longrightarrow C_6H_5\text{—}CH_2Br + HBr$

3. $C_6H_6 + HNO_3 \xrightarrow[50\sim 60℃]{H_2SO_4} C_6H_5\text{—}NO_2 + H_2O$

三、实验方法

1. 氧化反应

在两支试管中，分别加入苯和甲苯各 0.5mL，然后各加入 0.2mL 0.5％的高锰酸钾溶液和 0.5mL 10％硫酸溶液，剧烈振荡（也可水浴加热）几分钟，观察比较两试管的颜色变化。

2. 与溴反应

（1）在两支试管中分别加入苯和甲苯各 0.5mL，再各加入 3～6 滴 3％溴的四氯化碳溶液，在试管口各放置一条湿润的蓝色石蕊试纸并用软木塞塞紧。将两支试管放在太阳光下（或强日光灯下）照射几分钟，观察比较试纸的颜色变化。

（2）在试管中加入 1mL 苯，再各加入 10～12 滴溴（量取溴时要特别小心，溴是强烈腐蚀性和刺激性的物质，因此量取时要在通风橱中进行，并带上防护手套），然后加入一小角匙新刨的铁屑，振荡，反应开始并有气体产生。将湿润的蓝色石蕊试纸置于管口，观察试纸的颜色变化。

待反应缓慢，用小火微热试管，使反应完全。将试管中的液体倒入盛有水的烧杯中，有浅黄色（纯时为无色）油珠（难溶于水的溴苯）生成。

3. 硝化反应

在干燥的大试管中加入 1.5mL 浓硝酸，再加入 2mL 浓硫酸，充分混合，用冷水浴冷却到室温。然后边振荡边加入 1mL 苯，并于 50～60℃的水浴中加热 10min。将反应液倾入盛有水的烧杯中，可以看到黄色油状液体硝基苯沉于烧杯底（控制适当的温度，如果温度过高将生成二硝基物，以黄色固体沉于烧杯底部）。

4. 整理台面

> **研究与实践**
>
> 4-1 请在讨论和思考的基础上写出本实验所需用的仪器、试剂、物品。
>
> 4-2 氧化反应中加入 10％硫酸的作用是什么？
>
> 4-3 溴水不慎触及皮肤应怎样处理？
>
> 4-4 总结如何用化学方法区别苯和甲苯。
>
> 4-5 你在实验过程中遇到了哪些问题？试分析其原因。

归纳与总结

请在教师的指导下，在分组商讨的基础上，从芳烃的基本概念、结构、命名、物理性质、化学性质（尤其是单环芳烃）、来源和制法、用途等几方面进行归纳与总结，并分组上台展示（注意从认知、理解、应用三个层次去把握）。

习　题

一、填空题

1. 在烃类物质中，在室温下能使溴的四氯化碳溶液及稀的高锰酸钾溶液褪色的物质有＿＿＿＿＿＿；室温下能使溴的四氯化碳溶液褪色，但不能使稀的高锰酸钾溶液褪色的物质是低级的＿＿＿＿＿＿烃；室温下不能使溴褪色，但能使浓、热或酸性高锰酸钾溶液褪色的物质是＿＿＿＿＿＿＿＿＿＿＿。

2. 苯的磺化是可逆的平衡反应，为使磺化反应能顺利进行，一般采用（a）＿＿＿＿＿＿＿＿＿；（b）＿＿＿＿＿＿。要是苯磺酸脱去磺酸基，一般要采用＿＿＿＿＿＿。

3. $C_{10}H_{14}$ 的芳烃异构体中，不能被酸性高锰酸钾溶液氧化生成芳香族羧酸的芳烃构造式是＿＿＿＿＿＿＿＿＿＿。

4. 环己烷中有少量的苯（杂质），在室温下可用＿＿＿＿＿＿＿＿洗涤除去。

5. 甲、乙、丙三种三溴苯，经硝化后分别得到一种、两种、三种一硝基化合物。甲、乙、丙的构造式分别是＿＿＿＿＿＿＿。

6. 由苯制备间硝基苯磺酸，可采用①苯先硝化后磺化；②苯先磺化后硝化两条工艺路线，而最佳的工艺路线应该是＿＿＿＿＿＿＿。

二、选择题

1. 芳烃 C_9H_{12} 的同分异构体有（　　）。

    A. 3 种　　　　B. 6 种　　　　C. 7 种　　　　D. 8 种

2. 下列基团中，不属于烃基的是（　　）。

    A. —CH(CH₃)₂　　B. —CH=CH₂　　C. —OCH₃　　D. 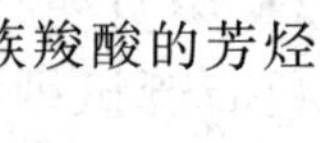 —CH₂—(苯基)

3. 下列各组物质中，属于同分异构体的是（　　）。

    A. 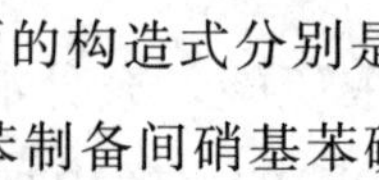 苯—CH(CH₃)₂ 和 1,3,5-三甲苯　　　B. □和异丁烯

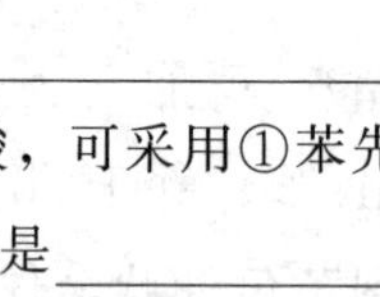

C. $CH_3CH_2C\equiv CH$ 和 $CH_2=C-CH=CH_2$
              $|$
              CH_3

D. $CH_3CH_2CH_2CH_2CH_3$ 和 ⌬—CH_3

4. 在铁的催化作用下，苯与液溴反应，使溴的颜色逐渐变浅直至无色，属于（ ）。
   A. 取代反应　　　B. 加成反应　　　C. 氧化反应　　　D. 萃取反应

5. 下列化合物中，发生硝化反应速率最快的是（ ）。

   A. ⌬—CH_3　　B. ⌬—$NH-\overset{\overset{O}{\|}}{C}-CH_3$　　C. ⌬—Br　　D. ⌬—NO_2

三、判断题（下列叙述对的在括号中打"√"，错的打"×"）

1. 甲苯和苯乙烯都是苯的同系物。　　　　　　　　　　　　　　　　　　　　（　）
2. 苯的构造式是 ⌬。因为它有三个碳碳双键和三个碳碳单键，因此，苯分子结构中所有碳碳键的键长是不相等的。　　　　　　　　　　　　　　　　　　　（　）
3. 萘的分子结构和苯相似，由于分子中 π 电子云离域，也使所有的碳碳键长完全相等。　　　　　　　　　　　　　　　　　　　　　　　　　　　　　　　（　）
4. 邻、对位定位基都能使苯环活化。　　　　　　　　　　　　　　　　　　（　）
5. 含 α-氢的烷基苯，在高锰酸钾强氧化剂氧化下，无论烷基长短，都被氧化成羧基。　　　　　　　　　　　　　　　　　　　　　　　　　　　　　　　（　）

*四、以苯为起始原料，选择适当的无机及有机试剂，合成下列化合物

(1) 3,4,5-三氯苯磺酸 (Cl, Cl, Cl, SO₃H)

(2) 对溴苄基溴 (CH₂Br, Br)

(3) 2-乙基-5-氯苯磺酸 (C₂H₅, SO₃H, Cl)

(4) 2-硝基-4-溴苯甲酸 (COOH, NO₂, Br)

五、

A、B、C 三种芳烃，分子式都是 C_9H_{12}，它们分别硝化时，都生成一硝基化合物，A 的产物主要有两种；B 和 C 的产物均有两种。上述芳烃经热的重铬酸钾酸性溶液氧化时，A 生成一元羧酸；B 生成二元羧酸；C 生成三元羧酸。试推测 A、B、C 三者的构造式。

第五章
卤 代 烃

学习目标

1. 了解卤代烷烃和卤代烯烃的结构，掌握它们的系统命名法。
2. 掌握卤代烷烃的主要物理、化学性质。
3. 熟悉卤代烯烃的特殊性质。
4. 了解重要卤代烃的特性和用途。

思维导图

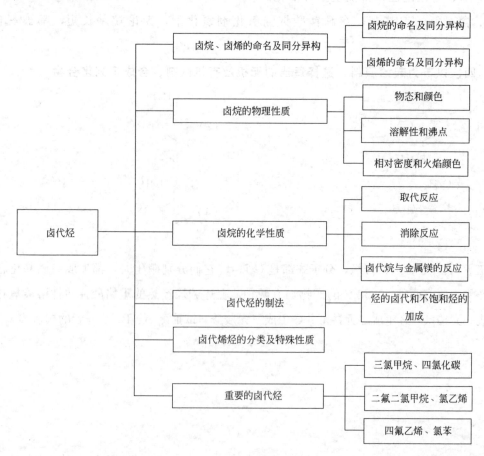

烃分子中的一个或几个氢原子被卤素原子取代生成的化合物，称为卤代烃，简称卤烃。卤素原子是卤烃的官能团，常用 R—X 表示。

在卤代烃中，氟代烃与其他卤代烃的制备和性质均有不同；又由于碘太贵，碘代烃在工业上没有意义，故本章重点讲述氯代烃，其次是溴代烃。

按照卤代烃分子中烃基种类的不同，卤代烃可分为饱和卤代烃（卤烷）、不饱和卤代烃和芳香族卤代烃。例如：

$CH_3CH_2CH_2Cl$　　　　　　$CH_2=CH-Cl$　　　　　　$C_6H_5-CH_2Cl$

饱和卤代烃　　　　　　　　不饱和卤代烃　　　　　　　芳香族卤代烃

按照与卤素相连的碳原子类型不同，可分为伯卤代烃、仲卤代烃和叔卤代烃。例如：

$$RCH_2-X \qquad \underset{R}{\overset{R}{}}CH-X \qquad R-\underset{R}{\overset{R}{}}C-X$$

伯卤代烃　　　　　　　　　仲卤代烃　　　　　　　　　叔卤代烃

第一节　卤烷、卤烯的命名及同分异构

一、卤烷的命名及同分异构

1. 卤烷的命名

简单的卤代烷可根据与卤原子相连的烃基来命名。例如：

CH_3-Cl　　　　　　$(CH_3)_2CH-Br$　　　　　　$(CH_3)_3C-Cl$

甲基氯　　　　　　　　异丙基溴　　　　　　　　　叔丁基氯

一般卤代烃命名时以相应的烃作母体，卤原子作取代基；选择连有卤原子的最长碳链作主链，根据主链上碳原子的数目称为某烷；从靠近卤原子的一端将主链上的碳原子依次编号；将卤原子和支链当作取代基，将它们的位次、数目和名称写在烷烃名称之前。例如：

$$CH_3CHCH_2\underset{Cl}{\overset{}{C}}HCH_3 \quad\text{（支链}CH_3\text{在4位）} \qquad (CH_3)_3C-Cl$$

4-甲基-2-氯戊烷　　　　　　　　　　　　2-甲基-2-氯丙烷

$$CH_3CH_2\underset{CH_2Br}{\overset{}{C}}HCH_2CH_2CH_3 \qquad CH_3CH_2\underset{Br}{\overset{}{C}}H\underset{Cl}{\overset{}{C}}HCH_2CH_3$$

2-乙基-1-溴戊烷　　　　　　　　　　　　3-氯-4-溴己烷

2. 卤烷的同分异构

卤烷的同分异构是因碳链结构和卤原子连接的位置不同而产生的，其数目比相应的烃要多。例如：丁烷有两种异构体，而氯丁烷有四种异构体。

$$CH_3CH_2CH_2CH_2—Cl \qquad\qquad CH_3CH_2\underset{\underset{Cl}{|}}{C}HCH_3$$

$$\text{1-氯丁烷} \qquad\qquad\qquad \text{2-氯丁烷}$$

$$(CH_3)_2CHCH_2—Cl \qquad\qquad (CH_3)_3C—Cl$$

$$\text{2-甲基-1-氯丙烷} \qquad\qquad \text{2-甲基-2-氯丙烷}$$

二、卤烯的命名及同分异构

1. 卤烯的命名

选择连有碳碳不饱和键和卤原子的最长碳链作为主链，从靠近不饱和键的一端将主链编号，以烯为母体来命名。例如：

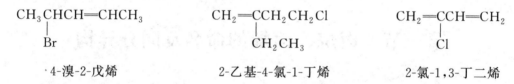

4-溴-2-戊烯　　　　　　2-乙基-4-氯-1-丁烯　　　　　　2-氯-1,3-丁二烯

2. 卤烯的同分异构

除因碳链结构和卤原子位置不同能产生同分异构外，双键位置不同也能产生异构现象，故卤烯烃的同分异构体数目比同碳原子的卤烷多。例如：

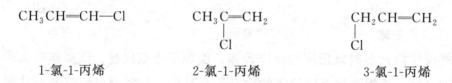

1-氯-1-丙烯　　　　　　2-氯-1-丙烯　　　　　　3-氯-1-丙烯

第二节　卤烷的物理性质

一、物态和颜色

在室温下，只有少数低级卤代烷是气体，例如氯甲烷、氯乙烷、溴甲烷等。其他常见的卤代烷大多是液体，C_{15} 以上的卤代烷是固体。纯净的卤代烷是无色的。溴代烷和碘代烷对光较敏感，光照时缓慢分解游离出卤素而带棕黄色和紫色。

二、溶解性

卤代烷不溶于水，但彼此之间可互溶，也能溶于醇、醚、烃等其他溶剂，有些卤代烷本身就是良好的溶剂。

三、沸点

卤代烷的沸点随分子量的增加而升高。当烃基相同而卤素不同时，其沸点的变化顺序是：RI＞RBr＞RCl＞RF。直链卤代烷的沸点高于含相同碳原子数的带支链的卤代烷，且支链越多，沸点越低，这与烷烃类似。此外，氯代烷、溴代烷、碘代烷与分子量相近的烷烃的沸点相近。

四、相对密度

一氯代烷的相对密度小于 1，比水轻。一溴代烷和一碘代烷的相对密度大于 1，比水重。在同系列中，卤代烷的相对密度随分子量的增加而减小。这是由于卤原子在分子中的质量分数减小的缘故。

五、火焰颜色

卤代烷在铜丝上燃烧时能产生绿色火焰，这是鉴定卤代烃的简便方法。

一些卤代烷的物理性质见表 5-1。

表 5-1　一些卤代烷的物理常数

结构简式	沸点/℃	相对密度	结构简式	沸点/℃	相对密度
CH_3Cl	−23.8	0.920	CH_3I	42.5	2.279
CH_3CH_2Cl	13.1	0.898	CH_3CH_2I	72.0	1.936
$CH_3CH_2CH_2Cl$	46.6	0.891	$CH_3CH_2CH_2I$	102	1.749
CH_3Br	3.5	1.730	CH_2Cl_2	40.0	1.335
CH_3CH_2Br	38.4	1.460	$CHCl_3$	61.2	1.492
$CH_3CH_2CH_2Br$	70.8	1.354	CCl_4	76.8	1.594

思考与练习

5-1　命名下列化合物。

(1) $(CH_3)_3CCH_2Br$ 　　　　　　　　(2) $CH_3CCl_2CH_2CH_2CH_3$

(3) $CH_3(CH_2)_3CHBrCHClCH_2F$ 　　(4) $CH_3CH_2C(CH_3)_2Cl$

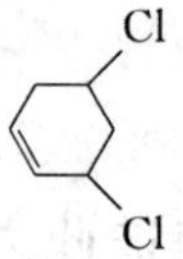

5-2 写出下列化合物的构造式。

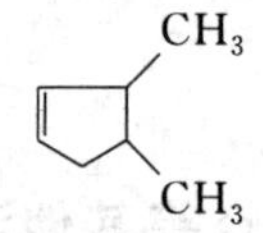

(1) 1-苯基-4-溴-1-丁烯　　　(2) 1-苯基-1-溴乙烷

(3) 1-对甲苯基-2-氯丁烷　　(4) 1,2-二氯-3-溴丙烯

(5) 2-甲基-3-氯-1-戊烯

5-3 预测下列化合物中,哪一个沸点较高。

(1) 正丙基溴和异丙基溴　　(2) 正丁基溴和叔丁基溴

(3) 正丁基溴和正丁基氯　　(4) 正戊基碘和正戊基氯

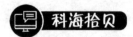

氟 利 昂

氟利昂是氯氟烃（简称CFCs）的商品名称。它自20世纪30年代开发以来，由于它不易燃烧、不具腐蚀性、无毒、性能稳定、价格便宜，被广泛应用于各种冷冻空调的冷媒、电子和光学元件的清洗溶剂、化妆品等喷雾剂以及泡沫塑料的发泡剂等领域。在对氟利昂实行控制之前，全世界向大气中排放的氟利昂已达到2000万吨。

氟利昂有其致命的缺点，它是一种"温室效应气体"，温室效应值比二氧化碳大1700倍，更危险的是它会破坏大气中的臭氧。$CFCl_3$在紫外线的作用下，一个氯原子就可以消耗上万个臭氧分子，从而影响臭氧分子250~320nm紫外线的吸收，使过量紫外线到达地球表面，可加剧人类眼部疾病、皮肤癌和传染性疾病的发病率；在植物中，紫外线可能改变物种的组成，进而影响生物多样性分布，并对植物的竞争平衡，食草动物、植物致病菌和生物地球化学循环等产生潜在影响。

我国于2007年出台相关文件，任何企业不得生产以氯氟烃（CFCs）为制冷剂、发泡剂的家用电器产品，不得在家用电器产品的生产过程中使用氯氟烃作为清洗剂。目前，我国制冷行业已经形成了新型无氟制冷剂体系，节能环保制冷剂及各种氟利昂的替代品已不断涌现，含氟冰箱、冷柜基本退出家电市场。

因此，节能环保制冷剂及各种氟利昂的替代技术已不断涌现，"无氟时代"正向我们走来。

第三节　卤烷的化学性质

卤素原子是卤代烷的官能团。卤代烷的化学性质主要表现在卤素原子上，容

易发生卤原子被取代的反应；卤代烷中的烃基也一般发生烃类所固有的反应；从卤代烷分子中消去卤化氢生成 C═C 双键——消除反应。

卤代烃的化学性质非常活泼，能发生多种反应而转变成其他类型的各种化合物，所以卤代烃在有机合成中起着桥梁的作用。

一、取代反应

1. 被羟基取代

卤代烷与稀的氢氧化钠水溶液反应，卤原子被羟基取代生成醇——水解。例如：

$$CH_3CH_2CH_2CH_2Br + NaOH \xrightarrow[\text{回流}]{H_2O} CH_3CH_2CH_2CH_2OH + NaBr$$
$$\text{正丁醇}$$

2. 被氰基取代

伯卤代烷与氰化钠或氰化钾作用时，卤原子被氰基（—CN）取代生成腈——氰解。例如：

$$CH_3CH_2CH_2CH_2Br + NaCN \xrightarrow[\text{回流}]{H_2O\text{-}乙醇} CH_3CH_2CH_2CH_2CN + NaBr$$
$$\text{正戊腈}$$

卤代烷转变成腈时，分子中增加了一个碳原子，这是有机合成上增长碳链的方法。

3. 被氨基取代

伯卤代烷与氨溶液共热，卤原子被氨基（—NH_2）取代生成胺——氨解。例如：

$$CH_3CH_2CH_2CH_2Br + 2NH_3 \longrightarrow CH_3CH_2CH_2CH_2NH_2 + NH_4Br$$
$$\text{正丁胺}$$

此反应可用来制备伯胺。

4. 被烷氧基取代

卤代烷与醇钠作用，卤原子被烷氧基（RO—）取代生成醚，这个反应称为威廉姆森（Williamson）合成反应，是制备混醚的方法之一。

$$RX + R'ONa \longrightarrow ROR' + NaX$$
$$\text{醚}$$

式中，R 和 R′可以是烷基，也可以是其他烃基。

5. 与硝酸银作用

[演示实验] 取 3 支 50mL 试管，各放入饱和硝酸银-乙醇溶液 30mL，然后分别加入 6～9 滴 1-溴丁烷、2-溴丁烷、2-甲基-2-溴丙烷，振荡后，可观察到 2-甲基-2-溴丁烷立即生成沉淀，前两者加热才出现沉淀，但 2-溴丁烷较快出现沉淀。

卤代烷与硝酸银的乙醇溶液反应生成卤化银的沉淀。

$$R\text{—}X + AgNO_3 \xrightarrow{\text{乙醇}} R\text{—}O\text{—}NO_2 + AgX\downarrow$$
硝酸烷基酯

卤代烷的活性顺序为：叔卤代烷＞仲卤代烷＞伯卤代烷。

此反应在有机分析上常用来检验卤代烷。

二、消除反应

卤代烷在强碱的浓醇溶液中加热，分子中脱去一分子 HX 而生成烯烃。

$$CH_3CH_2Cl \xrightarrow[\triangle]{KOH\text{-}C_2H_5OH} CH_2\!=\!CH_2 + HCl$$

这种在一定条件下，从分子中相邻两个碳原子上脱去一些小分子，如 HX、H_2O 等，同时形成不饱和烯烃的反应叫消除反应。此法是制备烯烃的方法之一。

在仲卤代烷中，消除卤化氢可在碳链的两个不同方向进行，从而得到两种不同的产物。例如：

$$CH_3CH_2\underset{\underset{Br}{|}}{C}HCH_3 \xrightarrow{KOH\text{-}C_2H_5OH} CH_3CH\!=\!CHCH_3 + CH_3CH_2CH\!=\!CH_2$$
2-丁烯（81%）　　1-丁烯（19%）

$$CH_3CH_2\underset{\underset{Br}{|}}{\overset{\overset{CH_3}{|}}{C}}CH_3 \xrightarrow[\triangle]{KOH\text{-}C_2H_5OH} CH_3CH\!=\!\underset{\underset{}{}}{\overset{\overset{CH_3}{|}}{C}}CH_3 + CH_3CH_2\overset{\overset{CH_3}{|}}{C}\!=\!CH_2$$
2-甲基-2-丁烯（71%）　　2-甲基-1-丁烯（29%）

通过大量实验，查依采夫（Saytzeff）总结出以下规律：仲卤代烷和叔卤代烷脱卤化氢时，氢原子是从含氢较少的碳原子上脱去的，也就是说生成双键碳上连接较多烃基的烯烃。这就是查依采夫规则。

三、卤代烷与金属镁的反应

卤代烷可以与某些金属（例如锂、钠、钾、镁等）反应，生成金属原子与碳原子直接相连的一类化合物，也就是有机金属化合物。本书中只介绍有机镁化合物。

室温下，卤代烷与金属镁在干醚（无水、无醇的乙醚）中作用生成有机镁化合物——烷基卤化镁。统称为格利雅试剂，简称格氏试剂，用 RMgX 表示。

$$R\text{—}X + Mg \xrightarrow[\text{回流}]{\text{干醚}} R\text{—}Mg\text{—}X$$
烷基卤化镁

制备格氏试剂时，卤代烷的活性顺序为 RI＞RBr＞RCl，由于碘代烷太贵，氯代烷活性较小,故一般用溴代烷制备格氏试剂,且产率很高。

$$CH_3CH_2Br + Mg \xrightarrow[\text{回流}]{\text{干醚}} CH_3CH_2MgBr$$
$$(97\%)$$

格利雅试剂非常活泼,应用范围很广,是有机合成上常用的试剂。

格利雅试剂与含有活泼氢的化合物作用生成相应的烃。例如:

$$CH_3CH_2MgX \begin{cases} \xrightarrow{HOH} CH_3CH_3 + Mg(OH)X \\ \xrightarrow{HOR} CH_3CH_3 + Mg(OR)X \\ \xrightarrow{HX} CH_3CH_3 + MgX_2 \\ \xrightarrow{RNH_2} CH_3CH_3 + Mg(NHR)X \end{cases}$$

由此可见,格氏试剂可用来制备烷烃。

在制备格氏试剂时,要在无水、无醇的干醚中进行。又由于格氏试剂与氧气反应生成氧化产物,操作过程中还要采用隔绝空气,最好是在氮气保护下进行。

第四节 卤代烃的制法

1. 烃的卤代

在光照或加热的条件下,烷烃可卤代生成卤代烷,但由于取代时不同位置均可反应生成复杂混合物,故只适合某些特定结构的烷烃卤代。例如:

$$CH_4 + 4Cl_2 \xrightarrow{350\sim400℃} CCl_4 + 4HCl$$
$$\text{(过量)} \qquad (96\%)$$

在高温下,α-氢原子可被卤素取代。例如:

$$CH_2=CHCH_3 + Cl_2 \xrightarrow{500\sim530℃} CH_2=CHCH_2Cl + HCl$$

2. 醇与卤代磷作用

$$3ROH + PX_3 \longrightarrow 3RX + P(OH)_3$$
$$(\text{或 } P + X_2)$$

此法适合于溴代和碘代，用五氯化磷代替三氯化磷可制氯代烷。

3. 醇与亚硫酰氯作用

$$ROH + SOCl_2 \xrightarrow[\text{回流}]{\text{吡啶}} RCl + SO_2\uparrow + HCl\uparrow$$

此法用于制备氯代烷，产率高。另 SO_2 和 HCl 是气体，易于产物提纯。

4. 不饱和烃与卤素或卤化氢加成

此法可制得一卤代烃或多卤代烃。例如：

$$CH_2=CH_2 + Br_2 \longrightarrow CH_2Br-CH_2Br$$

$$CH\equiv CH + HCl \xrightarrow[150\sim 160℃]{HgCl_2\text{-活性炭}} CH_2=CHCl$$

第五节　卤代烯烃的分类及特殊性质

烯烃分子中的氢原子被卤原子取代后生成的化合物，称为卤代烯烃，简称为卤代烯。根据卤代烯分子中卤原子与双键的相对位置不同，卤代烯烃体现出不同的性质。

（1）乙烯型卤代烯烃　卤原子直接与双键碳相连，如 $CH_2=CH-X$。这类化合物特点是卤原子的活性很小，不易发生取代反应，也不与硝酸银-乙醇溶液反应。

（2）烯丙型卤代烯烃　卤原子与双键相隔一个饱和碳原子的卤代烃，如 $CH_2=CH-CH_2-X$。这类化合物的特点是卤原子活性较大，可发生取代反应，与硝酸银-乙醇溶液反应立即生成卤化银沉淀。

（3）隔离型（孤立型）卤代烯烃　卤原子与双键相隔两个或两个以上碳原子，如 $CH_2=CHCH_2CH_2-Cl$。这类化合物卤原子离双键较远，与卤代烃相似，活性介于烯丙型和乙烯型之间。与硝酸银-乙醇溶液反应需加热才能生成卤化银沉淀。

不同类型的卤代烯烃与硝酸银-乙醇溶液反应的活性顺序为：烯丙型＞隔离型＞乙烯型，由此可鉴别不同类型的卤代烯烃。

第六节　重要的卤代烃

一、三氯甲烷

三氯甲烷（俗称氯仿）是一种无色具有甜味的液体，有强烈麻醉作用（现已不再使用），沸点 61.2℃，相对密度 1.483，不溶于水，能溶于乙醇、乙醚、苯、石油醚等有机溶剂，氯仿也是一种良好的不燃性溶剂，能溶解油脂、蜡、有机玻璃和橡胶等。

光照下，氯仿能被空气氧化为毒性很强的光气，光气吸入肺中会引起肺水肿。

$$2CHCl_3 + O_2 \xrightarrow{日光} 2 \underset{Cl}{\overset{Cl}{>}}C=O + 2HCl$$

因此，氯仿应保存在密封的棕色瓶中，通常加 1％（体积分数）的乙醇作为稳定剂来破坏光气。

氯仿的生产方法一般采用甲烷氯化法。

二、四氯化碳

四氯化碳是无色液体，沸点 76.5℃，相对密度 1.5940，微溶于水，可与乙醇、乙醚混溶。能灼伤皮肤，损伤肝脏，使用时应注意安全。

由于四氯化碳的沸点低，易挥发，蒸气比空气重，且不导电，不能燃烧，常用作灭火剂，特别适宜于扑灭油类着火以及电器设备的火灾。

四氯化碳在 500℃ 以上高温时，能水解生成剧毒光气。

$$CCl_4 + H_2O \xrightarrow{500℃} COCl_2 + 2HCl$$

因此灭火时注意空气流通，以防止中毒。

四氯化碳主要用作溶剂、萃取剂和灭火剂，也用于干洗剂。目前主要生产方法是甲烷的完全氯化。

三、二氟二氯甲烷

二氟二氯甲烷是无色、无臭、不燃的气体，无毒，200℃ 以下对金属无腐蚀性。溶于乙醇和乙醚。化学性质稳定。沸点 －30℃，易压缩成液体，当解除压力后立即挥发而吸收大量的热，因此是良好的制冷剂和气雾剂。

二氟二氯甲烷的商品名称为氟利昂，商品代号 F-12，目前该物质作为制冷剂已禁止使用。

四、氯乙烯

氯乙烯（码 5-1）是无色气体，具有微弱芳香气味，沸点 －13.9℃，易溶于乙醇、丙酮等有机溶剂。氯乙烯容易燃烧，与空气能形成爆炸混合物，爆炸极限为 3.6％～26.4％（体积分数）。它主要用于生产

码 5-1 氯乙烯

聚氯乙烯，也用作冷冻剂等。

目前生产氯乙烯的方法主要是氧氯化法。乙烯、氯化氢和氧气在氯化铜的催化作用下，生成1,2-二氯乙烷，再裂解得到氯乙烯。

$$CH_2=CH_2 + HCl + O_2 \xrightarrow[285℃]{CuCl_2} \underset{\underset{Cl}{|}}{CH_2}\underset{\underset{Cl}{|}}{CH_2} \xrightarrow[>300℃]{-HCl} CH_2=CH-Cl$$

氯乙烯聚合生成聚氯乙烯。

$$nCH_2=CHCl \xrightarrow[40\sim80℃,0.63\sim1.5MPa]{偶氮二异丁腈} -[CH_2-\underset{\underset{Cl}{|}}{CH}]_n-$$

五、四氟乙烯

四氟乙烯是无色气体，沸点-76.3℃，不溶于水，易溶于有机溶剂。在催化剂过硫酸铵作用下聚合成聚四氟乙烯。

$$nCF_2=CF_2 \xrightarrow{催化剂} -[CF_2-CF_2]_n-$$

聚四氟乙烯（简称 PTFE）是一种性能优异的工程塑料，常温常压下稳定，其耐化学腐蚀性、耐高低温性、电绝缘性、表面不黏性等，为许多其他工程塑料所不及，因而有"塑料王"之称。

六、氯苯

氯苯（码5-2）为无色液体，沸点131.6℃，不溶于水，易溶于乙醇、氯仿等有机溶剂。易燃，在空气中爆炸极限为1.3%～7.1%（体积分数）。

码5-2　氯苯

氯苯主要用于制造硝基氯苯、苦味酸、苯胺等，还可作油漆溶剂。

思考与练习

5-4 写出下列卤代烷与浓 KOH-C_2H_5OH 加热时的主要产物。

(1) $(CH_3)_2CHCH_2CH_2Br$

(2) $CH_3CH_2CHBrCH(CH_3)_2$

(3) $CH_3CHBrCH_2CH_2CHBrCH_3$（消除两分子 HBr）

5-5 下列化合物能否制备格利雅试剂？为什么？

(1) $HOCH_2CH_2Br$

(2) $CH_3OCH_2CH_2Br$

5-6 用化学方法区别下列各组化合物。

(1) 正丁基溴，叔丁基溴，烯丙基溴

(2) $CH_3CH=CHCl$，$CH_2=CHCH_2Cl$，$(CH_3)_2CHCl$，$CH_3(CH_2)_4CH_3$

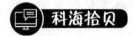

多氯联苯

在卤代烃中，多氯联苯（简称PCB）是引起严重环境污染的罪魁祸首之一。它是一类人工合成的有机物。按联苯环上取代氯原子数目和位置不同，可生成许多异构体。

多氯联苯自20世纪20年代开始生产，到60年代产量最高。它的物理、化学性质稳定，高度耐酸碱和抗氧化，对金属无腐蚀性，具有良好的电绝缘性和很高的耐热性，被广泛用作绝缘油、载热体和润滑油等。还可作为添加剂而用于各种聚合物、农药和染料等。据估计，全世界已生产和应用的PCB超过100万吨，其中1/4至1/3进入人类环境，造成水、气、土、生物等各个圈层的污染。现在全球各处的生物体中均可检出PCB，污染的范围很广。挥发于大气中的PCB主要附着在颗粒物上，它可以随空气被吸入人体，也可沉降在水或土壤中，再通过食物链进入人体。PCB可以蓄积在人体各种组织，尤其是在脂肪组织中造成病变，严重者可以导致死亡。

20世纪70年代发生在日本的米糠油事件就是PCB中毒所致。1979年中国台湾惠民盲校也曾发生米糠油事件，该校师生皮肤变黑，长出像癫蛤蟆般的疙瘩，看起来像是长满了青春痘。这些冒出的痘痘排出恶臭的油性分泌物，且又痛又痒。在食物溯源调查中，发现在该米糠油生产工厂的脱臭气排气口及下方的土壤中，PCB浓度特别高，显示该工厂确实曾使用PCB作为热媒。因此推论，在米糠油的生产过程中因使用PCB作为热媒，而使米糠油遭受污染。

现在一些国家已限制生产和禁用PCB，但欲彻底消除其影响，尚需一段时间。

归纳与总结

请在教师的指导下，在分组商讨的基础上，从卤代烃的基本概念、结构、命名、物理性质、化学性质（尤其是卤代烷烃）、来源和制法、用途等几方面进行归纳与总结，并分组上台展示（注意从认知、理解、应用三个层次去把握）。

习 题

一、填空题

1. 卤代烃中常用作灭火剂的是_____；在外科手术中常用作麻醉剂的是纯净的_____。

2. 卤代烷的沸点随着碳原子数的增加而_____；卤代烷同系列的密度，一般是随着碳原子数的增加而_____。

3. 把 CCl_4、CH_3CH_2Cl、CH_3CH_2Br、CH_3CH_2I、C_6H_6 分别加入等量的水中，能浮在水面上的是_____；沉在水底的是_____。

4. 在 $CH_2=CHCH_2Cl$、$CH_2=CHCl$、CCl_4、CH_3CH_2Cl、CH_3CH_2I 中，在室温下分别加入 $AgNO_3$/乙醇溶液，能立即产生沉淀的是_____；在上述实验条件下，再加热，能产生沉淀的是_____；加热也不产生沉淀的是_____。

5. 有 A、B 两种溴代烷，它们分别与 NaOH 乙醇溶液反应时，A 生成 1-丁烯；B 生成异丁烯。根据上述事实可知，A 的可能构造式是_____；B 的可能构造式是_____。

二、选择题

1. 按照系统命名法，构造式 $CH_3CH(CH_3)C(Br)(Cl)CH(CH_3)CH_3$ 的正确名称是（　　）。

   A. 2,3-二甲基-3-溴-4-氯戊烷　　B. 2,3-二甲基-4-氯-3-溴戊烷
   C. 2-氯-3-溴-3,4-二甲基戊烷　　D. 3,4-二甲基-2-氯-3-溴戊烷

2. 一氯丁烯的同分异构体有（　　）。

   A. 7 种　　　B. 8 种　　　C. 9 种　　　D. 10 种

3. 下列卤代烷中，沸点最高的是（　　）。

   A. $CH_3CH_2CH_2CH_2CH_2Cl$　　B. $CH_3CH_2CH_2CH_2CH_2I$
   C. $CH_3CH(CH_3)CH_2CH_2Cl$　　D. $CH_3CH(I)CHCH_3(CH_3)$

4. 俗称"塑料王"的物质是指（　　）。

   A. 聚乙烯　　B. 聚丙烯　　C. 聚氯乙烯　　D. 聚四氟乙烯

5. 下列化合物与 NaOH 水溶液的反应活性由大到小的顺序是（　　）。

   a. $CH_3CH(CH_3)CH_2CH_2Br$　　b. $CH_3CH_2CH(CH_3)CH_2Br$
   c. $CH_3C(CH_3)_2CH_2Br$　　d. $CH_3CH_2CH_2CH_2CH_2Br$

   A. a＞b＞c＞d　　　B. b＞c＞d＞a

C. c＞d＞a＞b　　　　　　　　　D. d＞a＞b＞c

三、判断题（下列叙述对的在括号中打"√"，错的打"×"）

1. 氯代烷的密度都小于1。　　　　　　　　　　　　　　　　　　　　（　）

2. 粗苯溴乙烷中含有乙醇杂质，可用食盐水洗涤后过滤除去。　　　　　（　）

3. "氟利昂"是专指二氟二氯甲烷这种冷冻剂。　　　　　　　　　　　（　）

4. 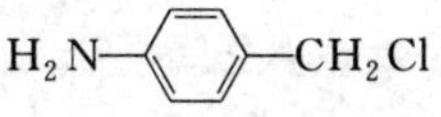 $H_2N-\underset{}{\bigcirc}-CH_2Cl$ 在绝对乙醚存在下与镁作用，可以顺利地制取格氏试剂 $H_2N-\underset{}{\bigcirc}-CH_2MgCl$。　　　　　　　　　　　　　　　　　　　　　　　　（　）

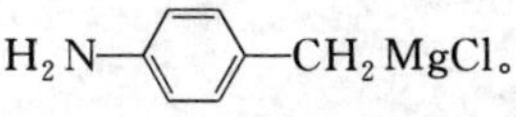

5. 卤代烷与碱作用的反应是取代反应和消除反应同时进行的。卤代烷与碱的水溶液作用时，是以取代反应为主；与碱的醇溶液作用时，是以消除反应为主。　（　）

四、请你选取合适原料，仅经一步化学反应制取下列纯有机物

1. CH_3CH_2Cl　　2. 氯化苄　　3. $CH_3\underset{Br}{\overset{CH_3}{\underset{|}{\overset{|}{C}}}}CH_3$

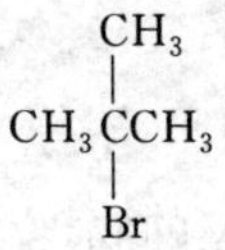

五、化合物 A、B、C 的分子式均为 C_4H_9Br，当它们分别与 NaOH 水溶液作用时，A 生成组成为 C_4H_8 的烯，B 生成 $C_4H_{10}O$ 的醇，C 则生成 C_4H_8 的烯烃和 $C_4H_{10}O$ 的醇组成的混合物。试写出 A、B、C 可能的结构式。

（提示：要从卤代烷在 NaOH 水溶液中能发生水解和脱卤化氢的竞争反应及各种卤代烷脱卤化氢难易不同去思考。）

第六章
醇、酚和醚

学习目标

1. 列举醇、酚、醚的结构特点和分类，区别醇、酚、醚的不同之处。
2. 总结醇、酚、醚的系统命名方法。
3. 归纳总结醇、酚、醚的主要物理、化学性质、掌握其在生活实际中的应用。
4. 了解几种重要的醇、酚、醚的物理性质及用途。

思维导图

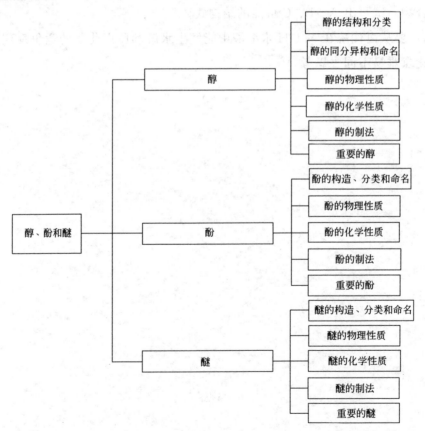

醇、酚和醚都是烃的含氧衍生物。脂肪烃或脂环烃分子中氢原子被羟基取代的衍生物叫做醇；芳环上氢原子被羟基取代的衍生物叫做酚；醇或酚羟基的氢原子被烃基取代后的产物叫做醚。它们的通式分别为：

$$\text{R—OH} \quad \text{Ar—OH} \quad \text{R—O—R}'$$
$$\quad 醇 \quad\quad\quad 酚 \quad\quad\quad 醚$$

第一节 醇

一、醇的结构和分类

1. 醇的结构

醇分子中含有羟基（—OH）官能团（又称醇羟基）。醇也可以看作是烃分子中的氢原子被羟基取代后的生成物。饱和一元醇的通式是 $C_nH_{2n+1}OH$，或简写为 ROH。在醇分子中 C—O 键和 O—H 键都是极性较强的共价键，因此醇的化学活泼性较大。

2. 醇的分类

醇的种类比较多，可按照不同的方法加以分类。

（1）按羟基所连接的烃基不同，分为饱和醇、不饱和醇和芳香醇。例如：

① 饱和醇　　C_2H_5OH　　乙醇　　　　$CH_3—CH—CH_3$　　异丙醇
　　　　　　　　　　　　　　　　　　　　　　　$|$
　　　　　　　　　　　　　　　　　　　　　　　OH

② 不饱和醇　　$CH_2=CH—CH_2OH$　　烯丙醇

③ 芳香醇　　⌬—$CH_2—OH$　　苯甲醇（苄醇）

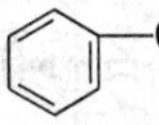

（2）根据分子中所含羟基数目分为一元醇、二元醇、三元醇等。二元醇或二元以上的醇称为多元醇。例如：

$$CH_3—CH_2OH \qquad \begin{matrix} CH_2OH \\ | \\ CH_2OH \end{matrix} \qquad \begin{matrix} CH_2OH \\ CHOH \\ CH_2OH \end{matrix}$$

　　　乙醇（一元醇）　　　　乙二醇（二元醇）　　　　丙三醇（三元醇）

（3）根据羟基连接的碳原子种类的不同，可分为伯醇、仲醇和叔醇。羟基连接在伯（第一）碳原子上的称为伯醇（第一醇），连接在仲（第二）碳原子上的称为仲醇（第二醇），连接在叔（第三）碳原子上的称为叔醇（第三醇）。例如：

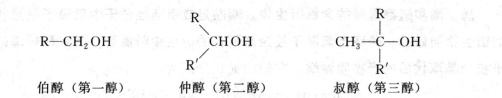

| 伯醇（第一醇） | 仲醇（第二醇） | 叔醇（第三醇） |

在各类醇当中，饱和一元醇在理论上和实际应用上都比较重要。本节主要讨论饱和一元醇。乙醇是最常见的一元醇，具有广泛的应用，其结构式见码 6-1。

码 6-1 乙醇的分子构型

二、醇的同分异构和命名

1. 醇的同分异构

醇的构造异构包括碳链异构和羟基位置不同的异构。例如：

（1）碳链异构　$CH_3CH_2CH_2CH_2OH$ 和 $CH_3-CH-CH_2OH$　。
　　　　　　　　　　　　　　　　　　　　　　　　|
　　　　　　　　　　　　　　　　　　　　　　　CH_3

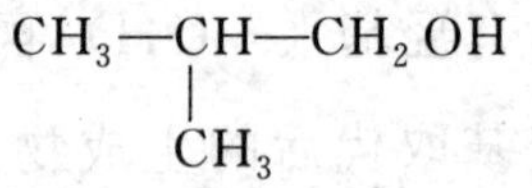

（2）羟基位置异构　$CH_3CH_2CH_2OH$ 和 $CH_3-CH-CH_3$　。
　　　　　　　　　　　　　　　　　　　　　　　　　|
　　　　　　　　　　　　　　　　　　　　　　　　 OH

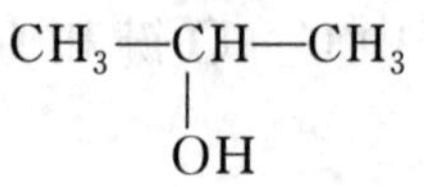

2. 醇的命名

饱和一元醇的命名可以采用以下三种方法。

（1）习惯命名法　低级一元醇可以按烃基的习惯名称在后面加一"醇"字来命名。

（2）衍生命名法　对于结构不太复杂的醇，可以甲醇作为母体，把其他醇看作是甲醇的烷基衍生物来命名。

（3）系统命名法　选择连有羟基的最长碳链作为主链，而把支链看作取代基；主链中碳原子的编号从靠近羟基的一端开始，按照主链中所含碳原子数称为某醇；支链的位次、名称及羟基的位次用阿拉伯数字写在名称的前面，并分别用短横隔开。例如，丁醇有四种异构体，它们的构造式和命名如下：

构造式	习惯命名法	衍生命名法	系统命名法	CCS 命名原则
$CH_3-CH_2-CH_2-CH_2OH$	正丁醇	正丙基甲醇	1-丁醇	丁-1-醇
$CH_3-CH-CH_2-CH_3$ 　　　| 　　OH	仲丁醇	甲基乙基甲醇	2-丁醇	丁-2-醇
$CH_3-CH-CH_2OH$ 　　　| 　　CH_3	异丁醇	异丙基甲醇	2-甲基-1-丙醇	2-甲基-丙-1-醇
CH_3 　　　| CH_3-C-CH_3 　　　| 　　OH	叔丁醇	三甲基甲醇	2-甲基-2-丙醇	2-甲基-丙-2-醇

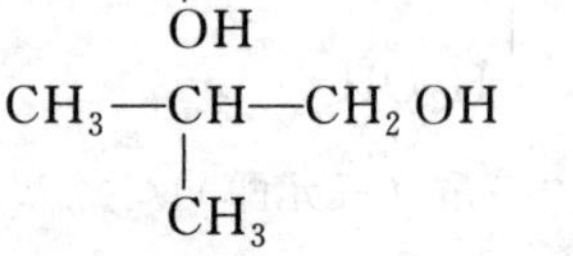

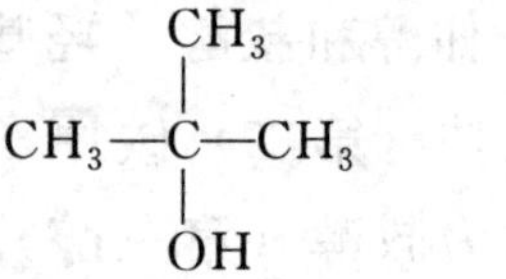

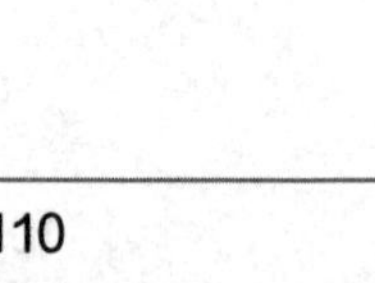

含有两个以上羟基的多元醇，结构简单的常用俗名，结构复杂的，应尽可能选择包含多个羟基在内的碳链作为主链，并把羟基的数目（以二、三、四……表示）和位次（用1，2，3…表示）放在醇名之前表示出来。例如：

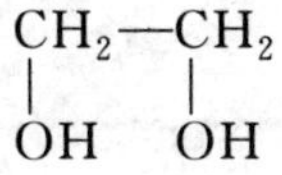

$$\begin{array}{cc} CH_2-CH_2 \\ | \quad | \\ OH \quad OH \end{array} \qquad \begin{array}{ccc} CH_2-CH-CH_2 \\ | \quad \ | \quad \ | \\ OH \quad OH \quad OH \end{array}$$

乙二醇（俗名：甘醇） 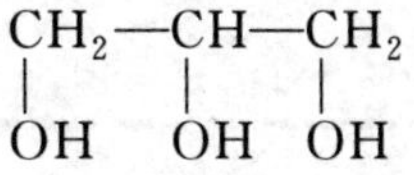　　　丙三醇（俗名：甘油）

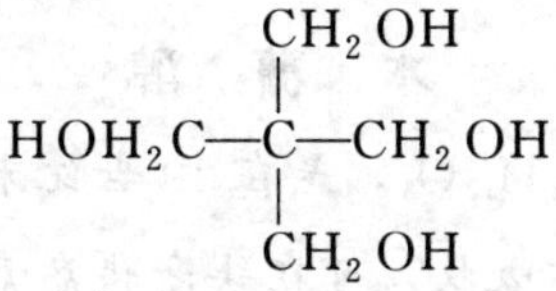

$$\begin{array}{c} CH_2OH \\ | \\ HOH_2C-C-CH_2OH \\ | \\ CH_2OH \end{array}$$

2,2-二羟甲基-1,3-丙二醇（俗名：季戊四醇）

不饱和醇的系统命名，应选择连有羟基同时含有重键（双键、三键）碳原子在内的碳链作为主链，编号时尽可能使羟基的位次最小。例如：

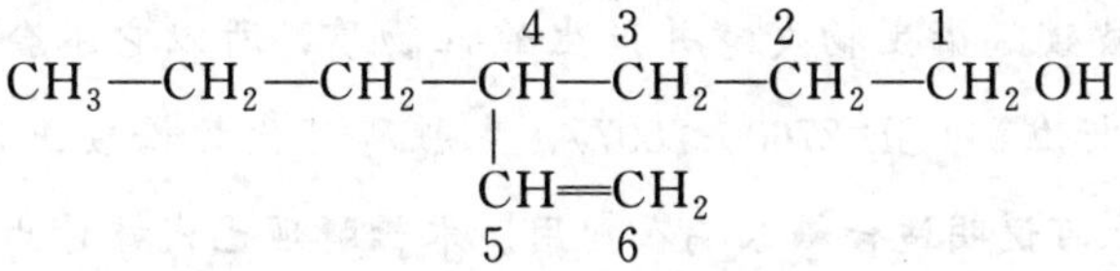

$$CH_3-CH_2-CH_2-\overset{4}{C}H-\overset{3}{C}H_2-\overset{2}{C}H_2-\overset{1}{C}H_2OH$$
$$\qquad\qquad\qquad\quad |$$
$$\qquad\qquad\qquad\ \ \overset{5}{C}H=\overset{6}{C}H_2$$

4-(正)丙基-5-己烯-1-醇

脂环醇的命名，若羟基直接与脂环烃相连，称为环某醇，若羟基在侧链上，则把脂环基作为取代基。例如：

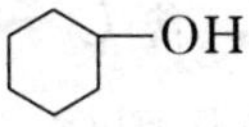

环己醇 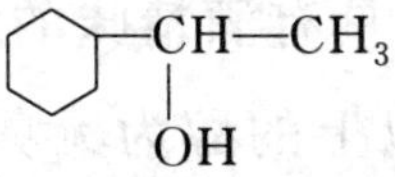　　　　　　1-环己（基）乙醇 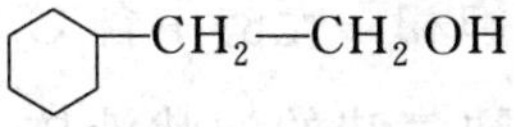　　　　　　2-环己（基）乙醇

芳香醇的命名，可把芳基作为取代基，例如：

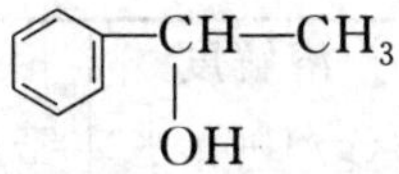

1-苯乙醇（或α-苯乙醇） 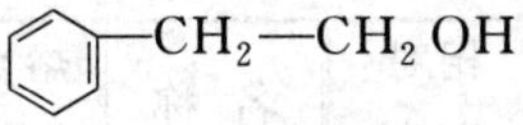　　2-苯乙醇（或β-苯乙醇） 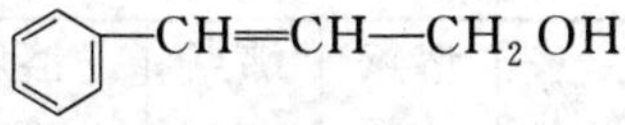　　3-苯基-2-丙烯-1-醇（肉桂醇）

思考与练习

6-1 请写出分子式为 $C_5H_{11}OH$ 醇的构造异构体并命名。

6-2 命名下列各醇：

(1) $(CH_3)_3CCH_2CH_2OH$

(2) 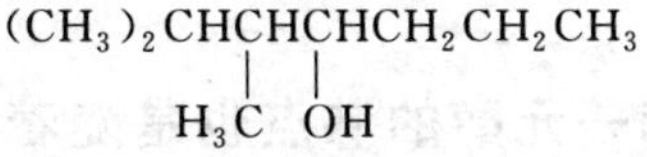 $(CH_3)_2CHCHCHCH_2CH_2CH_3$
　　　　　　　$|\quad\ \ |$
　　　　　　$H_3C\ \ OH$

(3) CH₃—CH—CHCH₂OH
         | |
         CH₃ CH₂CH₃

(4)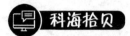

科海拾贝

木 糖 醇

木糖醇（xylitol）分子式为 $C_5H_{12}O_5$，是在19世纪末期被人发现。它天然存在于许多水果、蔬菜之中。它不容易被人体吸收，可在缺乏胰岛素的情况下被代谢，产生的热量约为蔗糖的40%，但甜度约为蔗糖的9%，因此可被当作糖尿病患者的代糖使用。又由于食用时有一种清凉的效果，因此也常用于糖果、口香糖及其他食品中。木糖醇只是一种被广泛使用的糖代用品，含有木糖醇的无糖口香糖的护齿作用主要源于唾液。木糖醇作为无糖口香糖的甜味剂不会被致龋微生物发酵并产生酸性物质，所以它不会腐蚀牙齿。根据我国《食品添加剂使用卫生标准》（GB 2760—2007），木糖醇可代替糖按正常生产需要用于糖果、糕点、饮料。在包装上可说明适合糖尿病人食用。木糖醇现已代替甘油用于牙膏的生产。

三、醇的物理性质

1. 物态

直链饱和一元醇中含 C_4 以下的是具有酒精味的流动液体，含 $C_5 \sim C_{11}$ 的为具有不愉快气味的油状液体，含 C_{12} 以上的醇为无臭无味的蜡状固体，二元醇、三元醇等多元醇为具有甜味的无色液体或固体。某些醇的物理常数见表6-1。

表6-1 某些醇的物理常数

名称	熔点/℃	沸点/℃	溶解度/(g/100g 水)	相对密度	名称	熔点/℃	沸点/℃	溶解度/(g/100g 水)	相对密度
甲醇	−98	65	∞	0.792	正戊醇	−79	138	2.7	0.809
乙醇	−114	78.3	∞	0.789	正己醇	−51.6	155.8	0.59	0.820
正丙醇	−126	97.2	∞	0.804	环己醇	25	161	3.6	0.962
异丙醇	−89	82.3	∞	0.781	烯丙醇	−129	97	∞	0.855
正丁醇	−90	118	7.9	0.810	苄醇	−15	205	4	1.046
异丁醇	−108	108	9.5	0.798	乙二醇	−12.6	197	∞	1.113
仲丁醇	−115	100	12.5	0.808	丙三醇	18	290	∞	1.261
叔丁醇	26	83	∞	0.789			(分解)		

2. 沸点

从表6-1中可看到：**与烷烃相似，直链饱和一元醇的沸点也是随着碳原子数**

的增加而上升，每增加一个碳原子，沸点升高约 **18~20℃**。碳原子数目相同的醇含支链愈多者，沸点就愈低。低级醇的沸点比和它分子量相近的烷烃要高得多，随着碳链的增长，醇与烷烃的沸点差逐渐缩小。

化合物	甲醇	乙烷	乙醇	丙烷	正十二醇	正十三烷
分子量	32	30	46	44	186	184
沸点/℃	65	−88.6	78.5	−42.2	259	234
沸点差/℃		153.6		120.7		25

为什么醇具有这样高的沸点呢？这是因为醇分子中含有极性很强的羟基官能团，羟基上的氢与电负性很强的氧原子通过静电作用产生了氢键。

醇在液态时，两个或多个分子之间可通过氢键形成一种不稳定的缔合体，要使液态醇气化时，不仅要破坏分子的范德华力，还得有足够的能量使氢键破裂（O—H⋯O）。氢键的键能为 20.9~25.1kJ/mol。这就是醇具有较高沸点的原因。

对于高级醇，正十三醇与正十三烷的沸点仅差 25℃，是因为随着碳链的增长，一方面长碳链"R"起屏蔽作用，阻碍氢键的形成；另一方面，羟基在分子中所占的比例降低，此时"R"成为决定性质的主要因素。因此，高级醇的沸点随着碳链的增长而与分子量相近的烷烃沸点相差也愈小。

3. 溶解性

低级醇分子和水分子之间也能形成氢键（见码 6-2），因此甲醇、乙醇、丙醇能以任何比例与水混溶。随着碳链的增长，醇分子与水形成氢键的能力减弱，所以从正丁醇起，在水中的溶解度显著降低，到癸醇以上则不溶于水而溶于有机溶剂中。

码 6-2 醇与水分子氢键的形成

多元醇分子中含有两个以上的羟基，可以形成更多的氢键。分子所含的羟基越多，在水中的溶解度也越大。

4. 生成结晶醇

低级醇与水相似，能和一些无机盐类（$MgCl_2$、$CaCl_2$、$CuSO_4$ 等）形成结晶状的分子化合物，称为结晶醇，亦称醇化物，如 $MgCl_2 \cdot 6CH_3OH$、$CaCl_2 \cdot 4C_2H_5OH$、$CuSO_4 \cdot 2C_2H_5OH$ 等。结晶醇不溶于有机溶剂而溶于水，在实际工作中常利用这一性质使醇与其他化合物分开或从反应物中除去醇类。

5. 相对密度

饱和一元醇的相对密度小于 1，比水轻。芳香醇和多元醇的相对密度大于 1，比水重。

四、醇的化学性质

醇（ROH）的化学性质主要由羟基官能团所决定，同时，也受烃基的一定影响。从化学键来看，C—O 键或 O—H 键都是极性键，这是醇易于发生反应的两个部位；另外，与羟基相连的碳原子上的氢（即 α-氢原子）也具有一定的活泼性。

1. 与活泼金属的反应

醇和水都含有羟基，它们都是极性化合物，且具有相似的化学性质。例如，水和金属钠作用，生成氢氧化钠和氢气。醇和金属钠作用则生成醇钠和氢气，但反应比水慢。

$$HO-H + Na \longrightarrow NaOH + 1/2 H_2 \uparrow$$

$$C_2H_5O-H + Na \longrightarrow C_2H_5ONa + 1/2 H_2 \uparrow$$

这个反应随着醇分子量的增大而反应速率减慢。醇的反应活性，以甲醇最活泼，其次为一般伯醇，再次为仲醇，而以叔醇最差。

$$CH_3OH > 伯醇 > 仲醇 > 叔醇$$

水可以离解为 H^+ 和 OH^-。醇虽然也可以离解为 H^+ 和烷氧基负离子 OR^-，但离解比水较难。可以把醇看作是比水更弱的酸。

$$ROH \rightleftharpoons RO^- + H^+$$

根据酸碱定义，较弱的酸，失去氢离子后就成较强的碱，所以醇钠是比氢氧化钠更强的碱。

醇钠遇水就分解成原来的醇和氢氧化钠。醇钠的水解是一个可逆反应，平衡偏向于生成醇的一边。

$$RO^-Na^+ + H-OH \rightleftharpoons Na^+OH^- + RO-H$$

较强的碱　　较强的酸　　较弱的碱　　较弱的酸

工业上生产醇钠，为了避免使用昂贵的金属钠，就利用上述反应的原理，在氢氧化钠和醇的反应过程中，加苯进行共沸蒸馏，使苯、醇和水的三元共沸物不断蒸出，使反应混合物中的水分不断除去，以破坏平衡而使反应有利于生成醇钠。

醇钠是白色固体，它的化学性质相当活泼，常在有机合成中作为碱性催化剂及缩合剂使用，并可用作引入烷氧基的试剂。

2. 与氢卤酸的反应

醇与氢卤酸反应生成卤代烷和水，这是制备卤代烃的一种重要方法，反应通式如下：

$$R-OH + H-X \rightleftharpoons R-X + H_2O \quad (X = Cl, Br, I)$$

这个反应是可逆的，如果使反应物之一过量或使生成物之一从平衡混合物中移去，都可使反应向有利于生成卤代烷的方向进行，以提高产量。

$$CH_3CH_2CH_2CH_2OH + HI \xrightarrow{\Delta} CH_3CH_2CH_2CH_2I + H_2O$$

$$CH_3CH_2CH_2CH_2OH + HBr \xrightarrow[\triangle]{\text{浓 } H_2SO_4} CH_3CH_2CH_2CH_2Br + H_2O$$

$$CH_3CH_2CH_2CH_2OH + HCl \xrightarrow[\triangle]{ZnCl_2} CH_3CH_2CH_2CH_2Cl + H_2O$$

醇与氢卤酸反应速率与氢卤酸的类型及醇的结构有关。

氢卤酸的活性次序：　　　　HI＞HBr＞HCl

醇的活性次序：　　烯丙型醇＞叔醇＞仲醇＞伯醇＞甲醇

由醇制备氯代烷时一般采用浓盐酸与无水氯化锌（作脱水剂和催化剂）为试剂，使反应有利于生成氯代烷。

浓盐酸与无水氯化锌所配制的溶液称为卢卡斯（Lucas）试剂。卢卡斯试剂与叔醇反应速率很快，立即生成不溶于酸的氯代烷而使溶液浑浊，仲醇则较慢，放置片刻才变浑浊；伯醇在常温下不发生反应（烯丙型醇的伯醇除外，它可以很快发生反应）。因此，可以利用卢卡斯试剂与醇反应由生成卤代烃（溶液出现浑浊）的速率来区别伯、仲、叔醇。例如：

$$(CH_3)_3C-OH + HCl \xrightarrow[20\text{℃}]{ZnCl_2} (CH_3)_3C-Cl + H_2O$$

（1min 内变浑浊，随后分层）

$$CH_3-CH(OH)-CH_2-CH_3 + HCl \xrightarrow[20\text{℃}]{ZnCl_2} CH_3-CHCl-CH_2-CH_3 + H_2O$$

（10min 内开始浑浊，并分层）

卢卡斯试剂不适用于 6 个碳原子以上醇的鉴别，因为这样的醇不溶于试剂，很难辨别反应是否发生。应注意异丙醇虽属分子量低的醇，但是生成的 2-氯丙烷沸点只有 36.5℃，在未分层以前就挥发逸去，故此反应也不适用。

3. 与含氧无机酸的反应

醇除与氢卤酸作用外，与含氧无机酸如硫酸、硝酸、磷酸也可作用，反应时分子之间脱水，由醇去掉羟基，酸去掉氢生成相应的无机酸酯，这种反应称为酯化反应。醇与浓硝酸作用可得硝酸酯。

$$R\!-\!OH + H\!-\!ONO_2 \longrightarrow R\!-\!ONO_2 + H_2O$$

低级硝酸酯是具有香味的液体，不溶于水。多元醇的硝酸酯受热或受震动后会发生爆炸。如乙二醇的二硝酸酯和甘油的三硝酸酯都是猛烈的炸药。

硫酸中有两个可离解的氢，就像可以与碱生成酸性盐和中性盐一样，它可以和醇分别生成酸性酯和中性酯。

$$CH_3\!-\!\boxed{OH+H}\!-\!OSO_2OH \rightleftharpoons CH_3\!-\!OSO_2OH+H_2O$$

硫酸氢甲酯（酸性硫酸酯）

由于酯化反应是可逆的，在这样的条件下很难制得中性酯。通常是把酸性酯分离出来，再进行减压蒸馏，方可得到中性硫酸酯：

$$\begin{matrix}CH_3O\!-\!\boxed{SO_2OH}\\ CH_3OSO_2OH\end{matrix} \xrightarrow{\text{减压蒸馏}} (CH_3O)_2SO_2 + H_2SO_4$$

硫酸二甲酯（中性硫酸酯）

酸性硫酸酯具有酸性，它的钠盐可作烷基化剂，高级硫酸酯的钠盐，如正十二烷基硫酸钠（$C_{12}H_{25}OSO_2ONa$）是工业上重要的表面活性剂，又是牙膏的发泡剂和湿润剂。中性硫酸酯是重要的烷基化剂，如硫酸二甲酯是常用的甲基化剂（向某些有机分子中引入甲基），它是一种无色油状有刺激性气味的液体，有剧毒，对呼吸器官和皮肤有强烈刺激性，使用时要特别小心。

醇不但与无机酸反应，而且也与羧酸反应生成羧酸酯（见第八章）。

4. 脱水反应

醇脱水有两种形式，一种是分子内脱水生成烯烃；另一种是分子间脱水生成醚。具体按哪一种方式脱水则要看醇的结构和反应条件。**通常，在较高温度下发生分子内的脱水（消除反应）；在较低温度下发生分子间脱水。**例如：

分子内脱水

$$\begin{matrix}CH_2\!-\!CH_2\\ |\quad\ \ |\\ H\quad OH\end{matrix} \xrightarrow[\text{或}Al_2O_3,360℃]{\text{浓}H_2SO_4,170℃} CH_2\!=\!CH_2 + H_2O$$

分子间脱水

$$CH_3\!-\!CH_2\!\boxed{OH+H}\!OCH_2\!-\!CH_3 \xrightarrow[\text{或}Al_2O_3,260℃]{\text{浓}H_2SO_4,140℃} CH_3CH_2OCH_2CH_3 + H_2O$$

乙醚

醇的消除反应速率快慢为：叔醇＞仲醇＞伯醇。例如：

$$CH_3\!-\!CH_2OH \xrightarrow[170℃]{90\%\ H_2SO_4 ❶} CH_2\!=\!CH_2 + H_2O$$

$$CH_3\!-\!CH_2\!-\!\underset{\underset{OH}{|}}{CH}\!-\!CH_3 \xrightarrow[100℃]{60\%\ H_2SO_4 ❶} CH_3\!-\!CH\!=\!CH\!-\!CH_3 + H_2O$$

---

❶ 90%H_2SO_4、60%H_2SO_4均为质量分数。

$$(CH_3)_3C-OH \xrightarrow[85\sim90℃]{20\% H_2SO_4 \text{❶}} (CH_3)_2C=CH_2$$
异丁烯（100%）

醇脱水的消除反应取向，和卤代烷消除卤化氢的规律一样，符合查依采夫规则，脱去的是羟基和含氢较少的 β-碳原子上的氢原子，这样形成的烯烃比较稳定。

$$CH_3-CH_2-\underset{OH}{CH}-CH_3 \xrightarrow[85\sim90℃]{65\%H_2SO_4 \text{❶}} CH_3-CH=CH-CH_3 + CH_3-CH_2-CH=CH_2$$
2-丁烯　　　　　1-丁烯
（65%~80%）　　（少量）

5. 氧化和脱氢

醇分子中由于羟基的影响，烃基 α-碳原子上的氢原子较活泼而易被氧化。不同结构的醇氧化所得产物也不同。**常用的氧化剂是重铬酸钠（钾）和硫酸、氧化铬和冰醋酸或酸性高锰酸钾溶液。**

伯醇分子中 α-碳原子上有两个氢原子，可相继被氧化。首先第一个氢原子被氧化而生成相同碳原子数目的醛，醛继续氧化而生成含相同碳原子数目的羧酸。

$$R-CH_2-OH \xrightarrow{[O]} \underset{\text{醛}}{R-\overset{O}{\overset{\|}{C}}-H} \xrightarrow{[O]} \underset{\text{羧酸}}{R-\overset{O}{\overset{\|}{C}}-OH}$$

$$3CH_3-CH_2OH + 2Na_2Cr_2O_7 + 8H_2SO_4 \xrightarrow{25℃}$$
（橙红色）
$$3CH_3-\overset{O}{\overset{\|}{C}}-OH + 2Na_2SO_4 + 2Cr_2(SO_4)_3 + 11H_2O$$
（绿色）

如果要得到醛，就必须把生成的醛立即从反应混合物中蒸馏除去，以防止与氧化剂继续反应生成羧酸；使用温和的氧化剂（CrO_3 在吡啶中）也可以使反应停留在醛的阶段，反应的标志是溶液的颜色由橙红色变成绿色。

仲醇分子中 α-碳原子上只有一个氢原子，被氧化成羟基后，失水生成相同碳原子数目的酮。

$$R-\underset{OH}{CH}-R \xrightarrow{[O]} R-\underset{OH}{\overset{OH}{\underset{|}{C}}}-R \xrightarrow{-H_2O} \underset{\text{酮}}{R-\overset{O}{\overset{\|}{C}}-R}$$

$$3CH_3-\underset{OH}{CH}-CH_3 + 2CrO_3 + 6CH_3COOH \xrightarrow{25℃} 3CH_3-\overset{O}{\overset{\|}{C}}-CH_3 + 2Cr(OOCCH_3)_3 + 6H_2O$$
　　　　（橙红色）　　　　　　　　　　　　　　　　　　（绿色）

---

❶ 20%H_2SO_4、65%H_2SO_4 均为质量分数。

叔醇分子中 α-碳原子上没有氢原子，所以在上述同样的氧化条件下不被氧化，但在强烈的氧化条件下（如在热的重铬酸钠和硫酸溶液中或酸性高锰酸钾溶液）碳碳键断裂，生成含碳原子数较少的氧化产物。

醇的氧化反应是制备醛和酮以及羧酸的一个重要途径。实验室中常用重铬酸盐氧化的方法来区别伯、仲、叔醇。伯、仲醇则根据氧化产物的不同来鉴别。热的高锰酸钾水溶液氧化醇的方式与重铬酸相同，只不过反应后溶液紫色消失而有棕褐色沉淀生成。

检查司机是否酒后驾车的呼吸分析仪就是利用乙醇与重铬酸的氧化反应。 在100mL血液中如含有超过80mg乙醇（最大允许量），这时呼出的气体中所含乙醇量即可使呼吸分析仪中的溶液颜色由橙红色变为绿色。

伯醇或仲醇的蒸气在高温下通过活性铜或银、镍等催化剂时，发生脱氢反应，分别生成醛和酮。例如：

$$CH_3-CH_2OH \xrightarrow{Cu, 250\sim350℃} CH_3-CHO + H_2$$

$$CH_3-\underset{\underset{OH}{|}}{CH}-CH_3 \xrightarrow{Cu, 500℃, 0.3MPa} CH_3-\overset{O}{\overset{\|}{C}}-CH_3 + H_2$$

由醇脱氢得到的产品纯度高，但因反应是吸热的，需要供给大量的热量，所以工业上常在进行脱氢的同时，通入一定量的空气，使生成的氢和氧结合成水。氢和氧结合时放出的热量可直接供给脱氢反应。这个方法叫做氧化脱氢法。例如：

$$CH_3-CH_2OH + \frac{1}{2}O_2 \xrightarrow[550℃]{Cu 或 Ag} CH_3-\overset{O}{\overset{\|}{C}}-H + H_2O$$

氧化脱氢反应虽可节省热量，但产物复杂，分离困难。

叔醇分子中与羟基相连的碳原子上没有氢原子，因此不能进行脱氢反应，只能脱水生成烯烃。

思考与练习

6-3 下列各组化合物中哪一个酸性较强？

  （1）乙醇和 β-氯乙醇　　（2）正丙醇和水

6-4 用化学方法鉴别下列化合物。

  （1）1-丁醇和1-氯丁烷

  （2）α-苯乙醇和 β-苯乙醇

  （3）2-甲基-1-丙醇和叔丁醇

6-5 完成下列反应式。

(1) 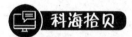 + Na ⟶

(2) $CH_3CH_2OH \xrightarrow{KBr+H_2SO_4}$

(3) $CH_3\underset{\underset{CH_3}{|}}{\overset{\overset{CH_3}{|}}{C}}CH_2OH \xrightarrow{HCl}$

6-6 写出下列反应的主要产物。

(1) $CH_3CH_2\underset{\underset{OH}{|}}{\overset{\overset{CH_3}{|}}{C}}CH_3 \xrightarrow[\Delta]{H_2SO_4}$

(2) $(CH_3)_2CHCH_2\underset{\underset{OH}{|}}{C}HCH_3 \xrightarrow[\Delta]{H_2SO_4}$

科海拾贝

甘油的润肤作用

大家知道，珍珠霜中含有甘油，甘油的作用是吸收空气中的水分，使皮肤保持湿润，那么，纯甘油能否直接涂到皮肤上来润肤呢？不行，因为纯甘油若直接涂在皮肤上，它除了能吸取空气中的水分外，还能将皮肤组织中的水分也吸出来，结果会使皮肤更加干燥甚至灼伤。因此买甘油时，一定要先问清是纯甘油还是含水甘油，若是纯甘油尚需加入20%的水才能用于润肤。

五、醇的制法

1. 烯烃水合法

（1）直接水合法　烯烃与水蒸气在加热、加压和催化剂存在下，可直接化合生成醇。例如，纯度98%的乙烯与水蒸气在280～300℃和8kPa下，以85%～90% H_3PO_4 吸附在硅藻土上作为催化剂，可直接水合生成乙醇（单程转化率4%～5%，总收率97%）。

$$CH_2=CH_2 + HOH \xrightarrow[280\sim300℃,8kPa]{H_3PO_4,硅藻土} CH_3CH_2OH$$

同法，丙烯可生产异丙醇：

$$CH_3-CH=CH_2 + H_2O \xrightarrow[195℃,2kPa]{H_3PO_4,硅藻土} CH_3-\underset{\underset{CH_3}{}}{\overset{\overset{OH}{|}}{C}H}$$

（2）间接水合法（硫酸法）　烯烃用98% H_2SO_4 吸收后，先生成烃基硫酸氢酯，再经水解就得到醇。反应的总结果等于烯烃加水。

$$CH_2=CH_2 \xrightarrow[55\sim75℃,加压]{H_2SO_4} CH_3CH_2OSO_2OH \xrightarrow{H_2O} CH_3CH_2OH+H_2SO_4 \text{（收率90\%）}$$

$$45\%\sim50\%\text{的稀酸}$$

用硫酸的间接水合法，有废酸产生，腐蚀设备，但对乙烯纯度要求不高[30%～95%（体积分数）]，适用于实验室制备。

2. 羰基化合物还原

醛、酮、酯、羧酸等分子中均含有羰基，利用还原剂（如 $NaBH_4$、$LiAlH_4$）或催化加氢的方法，则醛还原为伯醇，酮还原为仲醇，酯和羧酸均被还原为伯醇。这些反应将在第七章及第八章中介绍。

3. 格利雅试剂合成醇

格利雅试剂与醛、酮、酯、环氧乙烷等反应可制得醇。这些反应将分别在第七章、第八章中介绍。

六、重要的醇

1. 甲醇

甲醇最初由木材干馏（隔绝空气加强热）得到，所以又俗称木精。近代工业上是用一氧化碳和氢气在高温、高压和催化剂存在的条件下合成的。

$$CO+2H_2 \xrightarrow[350\sim400℃,20\sim30MPa]{ZnO\text{-}Cr_2O_3} CH_3OH$$

若改用其他催化剂，如用 Cu-Zn-Cr 催化剂，则可在较低的压力（5MPa）下进行。

甲醇也可通过甲烷的部分催化氧化直接制取：

$$CH_4+\frac{1}{2}O_2 \xrightarrow[10MPa,200℃]{\text{通过铜管}} CH_3OH$$

纯的甲醇是无色易燃的液体，沸点64.7℃。爆炸极限为6.0%～36.5%（体积分数）。能与水及大多数有机溶剂混溶。甲醇的毒性很强，少量饮用（10mL）或长期与它的蒸气接触会使眼睛失明，严重时致死。

甲醇不仅是优良的溶剂，而且也是重要的化工原料，大量用于生产甲醛。此外，甲醇还是合成氯甲烷、甲胺、有机玻璃、合成纤维（涤纶）等产品的原料，甲醇还可用作无公害燃料。

2. 乙醇

乙醇俗称酒精。我国古代就知道谷类用曲发酵酿酒。随着近代石油化工的飞速发展，目前工业上用乙烯为原料来大量生产乙醇，但用发酵法仍是工业生产乙醇的方法之一。发酵过程较复杂，大致步骤如下：

$$(C_6H_{12}O_6)_n \xrightarrow[\text{水解}]{\text{淀粉酶}} C_{12}H_{22}O_{11} \xrightarrow[\text{水解}]{\text{麦芽糖酶}} C_6H_{12}O_6 \xrightarrow{\text{酒化酶}} C_2H_5OH + CO_2$$

淀粉　　　　　麦芽糖　　　　　葡萄糖　　　　乙醇

发酵法每生产 1t 酒精，要消耗 3t 以上的粮食或 5t 甘薯，故成本较高。在发酵液中乙醇的含量约为 10%～15%（体积分数），再经分馏，所得乙醇的最高浓度为 95.6%。体积分数为 95.6% 的乙醇还含有 4.4% 水分，因两者形成共沸混合物，不能用分馏法将含有的水除去。实验室中要制备无水乙醇（或称绝对乙醇），可将体积分数为 95.6% 乙醇先与生石灰（CaO）共热、蒸馏得到体积分数为 99.5% 乙醇，再用镁处理微量的水，生成乙醇镁，乙醇镁与水作用生成氢氧化镁及乙醇，再经蒸馏，即得无水乙醇。工业上常利用加苯形成三元共沸物（质量分数为 74.1% 苯、18.5% 乙醇、7.4% 水），再经蒸馏得到无水乙醇。

工业上还可用离子交换树脂吸收其中少量水来制取无水乙醇。所用的离子交换树脂必须经干燥处理。

检验乙醇中是否含有水分，可加入少量无水硫酸铜，如呈现蓝色（生成 $CuSO_4 \cdot 5H_2O$）就表明有水存在。

为了防止用工业用乙醇配制饮料酒类，常在乙醇中加入各种变性剂（有毒性、有臭味或有颜色的物质，如甲醇、吡啶、染料等），这种乙醇叫变性酒精。

乙醇是无色易燃的液体，具有酒的气味，沸点是 78.5℃，相对密度为 0.7893，能与水混溶，在工商业中常用乙醇和水的容量关系来表示它的浓度（体积分数）。

乙醇的用途很广，它既是重要的有机溶剂，又是有机合成原料，可用来制备乙醛、乙醚、氯仿、酯类等。医药上用作消毒剂、防腐剂。乙醇还可以与汽油配合作为发动机的燃料。

3. 乙二醇（俗名甘醇）

乙二醇是最简单和最重要的二元醇，工业上生产乙二醇是以乙烯为原料，有氯乙醇水解法和环氧乙烷水合法。目前工业上普遍采用环氧乙烷加压水合法制造乙二醇。氯乙醇水解法由于产率不高，未被广泛应用。

$$CH_2=CH_2 \xrightarrow[220\sim280℃]{O_2, Ag} \underset{O}{CH_2\text{—}CH_2} \xrightarrow[190\sim220℃, 2MPa]{H_2O} \underset{OH \quad OH}{CH_2\text{—}CH_2}$$

乙二醇是黏稠而有甜味的液体，故又叫甘醇，一般地讲，多羟基化合物都具有甜味。乙二醇的沸点197℃，相对密度1.109，均比同碳数的一元醇高（见表6-1），这是因为分子中有两个羟基，分子间以氢键缔合的缘故。乙二醇可与水混溶，但不溶于乙醚，也是因为分子内增加了一个羟基而产生的影响。

乙二醇是合成涤纶、炸药的原料。它的50%的水溶液凝固点为-34℃，因此乙二醇是很好的防冻剂，用于汽车、飞机发动机的抗冻剂。

4. 丙三醇

俗称甘油，它最早是从油脂中水解得到。近代工业以石油热裂解气中的丙烯为原料制备。目前我国广泛采用丙烯氯化法，将丙烯在高温下与氯气作用，生成3-氯丙烯。再与氯水作用生成二氯丙醇，然后在碱作用下经环化水解而得丙三醇。

丙三醇是无色而有甜味的黏稠液体，因它的分子中含有三个羟基，极性很强，易溶于水，不溶于有机溶剂。甘油水溶液的冰点很低（例如66.7%的甘油水溶液的冰点为-46.5℃），同时具有很大的吸湿性能，能吸收空气中的水分。

多元醇具有较大的酸性，这种酸性虽然不能用通常的酸碱指示剂来检验，但是它们能与金属氢氧化物发生类似的中和作用，生成类似于盐的产物。例如，甘油与氢氧化铜作用生成甘油铜。

$$\begin{array}{c}CH_2OH\\|\\CHOH\\|\\CH_2OH\end{array} + Cu\begin{array}{c}OH\\ \\OH\end{array} \longrightarrow \begin{array}{c}CH_2O\\|\\CHO\\|\\CH_2OH\end{array}\!\!\!\!\!\!Cu + 3H_2O$$

甘油铜溶于水，水溶液呈鲜艳的蓝色。利用这一特性可用来鉴定具有1,2-二醇结构的多元醇。一元醇无此类反应，所以也可用来区别一元醇和多元醇。

甘油的用途很广泛。它的最大用途是与浓硝酸（在浓硫酸存在的条件下）作用，制造三硝酸甘油酯，俗称硝化甘油。

$$\begin{array}{c}CH_2OH\\|\\CHOH\\|\\CH_2OH\end{array} + 3HNO_3 \xrightarrow{\text{浓}H_2SO_4} \begin{array}{c}CH_2ONO_2\\|\\CHONO_2\\|\\CH_2ONO_2\end{array} + 3H_2O$$

三硝酸甘油酯

三硝酸甘油酯是一种无色透明的液体，它是很猛烈的炸药，用在爆破工程和国防上。硝酸甘油酯还有扩张冠状动脉的作用，在医药上用来治疗心绞痛。

此外，甘油还用于印刷、化妆品、皮革、烟草、食品以及纺织工业，作为甜味添加剂、防燥剂等，还可用作抗冻剂及合成树脂的原料。

5. 苯甲醇

苯甲醇也叫苄醇，它是一个最重要、最简单的芳醇，存在于茉莉等香精油中。工业上可从氯化苄（苯氯甲烷）水解制备。

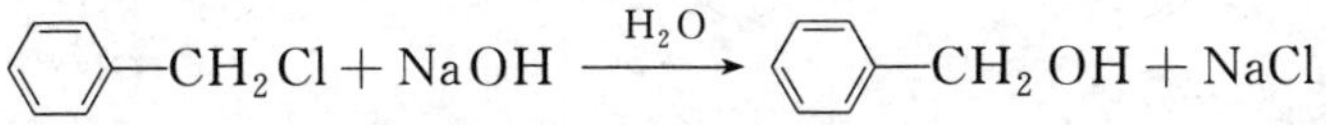

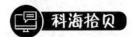

苯甲醇是无色液体，有轻微而愉快的香气，沸点 206℃，微溶于水，溶于乙醇、甲醇等有机溶剂。它与脂肪族伯醇性质相似，可被氧化生成苯甲醛，最后氧化成苯甲酸。苯甲醇也能生成酯，它的许多酯可用作香料，如素馨精油内含有它。它与钠作用生成苯甲酸钠。

苯甲醇除有上述反应外，由于分子内含有苯环，故也能进行硝化和磺化等取代反应。

思考与练习

6-7 在醇类中，剧毒的醇是_____；在化妆品、皮革、烟草工业中常用的醇是_____。

6-8 乙醇和丙三醇的鉴别试剂是新制的_____试剂。

科海拾贝

啤酒的度数

很多朋友将12度的啤酒误认为含有12%的酒精浓度，其实啤酒的度数和白酒度数的含义是两码事。白酒的度数是其酒精含量，啤酒商标上注明的"度"不是指啤酒的含酒精度，而是指糖化后的麦汁浓度。例如一公斤麦汁中含有糖类120g，即为12度。根据麦汁浓度的大小，啤酒分为低浓度（6~8度）、中浓度（10~12度）和高浓度（14~20度）三种。麦汁浓度与酒精浓度也有一定的关系。一般低浓度啤酒的酒精为2度，中浓度为3.1~3.5度，高浓度啤酒则为4~5度。

第二节　酚

一、酚的构造、分类和命名

羟基直接连在芳环上的化合物叫做酚。按酚类分子中所含羟基的数目多少，可分为一元酚、二元酚和多元酚。苯酚是最简单的一元酚，其分子构型见码6-3。酚类的命名，一般以酚

码6-3 苯酚的分子构型

作为母体。也就是在"酚"字前面加上其他取代基的位次、数目和名称及芳环的名称。例如：

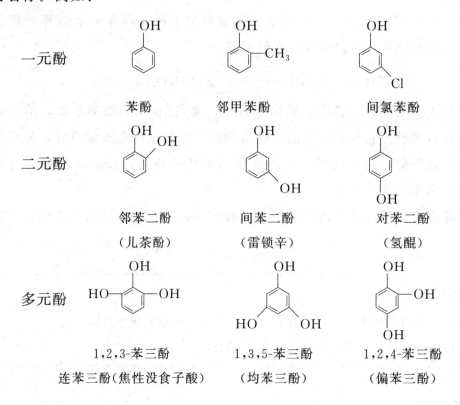

二、酚的物理性质

除少数烷基酚（如甲苯酚）是高沸点液体外，多数酚均是固体。由于酚的分子间也能形成氢键，所以它们的熔点和沸点都比分子量相近的烃高。苯酚在室温下微溶于水，其余的一元酚不溶于水，而溶于乙醇、乙醚等有机溶剂。多元酚随着羟基数目的增多在水中溶解度增大。如表6-2所示。

表6-2 部分酚的物理常数

名称	熔点/℃	沸点/℃	溶解度/(g/100g水)	pK_{a_1}(20℃)	名称	熔点/℃	沸点/℃	溶解度/(g/100g水)	pK_{a_1}(20℃)
苯酚	40.8	181.8	8	10.0	对硝基苯酚	114	295	1.7	7.15
邻甲苯酚	30.5	191	2.5	10.29	邻苯二酚	105	245	45	9.85
间甲苯酚	11.9	202.2	2.6	10.09	间苯二酚	110	281	123	9.81
对甲苯酚	34.5	201.8	2.3	10.26	对苯二酚	170	285.2	8	10.35
邻硝基苯酚	44.5	214.5	0.2	7.22	1,2,3-苯三酚	133	309	62	7.0
间硝基苯酚	96	194	1.4	8.39					

酚类具有腐蚀性和一定的毒性，在使用时应加注意。

三、酚的化学性质

酚羟基的性质在某些方面与醇羟基相似，但由于酚羟基和苯环直接相连，会受到苯环的影响，所以在性质上与醇羟基又有一定的差别。酚的芳环由于受羟基的影响也比芳烃更容易发生取代反应。

1. 酚羟基的反应

（1）酸性　酚能与氢氧化钠水溶液作用，生成可溶于水的酚钠。

$$C_6H_5\text{—OH} + NaOH \longrightarrow C_6H_5\text{—ONa} + H_2O$$

苯酚的酸性（$pK_a=10$）比醇强，但比碳酸（$pK_{a_1}=6.38$）弱，故不与碳酸氢钠溶液反应（即不溶于该溶液），苯酚也不能使石蕊试纸变色，若在苯酚钠溶液中通入二氧化碳或加入其他无机酸，则可游离出苯酚。

$$C_6H_5\text{—ONa} + CO_2 + H_2O \longrightarrow C_6H_5\text{—OH} + NaHCO_3$$

根据酚能溶解于碱，而又可用酸将它从碱溶液中游离出来的性质，工业上常被用来回收和处理含酚的污水。

（2）醚的生成　酚与醇相似，能够生成醚，由于酚羟基中 C—OH 键较醇中 C—OH 键牢固，所以很难直接脱水，酚醚一般用威廉姆逊合成法，即由酚钠和卤代烃作用生成。例如：

$$C_6H_5\text{—ONa} + CH_3I \xrightarrow{\triangle} C_6H_5\text{—OCH}_3 + NaI$$

苯甲醚（大茴香醚）

$$C_6H_5\text{—ONa} + C_6H_5\text{—Br} \xrightarrow[\triangle]{Cu\text{粉}} C_6H_5\text{—O—}C_6H_5 + NaBr$$

二苯醚

（3）酯的生成　酚与酸进行酯化反应时，与醇不同，它是轻微的吸热反应，对平衡不利，故通常采用酸酐或酰氯与酚或酚盐作用制备酚酯。例如：

$$C_6H_5\text{—OH} + (CH_3\text{—}\underset{\underset{O}{\|}}{C}\text{—})_2O \xrightarrow{NaOH\text{液}} C_6H_5\text{—O—}\underset{\underset{O}{\|}}{C}\text{—}CH_3 + CH_3COONa$$

乙酸苯酯

$$C_6H_5\text{—OH} + Cl\text{—}\underset{\underset{O}{\|}}{C}\text{—}CH_3 \xrightarrow{NaOH\text{液}} C_6H_5\text{—O—}\underset{\underset{O}{\|}}{C}\text{—}CH_3 + NaCl$$

2. 芳环上的反应

羟基是较强的邻、对位定位基，可使苯环活化，酚易在邻、对位发生卤化、硝化、磺化、烷基化等亲电取代反应。

(1) 卤化　苯酚与溴水在常温下即可作用，生成2,4,6-三溴苯酚的白色沉淀。

$$\text{C}_6\text{H}_5\text{OH} + 3\text{Br}_2 \xrightarrow{\text{H}_2\text{O}} \text{2,4,6-Br}_3\text{C}_6\text{H}_2\text{OH} \downarrow + 3\text{HBr}$$

（白色）

三溴苯酚的溶解度很小，十万分之一的苯酚溶液与溴水作用也能生成三溴苯酚沉淀，因而这个反应可用作酚的定性检验和定量分析。

在低温下，于非极性溶剂（如 CS_2，CCl_4）中，控制溴不过量，可生成一卤代苯酚。

$$\text{C}_6\text{H}_5\text{OH} \xrightarrow[0℃]{\text{Br}_2,\text{CS}_2} \text{p-BrC}_6\text{H}_4\text{OH} + \text{o-BrC}_6\text{H}_4\text{OH}$$

（67%）　　（33%）

(2) 硝化反应　稀硝酸在室温即可使酚硝化，生成邻和对硝基苯酚的混合物。因酚易被硝酸氧化而有较多副产物，故产率较低。

$$\text{C}_6\text{H}_5\text{OH} + \text{HNO}_3 \xrightarrow{25℃} \text{o-O}_2\text{NC}_6\text{H}_4\text{OH} + \text{p-O}_2\text{NC}_6\text{H}_4\text{OH}$$

（20%）　（30%～40%）　（15%）

(3) 磺化　酚的磺化反应，随着反应温度不同，可得到不同的产物，继续磺化可得二磺酸。二磺酸再硝化，可得 2,4,6-三硝基苯酚（俗称苦味酸），这是工业上制备苦味酸常用的方法。

$$\text{C}_6\text{H}_5\text{OH} \xrightarrow{98\%\ \text{H}_2\text{SO}_4} \begin{bmatrix} \text{o-HO}_3\text{SC}_6\text{H}_4\text{OH} & \begin{array}{cc} 20℃ & 100℃ \\ 49\% & 10\% \end{array} \\ \text{p-HO}_3\text{SC}_6\text{H}_4\text{OH} & \begin{array}{cc} 51\% & 90\% \end{array} \end{bmatrix} \xrightarrow{98\%\ \text{H}_2\text{SO}_4} \text{2,4-(HO}_3\text{S)}_2\text{C}_6\text{H}_3\text{OH} \xrightarrow{\text{浓 HNO}_3} \text{苦味酸}$$

(4) 缩合反应　酚羟基邻、对位的氢还可以和羰基化合物发生缩合反应，例如，在稀碱存在下，苯酚和甲醛作用，生成邻和对羟基苯甲醇，进一步生成酚醛树脂。又如在酸催化作用下，两分子苯酚可在羟基的对位与丙酮缩合，生成双酚 A，双酚 A 与环氧氯丙烷在氢氧化钠存在下，经一系列缩合反应，生成环氧树脂。

3. 氧化反应

酚类容易氧化，如苯酚能逐渐被空气中氧氧化，颜色逐渐变深，氧化产物很复杂，这种氧化称为自动氧化。食品、石油、橡胶和塑料工业常利用某些酚的自动氧化性质，加进少量酚作抗氧化剂。苯酚被氧化剂（$K_2Cr_2O_7 + H_2SO_4$）氧化得对苯醌，多元酚则更易氧化。

4. 与氯化铁的显色反应

大多数酚与氯化铁溶液作用能生成带颜色的配位离子。不同的酚所产生的颜色不同，见表 6-3。这种特殊颜色反应，可用作酚的定性分析。

表 6-3 不同酚与氯化铁反应所显的颜色

化合物	所显颜色	化合物	所显颜色
苯酚	蓝紫色	对甲苯酚	蓝色
邻苯二酚	深绿色	1,2,4-苯三酚	蓝绿色
对苯二酚	暗绿色结晶	1,2,3-苯三酚	淡棕红色

思考与练习

6-9 命名下列化合物：

(1) 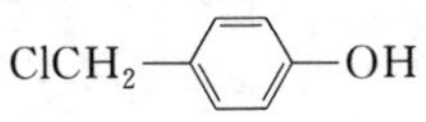 ClCH$_2$—⟨ ⟩—OH

(2) HO—⟨ ⟩（含 CH$_3$ 和 CH(CH$_3$)$_2$ 取代基）

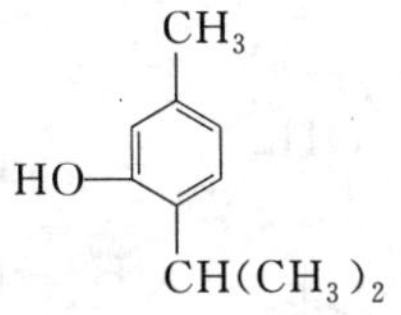

6-10 用化学方法鉴别下列各组化合物：

(1) 甲苯和苯酚　　(2) 环己醇和苯酚　　(3) 对甲苯酚和苯甲醇

6-11 完成下列反应式：

(1) 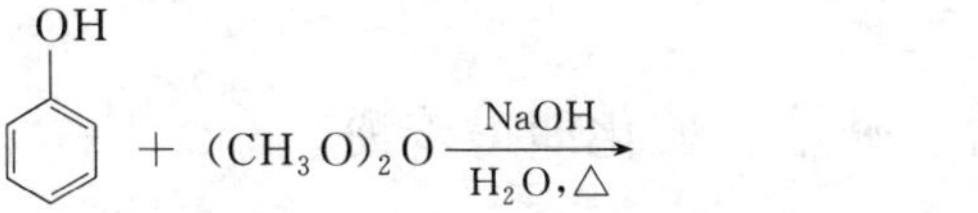 H$_3$C—⟨ ⟩—OH + BrCH$_2$—⟨ ⟩ $\xrightarrow[H_2O, \triangle]{NaOH}$

(2) ⟨ ⟩—OH + (CH$_3$O)$_2$O $\xrightarrow[H_2O, \triangle]{NaOH}$

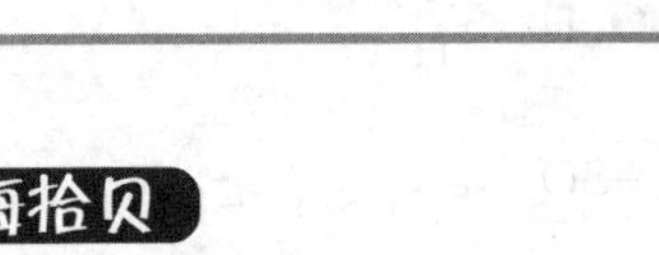

科海拾贝

茶 多 酚

茶多酚（简写为 GTP）从茶叶中提取，又名抗氧灵、维多酚、防哈灵，是茶叶中多羟基酚类化合物的复合物，由 30 种以上的酚类物质组成，其主体成分是儿茶素及其衍生物，是决定茶叶色、香、味及功效的主要成分。茶多酚是天然抗氧化剂，其抗氧化能力是人工合成抗氧化剂 BHT、BHA 的 4～6 倍，是 VE 的 6～7 倍，VC 的 5～10 倍，且用量少：0.01%～0.03% 即可起作用，而无合成物的潜在毒副作用。茶多酚在食品工业中还可以用作保鲜剂、保色剂、除臭剂等。除此之外，茶多酚还可以作为化妆品和日用品的优良添加剂及保健药品原料。

四、酚的制法

从煤焦油分馏所得的酚油（180～210℃）、萘油（210～230℃）馏分中含有苯酚和甲苯酚约 28%～40%，可先经碱、酸处理，再经减压蒸馏而分离，但产量有限，已远远不能满足工业的需要，现在多采用合成方法大量生产苯酚。

1. 由异丙苯制备

目前工业上大量生产苯酚的方法是异丙苯在过氧化物或紫外线的催化下，使叔碳上氢原子被空气氧化为氢过氧化异丙苯，再用稀硫酸使它分解生成苯酚和丙酮。

$$\text{C}_6\text{H}_6 + \text{CH}_3\text{CH}=\text{CH}_2 \xrightarrow[\text{或 AlCl}_3]{\text{H}_2\text{SO}_4} \text{C}_6\text{H}_5\text{CH(CH}_3\text{)}_2$$

$$\text{C}_6\text{H}_5\text{CH(CH}_3\text{)}_2 \xrightarrow[\text{过氧化物}]{\text{O}_2, 110\sim120℃} \underset{\text{氢过氧化异丙苯}}{\text{C}_6\text{H}_5\text{C(CH}_3\text{)}_2\text{OOH}} \xrightarrow[86℃]{\text{稀 H}_2\text{SO}_4} \underset{\text{苯酚}}{\text{C}_6\text{H}_5\text{OH}} + \underset{\text{丙酮}}{\text{CH}_3\text{COCH}_3}$$

氧化反应一般在碱性条件下（pH 为 8.5～10.5）和 1% 乳化剂（硬脂酸钠）存在下进行。生产 1t 苯酚可同时获得 0.6t 丙酮。此法生产苯酚占世界上合成苯酚总产量的 1/2 以上。

2. 由芳磺酸制备

以苯为原料，经过磺化、成盐、碱熔、酸化即得苯酚。

磺化 $\text{C}_6\text{H}_6 + \text{H}_2\text{SO}_4(\text{浓}) \xrightarrow{140\sim180℃} \text{C}_6\text{H}_5\text{SO}_3\text{H} + \text{H}_2\text{O}$

成盐 $2\,\text{C}_6\text{H}_5\text{SO}_3\text{H} + \text{Na}_2\text{SO}_3 \longrightarrow 2\,\text{C}_6\text{H}_5\text{SO}_3\text{Na} + \text{SO}_2 + \text{H}_2\text{O}$

碱熔 $\text{C}_6\text{H}_5\text{SO}_3\text{Na} + 2\text{NaOH} \xrightarrow[300℃]{\text{熔融}} \text{C}_6\text{H}_5\text{ONa} + \text{Na}_2\text{SO}_3 + \text{H}_2\text{O}$

酸化　2 C₆H₅—ONa + SO₂ + H₂O ⟶ 2 C₆H₅—OH + Na₂SO₃

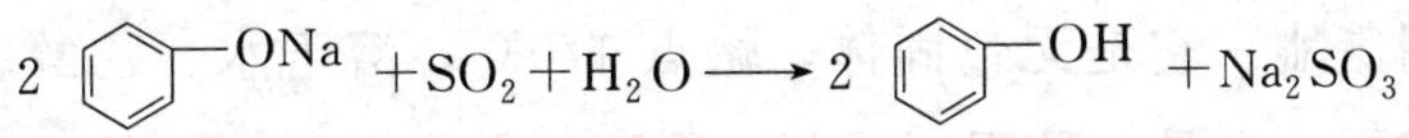

工业上把苯磺酸钠的生产和酸化操作结合起来，碱熔时的副产物 Na_2SO_3 可用来使苯磺酸转化成盐，同时放出的 SO_2 就用来酸化苯酚钠。

碱熔法是古老的苯酚合成法，操作工序繁多，生产不易连续化，同时耗用大量的硫酸和烧碱，目前已逐渐被较经济的异丙苯氧化法所代替。但此法设备简单，生产技术易掌握，产率较高，故目前尚未失去工业生产价值。

五、重要的酚

1. 苯酚

苯酚俗称石炭酸，为具有特殊气味的无色结晶，熔点 40.8℃，沸点 181.8℃。因暴露于光和空气中易被氧化变为粉红色乃至深褐色。苯酚微溶于冷水，在 65℃以上时，可与水混溶，易溶于乙醇、乙醚等有机溶剂。苯酚有毒性，在医药上可作防腐剂和消毒剂。

苯酚主要来源于煤焦油，苯酚是重要的化工原料，大量用于制造酚醛树脂及其他高分子材料、药物、染料、炸药、尼龙-66 等。

2. 甲苯酚

甲苯酚简称甲酚。它有邻、间、对三种异构体，都存在于煤焦油中，由于沸点相近不易分离。工业上应用的往往是三种异构体未分离的粗甲酚。邻、对甲苯酚均为无色晶体，间甲苯酚为无色或淡黄色液体，有苯酚气味，是制备染料、炸药、农药、电木的原料。甲酚的杀菌力比苯酚大，可作木材、铁路枕木的防腐剂。医药上用作消毒剂，商品"来苏尔"（Lysol）消毒药水就是粗甲酚的肥皂溶液。

3. 对苯二酚

工业上制备对苯二酚是由苯胺氧化成对苯醌后，再经缓和还原剂还原而得。

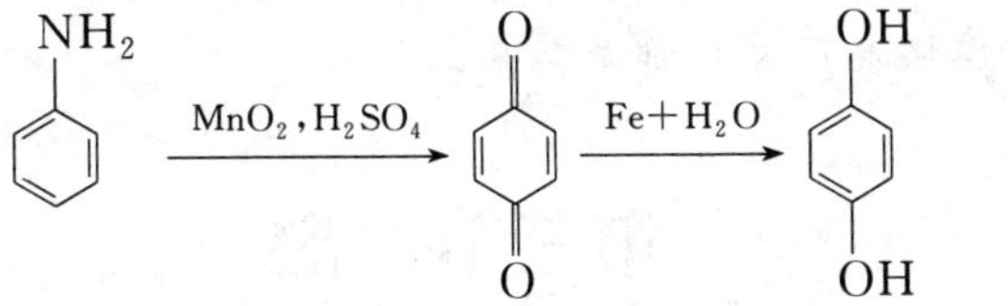

C₆H₅NH₂ —(MnO₂, H₂SO₄)→ 对苯醌 —(Fe + H₂O)→ 对苯二酚

苯酚氧化亦可得对苯二酚。

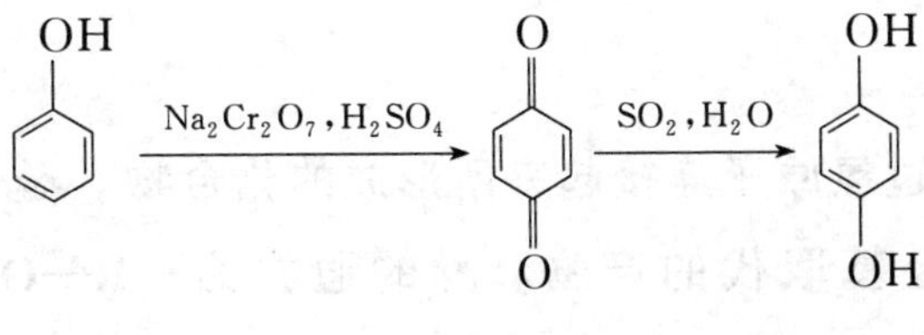

C₆H₅OH —(Na₂Cr₂O₇, H₂SO₄)→ 对苯醌 —(SO₂, H₂O)→ 对苯二酚

对苯二酚又叫氢醌。它是无色固体,熔点170℃,溶于水、乙醇、乙醚。对苯二酚极易氧化成醌。它是一种强还原剂,因而可用作显影剂,使照相底片上感光后的溴化银还原为金属银,也可用作防止高分子单体聚合的阻聚剂。

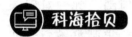

氢醌　　　　　　　　　　　对苯醌

对苯醌为黄色针状结晶,熔点115.7℃,有特殊气味,微溶于水,可进行水蒸气蒸馏。受热易升华。对苯醌分子中既有羰基又有不饱和键,能与羰基试剂作用,也能进行加成和还原反应。

思考与练习

6-12　化合物 A,分子式为 C_7H_8O,不溶于水、稀盐酸及碳酸氢钠水溶液,但溶于氢氧化钠水溶液。A 用溴水处理迅速转化为 $C_7H_5OBr_3$,试推测 A 的构造式。

6-13　写出下列化合物的俗名:
苯酚　　1,2,3-苯三酚　　甲苯酚的肥皂液

科海拾贝

二　噁　英

二噁英(dioxin)是含有2个或1个氧键联结2个苯环的含氯有机化合物。2,3,7,8-四氯代二苯-并-对二噁英(2,3,7,8-TCDD)是迄今为止人类已知的毒性最强的污染物,国际癌症研究中心已将其列为人类一级致癌物。二噁英是持续性有机污染物,容易通过食物链富集于动物和人的脂肪和乳汁中,又较难排出。大气环境中的二噁英来源复杂,钢铁冶炼、有色金属冶炼、汽车尾气、焚烧生产(包括医药废水焚烧、化工厂的废物焚烧、生活垃圾焚烧、燃煤电厂等)都是其来源。

第三节　醚

一、醚的构造、分类和命名

1. 醚的构造

醚是两个烃基通过氧原子连接起来所形成的化合物。醚也可看成是水分子中的二个氢原子都被烃基取代的产物。醚的通式为:R—O—R′、Ar—O—R 或

Ar—O—Ar′。醚分子中的氧基—O—也叫做醚键。

2. 醚的分类

醚一般按照醚键所连接的烃基的结构及连接方式的不同，进行分类。

在醚分子中，两个烃基相同的叫单醚，两个烃基不同的叫混合醚。单醚如：

$$CH_3—O—CH_3 \qquad C_6H_5—O—C_6H_5$$
甲醚　　　　　　　　　　二苯醚

混醚如：

$$CH_3—O—C_2H_5 \qquad C_6H_5—O—CH_3$$
甲乙醚　　　　　　　　　苯甲醚

按醚分子中的烃基是脂肪烃基或芳香烃基，分为脂肪醚和芳香醚。两个都是脂肪烃基的叫脂肪醚。脂肪醚又有饱和醚和不饱和醚之分。例如：

$$CH_3—O—CH_3 \qquad CH_3—O—CH=CH_2$$
甲醚（饱和醚）　　　　甲乙烯醚（不饱和醚）

如有一个芳香烃基或两个都是芳香烃基，叫芳香醚。例如：

$$C_6H_5—O—C_6H_5 \qquad C_6H_5—O—CH_3$$
二苯醚　　　　　　　　苯甲醚

醚键若与碳链形成环状结构，称为环醚。例如：

$$\underset{环氧乙烷}{\begin{array}{c}CH_2—CH_2\\ \diagdown O \diagup \end{array}} \qquad \underset{1,4\text{-二氧六环（二}\text{㗁}\text{烷）}}{\begin{array}{c}CH_2—CH_2\\ O \qquad O\\ CH_2—CH_2\end{array}}$$

3. 醚的命名

较简单的醚，一般都用习惯命名法，只需将氧原子所连接的两个烃基的名称，按小的在前，大的在后，写在"醚"字前。芳醚则将芳烃基放在烷基之前来命名。单醚可在相同烃基名称之前加"二"字（"二"字可以省略，但不饱和烃基醚习惯保留"二"字）。例如：

$$C_2H_5—O—C_2H_5 \qquad \text{二乙醚（简称乙醚）}$$
$$CH_2=CH—O—CH=CH_2 \qquad \text{二乙烯基醚}$$
$$CH_3—O—C_2H_5 \qquad \text{甲乙醚}$$

比较复杂的醚用系统命名法命名，取碳链最长的烃基作为母体，以烷氧基（RO—）作为取代基，称为"某"烷氧基（代）"某"烷。例如：

$$\underset{\substack{|\\OCH_3}}{CH_3—CH—CH_2—CH_2—CH_3} \qquad \text{2-甲氧基戊烷}$$

$$CH_3-O-CH_2-CH_2-O-CH_3 \quad 1,2\text{-二甲氧基乙烷}$$

二、醚的物理性质

除甲醚和甲乙醚为气体外，一般醚在常温下是无色液体，有特殊气味。低级醚类的沸点比相同数目碳原子醇类的沸点要低。多数醚不溶解于水，而易溶于有机溶剂。由于醚不活泼，因此常用它来萃取有机物或作有机反应的溶剂。

醚的一些物理性质见表 6-4。

表 6-4　醚的物理性质

名称	熔点/℃	沸点/℃	水中溶解性	相对密度	名称	熔点/℃	沸点/℃	水中溶解性	相对密度
甲醚	−140	−24	混溶	0.661	正戊醚	−69	188	微溶	0.774
乙醚	−116	34.5	可溶	0.713	乙烯醚	−30	28.4	溶于水	0.773
正丙醚	−122	91	微溶	0.736	苯甲醚	−37.3	155.5	不溶	0.996
正丁醚	−95	142	不溶	0.773	二苯醚	28	259	不溶	1.075

三、醚的化学性质

醚的氧原子与两个烷基相连，化学性质比较不活泼，在常温下，不与金属钠作用，对于碱、氧化剂、还原剂都十分稳定。由于醚在常温下和金属钠不起反应，所以常用金属钠来干燥醚。但是，稳定性只是相对的，醚在一定条件下也能发生某些化学反应。

1. 锌盐的生成

醚能溶于冷、浓的强无机酸中。因为醚分子中氧原子上的未共用电子对能接受强酸中的质子，形成类似铵盐的锌盐。例如：

$$C_2H_5-\ddot{O}-C_2H_5 + H_2SO_4 \text{（浓）} \underset{}{\overset{\text{冷}}{\rightleftharpoons}} [C_2H_5-\overset{H}{\underset{}{\ddot{O}}}-C_2H_5]^+ HSO_4^-$$

由于醚分子中的氧原子结合质子的能力不及氨分子中的氮原子强，醚生成的锌盐只能在低温下存在于浓酸中，当用冰水稀释时，锌盐分解，醚从酸液中分离出来而分层。利用醚形成锌盐而溶于浓酸的特性，可以区别醚与烷烃或卤代烃，或从它们的混合物中把醚分离出来（因烷烃或卤代烃均不溶于冷浓硫酸中，有两个明显液层）。

2. 醚键的断裂

锌盐的生成使得醚分子中的 **C—O** 键变弱，因此在酸性试剂的作用下醚键会断裂。使醚键断裂的最有效的试剂是浓的氢卤酸（一般用 HI 或 HBr）。浓的氢碘酸的作用最强，在常温下醚键就可断裂生成碘代烷和醇。例如：

$$C_2H_5-\ddot{\underset{..}{O}}-C_2H_5+HI \rightleftharpoons [C_2H_5-\overset{H}{\underset{..}{\ddot{O}}}-C_2H_5]^+I^- \xrightarrow{\triangle} C_2H_5OH+C_2H_5I$$

3. 过氧化物的生成

乙醚在放置过程中，因与空气接触会慢慢地被氧化成过氧化物。 氧化过程比较复杂，目前对过氧化物的结构还不完全清楚，过氧化氢醚可能是第一个氧化产物。

$$CH_3-CH_2-O-CH_2-CH_3 + O_2(空气) \longrightarrow CH_3-CH_2-O-\underset{\underset{O-O-H}{|}}{CH}-CH_3$$

过氧化氢醚

乙醚的过氧化物是具有臭味的油状液体，沸点比乙醚高，不挥发，蒸馏乙醚时残留在瓶底。若再继续加热，则迅速分解并发生猛烈爆炸。因此，醚类化合物应放在棕色玻璃瓶内保存，并在蒸馏醚之前，检验是否有过氧化物，以防意外。

检验方法有如下几种。

① 用 KI-淀粉试纸检验，如有过氧化物存在，KI 被氧化成 I_2，而使含淀粉的试纸变成蓝紫色；

② 加入 $FeSO_4$ 和 KSCN 溶液，如有红色的 $[Fe(SCN)_6]^{3-}$ 配离子生成，则证明有过氧化物存在。

除去过氧化物的方法如下：

① 加入还原剂（如 Na_2SO_3 或 $FeSO_4$）后摇荡，以破坏所生成的过氧化物。另外蒸馏乙醚时，不要完全蒸干，以免因过氧化物的存在而引起爆炸；

② 贮存时，在醚中加入少许金属钠或铁屑，以避免过氧化物形成。

四、醚的制法

1. 醇分子间脱水

在酸性催化剂存在下，两分子醇可以脱去一分子水而成醚：

$$ROH + HOR' \xrightarrow[\triangle]{H_2SO_4} ROR' + H_2O$$

为了减少副产物烯烃的生成，应注意控制反应温度。例如乙醇制乙醚在130~140℃时主要产物是乙醚；170℃以上时主要产物为乙烯。

此法主要用于由低级伯醇制备简单醚。用叔醇时只得到烯烃。

工业上也可将醇的蒸气通过加热的氧化铝催化剂来制取醚。例如：

$$2CH_3CH_2OH \xrightarrow[260℃]{Al_2O_3} CH_3CH_2OCH_2CH_3 + H_2O$$

2. 卤烷与醇钠作用（威廉姆森合成法）

威廉姆森（Williamson）合成法可用来合成混合醚和芳醚。例如：

$$RX + NaOR' \longrightarrow ROR' + NaX$$

$$CH_3I + C_2H_5ONa \longrightarrow CH_3OC_2H_5 + NaI$$

在制备带有叔烷基的混合醚时，应采用叔醇钠与伯卤烷为原料，不能用叔卤烷与伯醇钠反应。因叔卤烷在强碱性条件下主要发生脱卤化氢反应而生成烯烃（消除反应）。

$$CH_3CH_2CH_2Cl + (CH_3)_3C-ONa \longrightarrow (CH_3)_3C-O-CH_2CH_2CH_3 + NaCl$$

叔丁基正丁基醚（85%）

制备具有苯基的混醚时，应采用酚钠，例如，茴香醚只能用酚钠与伯卤烷作用而得到：

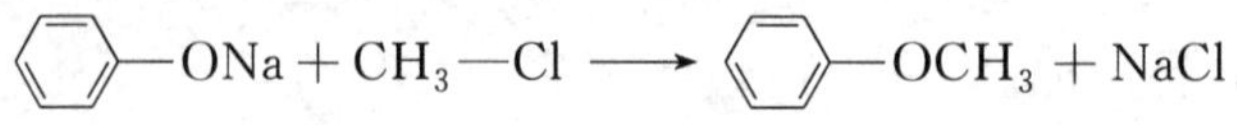

$$C_6H_5-ONa + CH_3-Cl \longrightarrow C_6H_5-OCH_3 + NaCl$$

五、重要的醚

1. 乙醚

乙醚是最常见和最重要的醚。在工业上，乙醚是以硫酸和氧化铝为脱水剂，将乙醇脱水而制得。普通实验用的乙醚常含有微量的水和乙醇，在有机合成中所需用的无水乙醚可由普通乙醚，用氯化钙处理后，再用金属钠处理，以除去所含微量的水和乙醇。这样处理后的乙醚通常叫绝对乙醚。

乙醚为易挥发的无色液体，比水轻（见表6-4），易燃，爆炸极限为1.85%~36.5%（体积分数），操作时必须注意安全。乙醚蒸气比空气重2.5倍，实验时反应中透出的乙醚应引入水沟排出户外，乙醚的极性小，较稳定，乙醚能溶解许多有机物质，是一个良好的常用有机溶剂和萃取剂。它具有麻醉作用，在医药上可作麻醉剂。

2. 环氧乙烷

环氧乙烷在常温下是无色气体，有毒。它的沸点为13.5℃，熔点为−110.0℃，易液化，可与水以任意比例混合，溶于乙醇和乙醚等有机溶剂中。环氧乙烷与空气混合形成爆炸混合物，爆炸极限为3.6%~78%（体积分数），使用时应注意安全。工业上用它作原料时，常用氮气预先清洗反应釜及管线，以排除空气，做到安全操作。

环氧乙烷的化学性质特别活泼，它容易与含活泼氢的化合物反应，氧环破裂，生成一系列重要的化工产品。

思考与练习

6-14 命名下列化合物。

(1) $CH_3CH_2-O-C(CH_3)_3$

(2) $CH_3-O-CH_2CH_2CH_2-O-CH_2CH_3$

(3) $H_3C-\langle\bigcirc\rangle-OCH_2CH_3$

6-15 如何除去下列各组化合物中的少量杂质？

(1) 乙烷中含有少量乙醚

(2) 乙醚中含有少量水和乙醇

6-16 完成下列反应式：

(1) $CH_3CH_2CH_2OCH_2CH_3 + HI \longrightarrow$

(2) $C_2H_5OC_2H_5 + HI \longrightarrow$

(3) 萘$-OC_2H_5 + HI \longrightarrow$

6-17 请采取各种途径搜集乙醇、乙醚、苯酚在化工行业的重要用途。

科海拾贝

麻 醉 剂

东汉时期，即公元 2 世纪，我国古代著名医学家华佗发明了"麻沸散"作为外科手术时的麻醉剂。他曾经成功地做过腹腔肿瘤切除术，肠、骨部分切除吻合术等。中药麻醉剂——"麻沸散"的问世，对外科学发展起到了极大的推动作用，对后世的影响是相当大的。华佗发明和使用麻醉剂，比西方医学家使用乙醚、"笑气"等麻醉剂进行手术要早 1600 年左右。因此说，华佗不仅是中国第一个，也是世界上第一个麻醉剂的研制和使用者。可惜"麻沸散"后来失传了。

在西方医学，乙醚（diethyl ether）就是最早普遍使用的一种麻醉剂。乙醚可用于各种大、小手术的全麻，既可单独使用，也可与其他药物合用，组成复合麻醉。由于乙醚有易燃易爆的危险性以及空气污染等缺点，目前已被淘汰。越来越多安全性强的麻醉剂如非挥发性麻醉剂被应用于外科医学，这类麻醉剂种类较多，包括苯巴比妥钠、戊巴比妥钠、硫喷妥钠等巴比妥类的衍生物，氨基甲酸乙酯和水合氯醛以及中药性麻醉剂开始投入使用。麻醉是复杂的过程，每一年，新的麻醉技术都在进步，这将确保更多病人会熬过手术的身心创伤。

实验五 醇、酚、醚的性质与鉴定

一、实验目的

1. 验证醇、酚、醚的主要化学性质。
2. 掌握醇和酚的鉴定方法。

二、实验原理

醇、酚、醚都是烃的含氧衍生物。其中醇和酚具有相同的官能团——羟基。但由于与官能团所连接的烃基结构不同，它们的化学性质也有很大差别。具体的反应类型及实验现象见本章相关内容。

三、实验方法

1. 醇的性质与鉴定

（1）与金属钠作用　在两支干燥的试管中，分别加入无水乙醇、正丁醇各5mL，再各加入1粒绿豆大小的金属钠[1]，观察两支试管中反应速率的差异。用大拇指按住一支试管口片刻，再用点燃的火柴接近试管口，有什么现象发生？

待试管中钠粒完全消失后[2]，醇钠析出使溶液变黏稠（或凝固）。向试管中加入5mL水并滴入2滴酚酞指示剂，观察溶液颜色变化。

记录上述实验现象并解释原因。

（2）与氧化剂作用　在三支试管中各加入1mL 5%重铬酸钾溶液和1mL 3mol/L硫酸溶液，振荡摇匀后，分别加入5滴正丁醇、仲丁醇、叔丁醇，振摇后用小火加热，观察现象，记录并解释原因。

（3）与卢卡斯试剂作用　在三支干燥试管中[3]，分别加入0.5mL正丁醇、仲丁醇、叔丁醇，再各加入1mL卢卡斯试剂[4]，管口配上塞子，用力振摇片刻后静置，观察试管中的变化，记录首先出现浑浊的时间。将其余两支试管放入50℃的水浴中温热几分钟，取出观察，记录上述实验现象并解释原因。

（4）多元醇与氢氧化铜作用　在两支试管中，各加入1mL 10%硫酸铜溶液和1mL 10%氢氧化钠溶液，混匀，立即出现蓝色氢氧化铜沉淀。向两支试管中分别加入5滴乙二醇、丙三醇，振摇并观察现象变化，记录并解释原因。

2. 酚的性质与鉴定

（1）弱酸性　在试管中加入约0.3g苯酚[5]和1mL水，振摇并观察其溶解性。将试管在水浴中加热几分钟,取出观察其中的变化[6]。将溶液冷却,有什么现象发生?向其中滴加 10% 氢氧化钠溶液并振摇,发生了什么变化?

在两支试管中,各加入约 0.3g 苯酚,分别加入 1mL 10% 碳酸钠溶液、1mL 10% 碳酸氢钠溶液,振摇并温热后,观察并对比两试管中的现象[7]。

在试管中加入少许苦味酸,再加入 1mL 10% 碳酸氢钠溶液,振摇并观察现象[8]。

(2) 与溴水作用　在试管中加入约 0.1g 苯酚和 2mL 水,振摇使其溶解成为透明溶液[9]。向其中滴加饱和溴水,观察现象,记录并解释原因。

(3) 与氯化铁溶液作用　在两支试管中分别加入少量苯酚、对苯二酚晶体,各加入 2mL 水振摇使其溶解。分别向两支试管中滴加新配制的 1% 氯化铁溶液,观察溶液颜色变化,记录并解释原因。

3. 醚的性质

(1) 𬭩盐的生成与分解　在干燥的试管中加入 1mL 乙醚,将试管置于冰-水浴中冷却,再缓慢向其中滴加 2mL 冰冷的浓硫酸,振摇后观察现象。将此溶液小心地倒入另一支盛有 5mL 冰水的试管中,振摇后观察现象变化。记录并解释原因。

(2) 过氧化物的检验　在试管中加入 1mL 新配制的 2% 硫酸亚铁溶液和几滴 1% 硫氰化铵溶液,再加入 1mL 工业乙醚,用力振摇后观察溶液颜色有无变化[10],记录现象并解释原因。

4. 整理台面

实验指南与安全指示

注意:1. 金属钠遇水反应十分剧烈,容易发生危险!所以试管中若有未反应完全的残余钠粒时,绝不能加水,可用镊子将其取出放入酒精中分解,千万不能弃于水槽中!

2. 本实验所用的氯化铁溶液和硫酸亚铁溶液都是在空气中容易发生还原或氧化反应的物质,应在实验前新配制。

3. 𬭩盐的形成是放热反应,容易使乙醚逸散并使已生成的𬭩盐分解,所以整个实验过程应始终保持在低温下进行。

4. 苯酚有毒并有腐蚀性,苦味酸是强酸,有腐蚀性,应避免它们与皮肤直接接触!

注释

[1] 金属钠表面有一层氧化膜，应用小刀轻轻切去，以便反应顺利进行。

[2] 醇与钠的反应后期逐渐变慢，可将试管置于水浴中适当加热，促使反应进行完全。

[3] 醇与氢卤酸的反应是可逆反应，其逆反应是卤烷的水解。如果试管不干燥，将影响卤烷的生成，甚至导致实验失败。

[4] 卢卡斯试剂即无水氯化锌的盐酸溶液，容易吸水而失效。因此必须在实验前新配制。方法如下：将34g熔融的无水氯化锌溶于23mL浓盐酸中。边搅拌边冷却，以防止氯化氢外逸。冷却后保存于试剂瓶中，塞紧。配制操作应在通风橱中进行。

[5] 苯酚对皮肤有很强的腐蚀性，如不慎沾及皮肤应先用水冲洗，再用酒精擦洗，直至灼伤部位白色消失，然后涂上甘油。

[6] 苯酚在常温下微溶于水，但在68℃时可与水混溶。

[7] 苯酚酸性较弱，不能溶于碳酸钠溶液，因为碳酸钠水解时生成的氢氧化钠与苯酚反应生成了水溶性的苯酚钠。

[8] 苦味酸的酸性比乙酸强，25℃时$pK_a=0.38$，所以可与碳酸氢钠作用放出二氧化碳，并生成苦味酸钠沉淀。

[9] 2,4,6-三溴苯酚的溶解度很小。即使是极稀的苯酚溶液（3μg/L）加入溴水也会呈现浑浊。溴水具有氧化性。加入过量时，可将2,4,6-三溴苯酚氧化成醌类而呈淡黄色。

[10] 亚铁盐容易被氧化。乙醚中若含有过氧化物，可将硫酸亚铁铵中的Fe^{2+}氧化成Fe^{3+}，Fe^{3+}能与硫氰化铵发生配合反应，生成血红色的配合物。借此颜色变化来鉴别过氧化物的存在。

研究与实践

5-1 请在讨论和思考的基础上写出本实验所需要的所有仪器、试剂、物品及其用量。

5-2 用95%的乙醇代替无水乙醇与金属钠反应可以吗？为什么？

5-3 在卢卡斯试验中，试管中有水可以吗？为什么？

5-4 如何证明苯酚具有弱酸性？为什么苯酚不溶于碳酸氢钠溶液却能溶于碳酸钠溶液？

5-5 设计一实验方案，鉴别正丙醇、异丙醇和丙三醇。

5-6 1-溴丁烷中混有少量丁醚，如何用一简便方法将其除去？

5-7 设计一合适的实验方案，分离苯酚与苯甲醇的混合物。

归纳与总结

请在教师的指导下，在分组商讨的基础上，从醇、酚、醚的基本概念、结构、命名、物理性质、化学性质、来源和制法、用途等几方面进行归纳与总结，并分组上台展示（注意从认知、理解、应用三个层次去把握）。

习 题

一、填空题

1. 直链饱和一元醇的沸点规律是随着碳原子数的增加而_____。在同碳数异构体中，支链越多的醇沸点愈_____。在同碳数的醇中，羟基愈多，沸点愈_____。

2. 醇的沸点和水溶性比相应的烃高许多，原因是醇分子中存在着_____缔合现象。

3. 伯、仲、叔醇与金属钠作用时，其反应速率顺序是_____；与卢卡斯试剂作用时，其反应速率顺序是_____。

4. 醇类物质中，常用作汽车水箱防冻剂的物质是_____；因为它 60% 的水溶液_____点很低。

5. _____醇，性剧毒，误服少量时眼睛会失明；误服 25g 以上，如不及时抢救，即会丧命。

6. 检验醚中是否有过氧化物存在的常用方法是用_____试纸试验，若试纸出现_____色；或用_____溶液检验，若溶液变为_____色，均表示有过氧化物存在。

7. 外科手术中常用的"麻醉剂"，学名_____醚。它易燃易爆，其蒸气具有麻醉性，且比空气_____。因此，实验室制备该醚时，要把接收瓶中的排气管通到室外或下水道，以避免意外事故发生。

8. 写出下列化合物的俗名：苯酚_____；1,2,3-苯三酚_____；甲苯酚的肥皂液_____。

*9. 水杨醇的分子式为 $C_7H_8O_2$，该物与 $FeCl_3$ 溶液反应显颜色，说明水杨醇的分子含有_____式结构。若与卢卡斯试剂作用，很快出现浑浊，说明含有_____基。

10. 据记载，在一般白兰地酒中，存在着不同含量的下列各种醇，其沸点由高到低顺序是_____。

(1) CH_3CH_2OH (2) CH_3CHOH (3) $CH_3CH_2CH_2OH$
　　　　　　　　　　　　　|
　　　　　　　　　　　　CH_3

(4) $CH_3CHCH_2CH_2OH$ (5) $CH_3CH_2CH_2CH_2CH_2OH$
　　　|
　　CH_3

二、选择题

1. 要清除"无水乙醇"中的微量水，最适宜加入的下列物质是（　　）。

　　A. 无水氯化钙　　B. 无水硫酸镁　　　C. 金属钠　　　　　D. 金属镁

2. 工业上把一定量的苯（约 8%）加入普通乙醇中蒸馏来制取"无水乙醇"时，最先蒸出的物质是（　　）。

　　A. 乙醇　　　　B. 苯-水　　　　　　C. 乙醇-水　　　　D. 苯-水-乙醇

3. 下列醇中，最稳定的是（　　）。

A. CH₃CHCH=CH₂ (OH) B. CH₃CH₂C(OH)=CH₂

C. CH₃CH₂CHOH (OH) D. 苯-C(OH)(OH)OH

4. 系统命名法正确名称是（　　）。
　A. 5-甲基-3-乙烯基-1-己醇　　　　B. 3-异丁基-4-戊烯-1-醇
　C. 3-异丁基-1-戊烯-5-醇　　　　　D. 3-异丁基-4-烯-1-戊醇

5. 下列各组液体混合物能用分液漏斗分开的是（　　）。
　A. 乙醇和水　　B. 四氯化碳和水　　C. 乙醇和苯　　D. 四氯化碳和苯

*6. 下列醇中，最易脱水成烯烃的是（　　）。
　A. 环己基-OH　　　　　　　　　　B. 苯-CHCH₃(OH)
　C. CH₃CH(CH₃)CH₃ (OH)　　　　　　D. CH₃CH₂CHCH₃ (OH)

7. 禁止用工业酒精配制饮用酒，是因为工业酒精中含有下列物质中的（　　）。
　A. 甲醇　　　B. 乙二醇　　　C. 丙三醇　　　D. 异戊醇

8. 能与氯化铁溶液发生显色反应的是（　　）。
　A. 乙醇　　　B. 甘油　　　C. 苯酚　　　D. 乙醚

9. 下列溶液中，通入过量的 CO_2 后，溶液变浑浊的是（　　）。
　A. 苯酚钠　　B. C_2H_5OH　　C. NaOH　　D. $NaHCO_3$

三、判断题（下列叙述对的在括号中打"√"，错的打"×"）

1. 凡是由烃基和羟基组成的有机物就是醇类。　　　　　　　　　　　　　（　）

2. 纯的液体有机物都有恒定的沸点，反过来说，沸点恒定的有机物一定是纯的液体有机物。　　　　　　　　　　　　　　　　　　　　　　　　　　　　　　　（　）

3. CH₂OH｜CH₂OH 和 CH₃CH₂OH 都是含两个碳原子的醇，但前者比后者多含一个—OH，所以，前者比后者水溶性大。　　　　　　　　　　　　　　　　　　　（　）

4. 丙三醇是乙二醇的同系物。　　　　　　　　　　　　　　　　　　　　（　）

5. 在甲醇、乙二醇和丙三醇中，能用新制的 $Cu(OH)_2$ 溶液鉴别的物质是丙三醇。
　　　　　　　　　　　　　　　　　　　　　　　　　　　　　　　　　（　）

6. 金属钠可用来去除苯中所含的微量水，但要除去乙醇中的微量水，使用金属镁比金属钠更合适。　　　　　　　　　　　　　　　　　　　　　　　　　（　　）

7. 分子中含有苯环和羟基的化合物一定是酚。　　　　　　　　（　　）

8. 环己烷中有乙醇杂质，可用水洗涤把乙醇除去。　　　　　　（　　）

四、将下列各组化合物按酸性强弱的次序排列

（1）碳酸、苯酚、硫酸、水

（2）C$_6$H$_5$—OH　　　　C$_6$H$_5$—CH$_2$OH　　　　CH$_3$—C$_6$H$_4$—OH

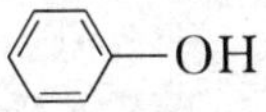

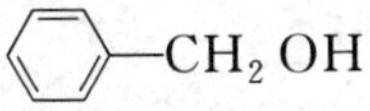

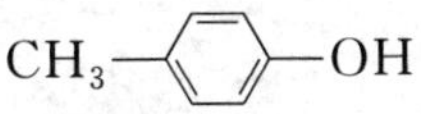

五、合成题（所需试剂可任意选用）

1. 由甲烷合成二甲醚

2. 由乙炔合成正丁醇

六、 化合物 A 分子式为 C$_6$H$_{14}$O，能与金属钠反应放出氢气；A 氧化后生成一种酮 B；A 在酸性条件下加热，则生成分子式为 C$_6$H$_{12}$ 的两种异构体 C 和 D。C 经臭氧氧化再还原水解可得到两种醛；而 D 经同样反应则只得到一种醛。试写出 A 至 D 的构造式。

第七章
醛 和 酮

学习目标

1. 了解醛和酮的结构、分类和命名。
2. 掌握饱和一元醛、酮的化学性质和鉴别方法。
3. 了解重要的醛和酮的性质及其在有机合成上的应用。

思维导图

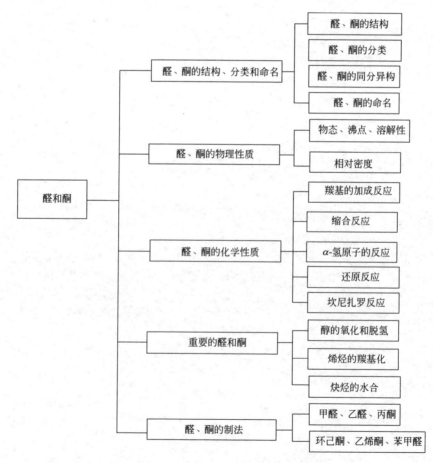

醛和酮都是含有羰基（$\underset{}{\diagdown}C=O$）官能团的化合物，因此又统称为羰基化合物。醛和酮虽然都含有羰基，但两者的羰基在碳链中的位置是不同的。醛的羰基总是位于碳链的链端，而酮的羰基必然在碳链中间。

第一节 醛、酮的结构、分类和命名

一、醛、酮的结构

羰基是碳与氧以双键结合的官能团，在醛（$R-\overset{O}{\overset{\|}{C}}-H$）分子中，羰基与一个烃基和一个氢原子相连接（甲醛例外，羰基与两个氢原子相连接）。$-\overset{O}{\overset{\|}{C}}-H$ 叫做醛基，可简写成—CHO。醛基是醛的官能团。

在酮（$R-\overset{O}{\overset{\|}{C}}-R'$）分子中，羰基不在碳链的一端，而是与两个烃基相连接。酮分子中的羰基也叫做酮基，是酮的官能团。羰基是极性的不饱和键。羰基的这种极性结构对于醛、酮的性质起着显著的影响。

二、醛、酮的分类

醛和酮都是由烃基和羰基两部分组成的，因此可根据羰基和烃基进行分类。根据分子中烃基的不同，可分为脂肪族醛（酮）、脂环族醛（酮）和芳香族醛（酮）。其中脂肪族醛（酮）又有饱和醛（酮）和不饱和醛（酮）之分。例如：

CH_3CH_2CHO　丙醛（饱和脂肪醛）

$CH_2=CH-CHO$　丙烯醛（不饱和脂肪醛）

$CH_3-\overset{O}{\overset{\|}{C}}-CH_3$　丙酮（饱和脂肪酮）

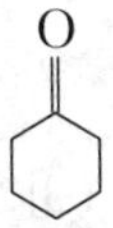

环己酮（脂环酮）

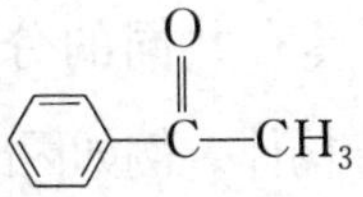

苯乙酮（芳香酮）

第七章　醛和酮

根据分子中所含羰基的数目，可分为一元醛（酮）和二元醛（酮）等。例如：

一元醛、酮　　　CH_3CH_2CHO 丙醛　　　$CH_3-\underset{\underset{O}{\|}}{C}-C_2H_5$ 2-丁酮

二元醛、酮　　　$OHC-CHO$ 乙二醛　　　$CH_3-\underset{\underset{O}{\|}}{C}-\underset{\underset{O}{\|}}{C}-CH_3$ 丁二酮

一元酮中与羰基相连接的两个烃基相同时叫做单酮，如丙酮 $CH_3-\underset{\underset{O}{\|}}{C}-CH_3$。不同时叫做混酮，如 2-丁酮 $CH_3-\underset{\underset{O}{\|}}{C}-C_2H_5$。

本章主要讨论饱和一元醛、酮。其中最简单的醛为甲醛，最简单的酮为丙酮。

三、醛、酮的同分异构

除甲、乙醛外，醛、酮分子都有构造异构体。由于醛基总是位于碳链的一端，所以醛只有碳链异构体；而酮分子除碳链异构外，还有羰基的位置异构。例如戊醛有四种同分异构体，它们均为碳链异构体。

$CH_3-CH_2-CH_2-CH_2-CHO$　　　$CH_3-\underset{\underset{CH_3}{|}}{CH}-CH_2-CHO$

$CH_3-\underset{\underset{CH_3}{|}}{\overset{\overset{CH_3}{|}}{C}}-CHO$　　　$CH_3-CH_2-\underset{\underset{CH_3}{|}}{CH}-CHO$

戊酮有三个构造异构体：

$CH_3-CH_2-CH_2-\underset{\underset{O}{\|}}{C}-CH_3$　　　（Ⅰ）

$CH_3-CH_2-\underset{\underset{O}{\|}}{C}-CH_2-CH_3$　　　（Ⅱ）

$CH_3-\underset{\underset{CH_3}{|}}{CH}-\underset{\underset{O}{\|}}{C}-CH_3$　　　（Ⅲ）

其中（Ⅰ）和（Ⅲ）互为碳链异构体，（Ⅰ）和（Ⅱ）互为位置异构体。

含有相同碳原子数的饱和一元醛、酮，具有共同的分子式 $C_nH_{2n}O$，它们互为同分异构体。这种异构体属于官能团不同的构造异构体。例如丙醛和丙酮互为构造异构体。

四、醛、酮的命名

简单的醛、酮采用习惯命名法,复杂的醛、酮则采用系统命名法。

1. 习惯命名法

醛的习惯命名法与伯醇相似,只需将醇字改为醛字即可。例如:

$$CH_3-CH_2-CH_2-CH_2OH \qquad\qquad CH_3-CH_2-CH_2-CHO$$
正丁醇   正丁醛

$$CH_3-CH-CH_2OH \qquad\qquad CH_3-CH-CHO$$
$$\qquad\ |\qquad\qquad\qquad\qquad\qquad\ |$$
$$\qquad CH_3\qquad\qquad\qquad\qquad\qquad CH_3$$
异丁醇   异丁醛

酮的习惯命名法是按照羰基所连接的两个烃基的名称来命名的。例如:

$$CH_3-\overset{O}{\overset{\|}{C}}-CH_2-CH_3 \qquad\qquad CH_3-CH_2-\overset{O}{\overset{\|}{C}}-CH_2-CH_3$$
甲基乙基甲酮(简称甲乙酮)   二乙基甲酮(简称二乙酮)

2. 系统命名法

选择含有羰基的最长碳链为主链,主链的编号从靠近羰基一端开始。醛基总是在链的一端,可不标明位次。酮基位于碳链之中,必须标明它的位次(当酮基的位次只有一种可能性时,位次号数可省略)。如有支链时,将支链的位次及名称写在某醛(酮)的前面,例如:

$$CH_3-CHO \qquad\qquad CH_3-CH-CH_2-CHO \qquad\qquad \text{环己基}-CHO$$
$$\qquad\qquad\qquad\qquad\qquad\quad\ |$$
$$\qquad\qquad\qquad\qquad\qquad\ OH$$
乙醛   3-羟基丁醛   环己基甲醛

$$CH_3-\overset{O}{\overset{\|}{C}}-CH_3 \qquad\qquad CH_3-CH-\overset{O}{\overset{\|}{C}}-CH_3$$
$$\qquad\qquad\qquad\qquad\qquad\ \ |$$
$$\qquad\qquad\qquad\qquad\quad\ CH_3$$
丙酮   3-甲基丁酮

$$\overset{5}{C}H_3-\overset{4}{C}H-\overset{3}{C}H_2-\overset{2}{\overset{O\ }{\overset{\|\ }{C}}}-\overset{1}{C}H_3 \qquad\qquad \text{环己基}-CH_2-\overset{O}{\overset{\|}{C}}-CH_3$$
$$\quad\ \ |$$
$$\quad\ Br$$
4-溴-2-戊酮   环己基丙酮

醛、酮主链上碳原子的编号,也可以用希腊字母来表示,在醛分子中从与醛基相邻碳原子开始,以希腊字母 α、β、γ……依次标出,对烃基末端的碳原子,不论碳链的长短，均可用ω表示。在酮分子中与酮基相邻的两个碳原子都是α-碳原子，可分别以α、α′表示，依次类推。

醛 ω—C⋯⋯γC—βC—αC—CHO

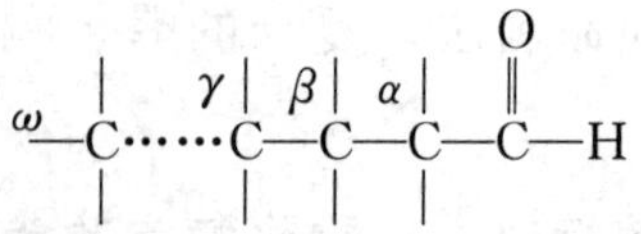

例如： CH₃—$\overset{\gamma}{CH}$—$\overset{\beta}{CH_2}$—$\overset{\alpha}{CH_2}$—CHO   CH₃—$\overset{\gamma}{CH}$=$\overset{\beta}{CH}$—$\overset{\alpha}{CH}$—CHO
         |
         CH₃

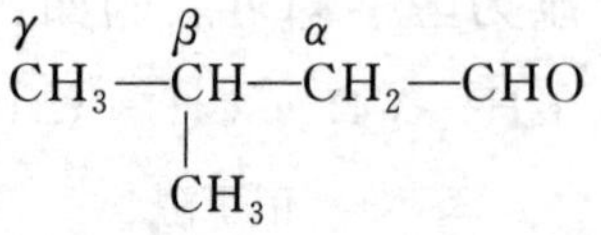

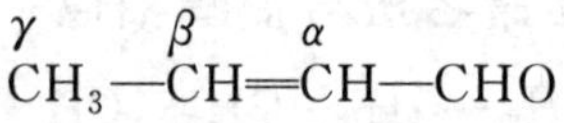

β-甲基丁醛   α-丁烯醛

酮 ω—C⋯⋯γ′C—β′C—α′C—CO—αC—βC—γC⋯⋯ωC

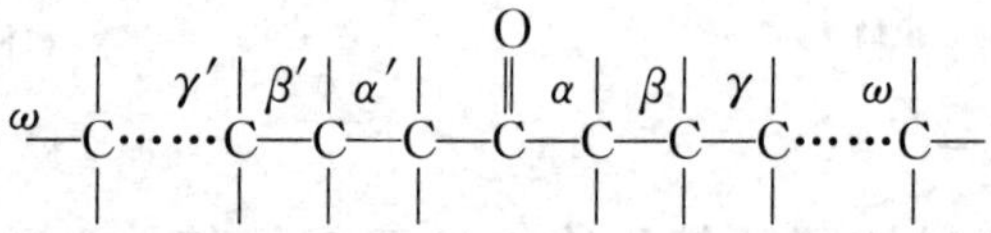

例如：CH₃—CH—CH₂—CO—CH—CH₃
             | |
             CH₃   CH₃

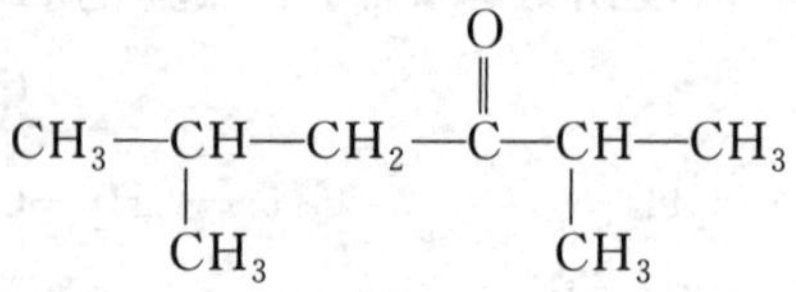

α,β′-二甲基-3-己酮

二元酮命名时，两个酮基的位置除用数字表明外，也可用α、β……表示它们的相对位置。α表示两个酮基相邻，β表示两个酮基相隔一个碳原子，例如：

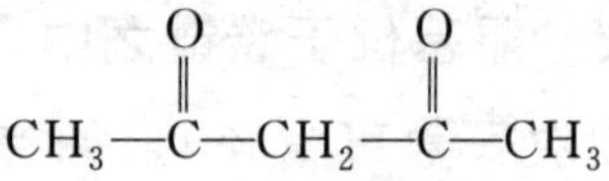

CH₃—CO—CH₂—CO—CH₃

β-戊二酮（2,4-戊二酮）

思考与练习

7-1 命名下列化合物：

(1) 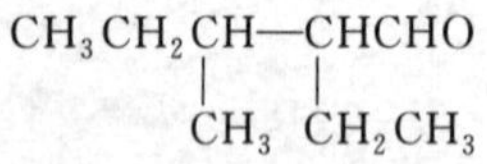 CH₃CH₂CH—CHCHO
              | |
              CH₃   CH₂CH₃

(2) (CH₃)₃C—COCH₂CH₃

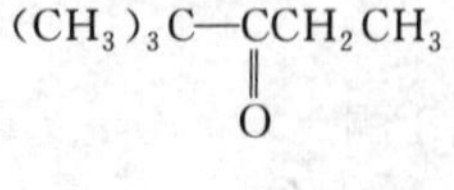

(3) (CH₃)₂C=CHCH₂CH₂CHO

(4) C₆H₅—CH₂COCH₃

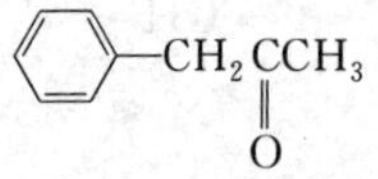

7-2 写出下列化合物的构造式：

(1) 异戊醛

(2) 三氯乙醛

(3) α,β-不饱和戊醛

(4) α-苯基丙酮

(5) α-氯-β′-溴丁酮

你身边的甲醛

甲醛具有较强的黏合性，同时可加强板材的硬度和防虫、防腐能力，因此目前市场上的各种刨花板、中密度纤维板、胶合板中均使用以甲醛为主要成分的脲醛树脂作为胶黏剂，因而不可避免地会含有甲醛。另外新式家具、墙面、地面的装修辅助设备中都要使用胶黏剂，因此凡是有用到胶黏剂的地方总会有甲醛气体的释放，对室内环境造成危害。由于由脲醛树脂制成的脲-甲醛泡沫树脂隔热材料有很好的隔热作用，因此常被制成建筑物的围护结构，使室内温度不受室外的影响。此外甲醛还可来自化妆品、清洁剂、杀虫剂、消毒剂、防腐剂、印刷油墨、纸张等。

因此，从总体上说室内环境中甲醛的来源还是很广泛的，一般新装修的房子其甲醛的含量可达到 $0.40 mg/m^3$，个别则有可能达到 $1.50 mg/m^3$。经研究表明甲醛在室内环境中的含量和房屋的使用时间、温度、湿度及房屋的通风状况有密切的关系。在一般情况下，房屋的使用时间越长，室内环境中甲醛的残留量越少；温度越高，湿度越大，越有利于甲醛的释放；通风条件越好，建筑、装修材料中甲醛的释放也相应越快，越有利于室内环境的清洁。

甲醛的散发途径：

(1) 木材本身在温度和湿度作用下散发极微量的甲醛；

(2) 脲醛树脂在制胶过程中不可避免地残留一部分游离甲醛向外散发。

第二节　醛、酮的物理性质

一、物态

室温下除甲醛是气体外，十二个碳原子以下的醛、酮都是液体，高级醛、酮是固体。低级醛带刺鼻气味，中级醛（$C_8 \sim C_{13}$）具有果香味，常用于香料工业。中级酮有花香气味。

二、沸点

醛、酮羰基的极性较强，但分子间不能形成氢键，所以它们的沸点比分子量相近的醇低，而比分子量相近的烃类高。分子量相近的烷、醚、醛、酮、醇的沸点见表7-1。

表7-1 分子量相近的烷、醚、醛、酮、醇的沸点

化 合 物	正丁烷	甲乙醚	丙醛	丙酮	正丙醇
分子量	58	60	58	58	60
沸点/℃	−0.5	10.8	49	56.1	91.2

三、溶解性

低级的醛、酮易溶于水，甲醛、乙醛、丙酮都能与水混溶，这是由于醛、酮可以与水形成氢键。其他醛、酮在水中的溶解度随碳原子数的增加而递减，C_6以上的醛、酮基本上不溶于水。醛、酮都溶于苯、醚、四氯化碳等有机溶剂中。

四、相对密度

脂肪醛和脂肪酮的相对密度小于1，比水轻；芳醛和芳酮的相对密度大于1，比水重。某些常见的醛、酮的物理常数见表7-2。

表7-2 某些常见的醛、酮的物理常数

名称	熔点/℃	沸点/℃	相对密度	溶解度/(g/100g 水)
甲醛	−92	−19.5	0.815	55
乙醛	−123	21	0.781	溶
丙醛	−81	48.8	0.807	20
丁醛	−99	74.7	0.817	4
乙二醛	15	50.4	1.14	溶
丙烯醛	−87.5	53	0.841	溶
苯甲醛	−26	179	1.046	0.33
丙酮	−95	56	0.792	溶
丁酮	−86	79.6	0.805	35.3
环己酮	−16.4	156	0.942	微溶
苯乙酮	19.7	202	1.026	微溶

思考与练习

7-3 不查表指出下列每对化合物中可能哪一个沸点高，哪一个沸点低？

(1) 戊醛与戊醇

(2) 正戊烷与戊醛

(3) 苯甲醛与苄醇

> **科海拾贝**
>
> **难以处理的甲醛**
>
> 在家庭房屋装修中，人们会广泛接触到甲醛这种物质。现在使用的装饰材料，普遍用了甲醛溶液浸泡来防腐，所以家装完成后，随着各种家具、装饰材料的干燥过程，大量的甲醛就释放出来，严重污染室内空气，威胁家人的健康。专家提醒，人们在家装完成后，应打开所有门窗通风，在二至三月后方可入住。即便如此，还不能完全避免残留的甲醛等有害物质的伤害。而市场上出现了一些号称能清除甲醛的产品，如"甲醛一喷灵"。其实，该物质的工作原理仅仅是在家具或装饰材料上形成一层涂膜，暂时将甲醛等有害物质封闭在释放源中而掩盖起来，最多叫"表面封闭剂"，而非"分解剂"，一旦这层涂膜出现问题，甲醛等有害物质又会释放出来，成为家庭室内污染的"定时炸弹"。甲醛是很难通过分解而彻底处理掉的，通常较简便的方法就是稀释。

第三节 醛、酮的化学性质

醛和酮分子中都含有活泼的羰基，因此它们具有许多相似的化学性质。但醛的羰基上连接一个烃基和一个氢原子，而酮的羰基上都连接两个烃基，故两者在性质也存在一定的差异。一般反应中，醛比酮更活泼。酮类中又以甲基酮比较活泼。某些反应醛能发生，而酮则不能发生。

一、羰基的加成反应

醛、酮羰基上的碳氧双键与烯烃的碳碳双键相似，具有不饱和性，能够发生一系列的加成反应。但是，羰基的加成与烯烃的加成又有明显的区别。在发生加成反应时，首先是带负电荷的原子或原子团加在带正电荷的羰基碳原子上，然后带正电荷的原子或原子团加到羰基氧原子上。反应过程如下：

$$\diagdown C=O + A:B \xrightarrow{\text{慢}} \left[\diagdown\underset{B}{\overset{O^-}{C}}\diagdown \right] \xrightarrow{A^+}{\text{快}} \diagdown\underset{B}{\overset{OA}{C}}\diagdown$$

式中，AB 为氢氰酸、亚硫酸氢钠、醇及其衍生物等试剂。

不同结构的醛、酮进行加成反应的难易程度也不同，对于饱和一元醛、酮来说，反应由易而难的次序如下：

$$\underset{H}{\overset{H}{C}}=O > \underset{H}{\overset{CH_3}{C}}=O > \underset{CH_3}{\overset{CH_3}{C}}=O > \text{环己酮} > \underset{R}{\overset{CH_3}{C}}=O$$

即甲醛最活泼，乙醛次之，丙酮又次之，随着烷基的增大，活泼性减弱。

芳醛和芳酮也能进行羰基加成。但反应比较困难。

1. 与氢氰酸加成

在微碱性条件下，氢氰酸与醛、甲基酮加成，氰基加到羰基碳原子上，氢原子加到氧原子上，生成 α-羟基腈（或叫 α-氰醇）。

$$\underset{(CH_3)}{\overset{R}{\underset{H}{>}}}C=O + HCN \underset{}{\overset{OH^-}{\rightleftharpoons}} \underset{(CH_3)}{\overset{R}{\underset{H}{>}}}C\underset{CN}{\overset{OH}{<}}$$
氰醇（羟基腈）

这个反应在有机合成上很有用，是增长碳链的一个方法。而且羟基腈又是一类活泼化合物，便于转化为其他化合物。如 α-羟基腈可以水解为 α-羟基酸。

$$R-CHO \xrightarrow{HCN} R-\underset{OH}{\overset{}{C}H}-CN \xrightarrow{水解} R-\underset{OH}{\overset{}{C}H}-COOH$$

又如，丙酮与氢氰酸加成的产物 2-甲基-2-羟基丙腈（丙酮氰醇），经水解、酯化和脱水，得到 α-甲基丙烯酸甲酯，是有机玻璃的单体。

$$\underset{CH_3}{\overset{CH_3}{>}}C=O + HCN \longrightarrow \underset{CH_3}{\overset{CH_3}{>}}C\underset{CN}{\overset{OH}{<}}$$
丙酮氰醇

$$\underset{CH_3}{\overset{CH_3}{>}}C\underset{CN}{\overset{OH}{<}} \xrightarrow[\triangle]{H_2SO_4, CH_3OH} CH_2=\underset{CH_3}{\overset{}{C}}-\overset{O}{\overset{\|}{C}}-OCH_3$$
α-甲基丙烯酸甲酯

2. 与亚硫酸氢钠加成

醛、脂肪族甲基酮和八个碳原子以下的环酮容易与饱和亚硫酸氢钠的水溶液（40%）发生加成反应，生成无色结晶的 α-羟基磺酸钠。

$$\underset{(CH_3)}{\overset{R}{\underset{H}{>}}}C=O + \underset{O}{\overset{HO}{\underset{\|}{S}}}\overset{O^-Na^+}{\underset{}{}} \rightleftharpoons \underset{H_3C(H)}{\overset{R}{>}}C\underset{SO_3H}{\overset{ONa}{<}} \rightleftharpoons \underset{H_3C(H)}{\overset{R}{>}}C\underset{SO_3Na}{\overset{OH}{<}}$$
α-羟基磺酸钠

此产物易溶于水，但不溶于饱和的亚硫酸氢钠溶液中，因而析出结晶。利用此反应可鉴定醛和甲基酮。又由于这个加成反应是可逆的，α-羟基磺酸钠在稀酸或稀碱存在下，使反应体系中的亚硫酸氢钠不断分解而除去，促使加成产物也不断分解转化为原来的醛和酮。因此，可利用这些性质来分离和提纯醛和甲基酮。

3. 与醇加成

在干燥氯化氢或其他无水强酸作用下，醛与无水的醇发生加成反应，生成半缩醛。半缩醛不稳定，一般很难分离出来。它可以与另一分子醇进一步缩合，生成缩醛，这种反应叫做缩醛化反应。

$$\underset{R}{\overset{H}{>}}C=O + HOR' \underset{}{\overset{HCl}{\rightleftharpoons}} R-\underset{OR'}{\overset{H}{\underset{|}{\overset{|}{C}}}}-OH$$
半缩醛

$$R-\underset{OR'}{\overset{H}{\underset{|}{\overset{|}{C}}}}-OH + HOR' \rightleftharpoons R-\underset{OR'}{\overset{H}{\underset{|}{\overset{|}{C}}}}-OR' + H_2O$$
缩醛

例如，将乙醛溶解在无水乙醇中，然后通入1%的干燥氯化氢，乙醛与两分子乙醇作用，生成乙醛缩二乙醇。

$$\underset{CH_3}{\overset{H}{>}}C=O + 2C_2H_5OH \overset{HCl}{\rightleftharpoons} CH_3-\underset{OC_2H_5}{\overset{H}{\underset{|}{\overset{|}{C}}}}-OC_2H_5 + H_2O$$
乙醛缩二乙醇

从构造上看，缩醛是一个同碳二醚，具有与醚相似的性质，是稳定的化合物，对碱、氧化剂和还原剂都非常稳定。但缩醛也不完全与醚相同，酸性水溶液可使它分解成为原来的醛和醇。

$$\underset{H}{\overset{CH_3}{\underset{|}{\overset{|}{C}}}}\overset{OCH_3}{\underset{OCH_3}{}} + H_2O \overset{H^+}{\rightleftharpoons} \underset{H}{\overset{CH_3}{>}}C=O + 2CH_3OH$$

醛基是相当活泼的基团，缩醛是稳定的化合物，在有机合成中，常常用生成缩醛的方法来保护醛基，使活泼的醛基在反应中不被破坏，待反应完成后，再水解成原来的醛基。例如，要完成下列转变：

$$CH_2=CHCH_2CHO \longrightarrow CH_3CH_2CH_2CHO$$

就必须把醛基保护起来。即：

$$CH_2=CHCH_2CHO + 2ROH \xrightarrow{\text{干燥 HCl}} CH_2=CHCH_2\underset{OR}{\overset{OR}{\underset{|}{\overset{|}{CH}}}} \xrightarrow{H_2}{Ni}$$

$$CH_3CH_2CH_2\underset{OR}{\overset{OR}{\underset{|}{\overset{|}{CH}}}} \xrightarrow[H^+]{H_2O} CH_3CH_2CH_2CHO$$

酮也可以与醇作用生成半缩酮和缩酮，但反应缓慢。在有机合成上常用这种方法保护酮基。

4. 与格利雅试剂加成

醛、酮与格利雅试剂发生加成反应，加成物经水解生成醇。甲醛与格利雅试剂加成水解得到伯醇，其他醛则得到仲醇，酮则得到叔醇。这是制备各种醇的重要方法。例如：

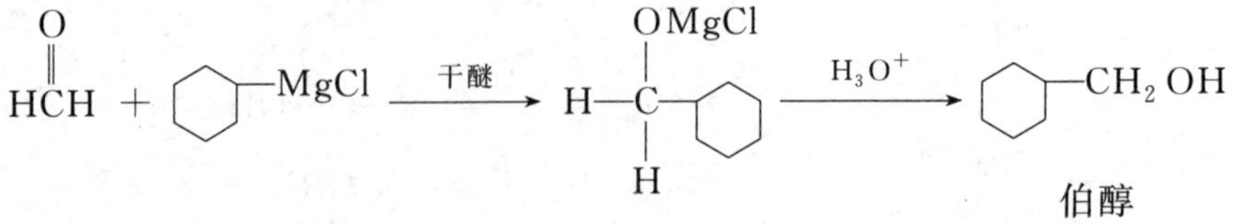

$$HCHO + C_6H_{11}-MgCl \xrightarrow{\text{干醚}} C_6H_{11}-CH(OMgCl)H \xrightarrow{H_3O^+} C_6H_{11}-CH_2OH \text{（伯醇）}$$

$$CH_3CH_2CHO + CH_3CH(MgBr)CH_2CH_2CH_3 \xrightarrow{\text{干醚}} CH_3CH_2CH(OMgBr)CH(CH_3)CH_2CH_2CH_3$$

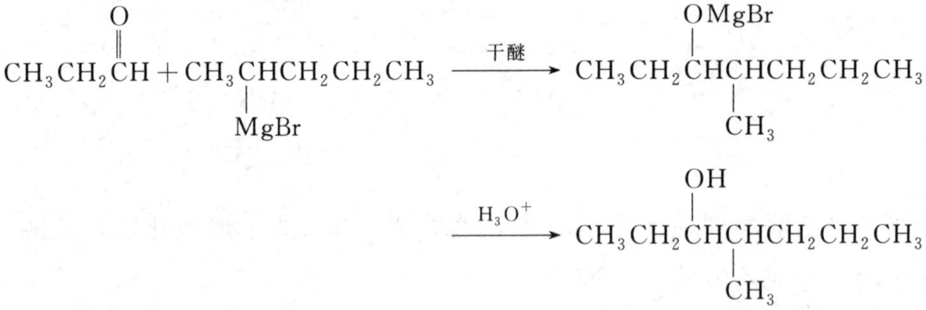

$$\xrightarrow{H_3O^+} CH_3CH_2CH(OH)CH(CH_3)CH_2CH_2CH_3 \text{（仲醇）}$$

$$(C_6H_5)_2C=O + C_6H_5-MgBr \xrightarrow{\text{干醚}} (C_6H_5)_3C-OMgBr \xrightarrow{NH_4Cl, H_2O} (C_6H_5)_3C-OH \text{（叔醇）}$$

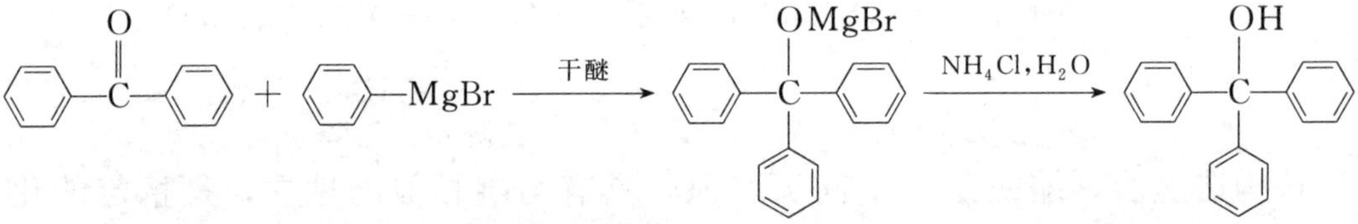

【例 7-1】 以含有三个碳原子以内的任何有机化合物为原料，合成 2-甲基-2-戊醇。

解 此题可用倒推法来解，首先写出欲合成醇的构造式：

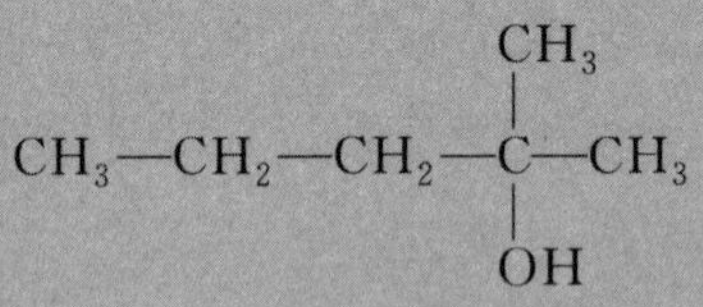

$$CH_3-CH_2-CH_2-\underset{\underset{OH}{|}}{\overset{\overset{CH_3}{|}}{C}}-CH_3$$

然后根据所合成醇的类型——叔醇，可判断必须采用酮和格利雅试剂加成才能获得。

在叔醇中，若连在 C—OH 上的三个 R 基团相同时，格利雅试剂和酮只有一种结合方式；当连在 C—OH 上的 R 基团有两个相同时，则有两种结合方式；当连在 C—OH 上的 R 基团均不相同时，那就有三种结合方式。

在 2-甲基-2-戊醇中，因为连在 C—OH 上的两个基团是相同的，所以合成该醇时，格利雅试剂和酮有两种可能的结合方式。

有机化学

第一种：

$$CH_3MgBr + CH_3CH_2CH_2\overset{\displaystyle O}{\underset{\displaystyle \|}{C}}CH_3 \xrightarrow{H_2O} CH_3-CH_2-CH_2-\underset{\displaystyle OH}{\overset{\displaystyle CH_3}{\underset{\displaystyle |}{\overset{\displaystyle |}{C}}}}-CH_3$$

第二种：

$$CH_3CH_2CH_2MgBr + CH_3\overset{\displaystyle O}{\underset{\displaystyle \|}{C}}CH_3 \xrightarrow{H_2O} CH_3-CH_2-CH_2-\underset{\displaystyle OH}{\overset{\displaystyle CH_3}{\underset{\displaystyle |}{\overset{\displaystyle |}{C}}}}-CH_3$$

应该选择原料容易获得而又最经济的合成路线，在此题中起始原料要求局限于含有三个碳原子以内的有机化合物。所以答案一定是第二种，它恰好是原料最易得到、成本又低的合成路线。全部合成路线如下：

$$CH_3-\underset{\displaystyle OH}{\overset{\displaystyle |}{CH}}-CH_3 \xrightarrow{KMnO_4, H^+} CH_3-\overset{\displaystyle O}{\underset{\displaystyle \|}{C}}-CH_3 \xrightarrow[\text{绝对乙醚}]{CH_3CH_2CH_2MgBr}$$

$$CH_3CH_2CH_2-\underset{\displaystyle OMgBr}{\overset{\displaystyle CH_3}{\underset{\displaystyle |}{\overset{\displaystyle |}{C}}}}-CH_3 \xrightarrow{H_2O} CH_3CH_2CH_2-\underset{\displaystyle OH}{\overset{\displaystyle CH_3}{\underset{\displaystyle |}{\overset{\displaystyle |}{C}}}}-CH_3$$

$$CH_3CH_2CH_2Br \xrightarrow[\text{绝对乙醚}]{Mg} CH_3CH_2CH_2MgBr$$

二、与氨的衍生物的加成——缩合反应

氨的衍生物是氨分子中的一个氢原子被其他基团取代后的产物，如羟胺（H_2N-OH）、肼（H_2N-NH_2）、苯肼（$H_2N-NH-\bigcirc$）及2,4-二硝基苯肼（$H_2N-NH-\underset{NO_2}{\bigcirc}-NO_2$）等，它们都能与羰基化合物发生加成反应，产物分子内继续脱水得到含有碳氮双键的化合物。氨的衍生物可用 H_2N-Y 表示，—Y 代表 —OH、—NH_2、—NH—$\bigcirc$、—NH—$\underset{NO_2}{\bigcirc}$—$NO_2$。

它们与羰基化合物的反应实际上相当于分子之间脱去一分子水：

$$\diagup\!\!\!\diagdown C=O + H_2N-Y \longrightarrow \diagup\!\!\!\diagdown C=N-Y + H_2O$$

缩合反应是指两个或多个有机化合物分子相互结合，脱去水、氨、氯化氢等简单分子生成一个较大分子的反应。羰基化合物与氨的衍生物的缩合产物分别为：

$$\begin{matrix}R\\(R')H\end{matrix}C=O + H_2N-OH \longrightarrow \begin{matrix}R\\(R')H\end{matrix}C=N-OH \quad 肟$$

$$H_2N-NH_2 \longrightarrow \begin{matrix}R\\(R')H\end{matrix}C=N-NH_2 \quad 腙$$

$$H_2N-NH-C_6H_5 \longrightarrow \begin{matrix}R\\(R')H\end{matrix}C=N-NH-C_6H_5 \quad 苯腙$$

$$H_2N-NH-C_6H_3(NO_2)_2 \longrightarrow \begin{matrix}R\\(R')H\end{matrix}C=N-NH-C_6H_3(NO_2)_2$$

2,4-二硝基苯腙

醛、酮与氨衍生物的缩合产物一般都是结晶固体，并具有一定的熔点，在稀酸的作用下，能水解为原来的醛、酮，所以这类反应常被用来分离、提纯和鉴别醛、酮。在实验室，常用2,4-二硝基苯肼作为鉴别羰基化合物的试剂，因生成的2,4-二硝基苯腙是橙黄色或红色结晶，便于观察。上述氨的衍生物又称为羰基试剂。

三、α-氢原子的反应

醛、酮分子中与羰基相连的α-碳原子上的氢原子叫做α-氢原子。它因受羰基的影响而具有较大的活泼性。

1. 羟醛缩合反应

在稀碱的作用下，一分子醛的α-氢原子加到另一分子醛的羰基氧原子上，其余部分加到羰基的碳原子上，生成β-羟基醛，分子中既含有羟基，又含有醛基，所以这个反应称羟醛缩合反应或醇醛缩合反应。例如：

$$\begin{matrix}CH_3\\H\end{matrix}C=O + H-CH_2-C\overset{O}{\underset{}{-}}H \xrightarrow{稀\ OH^-} CH_3-\overset{OH}{\underset{}{C}}H-CH_2-C\overset{O}{\underset{}{-}}H$$

β-羟基丁醛

β-羟基醛的α-氢原子同时受两个官能团的影响，性质很活泼，加热即发生分子内脱水，生成α,β-不饱和醛。

$$CH_3-CH-CH-C-H \xrightarrow[\Delta]{-H_2O} CH_3-CH=CH-C-H$$
（OH H O 框出） 2-丁烯醛（巴豆醛）

不饱和醛经催化加氢，可得到醇。

$$CH_3-CH=CH-C-H \xrightarrow[Ni]{2H_2} CH_3CH_2CH_2CH_2OH$$
正丁醇

产物的碳原子数比原来的醛增加一倍。所以羟醛缩合反应，是有机合成上增长碳链的方法之一。

具有 α-氢原子的两种不同醛，经羟醛缩合后得到的是四种产物的混合物。这些产物彼此不易分离，在合成上无实际意义。

含有 α-氢原子的酮在稀碱作用下，也能发生类似的缩合反应。但酮的加成能力比醛弱，在同样条件下，只能得到少量的 β-羟基酮。

【例 7-2】 以丙醇为原料合成 2-甲基-2-戊烯醛。

解 此题可用倒推法来解，首先写出合成产物的构造式

$$CH_3-CH_2-CH=C-CHO$$
$$\qquad\qquad\qquad\quad |$$
$$\qquad\qquad\qquad\ CH_3$$

从构造式中得知产物含有六个碳原子，恰好比原料的碳原子数增加一倍，可推测利用丙醛的羟醛缩合反应来完成。

$$CH_3CH_2CH_2OH \xrightarrow[KMnO_4+H_2SO_4]{[O]} CH_3CH_2CHO$$

$$CH_3-CH_2-C-O + CH_2-CHO \underset{}{\overset{稀 OH}{\rightleftharpoons}} CH_3-CH_2-CH-C-CHO \xrightarrow[\Delta]{-H_2O} CH_3-CH_2-CH=C-CHO$$
（H, CH₃, OH, H, CH₃, CH₃ 相应基团）

2. 卤代反应与卤仿反应

醛、酮分子中的 α-氢原子容易被卤素取代，生成 α-卤代醛、酮。例如：

$$CH_3-\overset{O}{\overset{\|}{C}}-CH_3 + Br_2 \xrightarrow{H^+} CH_3-\overset{O}{\overset{\|}{C}}-CH_2Br$$
α-溴代丙酮

α-溴代丙酮是一种催泪性很强的化合物。

反应在酸催化时，可以通过控制反应条件（如酸和卤素的用量、反应温度等），使反应产物主要是一卤代物或二卤代物。在碱催化时，卤代反应速率很快，

一般不能控制在一卤代物阶段，而得到多卤衍生物。

乙醛和甲基酮与次卤酸钠或卤素的碱溶液作用时，甲基的三个 α-氢原子都被卤素取代，生成 α-三卤化物。

在碱作用下，取代物发生分解，生成卤仿和羧酸盐，这个反应叫做卤仿反应。

$$CH_3-\underset{\underset{O}{\|}}{C}-H(R) + 3NaOX \longrightarrow CHX_3 + (R)H-\underset{\underset{O}{\|}}{C}-ONa + 2NaOH$$
$$\qquad\qquad\qquad\qquad\qquad\qquad\text{卤仿}\qquad\text{羧酸钠}$$

若用次碘酸钠（碘加氢氧化钠溶液）作反应试剂，则生成一种具有特殊气味的黄色固体——碘仿。

次碘酸钠也是一种氧化剂，它能使乙醇和构造为 $CH_3-\underset{\underset{OH}{|}}{CH}-R$ 的醇分别氧化为乙醛和甲基酮，所以这一类醇也能发生碘仿反应。例如：

$$CH_3-\underset{\underset{OH}{|}}{CH}-R + NaOI \longrightarrow CH_3-\underset{\underset{O}{\|}}{C}-R + H_2O + NaI$$

$$CH_3-\underset{\underset{O}{\|}}{C}-R + 3NaOI \longrightarrow CHI_3\downarrow + R-\underset{\underset{O}{\|}}{C}-ONa + 2NaOH$$
$$\qquad\qquad\qquad\qquad\qquad\text{（黄色）}$$

碘仿反应可用来鉴别乙醛、甲基酮以及具有 $CH_3-\underset{\underset{OH}{|}}{CH}-$ 构造的醇类。 因为碘仿是不溶于水的黄色晶体，并且具有特殊的气味，很容易观察。而氯仿和溴仿均为液体，不适用于鉴别反应。

四、氧化反应及醛、酮的鉴别

醛比酮容易被氧化。一些弱氧化剂，甚至空气中的氧就能使醛氧化，生成含碳原子数相同的羧酸。酮在强氧化剂（如重铬酸钾加浓硫酸）作用下才能发生氧化反应。利用醛、酮氧化性能的不同，在实验室可以选择适当的氧化剂来鉴别醛、酮。**常用来鉴别醛、酮的弱氧化剂是托伦（Tollens）试剂（硝酸银的氨溶液）和斐林（Fehling）试剂（以酒石酸盐作为配合剂的碱性氢氧化铜溶液）。**

1. 银镜反应

在硝酸银溶液中滴入氨水，开始生成氧化银沉淀，继续滴加氨水直到沉淀消失为止，生成银氨配合物，呈现的无色透明溶液称为托伦试剂。它可使醛氧化，本身被还原而析出金属银。反应如下：

$$RCHO + 2Ag(NH_3)_2OH \xrightarrow[\triangle]{\text{（水浴）}} R-\underset{\underset{O}{\|}}{C}-ONH_4 + 3NH_3 + 2Ag\downarrow + H_2O$$
$$\qquad\qquad\qquad\qquad\qquad\qquad\text{羧酸铵}$$

如果反应器壁非常干净，当银析出时，就能很均匀地附在器壁上形成光亮的银镜。因此这个反应称银镜反应。工业上，常利用葡萄糖代替乙醛进行银镜反应，在玻璃制品上镀银，如热水瓶胆、镜子等。

2. 与斐林试剂反应

斐林试剂是由硫酸铜与酒石酸钾钠的碱溶液等体积混合而成的蓝色溶液。其中酒石酸钾钠的作用是使铜离子形成络合物而不致在碱性溶液中生成氢氧化铜沉淀。起氧化作用的是二价铜离子。斐林试剂与醛作用时，醛分子被氧化成羧酸（在碱性溶液中得到的是羧酸盐），二价铜离子则被还原成红色的氧化亚铜沉淀。反应如下：

$$RCHO + 2Cu^{2+} + NaOH + H_2O \xrightarrow{\triangle} R-C-OONa + Cu_2O\downarrow + 4H^+$$

甲醛的还原能力较强，在反应时间较长时，可将 Cu^{2+} 还原成紫红色的金属铜，如果反应器是干净的，析出的铜附着在容器的内壁上，形成铜镜，所以又称铜镜反应，常利用此反应鉴别甲醛和其他醛。

$$H-\overset{O}{\underset{\|}{C}}-H + Cu^{2+} + NaOH \xrightarrow{\triangle} H-\overset{O}{\underset{\|}{C}}-ONa + Cu\downarrow + 2H^+$$

酮与上述两种弱氧化剂不发生反应，因此，在实验室里，常用托伦试剂和斐林试剂来鉴别醛和酮。这两种试剂也不能氧化碳碳双键和碳碳三键，可用作 —CHO 基的选择性氧化剂。例如，要从 α,β-不饱和醛氧化成 α,β-不饱和羧酸时，为了避免碳碳双键被氧化破裂，即可用托伦试剂作为氧化剂。

$$R-CH=CH-CHO \xrightarrow{Ag(NH_3)_2OH} R-CH=CH-COOH$$

酮虽不被上述两种氧化剂氧化，但可被强氧化剂（如高锰酸钾、硝酸等）氧化，而且在羰基与 α-碳原子之间发生碳碳键的断裂，生成多种低级羧酸的混合物，因此没有制备意义。

3. 与品红试剂的反应

品红是一种红色染料，将品红的盐酸盐溶于水，呈粉红色，通入二氧化硫气体，使溶液的颜色退去，这种无色的溶液叫做品红试剂，亦称希夫（Shiff）试剂。醛与希夫试剂发生加成反应，使溶液呈现紫红色，这个反应非常灵敏。酮在同样条件下则无此现象。因此，这个反应是鉴别醛和酮较为简便的方法。

在甲醛与希夫试剂生成的紫红色溶液中，若加几滴浓硫酸，紫红色仍不消失，而其他醛在相同的情况下。紫红色则消失，可借此性质鉴别甲醛与其他醛类。

五、还原反应

醛、酮可以被还原，在不同条件下，用不同的试剂，可以得到不同的产物。

1. 还原成醇

醛、酮在金属催化剂 **Pt、Pd、Ni** 等存在下，与氢气作用可以在羰基上加一分子氢。醛加氢生成伯醇，酮加氢得到仲醇。例如：

$$R-CHO + H_2 \xrightarrow{Ni} RCH_2OH$$

$$\begin{array}{c}R\\R\end{array}\!\!>\!C=O + H_2 \xrightarrow{Ni} \begin{array}{c}R\\R\end{array}\!\!>\!CHOH$$

催化加氢的方法选择性不强，如果分子中间含有碳碳双键时，则同时被还原。例如：

$$CH_3CH=CHCHO + 2H_2 \xrightarrow{Ni} CH_3CH_2CH_2CH_2OH$$

硼氢化钠（$NaBH_4$）、氢化铝锂（$LiAlH_4$）等是一类选择性还原碳和非碳原子之间的双键和三键（$\!\!>\!C=O$ 和 $-C≡N$）的还原剂，并且还原效果好。例如：

$$CH_3CH=CHCHO \xrightarrow[②H_2O]{①NaBH_4} CH_3CH=CHCH_2OH$$

2-丁烯-1-醇（85%）

2. 还原成烃

醛、酮的羰基也可以直接还原成亚甲基，这就是由羰基化合物直接还原成烃。下面介绍两种在不同介质中进行还原的方法。

（1）克莱门森（Clemmensen）反应　用锌汞齐（Zn-Hg）和浓盐酸作还原剂，可将醛、酮的羰基还原为亚甲基，这种方法叫克莱门森还原法。

$$\!\!>\!C=O \xrightarrow[HCl]{Zn-Hg} \!\!>\!CH_2$$

此反应在浓盐酸介质中进行，分子中不能带有对酸敏感的其他基团，如醇羟基、碳碳双键等。例如 $CH_2=CH-CH_2-\overset{O}{\overset{\|}{C}}-CH_3$ 中的羰基不能用此方法还原，因为浓盐酸将与分子中的碳碳双键发生加成反应。

（2）沃尔夫-开息纳尔（Wolff-Kishner）反应　将羰基化合物与无水肼作用生成腙，然后将腙和乙醇钠及无水乙醇在封闭管或高压釜中加热到 180℃ 左右，失去氮，结果羰基被还原成亚甲基。此法叫沃尔夫-开息纳尔还原法。

$$\begin{array}{c}R\\(R')H\end{array}\!\!>\!C=O \xrightarrow{H_2N-NH_2} \begin{array}{c}R\\(R')H\end{array}\!\!>\!C=N-NH_2 \xrightarrow{C_2H_5ONa} \begin{array}{c}R\\(R')H\end{array}\!\!>\!CH_2 + N_2\uparrow$$

这个反应广泛用于天然有机物的研究中。由于原料要求无水，设备要求耐高压，而且反应时间长（回流100h以上），产率不高（50％），我国化学家黄鸣龙教授在1946年通过实验改进了这种方法，他采用水合肼、氢氧化钠和一种高沸点溶剂（如一缩二乙二醇 $HOCH_2CH_2OCH_2CH_2OH$）与羰基化合物一起加热，生成腙后，将水及过量的肼蒸出，然后使温度升至200℃，再回流3～4h使腙分解，产率达90％以上，而且在常压下操作，此法称为黄鸣龙改进法。这种方法在碱性条件下进行，可以用于还原对酸敏感的醛、酮，因此可以和克莱门森还原法互相补充。

六、坎尼扎罗（Cannizzaro）反应

不含 α-氢原子的醛在浓碱作用下，能发生分子间的氧化还原反应。反应的结果，一分子的醛被氧化成相应的羧酸（在碱溶液中以羧酸盐形式存在），另一分子的醛被还原为相应的醇。这种反应称为坎尼扎罗反应，又叫歧化反应。例如：

$$2HCHO \xrightarrow[\triangle]{\text{浓 NaOH}} HCOONa + CH_3OH$$

甲醛　　　　　　　　甲酸钠　　　甲醇

两种不同的醛分子间进行的坎尼扎罗反应叫做交叉坎尼扎罗反应，产物一般较为复杂。如果两种醛中有甲醛，由于甲醛有较强的还原性，在反应过程中它总是被氧化为甲酸（甲酸盐），而另一种醛则被还原为醇。例如：

$$(CH_3)_3C\text{—}CHO + HCHO \xrightarrow{\text{浓 NaOH}} HCOONa + (CH_3)_3C\text{—}CH_2OH$$

歧化反应常用在有机合成中，如目前工业上生产季戊四醇是用甲醛和乙醛在氢氧化钙溶液中反应而制得的。这个反应是一分子乙醛和三分子甲醛首先发生交叉羟醛缩合反应，生成三羟甲基乙醛，三羟甲基乙醛和甲醛在碱作用下，发生交叉坎尼扎罗反应得到季戊四醇和甲酸钠。

季戊四醇也是一种重要的化工原料，多用于高分子工业，它的硝酸酯是个心血管扩张药物。

思考与练习

7-4　将下列化合物按羰基进行加成反应的活性由大到小排列成序：

(1)　$(CH_3)_3C\overset{\overset{O}{\|}}{\text{—}C\text{—}}C(CH_3)_3$

(2)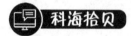

(3) $CH_3-\overset{O}{\underset{\parallel}{C}}-CH_2CH_3$

(4) $CH_3-\overset{O}{\underset{\parallel}{C}}-H$

7-5 试用化学方法分离下列混合物：

    （1）环己醇和 2-己酮　　　（2）苯酚和苯甲醛

7-6 用化学方法鉴别下列各组化合物：

    （1）1-丙醇、丙醛、丙酮　　　（2）苯乙酮、苯甲醛、苄醇

7-7 写出下列反应产物 A、B、C 的构造式：

$$CH_3CH_2OH \xrightarrow[Mg,乙醚]{NaBr+H_2SO_4} A \xrightarrow[H_2O,H^+]{CH_3CHO} B \xrightarrow[OH-CH_2-CH_2-OH]{K_2Cr_2O_7,H^+} C$$

科海拾贝

最简单的饱和酮——丙酮

丙酮（CH_3COCH_3），又名二甲基酮，为最简单的饱和酮。无色透明，有特殊的辛辣气味，易溶于水和甲醇、乙醇、乙醚、氯仿、吡啶等有机溶剂。丙酮易燃易爆、易挥发，化学性质较活泼。丙酮是重要的有机合成原料，用于生产环氧树脂，聚碳酸酯，有机玻璃，医药，农药等。亦是良好溶剂，用于涂料、黏结剂、钢瓶乙炔等。也用作稀释剂，清洗剂，萃取剂。还是制造醋酐、双丙酮醇、氯仿、碘仿、环氧树脂、聚异戊二烯橡胶、甲基丙烯酸甲酯等的重要原料。在无烟火药、赛璐珞、醋酸纤维、喷漆等工业中用作溶剂。在油脂等工业中用作提取剂。

我国常用危险化学品的分类及标志（GB 13690—92）将该物质划为第 3.1 类低闪点易燃液体。长期接触该品出现眩晕、灼烧感、咽炎、支气管炎、乏力、易激动等。皮肤长期反复接触可致皮炎。急性中毒主要表现为对中枢神经系统的麻醉作用，出现乏力、恶心、头痛、头晕、易激动。重者发生呕吐、气急、痉挛，甚至昏迷。对眼、鼻、喉有刺激性。口服后，先有口唇、咽喉有烧灼感，后出现口干、呕吐、昏迷、酸中毒和酮症。

第四节　醛、酮的制法

醛、酮的制法很多，下面介绍几种常用的方法。

一、醇的氧化和脱氢

伯醇、仲醇氧化或脱氢可分别得到醛、酮。例如：

$$CH_3CH_2CH_2OH \xrightarrow[60℃]{K_2Cr_2O_7, H_2SO_4} CH_3CH_2CHO$$

$$(CH_3)_2CHOH \xrightarrow[40℃]{K_2Cr_2O_7, H_2SO_4} CH_3\overset{\overset{O}{\|}}{C}CH_3$$

实验室中常用的氧化剂为重铬酸钾和硫酸。由于醛比醇更易氧化，因此醛生成后必须尽快与氧化剂分离。低级醛的沸点比相应的醇低得多，控制适当的温度，可以使生成的醛蒸出，常用此法由低级醇制备相应的醛。酮不易继续被氧化，不需要立即分离，因此更适合用此法制备。

工业上将醇的蒸气通过加热的催化剂（铜或银等）使它们脱氢而生成醛或酮。例如：

$$CH_3CH_2OH \xrightarrow{Cu, 300℃} CH_3CHO + H_2$$

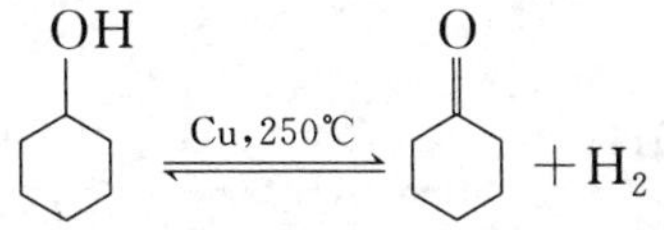

$$\text{环己醇} \underset{}{\overset{Cu, 250℃}{\rightleftharpoons}} \text{环己酮} + H_2$$

必须把氢气分离出来使平衡向右移动，工业上常用此法制备低级醛、酮。

二、烯烃的羰基化

烯烃与一氧化碳和氢在催化剂作用下，可生成比原烯烃多一个碳原子的醛，这种合成法叫做烯烃的醛化，也叫做羰基合成。常用的催化剂是八羰基二钴 $[Co(CO)_4]_2$，反应在加热（10~200℃）、加压（10~25MPa）下进行。乙烯通过羰基合成可制得丙醛，丙烯可制得直链和支链两种醛，但以直链醛为主。例如：

$$CH_3CH=CH_2 + CO + H_2 \xrightarrow[170℃, 25MPa]{[Co(CO)_4]_2} CH_3CH_2CH_2CHO + CH_3\underset{\underset{CH_3}{|}}{CH}CHO$$

　　　　　　　　　　　　　　　　　　　　　正丁醛（75%）　　异丁醛（25%）

利用此合成方法得到的醛，可以进一步加氢得到伯醇，是工业上生产醛和伯醇的重要途径之一。此法须用耐高压设备，近年来正在开展低压羰基合成的研究，如用正丁基膦-羰基钴为催化剂，在5~6MPa、160℃的条件下，生成正丁醛与异丁醛，其比为3∶1。

在相近的条件下，其他α-烯烃与一氧化碳和氢气也发生醛化反应，生成比原料α-烯烃多一个碳原子的醛。

$$2RCH=CH_2+CO+2H_2 \xrightarrow{催化剂} RCH_2CH_2CHO + RCHCHO$$
$$\underset{CH_3}{|}$$

在工业上,利用石蜡裂化所得到的 $C_{11} \sim C_{16}$ 的 α-烯烃为原料,经过羰基合成法得到高级醛,再经催化加氢,即可得到 $C_{12} \sim C_{17}$ 的高级醇,这些高级混合醇可用来合成增塑剂、表面活性剂、合成润滑油及石油产品的添加剂等。

三、炔烃的水合

炔烃进行水合时,可得到相应的羰基化合物,如乙炔水合得乙醛,其他炔烃得酮类。

$$R-C\equiv C-R + H_2O \xrightarrow[H_2SO_4]{Hg^{2+}} R-\underset{O}{\underset{\|}{C}}-CH_2-R$$

对于三键在端位的炔烃,可以得到甲基酮,对称炔烃水合得到相应的酮。例如:

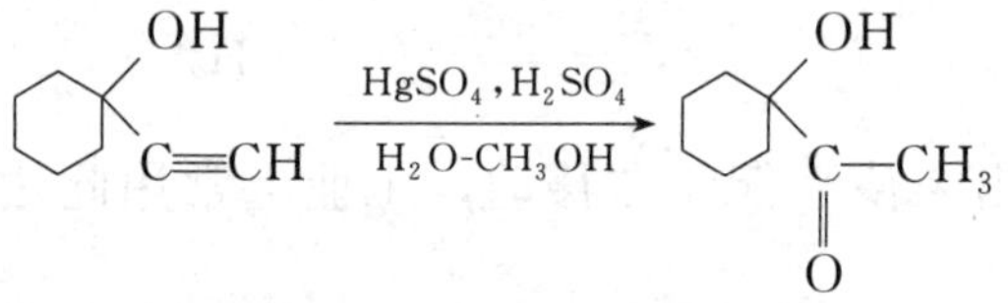

环己基-C≡CH，OH取代 → 环己基-C(OH)-C(=O)-CH_3，通过 HgSO_4, H_2SO_4, H_2O-CH_3OH

$$CH_3(CH_2)_3C\equiv C(CH_2)_3CH_3 \xrightarrow[H_2O-(CH_3)_2CHOH]{HgSO_4, H_2SO_4} CH_3(CH_2)_4\underset{O}{\underset{\|}{C}}(CH_2)_3CH_3$$
5-癸酮

第五节 重要的醛和酮

一、甲醛

甲酸又称作蚁酸,因为许多昆虫能分泌这种酸。 甲醛由甲酸氧化而来,故又称蚁醛,是最简单和最重要的醛,目前工业上制备甲醛主要采用甲醇氧化法。将甲醇蒸气和空气混合后,在较高的温度下,通过银或铜催化剂,甲醇被氧化成甲醛。

$$2CH_3OH+O_2 \xrightarrow[450\sim 600℃]{Ag} 2HCHO+2H_2O$$

此法的工业产品是 $37\% \sim 40\%$(质量分数)的甲醛水溶液,并含有 $5\% \sim 7\%$ 的甲醇。

近年来，我国用天然气中的甲烷为原料，一氧化氮作催化剂，在600℃和常压下，用空气控制氧气，制得甲醛。

$$CH_4 + O_2 \xrightarrow[600℃]{NO} HCHO + H_2O$$

此方法原料便宜易得，有发展前途，但目前操作复杂，产率甚低，有待进一步改进。

常温时，甲醛为无色、具有强烈刺激气味的气体，沸点-21℃，蒸气与空气能形成爆炸性混合物，爆炸极限7%～73%（体积分数），易溶于水。含质量分数为37%～40%甲醛、8%甲醇的水溶液（做稳定剂）叫做"福尔马林"，常用作杀菌剂和生物标本的防腐剂。 甲醛容易氧化，极易聚合，其浓溶液（质量分数为60%左右）在室温下长期放置就能自动聚合成三分子的环状聚合物。

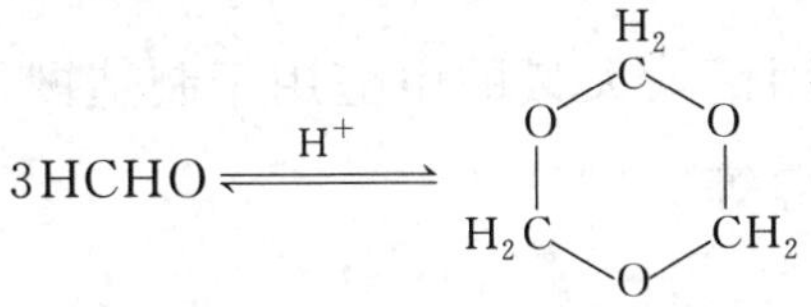

$$3HCHO \xrightleftharpoons{H^+} \begin{array}{c} \text{(三元环结构)} \end{array}$$

三聚甲醛

三聚甲醛为白色晶体，熔点62℃，沸点112℃。在酸性介质中加热，三聚甲醛可以解聚再生成甲醛。可以应用聚合、分解反应来保存或精制甲醛。

甲醛在水中与水加成，生成甲醛的水合物甲二醇。甲醛与甲二醇成平衡状态存在。

$$HCHO + H_2O \rightleftharpoons HOCH_2OH$$

甲醛水溶液贮存较久会生成白色固体，此白色固体是多聚甲醛，浓缩甲醛水溶液也可得多聚甲醛。这是甲二醇分子间脱水而成的链状聚合物。

多聚甲醛分子中的聚合度约为8～100，小于12的产物能溶于水、丙酮及乙醚，大于12的产物则不溶于水。多聚甲醛加热到180～200℃时，又重新分解出甲醛，它是气态甲醛。由于这种性质多聚甲醛可以用作仓库熏蒸剂，进行消毒杀菌。

以纯度很高的甲醛为原料，用三氟化硼乙醚配合物为催化剂，在石油醚中进行聚合，可得到聚合度为500～5000高分子量的聚甲醛。它是20世纪60年代出现的性能优异的工程塑料，具有较高的机械强度和化学稳定性，可以代替某些金属，用于制造轴承、齿轮、滑轮等。

甲醛与氨作用生成（环）六亚甲基四胺 $[(CH_2)_6N_4]$，商品名为乌洛托品。

$$6HCHO + 4NH_3 \rightleftharpoons \text{(六亚甲基四胺结构)}$$

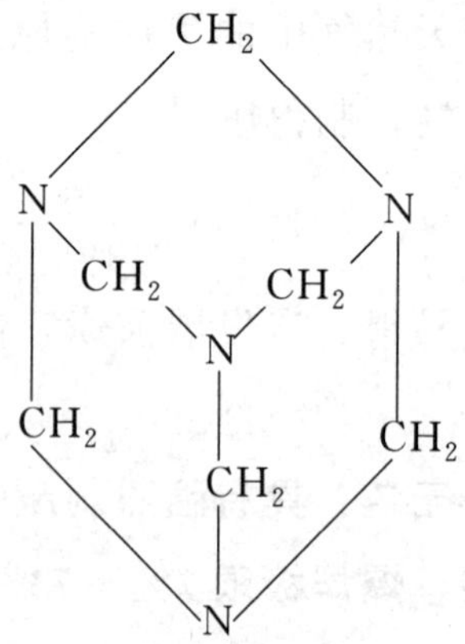

乌洛托品为无色晶体，熔点 263℃，易溶于水，具有甜味，在医药上用作利尿剂及尿道消毒剂，还用作橡胶硫化的促进剂，又是制造烈性炸药三亚甲基三硝胺的原料。

甲醛在工业上有广泛用途，大量的甲醛用于制造酚醛树脂、脲醛树脂、合成纤维（维尼纶）及季戊四醇等。

二、乙醛

工业上用乙炔水合法、乙醇氧化法和乙烯直接氧化法生产乙醛。

将乙炔通入含硫酸汞的稀硫酸溶液中，可得到乙醛。

$$CH \equiv CH + H_2O \xrightarrow[95\sim105℃]{HgSO_4, H_2SO_4} CH_3CHO$$

此法工艺成熟，乙醛的产率和纯度都较高，是目前我国生产乙醛的主要方法，缺点是汞盐催化剂毒性较大，设备腐蚀严重。较新的方法是在气相下反应，将乙炔和水蒸气按一定比例，在 250～350℃，通过磷酸锌一类催化剂，即可制备乙醛。

将乙醇蒸气和空气混合，在 500℃下，通过银催化剂，乙醇被空气氧化得到乙醛。

$$CH_3CH_2OH + \frac{1}{2}O_2 \xrightarrow[500℃]{Ag} CH_3CHO + H_2O$$

随着石油化学工业的发展，乙烯已成为合成乙醛的主要原料，将乙烯和空气（或氧气）通过氯化钯和氯化铜的水溶液，乙烯被氧化生成乙醛。

$$CH_2 = CH_2 + \frac{1}{2}O_2 \xrightarrow[100℃]{PdCl_2\text{-}CuCl_2} CH_3CHO$$

此反应原料易得，最大缺点是钯催化剂较贵及设备的腐蚀，目前国内外正在研究非钯催化剂，设法改进。

乙醛是无色、有刺激性气味、极易挥发的液体，沸点 20.8℃，可溶于水、乙醇和乙醚中。易燃烧，蒸气与空气能形成爆炸性的混合物，爆炸极限 4%～57%（体积分数）。乙醛具有醛的各种典型性质，它也易于聚合。常温时，在少量硫酸存在下，乙醛即聚合成三聚乙醛。

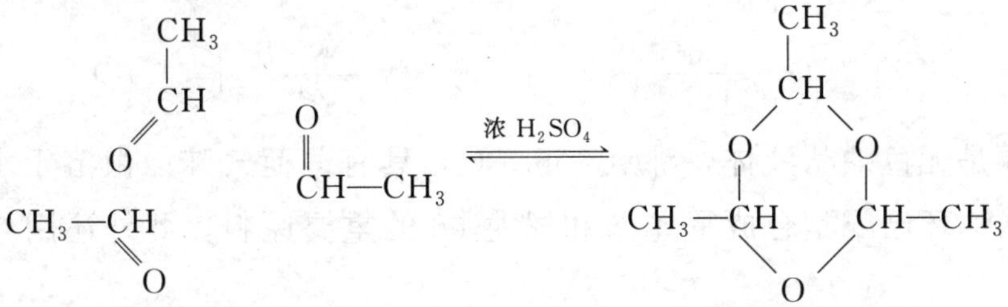

$$\text{三聚乙醛}$$

此反应是可逆反应，平衡时约有 95% 乙醛转化为三聚乙醛。三聚乙醛是无色液体，沸点 124℃，微溶于水。三聚乙醛是一个环醚，分子中没有醛基，所以，三聚乙醛不具有醛的性质。若加入少量硫酸蒸馏三聚乙醛，则解聚生成乙醛，是乙醛的保存形式，便于贮存和运输。

乙醛在工业上大量用于合成乙酸、三氯乙醛、丁醇、季戊四醇等有机产品。

三、丙酮

丙酮的制备方法很多，我国目前除用玉米或蜂蜜发酵制备外，可通过异丙苯氧化法生产苯酚的同时得到丙酮，还可以用丙烯催化氧化直接得到丙酮。反应如下：

$$CH_3-CH=CH_2 + \frac{1}{2}O_2 \xrightarrow[90\sim120℃]{PdCl_2-CuCl_2} CH_3-\overset{O}{\overset{\|}{C}}-CH_3$$

常温下，丙酮是无色易燃液体，沸点 56℃，有微香气味，可与水、乙醇、乙醚等混溶，易燃烧，蒸气与空气能形成爆炸性的混合物，爆炸极限 2.55%～12.8%（体积分数）。丙酮具有酮的典型性质。

丙酮是一种优良的溶剂，广泛用于油漆、电影胶片、化学纤维等生产中，它又是重要的有机合成原料，用来制备有机玻璃、卤仿、环氧树脂等。

四、环己酮

环己酮制法主要有下面两种方法。

① 由苯酚催化加氢，再脱氢

$$\text{C}_6\text{H}_5\text{OH} \xrightarrow[\text{Ni}]{\text{H}_2} \text{C}_6\text{H}_{11}\text{OH} \xrightarrow[200℃]{\text{CuCrO}_4} \text{环己酮}$$

② 由环己烷氧化

$$\text{环己烷} + \text{O}_2 \xrightarrow[140\sim180℃]{\text{乙酸钴}} \text{环己酮} + \text{环己醇} \xrightarrow[200℃]{\text{CuCr}_2\text{O}_4} \text{环己酮} + \text{H}_2$$

环己酮是无色油状液体，沸点 155.7℃，具有薄荷气味。微溶于水，易溶于乙醇和乙醚。环己酮是合成尼龙-6 和尼龙-66 的重要原料，此外还用作溶剂和稀释剂等。

五、乙烯酮

乙烯酮（$\text{CH}_2=\text{C}=\text{O}$）是最简单的不饱和酮，为无色的气体，沸点 -56℃，能溶于乙醚和丙酮，具有特殊的臭味和很强的毒性。

乙烯酮性质特别活泼，即使在低温下，与空气接触时也能生成爆炸性的过氧化物，所以只能密封保存于低温的环境中。

乙烯酮容易与含有活泼氢的试剂发生加成反应，生成乙酸或乙酸衍生物。例如：

$$\text{CH}_2=\text{C}=\text{O} + \begin{cases} \text{H} \quad \text{OH} \longrightarrow \text{CH}_3\text{COOH} & \text{乙酸} \\ \text{H} \quad \text{NH}_2 \longrightarrow \text{CH}_3\text{CONH}_2 & \text{乙酰胺} \\ \text{H} \quad \text{OC}_2\text{H}_5 \longrightarrow \text{CH}_3\text{COOC}_2\text{H}_5 & \text{乙酸乙酯} \\ \text{H} \quad \text{OCOC}_2\text{H}_5 \longrightarrow \text{CH}_3\text{COOCOCH}_3 & \text{乙酸酐} \\ \text{H} \quad \text{Cl} \longrightarrow \text{CH}_3\text{COCl} & \text{乙酰氯} \end{cases}$$

通过这些反应，在试剂分子中引入了乙酰基（$\text{CH}_3-\overset{\overset{\text{O}}{\|}}{\text{C}}-$），所以乙烯酮是一种优良的乙酰化剂。工业上大量用于制备乙酸酐。

乙烯酮可由乙酸或丙酮高温裂解制备。

$$\text{CH}_2\text{(H)}-\text{C(OH)}=\text{O} \xrightarrow[700℃]{\text{磷酸三乙酯}} \text{CH}_2=\text{C}=\text{O} + \text{H}_2\text{O}$$

$$\text{CH}_2\text{(H)}-\text{C(CH}_3\text{)}=\text{O} \xrightarrow{700\sim850℃} \text{CH}_2=\text{C}=\text{O} + \text{CH}_4$$

六、苯甲醛

苯甲醛是无色油状液体，有苦杏仁味，俗名杏仁油。沸点 179℃，微溶于水，溶于乙醇、乙醚等有机溶剂。它是有机合成原料，用于制备染料、香料、药物等。

工业上苯甲醛可由苯二氯甲烷水解或甲苯控制氧化制得。反应如下：

$$\text{C}_6\text{H}_5\text{CHCl}_2 \xrightarrow[95\sim100\text{℃}]{\text{Fe, H}_2\text{O}} \text{C}_6\text{H}_5\text{CHO} + 2\text{HCl}$$

$$\text{C}_6\text{H}_5\text{CH}_3 \xrightarrow[\text{或 O}_2\text{, V}_2\text{O}_5\text{, 40℃}]{\text{MnO}_2\text{, 65\% H}_2\text{SO}_4\text{, 40℃}} \text{C}_6\text{H}_5\text{CHO} + \text{H}_2\text{O}$$

很久以前的那面镜子

在三百多年前，威尼斯是世界玻璃工业的中心。最初威尼斯人用水银制造玻璃镜，这种镜子是在玻璃上紧紧粘一层锡汞齐。威尼斯的镜子轰动了欧洲，成为一种非常时髦的东西。欧洲的王公贵族、阔佬富商们都纷纷争先恐后地去抢购镜子。镜子顿时身价百倍。当时会制造玻璃镜的国家，只有一个威尼斯，而且制造方法也是保密的。按照他们的法律，不论是谁，如果把制造玻璃镜的秘密泄露出去，就处以死刑。政府还下了命令，把所有的镜子工厂，都搬到木兰诺孤岛上。孤岛处于严密的封锁中，不让人接近。这样法国人只得向威尼斯人购买镜子。法国人当然不甘心，便千方百计地想得知制镜的方法。法国大使费尽心机，才完成了这个不光荣的使命。然而，制造水银镜子毕竟太费事了，要整整花一个月工夫，才能做出一面。而且，水银又有毒，镜面又不太亮。

后来德国化学家李比希发明了镀银的玻璃镜，它一直沿用至今。一提到镀银，也许你会以为玻璃镜上的这层银，是靠电镀镀上去的。实际上用不着电，人们利用一种特别有趣的化学反应——银镜反应镀上去的。银镜反应非常有趣：在洗净的试管里倒进一些硝酸银溶液，再加些氨水和氢氧化钠，最后倒进点葡萄糖溶液。这时候你会看到一种奇怪的现象：原来清澈透明的玻璃试管，忽然变得银光闪闪了。因此，这个反应称为银镜反应。原来葡萄糖是一种具有还原本领的物质，它能把硝酸银中银离子还原变成金属银，沉淀在玻璃壁上。除了葡萄糖外，工厂里还常用甲醛、氯化亚铁等作为还原剂。为了使镜子耐用，通常在镀银之后，还在后面刷上一层红色的保护漆。这样银层就不易剥落了。现在，人们制出了一种新式的镜子，从它的一面看去是镜子，从另一面看去则是透明的玻璃。原来，这是用特殊方法，在玻璃上镀上一层极薄的银制成的。把这种镜子装到汽车上非常合适，你坐在车里可以浏览外面的风光，而车外的人则看不见你，只能照见他自己。

思考与练习

7-8 请采取各种途径搜集甲醛、乙醛、丙酮在化工行业的重要用途。

实验六 醛和酮的性质与鉴别

一、实验目的

1. 验证醛、酮的主要化学性质。
2. 掌握醛、酮的鉴别方法。

二、实验原理

醛和酮都是分子中含有羰基官能团的化合物,它们有很多相似的化学性质。具体的反应类型、特征、现象及鉴别方法见本章前面的相关内容。

三、实验方法

1. 羰基加成反应

在4支干燥的试管中[1],各加入新配制的饱和亚硫酸氢钠溶液1mL,然后分别加入0.5mL甲醛溶液、正丁醛、苯甲醛、丙酮。振摇后放入冰-水浴中冷却几分钟,取出观察有无结晶析出[2]。

取有结晶析出的试管,倾去上层清液,向其中1支试管中加入2mL 10%碳酸钠溶液,向其余试管中加入2mL稀盐酸溶液,振摇并稍稍加热,观察结晶是否溶解?有什么气味产生?记录现象并解释原因。

2. 缩合反应

在5支试管中,各加入1mL新配制的2,4-二硝基苯肼试剂,再分别加入5滴甲醛溶液、乙醛溶液、苯甲醛、丙酮、苯乙酮,振摇后静置。观察并记录现象,描述沉淀颜色的差异。

3. 碘仿反应

在6支试管中,分别加入5滴甲醛溶液、乙醛溶液、正丁醛、丙酮、乙醇、异丙醇,再各加入1mL碘-碘化钾溶液,边振摇边分别滴加10%氢氧化钠溶液至碘的颜色刚好消失[3],反应液呈微黄色为止。观察有无沉淀析出。将没有沉淀析出的试管置于约60℃水浴中温热几分钟后取出[4],冷却,观察现象,记录并解释原因。

4. 氧化反应

（1）与铬酸试剂反应 在 4 支试管中，分别加入 3 滴乙醛溶液、正丁醛、苯甲醛、苯乙酮，再各加入 3 滴铬酸试剂，充分振摇后观察溶液颜色变化[5]，记录现象并解释原因。

（2）与托伦试剂反应 在洁净的试管中加入 3mL 2％硝酸银溶液，边振摇边向其中滴加浓氨水[6]，开始时出现棕色沉淀，继续滴加氨水，直至沉淀恰好溶解为止（不宜多加，否则将会影响实验灵敏度）。

将此澄清透明的银氨溶液分装在 3 支洁净的试管中，再分别加入两滴甲醛溶液、苯甲醛、苯乙酮（加入苯甲醛、苯乙酮的试管需充分振摇），将 3 支试管同时放入 60~70℃ 水浴中，加热几分钟后取出，观察有无银镜生成[7]。记录现象并解释原因。

（3）与斐林试剂反应 在 4 支试管中各加入 0.5mL 斐林试剂 A 和 0.5mL 斐林试剂 B，混匀后分别加入 5 滴甲醛溶液、乙醛溶液、苯甲醛、丙酮，充分振摇后，置于沸水浴中加热几分钟，取出观察现象差别[8]，记录并解释原因。

5. 与希夫试剂作用[9]

在 3 支试管中，各加入 1mL 新配制的希夫试剂，再分别加入 3 滴甲醛溶液、乙醛溶液、丙酮，振摇后静置，观察溶液的颜色变化。然后在加入甲醛、乙醛的试管中各加入 1mL 浓硫酸，振摇后，观察、比较两支试管中溶液的颜色变化。记录并解释原因。

6. 未知物的鉴定

现有 6 瓶无标签试剂，编号分别为 1#、2#、3#、4#、5#、6#。已知其中有甲醇、乙醇、甲醛、乙醛、丙酮、苯甲醛。试设计一合适的实验方案，加以鉴定并将鉴定结果报告实验指导老师。

7. 整理台面

实验指南与安全提示

1. 注意：硝酸银溶液与皮肤接触，立即形成难于洗去的黑色金属银，故滴加和振摇时应小心操作！

2. 配制银氨溶液时，切忌加入过量的氨水，否则将生成雷酸银，受热后会引起爆炸，也会使试剂本身失去灵敏性。托伦试剂久置后会析出具有爆炸性的黑色氮化银（Ag_3N），因此需在实验前配制，不可贮存备用。

3. 进行银镜反应的试管必须十分洁净，否则无法形成光亮的银镜，只能产生黑色单质银沉淀。可将试管用铬酸洗液或洗涤剂清洗后，再用蒸馏水冲洗至不挂水珠为止。银镜反应的水浴温度也不宜过高，水的沸腾振动将使附在管壁上的银镜脱落。

4. 希夫试剂久置后会变色失效，需在实验前新配制。

注释

[1] 加成产物 α-羟基磺酸钠可溶于水，但不溶于饱和亚硫酸氢钠溶液，因此能呈晶体析出。实验时，样品和试剂量较少，若试管带水，稀释了亚硫酸氢钠溶液，使其不饱和，晶体就难于析出。

[2] 此时若无晶体析出，可用玻璃棒摩擦试管壁并静置几分钟，促使晶体析出。

[3] 碱液不可多加。过量的碱会使生成的碘仿消失，而导致实验失败，因为氢氧化钠可将碘仿分解：

$$CHI_3 + 4NaOH \longrightarrow HCOONa + 3NaI + 2H_2O$$

[4] 带有甲基的醇需先被次碘酸钠氧化成甲基醛或甲基酮后，才能发生碘仿反应，加热可促使醇的氧化反应快速完成。

[5] 铬酸实验是区别醛和酮的新方法，具有反应速率快、现象明显等特点。但应注意伯醇和仲醇也呈正性反应现象，所以不能一同鉴别。

[6] 托伦试剂是银氨配合物的碱性水溶液。通常是在硝酸银溶液中加入1滴氢氧化钠溶液后再滴加稀氨水至溶液透明。但最近的实验发现，有时加碱的托伦试剂进行空白实验加热到一定温度时，试管壁也能出现银镜。因此本实验中采用不加氢氧化钠，而滴加浓氨水的方法，以使实验结果更加可靠。

[7] 实验结束后，应在试管中加入少量硝酸溶液，加热煮沸洗去银镜，以免溶液久置后产生雷酸银。

[8] 一般醛被氧化后，斐林试剂还原成砖红色的 Cu_2O 沉淀，甲醛的还原性较强，可将 Cu_2O 进一步还原为单质铜，形成铜镜。

[9] 希夫试剂又称品红试剂。能与醛作用生成一种紫红色染料。一般对三个碳以下的醛反应较为灵敏。产物加入过量强酸时可发生分解使颜色褪去，唯独甲醛与希夫试剂的反应产物比较稳定，不易分解，所以可借此区别甲醛和其他醛类。

研究与实践

6-1 请在讨论和思考的基础上写出本实验所需要的所有仪器、试剂、物品及其用量。

6-2 醛和酮的性质有哪些异同之处？为什么？可用哪些简便方法鉴别它们？

6-3 与饱和亚硫酸氢钠的加成反应可以用来提纯甲醛和乙醛吗？为什么？

6-4 哪些醛酮可以发生碘仿反应？乙醇和异丙醇为什么也能发生碘仿反应？

6-5 进行碘仿反应时，为什么要控制碱的加入量？

6-6 醛与托伦试剂的反应为什么要在碱性溶液中进行？在酸性溶液中可以吗？为什么？

6-7 银镜反应为什么要使用洁净的试管？实验结束后为什么要用稀硝酸分解反应液？

6-8 苯甲醇中混有少量苯甲醛，试设计一实验方案将其分离除去。

6-9 你在实验过程中遇到了哪些问题？试分析一下原因。

归纳与总结

请在教师的指导下，在分组商讨的基础上，从醛和酮的有关概念、结构、命名、物理性质、化学性质、来源和制法、用途等几方面，进行归纳与总结，并分组上台展示（注意从认知、理解、应用三个层次去把握）。

习 题

一、填空题

1. 醛和酮都是含____官能团的化合物，____中碳原子和氧原子以_____相连。

2. 甲醛又名____，是无色、有强烈_____体，_____溶于水，其水溶液的浓度为40％时叫____。甲醛溶液长期放置易发生_____，生成白色固体的不溶物称_____。

3. 最简单的脂肪醛是_____，最简单的脂肪酮是_____，最简单的芳香醛是_____，最简单的芳香酮是_____。

4. 醛、酮的沸点比分子量相近的醇要低，这是因为醛、酮本身分子间不能形成_____，又没有_____的缘故。

5. 丙醛与亚硫酸氢钠的加成物在____或____条件下，可分解为丙醛。

二、选择题

1. 下列化合物命名正确的是（　　）。

　　A. $(CH_3)_2CH(CH_2)_2CH_2CHO$　　3-甲基戊醛

　　B. $CH_3-\underset{\underset{O}{\|}}{C}-CH_2-\underset{\underset{O}{\|}}{C}-CH_3$　　α-戊二酮

　　C. $CH_3CH_2CH(OC_2H_5)_2$　　丙醛缩乙二醇

　　D. $C_6H_5-CH_2-CH_2-\underset{\underset{O}{\|}}{C}-CH_3$　　4-苯-2-丁酮

2. 下列化合物按羰基的活性由强到弱排列的顺序是（　　）。

a. $(C_6H_5)_2CO$ b. $C_6H_5COCH_3$ c. Cl_3CCHO

d. $ClCH_2CHO$ e. CH_3CHO

A. a>b>c>d>e   B. b>c>d>e>a

C. d>c>b>a>e   D. c>d>e>b>a

3. 在少量干燥氯化氢的作用下，下列各组物质能进行缩合反应的是（　　）。

  A. 甲醛与乙醛　　　　　　　B. 乙醇与乙醛

  C. 苯甲醛与乙醛　　　　　　D. 丙酮与丙醇

4. 下列化合物在适当条件下既能与托伦试剂作用又能与氢气发生加成反应的是（　　）。

  A. 乙烯　　　B. 丙酮　　　C. 丙醛　　　D. 甘油

5. 下列哪种试剂不能用于区别醛、酮（　　）。

  A. 2,4-二硝基苯肼　B. 托伦试剂　C. 品红试剂　D. 斐林试剂

6. 下列化合物哪些不能与斐林试剂作用（　　）。

  A. CH_3CHO

  B. $CH_3-\underset{\underset{CH_3}{|}}{\overset{\overset{CH_3}{|}}{C}}-CHO$

  C. $CH_3-\overset{O}{\overset{\|}{C}}-CH_3$

  D. C_6H_5-CHO

7. 下列化合物哪个不能发生碘仿反应（　　）。

  A. CH_3COCH_3　　　　B. CH_3CHO

  C. CH_3CH_2OH　　　　D. $CH_3CH_2COCH_2CH_3$

8. 分离 3-戊酮和 2-戊酮加入下列哪种试剂（　　）。

  A. 饱和 $NaHSO_3$　　　　B. $Ag(NH_3)_2OH$

  C. 2,4-二硝基苯肼　　　　D. HCN

三、判断题（下列叙述对的在括号中打"√"，错的打"×"）

1. 醛和酮催化加氢还原可生成醇。　　　　　　　　　　　　　　　（　　）

2. 酮不能被高锰酸钾氧化。　　　　　　　　　　　　　　　　　　（　　）

3. 凡是酮都可以与 $NaHSO_3$ 的饱和溶液发生加成反应。　　　　　（　　）

4. 斐林试剂能将醛氧化，并有红色氧化亚铜沉淀析出。　　　　　（　　）

5. 乙醇和异丙醇因为不是醛和酮，所以不能发生碘仿反应。　　　（　　）

四、用适当方法鉴别下列各组化合物

（1）丙醛　　丙酮　　异丙醇　　正丙醇

（2）苯甲醇　　苯甲醛　　正丁醛　　苯乙酮

五、完成下列化学反应

1. $CH_3C\equiv CH + H_2O \xrightarrow[H_2SO_4]{HgSO_4} ? \xrightarrow[NaOH]{NaOI} ? + ?$

2. $CH_2=CH_2 + CO + H_2 \xrightarrow{[Co(CO)_4]_2} ? \xrightarrow[\text{稀 } OH^-]{C_6H_5CHO} ?$

3. $2CH_3CH_2CHO \xrightarrow{\text{稀 } NaOH} ? \xrightarrow{\triangle} ? \xrightarrow[Ni]{H_2} ?$

4. $(CH_3)_3CCHO + HCHO \xrightarrow{\text{浓 } NaOH} ? + ?$

六、 化合物 A 和 B 的分子式都是 C_3H_6O，它们都能与亚硫酸氢钠作用生成白色结晶，A 能与托伦试剂作用产生银镜，但不能发生碘仿反应；B 能发生碘仿反应，但不能与托伦试剂作用。试推测 A 和 B 的构造式。

*七、有一化合物分子式为 $C_8H_{14}O$，A 可使溴水迅速褪色，可以与苯肼作用，也能发生银镜反应，A 氧化生成一分子丙酮及另一化合物 B，B 具有酸性，能发生碘仿反应生成丁二酸。写出 A、B 的构造式，并写出各步反应式。

第八章
羧酸及其衍生物

学习目标

1. 了解羧酸及其衍生物的结构、分类和系统命名。
2. 掌握饱和一元羧酸及其衍生物的化学性质。
3. 了解几种常见羧酸及其衍生物的性质和用途

思维导图

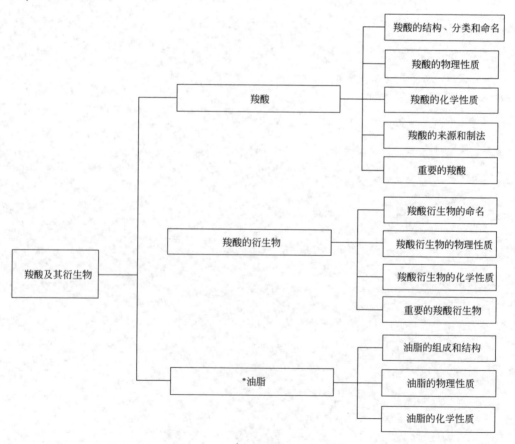

第一节 羧 酸

一、羧酸的结构、分类和命名

1. 羧酸的结构

羧酸的官能团是羧基（$-\overset{O}{\underset{}{C}}-OH$），是由一个羰基（$\rangle C=O$）和一个羟基（—OH）组成的基团。除甲酸（H—COOH）以外，羧酸可被视为烃分子中的氢原子被羧基取代的产物。常用通式（R—COOH）表示。由于羧酸分子中羰基和羟基发生了相互影响，使羰基不具有普通羰基的典型性质，羟基也不具有醇的典型性质，而是具有一定的特性。

2. 羧酸的分类

根据羧酸分子中所含烃基种类的不同，分为脂肪酸、脂环酸、芳香酸；根据烃基是否饱和，分为饱和羧酸和不饱和羧酸；根据羧酸分子中所含羧基的数目，分为一元羧酸和多元羧酸。二元及二元以上的羧酸统称为多元酸。例如：

CH_3COOH（乙酸，一元酸）　　　　$CH_2=CHCOOH$（丙烯酸，一元酸）

饱和脂肪酸（一元酸）　　　　　　　　不饱和脂肪酸（一元酸）

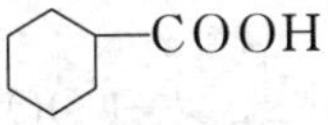

〈环〉—COOH（环己基甲酸，一元酸）　　〈苯〉$\genfrac{}{}{0pt}{}{-COOH}{-COOH}$（邻苯二甲酸）（二元酸）

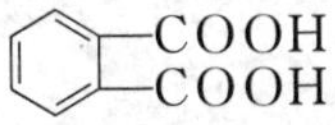

脂环羧酸（一元酸）　　　　　　　　　芳香羧酸（二元酸）

3. 羧酸的命名

羧酸的命名法一般分为两种：俗名和系统命名。

（1）俗名　俗名往往由最初来源得名，例如甲酸最初得自蚂蚁，称为蚁酸。乙酸最初得自食醋，称为醋酸。许多羧酸的俗名在实际工作中用得很多，要多加记忆。

（2）系统命名法　命名饱和脂肪羧酸时，选择含有羧基在内的最长碳链为主链。若含有不饱和键，则要选择含有不饱和键以及羧基在内的最长碳链为主链，从羧基碳原子开始编号，写名称时要注明取代基和不饱和键的位次，根据主链碳原子的数目称为"某酸"或"某烯酸"。一些简单的羧酸也可用 α、β、γ…希腊字母表明取代基位次。例如：

$CH_2=CHCOOH$ $CH_3CHCOOH$ $\overset{\delta}{C}H_3\overset{\gamma}{C}H\overset{\beta}{C}H_2\overset{\alpha}{C}HCOOH$
                                              | 5   4   3   2   1
                                              CH_2 | |
                                              | CH_3 CH_3
                                              CH_3

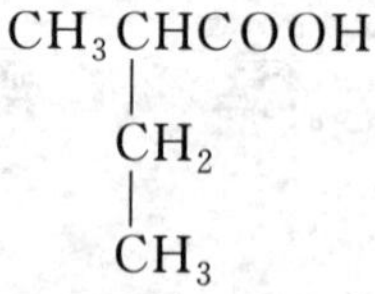

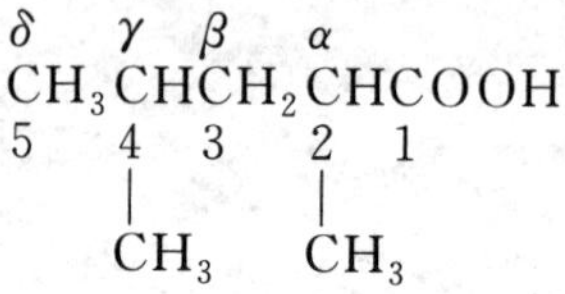

2-丙烯酸   2-甲基丁酸   2,4-二甲基戊酸
（α-丙烯酸）   （α-甲基丁酸）   （α,γ-二甲基戊酸）

对于脂环酸，一般将羧酸为母体，将碳环为取代基。例如：

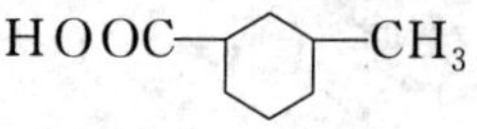

HOOC—⬡—CH₃   ⬡—CH₂CH₂COOH   ⬠—CHCH₂COOH
                                                                              |
                                                                              CH_3

3-甲基环己基甲酸 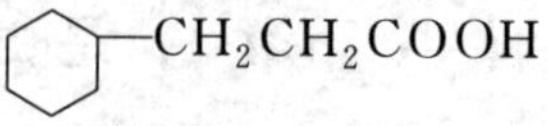   环己基丙酸 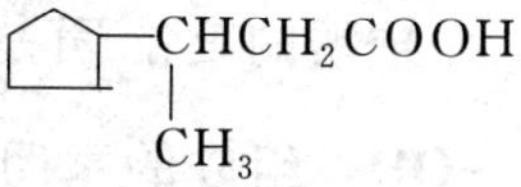   3-环戊基丁酸

对于芳香羧酸一般以苯甲酸为母体，如果结构复杂，则把芳环作为取代基。例如：

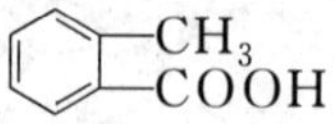

⬡—CH₃   COOH—⬡—OH   ⬡—CH₂CH=CHCOOH
  |
  COOH

邻甲基苯甲酸 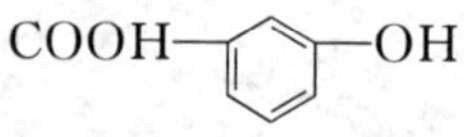   间羟基苯甲酸 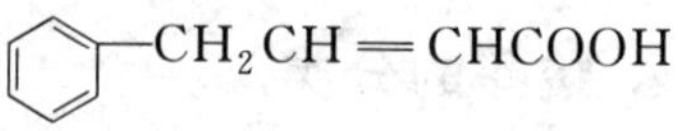   4-苯-2-丁烯酸

对于二元羧酸，选择含两个羧基的最长碳链为主链，根据主链碳原子个数为"某二酸"，脂环族和芳香族二元羧酸要注明两个羧基的位次。例如：

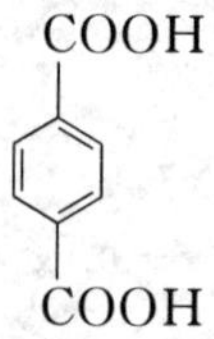

HOOC(CH₂)₄COOH   ⬡(对)COOH/COOH   ⬡—COOH/COOH

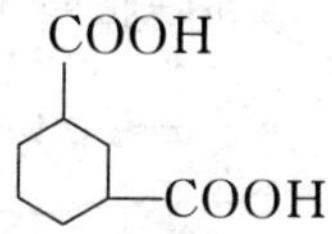

己二酸   对苯二甲酸   1,3-环己基二甲酸
                                      （1,4-苯二甲酸）

思考与练习

8-1 写出下列化合物名称：

(1) $(CH_3)_2CHCH_3CHCH_3CHCOOH$ 　　(2) $CH_3(CH_2CH_3)CHCH=CHCH_3CHCOOH$

(3) 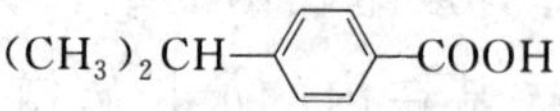 $(CH_3)_2CH$—⬡—$COOH$ 　　(4) $(CH_3)_2CHCHOHCH_2CH_2COOH$

8-2 写出下列化合物结构式：

(1) β,γ-二甲基戊酸 　　(2) 3,4,4-三甲基己酸

(3) 邻羟基苯甲酸 　　(4) 2-甲基-3-乙基-丁二酸

二、羧酸的物理性质

1. 物态

$C_1 \sim C_3$ 的饱和一元羧酸是具有强烈酸味和刺激性的无色透明液体,$C_4 \sim C_9$ 的羧酸是具有腐败臭味的油状液体,C_{10} 以上为白色蜡状固体,脂肪族二元羧酸以及芳香羧酸都是结晶固体。

2. 溶解性

一元低级羧酸可与水混溶,其溶解度比相应分子量的醇更大,这是因为羧酸与水形成较强的氢键,增强其水溶性,但随分子量增大,其溶解性逐渐降低,C_{10} 以上已不溶于水,但都易溶于乙醇、乙醚、氯仿等有机溶剂。二元羧酸较相同碳原子数的一元羧酸的溶解性大,芳香族羧酸一般不溶于水。

3. 沸点

羧酸的沸点比相应相对分子质量的醇的沸点高,如甲酸沸点 100℃,和它相应相对分子质量的乙醇为 78℃,这是由于羧酸分子之间能以两个氢键形成双分子缔合的二聚体,比醇分子中的氢键更稳定。

4. 熔点

饱和一元羧酸的沸点和熔点变化都是随碳原子数的增加而升高,但熔点变化有特殊规律,呈锯齿状上升,含偶数碳原子的羧酸比相邻两个奇数碳原子的熔点高,这是因为偶数碳原子有较高的对称性,排列更紧密,分子间作用力大的缘故。

5. 相对密度

饱和一元羧酸的相对密度随碳原子数增加而降低,只有甲酸、乙酸的相对密度大于1,其他饱和一元羧酸的相对密度都小于1。二元羧酸和芳香酸的相对密度都大于1。常见羧酸的物理常数见表 8-1。

表 8-1　一些常见羧酸的物理常数

名　称	结　构　式	熔点/℃	沸点/℃	溶解度/(g/100gH$_2$O)	相对密度	pK_a 或 pK_{a_1}
甲酸(蚁酸)	HCOOH	8.6	100.8	∞	1.220	3.77
乙酸(醋酸)	CH$_3$COOH	16.7	118.0	∞	1.049	4.76
丙酸(初油酸)	CH$_3$CH$_2$COOH	−20.8	140.7	∞	0.993	4.88
丁酸(酪酸)	CH$_3$(CH$_2$)$_2$COOH	−7.9	163.5	∞	0.959	4.82

续表

名 称	结 构 式	熔点/℃	沸点/℃	溶解度/(g/100gH$_2$O)	相对密度	pK_a 或 pK_{a_1}
乙二酸(草酸)	HOOCCOOH	189.5	157(升华)	8.6	1.90	1.46
苯甲酸(安息香酸)	C$_6$H$_5$COOH	122.0	249	0.34	1.266	4.17
己二酸(肥酸)	HOOC(CH$_2$)$_4$COOH	152.0	330.5(分解)	微溶	1.366	4.43
邻苯二甲酸(酞酸)	⌬—COOH / —COOH	231		0.7	1.593	2.93

三、羧酸的化学性质

羧酸的化学反应主要发生在羧基和受羧基影响变得较活泼的 α-氢原子上,羧基是由羟基和羰基组成的,而羟基和羰基表现出不同的特性。主要有以下五种类型情况可能发生:

1. 酸性（O—H 键断裂）

羧酸具有明显的酸性,在水溶液中能离解出 H$^+$,并使蓝色石蕊试纸变红。

$$R-COOH \xrightleftharpoons{H_2O} R-COO^- + H^+$$

大多数一元羧酸的 pK_a 在 3.5~5 之间,比碳酸（pK_a=6.38）酸性强,能与碱中和生成羧酸盐和水及二氧化碳。

$$RCOOH + NaOH \longrightarrow RCOONa + H_2O$$
$$2RCOOH + Na_2CO_3 \longrightarrow 2RCOONa + H_2O + CO_2\uparrow$$
$$RCOOH + NaHCO_3 \longrightarrow RCOONa + H_2O + CO_2\uparrow$$

生成的羧酸盐与强无机酸作用,则又转化为羧酸。

$$RCOONa + HCl \longrightarrow RCOOH + NaCl$$

常用羧酸的这种性质来进行羧酸与醇、酚的鉴别、分离、回收和提纯。

从表 8-1 中可看出,不同结构的羧酸的酸性强弱是不一样的,如乙酸的酸性（pK_a=4.76）比甲酸（pK_a=3.77）弱,但乙酸分子中的 α-氢原子被氯原子取代后,生成氯乙酸（pK_a=2.82）,其酸性增强,而分子中引入氯原子越多,酸性越强。这是因为羧基邻近基团的诱导效应对羧酸酸性有很大的影响。具有吸电子诱导效应的基团增加羧酸的酸性,具有给电子诱导效应的基团降低羧酸的酸性。例如:

$$CH_3COOH < HCOOH < ClCH_2COOH < Cl_2CHCOOH < Cl_3COOH$$

pK_a　　4.76　　　3.77　　　　2.82　　　　　1.26　　　　　0.64

同样连有吸电子基，电负性越强，羧酸酸性越强。例如：

$$FCH_2COOH > ClCH_2COOH > BrCH_2COOH > ICH_2COOH$$

pK_a 2.66   2.82   2.90   3.18

诱导效应沿着碳链传递，随着碳链的增长而减弱，一般经过三个碳原子，诱导效应已不明显，可忽略不计。

一些常见取代基的吸电子基或给电子基强弱顺序如下：

吸电子基 $-NO_2 > -CN > -COOH > -F > -Cl > -Br > -I$

            $-OR > -OH > -C_6H_5 > -CH=CH_2 > -H$

给电子基 $-COO^- > -C(CH_3)_2 > -CH_2CH_3 > -CH_3 > -H$

2. 羟基的取代反应（C—O 键断裂）

羧酸通过不同的试剂，可使羧基中的羟基被卤素原子、酰氧基、烷氧基和氨基取代，生成酰卤、酸酐、酯和酰胺，生成的这四类化合物都称为羧酸的衍生物，这类反应在有机合成中起重要作用（将在本章第二节详细讨论）。

（1）生成酰卤   羧酸与三氯化磷（PCl_3）、五氯化磷（PCl_5）、亚硫酰氯（$SOCl_2$）等作用时，分子中的羟基被卤原子取代，生成酰卤：

$$3RCOOH + PCl_3 \longrightarrow 3RCOCl + H_3PO_3$$

$$RCOOH + PCl_5 \longrightarrow RCOCl + POCl_3 + HCl$$

由于酰氯非常活泼，而且易水解，所以含无机副产物，不能用水除去，只能用蒸馏法分离。在实际制备酰氯时，常用亚硫酰氯作为试剂，因为反应生成的二氧化硫、氯化氢都是气体，容易与酰氯分离，而且产率高，故实用性较高。例如：

$$RCOOH + SOCl_2 \longrightarrow RCOCl + SO_2\uparrow + HCl\uparrow$$

（2）生成酸酐   羧酸（除甲酸外）在脱水剂（五氧化二磷、乙酸酐等）的存在下加热，发生分子间脱水生成酸酐。例如：

$$RCO{-}OH + H{-}OOCR' \xrightarrow[\triangle]{P_2O_5 \text{ 或} (CH_3CO)_2O} RCOOCOR' + H_2O$$

一些二元酸不需要脱水剂，加热后即可进行分子内脱水生成环状酸酐。例如：邻苯二甲酸加热（196～199℃）发生分子内脱水，生成邻苯二甲酸酐。

（3）生成酯   在强酸（如浓 H_2SO_4、HCl 等）催化作用下，羧酸和醇发生分子间脱水生成酯，称为酯化反应，酯化反应是可逆反应，通常需要强酸加热进行，反应较慢。为了提高产率，通常是增加反应物的用量或是在生成物中不断除去水，使平衡向右移动。

$$\text{RCO}\boxed{-\text{OH} + \text{H}-}\text{OR}' \underset{\triangle}{\overset{\text{H}^+}{\rightleftharpoons}} \text{RCOOR}' + \text{H}_2\text{O}$$

酸的反应活性：$HCOOH > CH_3COOH > RCH_2COOH > R_2CHCOOH > R_3CCOOH$

醇的反应活性：$CH_3OH > 1°ROH > 2°ROH > 3°ROH$

（4）生成酰胺　羧酸与氨或胺反应，先生成胺盐，然后加热脱水生成酰胺。例如：

$$\text{RCOOH} + \text{NH}_3 \longrightarrow \text{RCOONH}_4 \xrightarrow{\text{加热}} \text{RCONH}_2 + \text{H}_2\text{O}$$

羧酸　　　　　　　　羧酸铵盐　　　酰胺

羧酸与芳香胺作用可直接生成酰胺。

$$\text{CH}_3\text{COOH} + \underset{\text{苯胺}}{\text{C}_6\text{H}_5\text{NH}_2} \xrightarrow{\triangle} \text{CH}_3\text{CONH}\text{—C}_6\text{H}_5 + \text{H}_2\text{O}$$

3. 脱羧反应（C—C 键断裂）

羧酸脱去二氧化碳的反应，叫脱羧反应。羧酸的碱金属盐与碱石灰（NaOH+CaO）共熔，发生脱羧反应，生成少一个碳原子的烷烃，这个反应副反应较多，且产率低，只适用于低级羧酸盐。例如实验室制甲烷反应。

$$\text{CH}_3\text{COONa} + \text{NaOH} \xrightarrow{\text{CaO}} \text{CH}_4 \uparrow + \text{Na}_2\text{CO}_3$$

若羧酸或其盐分子中的 α-C 上连有较强吸电子基时羧基不稳定，受热易脱羧。例如：

$$\text{Cl}_3\text{CCOOH} \xrightarrow{100 \sim 150℃} \text{Cl}_3\text{CH} + \text{CO}_2 \uparrow$$

$$\text{Cl}_3\text{CCOONa} + \text{H}_2\text{O} \xrightarrow{50℃} \text{Cl}_3\text{CH} + \text{NaHCO}_3$$

某些二元羧酸加热时也易脱羧：

$$\text{HOOC}-\text{CH}_2-\text{COOH} \xrightarrow{\triangle} \text{CH}_3\text{COOH} + \text{CO}_2$$

4. α-H 的取代反应（α-C—H 键断裂）

羧酸分子中的 **α-H** 因受羧基的影响，具有一定的活性，在一定的催化剂如红磷、碘或硫等作用下，可陆续被氯或溴取代，生成 **α-卤代酸**，如控制适当的反应条件，反应可停留在一元取代阶段。

$$\text{RCH}_2\text{COOH} \xrightarrow[\text{P}]{\text{X}_2} \text{R}-\text{CHXCOOH} \xrightarrow[\text{P}]{\text{X}_2} \text{RCX}_2\text{COOH}$$

α-卤代酸的卤原子很活泼，可以被—CN、—NH$_2$、—OH 等基团取代，生成各种 α-取代酸，它是一类重要的有机合成中间体。

5. 还原反应（C═O 键断裂）

羧基虽含有碳氧双键，但在一般条件下不易被还原。不过，在强的还原剂如氢化铝锂（$LiAlH_4$）作用下，可将羧酸直接还原成伯醇。对于不饱和羧酸，氢化铝锂只还原羧基，不还原碳碳双键。

$$RCOOH \xrightarrow{LiAlH_4/无水乙醚} RCH_2OH$$

$$RCH=CHCH_2COOH \xrightarrow{LiAlH_4/无水乙醚} RCH=CHCH_2CH_2OH$$

思考与练习

8-3 判断下列化合物酸性由强到弱的顺序

（1） HCOOH　　CH_3COOH　　$CH_2ClCOOH$　　$CHCl_2COOH$　　$CHBr_2COOH$　　CH_3CH_2COOH

（2） 乙醇　　苯酚　　碳酸　　苯甲酸　　对甲基苯甲酸

8-4 完成下列方程式：

(1) $CH_3CH_2COOH + NH_3 \longrightarrow ? \xrightarrow{\triangle} ?$

(2) $HCOOH + CH_3CH_2COOH \xrightarrow[\triangle]{P_2O_5}$

(3) $CH_3CH_2COOH + \text{(环戊基)}-OH \xrightarrow[\triangle]{H^+} ?$

(4) $CH_3CH_2COOH \xrightarrow{LiAlH_4} ?$

(5) $CH_3CH_2COOH \begin{cases} \xrightarrow{PCl_3} ? \\ \xrightarrow{SOCl_2} ? \end{cases}$

(6) 甲苯 $\xrightarrow[H^+, \triangle]{KMnO_4} ? \xrightarrow{P_2O_5}$

四、羧酸的来源和制法

羧酸广泛存在于自然界，常见的羧酸几乎都有俗名。自然界的羧酸大都以酯的形式存在于油脂、蜡中，经水解后可得多种羧酸。工业上制取羧酸主要以石油和煤为原料，通过氧化法实现的。下面介绍几种制羧酸的方法。

1. 氧化法

（1）烃的氧化　工业上以硬脂酸锰为催化剂，在一定温度下氧化高级烷烃制取高级脂肪酸。

$$RCH_2CH_2R' + \frac{5}{2}O_2 \xrightarrow[120℃]{硬脂酸锰} RCOOH + R'COOH + H_2O$$

烯烃通过氧化也能制得羧酸。

$$RCH=CH_2 \xrightarrow[H^+]{KMnO_4} RCOOH + CO_2 + H_2O$$

含有 α-H 的烷基苯在高锰酸钾、重铬酸钾等氧化剂作用下生成芳香酸，例如：

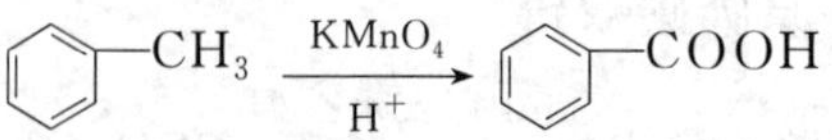

$$C_6H_5CH_3 \xrightarrow[H^+]{KMnO_4} C_6H_5COOH$$

（2）伯醇或醛的氧化　伯醇或醛的氧化是制取羧酸最常用的方法，常用的氧化剂有高锰酸钾、重铬酸钾、三氧化铬等。

$$RCH_2OH \xrightarrow[H^+]{KMnO_4} RCHO \xrightarrow[H^+]{KMnO_4} RCOOH$$

乙醛催化氧化是工业制乙酸的常用方法之一。

$$CH_3CHO + O_2(空气) \xrightarrow[60\sim70℃]{乙酸锰} CH_3COOH$$

（3）甲基酮的氧化

$$RCOCH_3 \xrightarrow[②H^+]{①I_2, NaOH} RCOOH + CH_3I \downarrow$$

此反应可制备比原来酮少一个碳原子的羧酸。

2. 腈的水解

在酸或碱条件下，腈可以水解生成羧酸。

$$RCN + 2H_2O \xrightarrow[\triangle]{H^+} RCOOH + NH_3$$

腈的水解可以得到比原来的卤代烃（腈一般由卤代烃制得）多一个碳原子的羧酸，在有机合成中是一种增加碳原子数的方法。

3. 由格氏试剂制备

格氏试剂和二氧化碳发生作用，经水解生成羧酸，低温对反应有利，因此常将格氏试剂的乙醚溶液在冷却下通入二氧化碳，温度一般为 −10~10℃；也可将格氏试剂的乙醚溶液倒入过量的干冰中，水解得到羧酸。此反应适合增加一个碳原子羧酸的制备。

$$RMgCl + CO_2 \xrightarrow[低温]{无水乙醚} RCOOMgCl \xrightarrow[H^+]{H_2O} RCOOH$$

五、重要的羧酸

1. 甲酸

甲酸俗称蚁酸，是无色有刺激气味的液体，分子量 46.03，相对密度 1.22，熔点 8.6℃，折射率 1.3714，沸点 100.4℃，弱电解质，酸性较强（$pK_a = 3.77$），有腐蚀性，能刺激皮肤起泡，能与水、乙醇、乙醚和甘油任意比例混溶。

工业上是利用一氧化碳和氢氧化钠溶液在高温高压作用下首先生成甲酸钠，然后再用浓硫酸酸化把甲酸蒸馏出来。

$$CO + NaOH \xrightarrow[0.6 \sim 1MPa]{210℃} HCOONa \xrightarrow{浓 H_2SO_4} HCOOH$$

甲酸的结构比较特殊，分子中含羧基和醛基，是唯一能和烯烃进行加成反应的羧醇。 甲酸在酸（如硫酸、氢氟酸）的作用下，可和烯烃迅速反应生成甲酸酯。

$$醛基 \leftarrow H-C(=O)-OH \rightarrow 羧基$$

甲酸的分子结构决定了它既有羧酸的性质又有醛的性质，例如，甲酸具有较强的酸性、还原性等，甲酸不仅可被强氧化剂氧化成二氧化碳和水，还可被弱氧化剂托伦试剂、斐林试剂氧化生成银镜和铜镜。可用于甲酸的鉴别。

$$HCOOH \xrightarrow{KMnO_4} CO_2 + H_2O$$

$$HCOOH + 2[Ag(NH_3)_2]OH \longrightarrow 2Ag\downarrow + (NH_4)_2CO_3 + 2NH_3 + H_2O$$

甲酸也较容易发生脱水、脱羧反应，如甲酸与浓硫酸等脱水剂共热分解成 CO 和 H_2O，这是实验室制备 CO 的方法。

$$HCOOH \xrightarrow[60 \sim 80℃]{浓 H_2SO_4} CO + H_2O$$

若加热到 160℃ 以上可脱羧，生成 CO_2 和 H_2

$$HCOOH \xrightarrow{160℃} CO_2 + H_2$$

甲酸在工业上用作还原剂和橡胶的凝聚剂，也用来合成酯和某些染料，另外还具有杀菌能力，可作为消毒剂和防腐剂等。

2．乙酸

乙酸俗名醋酸，是食醋的主要成分，普通食醋含 3%～5% 乙酸。 乙酸为无色有刺激性气味的液体，熔点 16.6℃，纯的无水乙酸是无色的吸湿性固体，易冻成冰状固体，故也称为冰醋酸。乙酸与水能按任意比例混溶，也能溶于其他溶剂中。

工业上主要采用乙醛氧化法生产乙酸。

$$CH_3CHO + \frac{1}{2}O_2 \xrightarrow[70 \sim 80℃, 0.2 \sim 0.3MPa]{催化剂} CH_3COOH$$

乙酸是重要的化工原料，可以合成许多有机物，例如，醋酸纤维、乙酐、乙酸乙酯等是化纤、染料、香料、塑料、制药等工业上不可缺少的原料。乙酸还具有一定的杀菌能力，用食醋熏蒸室内，可预防流行性感冒和增强抵抗力。

3．苯甲酸

苯甲酸是一种芳香酸类有机化合物，也是最简单的芳香酸。苯甲酸以酯的形式存在于天然树脂与安息香胶内，最初由安息香胶制得故称为安息香酸。工业上主要采用甲苯氧化法和甲苯氯代水解法制备。

$$\text{C}_6\text{H}_5\text{CH}_3 + \text{Cl}_2 \xrightarrow{90\sim180℃} \text{C}_6\text{H}_5\text{CCl}_3 \xrightarrow{\text{H}_2\text{O}} \text{C}_6\text{H}_5\text{COOH}$$

苯甲酸是白色晶体，熔点122℃，沸点249℃，相对密度1.2659，微溶于水，易溶于有机溶剂中，能升华，具有无味、低毒、抑菌、防腐性，苯甲酸钠盐是食品和药液中常用的防腐剂，也可用于合成香料、染料、药物等。

科海拾贝

苯甲酸和苯甲酸钠

苯甲酸和苯甲酸钠又称安息香酸和安息香酸钠，系白色结晶，苯甲酸微溶于水，易溶于酒精；苯甲酸钠易溶于水。苯甲酸对人体较安全，是我国国家标准允许使用的两种有机防腐剂之一。苯甲酸抑菌机理是，它的分子能抑制微生物细胞呼吸及酶系统活性，特别是对乙酰辅酶缩合反应有很强的抑制作用。在高酸性食品中杀菌效力为微碱性食品的100倍，苯甲酸未被解离的分子态才有防腐效果，苯甲酸对酵母菌影响大于霉菌，而对细菌效力较弱。允许用量为：酱油、醋、果汁类、果酱类、罐头，最大用量1.0g/kg；葡萄酒、果子酒、琼脂软糖，最大用量0.8g/kg；果子汽酒，0.4g/kg；低盐酱菜、面酱、蜜饯类、山楂类、果味露，最大用量0.5g/kg（以上均以苯甲酸计，1g钠盐相当于0.847g苯甲酸）。

4．乙二酸

乙二酸常以钾盐或钠盐的形式存在于植物的细胞中，俗称草酸，是最简单二元羧酸。工业上是用甲酸钠迅速加热至360℃以上，脱氢生成草酸钠。

$$\begin{matrix} \text{H—COONa} \\ \text{H—COONa} \end{matrix} \xrightarrow[-\text{H}_2]{360℃} \begin{matrix} \text{COONa} \\ | \\ \text{COONa} \end{matrix} \xrightarrow{稀\text{H}_2\text{SO}_4} \begin{matrix} \text{COOH} \\ | \\ \text{COOH} \end{matrix}$$

草酸是无色透明晶体，常见的草酸晶体含有两个结晶水，熔点101.5℃。当加热到100～150℃时，失去结晶水，生成无水草酸，其熔点为189.5℃。草酸能溶于水和乙醇中，有一定毒性。

草酸具有较强的酸性（$pK_a=1.46$），是二元羧酸中酸性最强的一个，而且酸性远比甲酸（$pK_a=3.77$）和乙酸（$pK_a=4.76$）强。这是因为两个羧基直接相连，一个羧基对另一个羧基有吸电子诱导效应的结果。

除具有酸的通性外，草酸还具有以下特性，如还原性、脱水性、脱羧性和与金属的配合能力等。特别是利用其还原性，在定量分析中用以标定高锰酸钾溶液的浓度。

$$5HOOCCOOH + 2KMnO_4 + 3H_2SO_4 \longrightarrow K_2SO_4 + 2MnSO_4 + 10CO_2 + 8H_2O$$

同时草酸还可作为漂白剂、媒染剂，也可用除铁锈、墨水痕迹等。

思考与练习

8-5 羧酸的制法有哪些？各有何特点？

8-6 鉴别下列化合物。

(1) 甲醇　甲醛　甲酸　　　(2) 甲酸　乙酸　丙烯酸

8-7 完成下列转变。

(1) $CO \longrightarrow HOOC-COOH$

(2) $CH\equiv CH \longrightarrow CH_3COOH$

(3) 苯 $\longrightarrow HOOC(CH_2)_4COOH$

(4) 溴苯 $\longrightarrow$ 苯甲酸

(5) $CH_3COCH_2Br \longrightarrow CH_3COCH_2COOH$

(6) $CH_3CH_2OH \longrightarrow CH_3COOH$

草酸钠再经铅化（或钙化）、酸化、结晶和脱水干燥等工序，得到成品草酸。

科海拾贝

乙酸的生产现状及前景展望

乙酸是一种重要的有机化工产品，主要用于生产乙酸乙烯、乙酸酯、对苯二甲酸（PTA）以及氯乙酸等用途广泛的产品，此外，它也是一种重要的有机溶剂，广泛应用于化工、合成纤维、医药以及橡胶等行业。

2018年，世界乙酸的生产能力达到19394kt/a，中国大陆是世界上最大的醋酸生产国家，2018年的生产能力为10360kt/a，约占世界总生产能力的53.42% 塞拉尼斯（Celanese）公司是世界上最大的乙酸生产厂家，2018年的生产能力为3300kt/a，约占世界总生产能力的17.02%。2018年的消费结构为：乙酸乙烯对乙酸的需求量约占总消费量的30.68%，PTA的需求量约占23.78%。预计2021~2023年，世界乙酸的需求量将以年均约3.3%的速率增长，到2023年消费量将达到约 16890kt。

近几年，随着河南龙宇煤化工有限公司、河南煤化集团义马煤气化公司、恒力石化（大连）有限公司等新建或者扩建装置的建成投产，我国乙酸的生产能力稳步增长。截止到 2019 年 7 月底，我国乙酸的总生产能力达到 10710kt/a。其中采用甲醇羰基化法的生产能力达到 10200kt/a，约占我国乙酸总生产能力的 95.24%。

在生产技术方面，甲醇羰基化法仍将是我国乙酸生产的主要工艺技术，稳定性好、收率高、使用成本低廉、环境友好的催化剂体系仍将是今后研究开发的主要方向。

新增产能的扩张有可能使乙酸行业再次陷入过剩的尴尬境地，未来乙酸市场的竞争将更加激烈。为此，今后应该不断通过技术创新，提高产品质量，降低生产成本，不宜再新建或者扩建新的生产装置。同时应积极开拓乙酸新的用途，延长乙酸产业链，降低乙酸单一产品的市场风险，为乙酸行业发展提供新的支撑点。

第二节　羧酸的衍生物

羧酸分子中的羟基被其他原子或原子团取代后所生成的化合物称为羧酸的衍生物。主要包括被卤原子取代生成的酰卤，被酰氧基取代的酸酐，被烷氧基取代的酯和被氨基取代的酰胺四大类。

一、羧酸衍生物的命名

羧酸分子中除去羟基，剩下的部分叫做酰基（ $R-\overset{O}{\underset{\|}{C}}-$ ），羧酸的衍生物是由酰基和其他原子团组成，统称为酰基化合物，通常是根据它们相应的羧酸或酰基来命名。

1. 酰卤

酰卤是由酰基和卤原子组成的化合物，其命名是在酰基的名称后加卤原子的名称，称为"某酰卤"。例如：

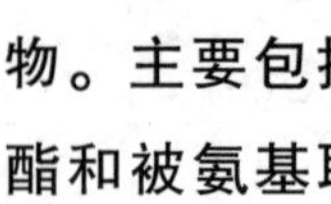

$$H_3C-\underset{\|}{\overset{O}{C}}-Cl \qquad CH_3CH_2-\underset{\|}{\overset{O}{C}}-Br \qquad C_6H_5-\underset{\|}{\overset{O}{C}}-Cl \qquad CH_2=CH-\underset{\|}{\overset{O}{C}}-Br$$

乙酰氯 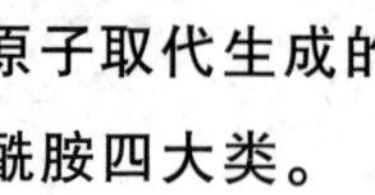　　　　　丙酰溴 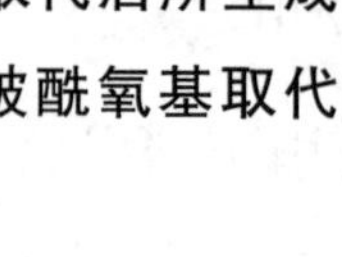　　　　　苯甲酰氯 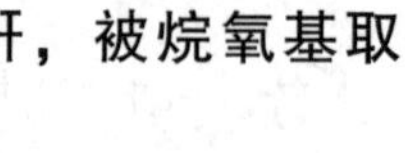　　　　　丙烯酰溴

2. 酸酐

酸酐是羧酸脱水得到的，其命名是在相应的羧酸名称后加"酐"字。若形成

酸酐的两个羧酸相同，称为单酐，反之称为混酐，二元羧酸分子内脱水形成的酸酐称为内酐。命名时，小的羧酸写在前，大的羧酸写在后，把酸字去掉，称为"某某酐"。例如：

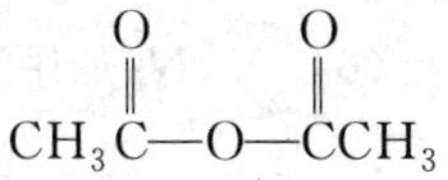

乙酸酐（单酐） 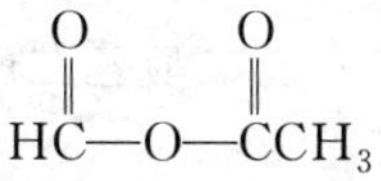　　　甲乙酐（混酐） 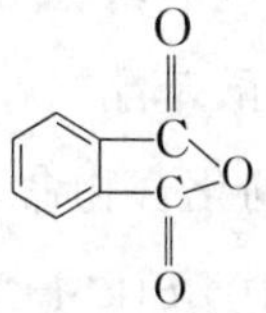　　　邻苯二甲酸酐（内酐）

3. 酯

酯是羧酸和醇（或酚）脱水的产物，可分为醇酯和酚酯。其命名是用羧酸和醇的名称命名，称为"某酸某醇酯"，其中"醇"字常常省略。例如：

乙酸乙酯 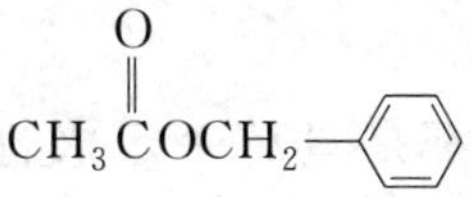　　　乙酸苯甲酯 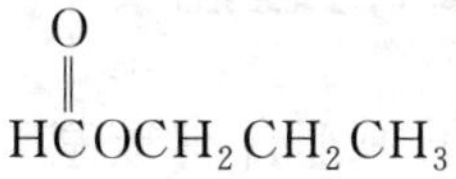　　　甲酸丙酯 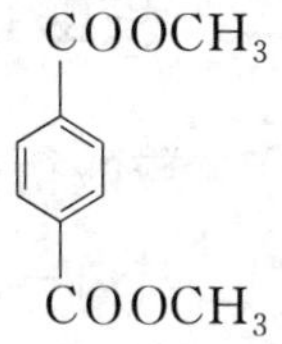　　　对苯二甲酸二甲酯

4. 酰胺

酰胺是由酰基和氨基组成，其命名方法是在酰基后面加胺字称为"某酰胺"。例如：

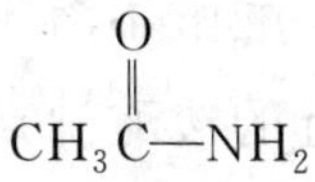

乙酰胺 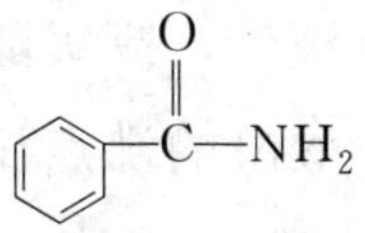　　　苯甲酰胺 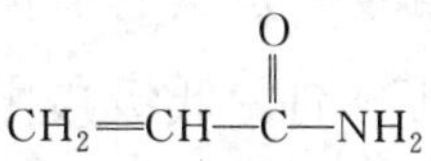　　　丙烯酰胺

若氮原子上还连有烃基时，用"N"表示其位次，称为"N-烃基某酰胺"。例如：

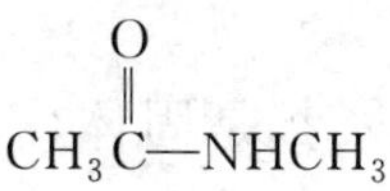

N-甲基乙酰胺 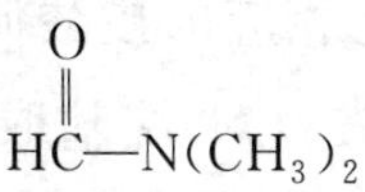　　　N,N-二甲基甲酰胺（DMF） 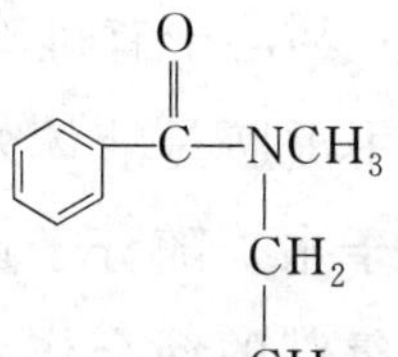　　　N-甲基-N-乙基苯甲酰胺

思考与练习

8-8 写出下列化合物的结构式

(1) 乙丙酸酐 (2) 对羟基苯甲酰氯 (3) 苯甲酸酐

(4) 乙酸苯酯 (5) 乙二酸乙二酯 (6) N,N-二甲基丙酰胺

8-9 给下列化合物命名

(1) $(CH_3)_2CHCH_2CH_2COCl$ (2) $CH_3CH_2C(CH_3)_2COBr$ (3) $CH_3CH_2CON(CH_3)_2$

(4) 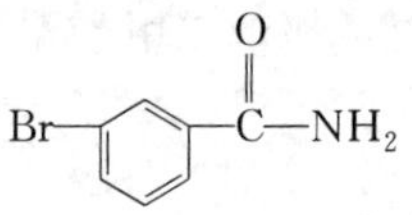 间溴苯甲酰胺结构 (5) 苯甲酸异戊酯结构 (6) 苯甲酸酐结构

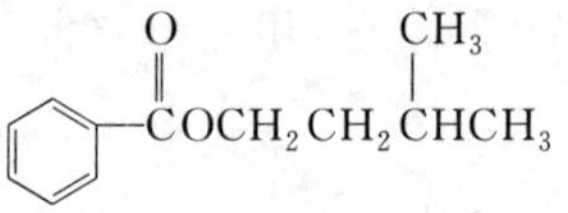

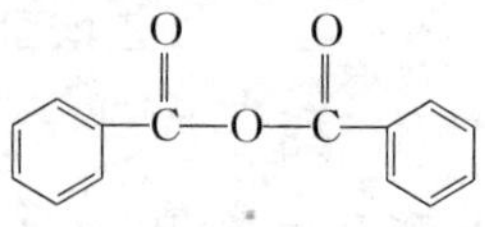

二、羧酸衍生物的物理性质

羧酸衍生物分子中都含有羰基，因此都是具有一定极性的化合物。

酰卤一般是具有强烈刺激性气味的无色液体和低熔点固体，易溶于有机溶剂，难溶于水。低级酰氯遇水分解。

酰卤中酰氯最为重要，低级酰氯是具有刺激性气味的液体，高级酰氯为固体。酰卤不溶于水，易溶于有机溶剂，低级酰氯遇水分解。酰氯的沸点比分子质量相近羧酸的沸点低，（如丙酸的沸点141℃，乙酰氯的沸点51℃），是由于酰氯分子没有氢键缔合作用。

低级酸酐是具有刺激气味的无色液体，高级酸酐为固体，酸酐不溶于水，易溶于有机溶剂，低级羧酐遇水水解。酸酐的沸点比分子量相近的羧酸沸点低（如戊酸的沸点187℃，乙酸酐的沸点140℃），也是由于没有氢键的缘故。

低级酯是具有芳香气味的液体，存在于水果中，许多花果的香味就是酯引起的（如丁酸甲酯有菠萝气味，乙酸辛酯有橘子气味，苯甲酸甲酯有茉莉香味），**可做香料**。低级酯是液体，高级酯多为固体，除低级酯微溶于水外，其他酯都不溶于水，易溶于有机溶剂，沸点比相应的羧酸低。

除甲酰胺是液体外，其余酰胺（N-烷基取代酰胺除外）都是固体，低级酰胺能溶于水，随分子量增大，溶解度下降。由于酰胺分子间通过氨基上的氢原子形成氢键的缔合作用强于羧酸的缔合作用，所以沸点高于相应的羧酸。**分子量接近的羧酸及其衍生物的沸点由高到低的顺序：酰胺＞羧酸＞酸酐＞酯＞酰氯。**

常见羧酸衍生物的物理常数见表8-2。

表 8-2　常见羧酸衍生物的物理常数

类别	名称	沸点/℃	熔点/℃	相对密度(d_4^{20})	类别	名称	沸点/℃	熔点/℃	相对密度(d_4^{20})
酰氯	乙酰氯	51	−112	1.104	酸酐	乙酐	139.6	−73	1.082
	乙酰溴	76.7	−96	1.520		丙酐	169	−45	1.012
	乙酰碘	108		1.980		丁二酸酐	261	119.6	1.104
	丙酰氯	80	−94	1.065		顺丁烯二酸酐	200	60	1.480
	丁酰氯	102	−89	1.028		苯甲酸酐	360	42	1.199
	苯甲酰氯	197	−1	1.212		邻苯二甲酸酐	284	131	1.527
酯	甲酸甲酯	32	−99.0	0.974	酰胺	甲酰胺	210	2.6	1.133
	甲酸乙酯	54	−81	0.917		乙酰胺	223	82	1.159
	乙酸甲酯	57.5	−98	0.924		丙酰胺	213	80	1.042
	乙酸乙酯	77.1	−83.6	0.901		丁酰胺	216	116	1.032
	乙酸丁酯	126	−77	0.882		戊酰胺	232	106	1.023
	乙酸戊酯	147.6	−70.8	0.879		己酰胺	255	101	0.999
	乙酸异戊酯	142	−78	0.876		乙酰苯胺	305	114	1.210
	苯甲酸乙酯	213	−34	1.050		N,N-二甲基甲酰胺	153	−61	0.948
	甲基丙烯酸甲酯	100	−48	0.944		N,N-二甲基乙酰胺	165	−20	0.934

思考与练习

8-10　判断下列有机化合物沸点高低顺序并说明原因。

(1) HCONH$_2$　　(2) HCONHCH$_3$　　(3) HCON(CH$_3$)$_2$

8-11　按沸点由低到高的顺序排列。

(1) 1-丙醇　　(2) 乙酰氯　　(3) 乙酰胺　　(4) 乙酸　　(5) 乙酸乙酯

三、羧酸衍生物的化学性质

酰卤、酸酐、酯和酰胺的分子中都含有羰基，所以它们有一些相似的化学性质，如都可发生水解、醇解、氨解等反应，只是连接基团的不同，表现出不同的活性。强弱顺序为：

$$\underset{\text{O}}{RC\!\!-\!\!X} > \underset{\text{O}\quad\quad\text{O}}{R\!\!-\!\!C\!\!-\!\!O\!\!-\!\!C\!\!-\!\!R'} > \underset{\text{O}}{RC\!\!-\!\!OR'} > \underset{\text{O}}{RC\!\!-\!\!NH_2}$$

另外，有些衍生物也表现出自身特殊性，如羰基连接氨基生成酰胺，下面将分别论述。

1. 水解反应

酰卤、酸酐、酯和酰胺都可与水作用，分子中的基团被羟基取代，生成相应的羧酸。

$$RCOX + H_2O \xrightarrow{\text{室温}} RCOOH + HX$$

$$RCOOCOR' + H_2O \xrightarrow{\text{煮沸}} RCOOH + R'COOH$$

$$RCOOR' + H_2O \xrightarrow{H^+ \text{或} OH^-} RCOOH + R'OH$$

$$RCONH_2 + H_2O \xrightarrow[\text{NaOH}]{\text{HCl}} \begin{array}{l} RCOOH + NH_4Cl \\ RCOONa + NH_3\uparrow \end{array}$$

低级酰卤极易水解，不需要催化剂就能顺利进行。随着分子量增大，水解速度减慢。通过反应条件可知，酰卤、酸酐、酯和酰胺与水反应的活性不同，其中酰卤最易水解，酸酐次之，酯和酰胺需加热和催化剂，活性顺序：酰卤＞酸酐＞酯＞酰胺。

2. 醇解反应

酰卤、酸酐、酯和酰胺与醇反应，分子中相应基团被醇分子中的烷氧基取代，生成酯的反应。羧酸衍生物的醇解是合成酯的重要方法。

$$RCOX + R'OH \longrightarrow RCOOR' + HX$$

$$RCOOCOR' + R''OH \xrightarrow{\triangle} RCOOR'' + R'COOH$$

$$RCOOR' + R''OH \xrightarrow[\triangle]{H^+ \text{或} OH^-} RCOOR'' + R'OH$$

$$RCONH_2 + R'OH \xrightarrow[\triangle]{H^+ \text{或} OH^-} RCOOR' + NH_3\uparrow$$

酰卤、酸酐与醇反应生成酯较易进行，酯、酰胺与醇反应较难进行，必须在催化剂存在下才可反应，它们的活性顺序与水解相同。

酯与醇的反应生成新醇和新酯，又称为酯交换反应。常用于有机合成，由低级醇酯制高级醇酯。例如工业上利用酯交换生产涤纶的原料对苯二甲酸二乙二醇酯。

对苯二甲酸 $\xrightarrow[70\sim 80\text{℃}]{2CH_3OH, H_2SO_4}$ 对苯二甲酸二甲酯 $\xrightarrow[ZnAc_2, 200\text{℃}]{2HOCH_2CH_2OH}$ 对苯二甲酸二乙二醇酯 $+ 2CH_3OH$

3. 氨解反应

酰卤、酸酐、酯与氨发生氨解作用生成酰胺，这是制备酰胺的重要方法，酰胺与胺的作用是可逆反应，与过量的胺反应才可得到 N-烷基酰胺。由于氨具有碱性，其亲核性比水强，故氨解反应比水解反应更易进行。

$$RCOX + 2NH_3 \longrightarrow RCONH_2 + NH_4X$$
$$RCOOCOR' + 2NH_3 \longrightarrow RCONH_2 + R'COONH_4$$
$$RCOOR' + NH_3 \text{(过量)} \longrightarrow RCONH_2 + R'OH$$
$$RCONH_2 + R'NH_2 \text{(过量)} \longrightarrow RCONHR' + NH_3 \uparrow$$

羧酸衍生物的水解、醇解、氨解中酰基都参与了反应，凡是向其他分子中引入酰基的反应称为酰基化反应，提供酰基的试剂称为酰基化试剂。从反应条件可知，酰卤、酸酐的酰基化能力较强，是有机合成中常用的酰基化试剂。

4. 还原反应

酰卤、酸酐、酯和酰胺都比羧酸容易还原，在还原剂氢化铝锂的作用下，酰卤、酸酐、酯还原成相应的伯醇，酰胺还原成伯胺。

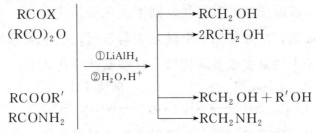

其中酯的还原反应应用最多。尤其是氢化铝锂在醇钠的作用下，还原剂不对碳碳双键作用，可生成不饱和伯醇，在有机合成中具有一定的实际意义。例如：

$$CH_3(CH_2)_7CH{=}CH(CH_2)_7COOC_4H_9 \xrightarrow[C_4H_9OH]{Na, LiAlH_4}$$

油酸丁酯

$$CH_3(CH_2)_7CH{=}CH(CH_2)_7CH_2OH + C_4H_9OH$$

油醇

思考与练习

8-12 举例说明羧酸衍生物的水解、醇解、氨解的活性顺序。

8-13 什么是酯交换反应、酰基化试剂。

8-14 写出乙酰氯、乙酸乙酯、乙酸酐与下列试剂反应时生成的主要产物的结构式。

　　（1）H_2O　　（2）C_2H_5OH　　（3）NH_3　　（4）$LiAlH_4$

8-15 完成下列方程式

(1) 邻苯二甲酸酐 $+2CH_3OH \xrightarrow{H_2SO_4}$?   (2) $CH_3CONH_2 + H_2O \begin{array}{c} HCl \\ \hline NaOH \end{array}$?

(3) $C_6H_5-COOH \xrightarrow{PCl_5}$? $\xrightarrow{H_2O}$?   (4) $CH_2=CHCH_2COOC_2H_5 \xrightarrow[C_2H_5OH]{Na, LiAlH_4}$?

5. 酰胺的特殊反应

(1) **酸碱性**　酰胺是氨（或胺）的酰基衍生物，氨是碱性物质，由于酰胺分子中的氮原子上未共用电子与羰基形成 p-π 共轭，使氮原子上的电子云密度有所降低，减弱了它接受质子的能力，所以其碱性比氨弱，同时 N—H 键的氢原子也表现出一定的弱酸性。

由于酰胺碱性很弱，与酸不能形成稳定的盐，只能与强酸生成盐，遇水立即分解。

$$CH_3CONH_2 + HCl \xrightarrow{乙醚} CH_3CONH_3^+ Cl^-$$

如果氨的两个氢原子被酰基取代，则生成亚氨基化合物，具有弱酸性，能与强碱的水溶液生成盐，例如邻苯二甲酰亚胺与氢氧化钠生成邻苯二甲酰亚胺钠。

因此当氨分子中的氢被酰基取代后，其酸碱性变化如下：

$$\begin{array}{cc} 酸性增强 & 碱性减弱 \\ NH_3 \longrightarrow NH_2COR & \longrightarrow NH(COR)_2 \end{array}$$

(2) **脱水反应**　酰胺与强脱水剂作用或加热时发生分子内脱水生成腈，常用的脱水剂有五氧化二磷、五氯化磷、亚硫酰氯等，是制备腈的一种方法。

$$RCONH_2 \xrightarrow[\triangle]{P_2O_5} RCN + H_2O$$

(3) **霍夫曼（Hofmann）降级反应**　酰胺与次氯酸钠或次溴酸钠的碱溶液作用时，脱去羰基生成胺，这是霍夫曼所发明制胺的一种方法。在反应中碳链少了一个碳原子，被称为霍夫曼降级反应。

$$RCONH_2 \xrightarrow[NaOH]{NaXO} RNH_2 + Na_2CO_3 + NaX + H_2O$$

利用这个反应，由羧酸可制备少一个碳原子的伯胺，缩短了碳链。

思考与练习

8-16 完成下列方程式

(1) $C_6H_5-COOH \xrightarrow{PCl_5}$? $\xrightarrow{NH_3(过量)}$? $\xrightarrow[NaOH]{NaOBr}$?   (2) $CH_3CH_2CONH_2 \xrightarrow{H_2O(H^+ 或 OH^-)}$?

(3) $CH_3CH_2CONH_2 \xrightarrow{R'OH(H^+ 或 OH^-)}$?   (4) $CH_3CH_2CONH_2 \xrightarrow{LiAlH_4}$?

(5) $CH_3CH_2CONH_2 \xrightarrow{P_2O_5}$? (6) $CH_3CH_2CONH_2 \xrightarrow[NaOH]{NaOX}$?

8-17 举例说明酰胺有哪些特殊反应。

四、重要的羧酸衍生物

1. 乙酰氯

乙酰氯为无色有刺激性气味的液体，沸点 51℃，相对密度 1.105，折射率 1.3898，能与有机溶剂混溶。在空气中因被水解成 HCl 而冒白烟，所以要密闭保存。可由乙酸与 PCl_3、PCl_5、$SOCl_2$ 作用制得。

乙酰氯具有酰卤的通性，它的主要用途是做乙酰化试剂和化学试剂。

2. 苯甲酰氯

苯甲酰氯为无色发烟液体，有特殊刺激性气味，相对密度 1.212，沸点 197.2℃，比乙酰氯稳定，遇水或乙醇缓慢分解，生成苯甲酸或苯甲酸乙酯和氯化氢。溶于乙醚、氯仿和苯，是重要的苯甲酰化试剂。用于制造过氧化苯甲酰和染料等。苯甲酰氯是由光气或硫酰氯与苯甲酸作用再经真空蒸馏而制得。

3. 乙酸酐

乙酸酐又称酸酐，无色液体，有极强的乙酸气味，相对密度 1.0820，折射率 1.3904，沸点 139℃，易燃烧，遇水水解成乙酸，具有酸酐的通性，是一种优良的溶剂。也是重要的乙酰化试剂。在工业上大量用于制造醋酸纤维、合成染料、医药、香料、胶片、涂料和塑料等。

工业上常用乙酸与乙烯酮反应制得。

4. 顺丁烯二酸酐

顺丁烯二酸酐又称马来酸酐和失水苹果酸酐，俗称顺酐，是无色晶体粉末，有强烈刺激气味，相对密度 1.48，熔点 52.8℃，沸点 200℃，易升华，溶于乙醇、乙醚和丙酮。与热水作用生成马来酸。用于双烯合成、制药、农药、染料中间体及制聚酯树脂、醇酸树脂、马来酸等，也用作脂肪和油防腐剂等。工业上由苯催化氧化，或由丁烯或丁烷用空气氧化制得。

5. 乙酸乙酯

乙酸乙酯又称醋酸乙酯，为无色可燃性液体，有果子香味，相对密度 0.9005，沸点 77.1℃，易着火，微溶于水，易溶于有机溶剂，易起水解和皂化反应。工业上用作溶剂，也可用作制造染料、药物、香料的原料，可由乙酸与乙醇在硫酸存在下加热后蒸馏制得。

$$CH_3COOH + CH_3CH_2OH \xrightleftharpoons[\triangle]{\text{浓 }H_2SO_4} CH_3COOCH_2CH_3 + H_2O$$

6. 2-甲基丙烯酸甲酯

2-甲基丙烯酸甲酯为无色流动液体，相对密度0.9440，折射率1.4142，沸点100℃，微溶于水，易溶于乙醇和乙醚，易挥发，易聚合。主要用于制有机玻璃，也可用于制其他树脂、塑料、涂料等。

工业上生产主要以丙酮、氢氰酸为原料，与甲醇和硫酸作用制得，还可以通过异丁烯、氨氧化法来制备。

2-甲基丙烯酸甲酯经聚合反应后，生成的聚2-甲基丙烯酸甲酯是无色透明物质，俗称有机玻璃。具有质轻、不易破碎、可透光和力学强度大的特点，多用在仪器、仪表、航空玻璃，着色后可制纽扣、牙刷柄、广告牌、儿童玩具和装饰品等。

7. N,N-二甲基甲酰胺

N,N-二甲基甲酰胺简称DMF，为无色液体，有氨的气味，相对密度为0.9487，沸点153℃，能与水和大多数有机溶剂以及许多无机液体混溶，有"万能溶剂"之称。主要用做萃取乙炔和丙烯腈拉丝的溶剂，在气相色谱中用作固定相。

工业上可由甲醇、氨及一氧化碳为原料在高压下制得。

$$2CH_3OH + NH_3 + CO \xrightarrow{15MPa} HCON(CH_3)_2 + 2H_2O$$

8. ε-己内酰胺

ε-己内酰胺简称己内酰胺，为白色晶体或结晶粉末，熔点68～70℃，沸点140～142℃，手触有润滑感，易溶于水、乙醇、乙醚、氯仿等，受热时发生聚合反应，可用于制备聚己内酰胺树脂、聚己内酰胺纤维和人造皮革等。

> **科海拾贝**
>
> **己内酰胺的用途及发展前景**
>
> 己内酰胺是重要的有机化工原料之一，是制造聚酰胺6（尼龙-6）纤维和树脂的主要原料，主要用于生产尼龙-6工程塑料（占90%）和合成纤维（锦纶）。尼龙-6树脂具有高的抗张强度、良好的抗冲击性能、优异的耐磨性能、耐化学品性能和较低的摩擦系数等特点，可用作汽车、船舶、电子电器、工业机械和日用消费品的构件和组件等；尼龙-6纤维具有强度高、耐磨性好、柔软、弹性高、密度小、化学稳定性好等特点，可制成纺织品、工业丝和地毯用丝等；尼龙-6薄膜可用于食品包装等。
>
> 2019年全球己内酰胺生产能力为7792kt/a，消费量为6400kt左右；国内己内酰胺生产能力为4090kt/a，产量为3170kt，进口量为202.1kt，表观消费量为3371.9kt。预

计至 2025 年，国内己内酰胺市场仍将保持较高的增长，生产能力将超过 5200kt/a，市场竞争将进一步加剧。建议通过拓展应用领域，加大研发力度，延伸产业链，实现己内酰胺产业绿色生产，提高产品附加值。

*第三节 油 脂

油脂普遍存在于植物的种子和动物的脂肪组织中，是除了糖类和蛋白质之外的一类维持正常生命活动不可缺少的物质。在室温下油脂呈固态、半固态，也有呈液态的。一般把固态、半固态油脂叫做脂肪，如猪油、牛油等。呈液态的称作油，如花生油、大豆油、棉籽油等。油和脂肪统称为油脂。

一、油脂的组成和结构

从化学结构看，油脂是一分子甘油和三分子高级脂肪酸生成的酯。形成油脂的高级脂肪酸，绝大多数是含有偶数碳原子的直链羧酸，其中有饱和的（如硬脂酸 $C_{17}H_{35}COOH$、软脂酸 $C_{15}H_{31}COOH$），也有不饱和的（如油酸 $C_{17}H_{33}COOH$）。脂肪的饱和与否，对其组成的油脂的熔点有影响，液态油比固态脂肪含有较多量的不饱和脂肪酸甘油酯。形成油脂的甘油是多元醇，分子中含有三个羟基，它可以跟一种脂肪酸形成酯，也可以跟不同的脂肪酸形成酯。

二、油脂的物理性质

纯净的油脂是无色、无味的物质，天然油脂都是混合物，所以往往带有颜色和气味。油脂的相对密度（15℃时）比水小。油脂不易溶于水，易溶于乙醚、汽油、苯、丙酮等有机溶剂中，根据这一性质，工业上用有机溶剂来提取植物种子中的油。因为油脂一般为混合物，所以没有固定的沸点和熔点。

三、油脂的化学性质

油脂的化学性质与它的主要成分脂肪酸甘油酯的结构密切相关，具有酯的典型性质，可以发生水解反应，由于构成油脂的各种脂肪酸不同程度地含有碳碳双键，所以油脂还可以发生加成、氧化反应。

1. 水解反应

在有酸或碱及一定温度下，油脂能够发生水解反应，生成相应的高级脂肪酸和甘油。在酸性条件下水解制取高级脂肪酸和甘油。

如果水解反应在碱性条件下进行，碱跟水解生成的高级脂肪酸反应，生成高级脂肪酸盐（肥皂的主要成分），因此也把在碱性条件下水解叫皂化反应。

工业上把 1g 油脂皂化时所需的氢氧化钾的质量（mg）叫做皂化值。测定油脂的皂化值可估计油脂的分子量。皂化值与油脂中所含脂肪酸的分子量大小成反比。

自制肥皂

自制肥皂用品：圆底烧瓶、铁架台、铁夹、酒精灯、试管、烧杯。油脂（猪油）、氢氧化钠、乙醇、氯化钠、盐酸。原理：油脂在碱性情况下水解，能得到硬脂酸钠、软脂酸钠等高级脂肪酸的钠盐，即为肥皂。高级脂肪酸钠在水中形成胶体溶液，所以可以用盐析的方法把肥皂从食盐和甘油的混合液中析出。肥皂在上层，甘油和食盐的混合液在下层，这样便可把上层肥皂取出。

2. 加成反应

不饱和脂肪酸甘油酯，可以和 H_2、I_2 等发生加成反应。

（1）催化加氢　不饱和脂肪酸甘油酯加氢后可以转化为饱和程度较高的固态和半固态的酯，这种加氢的油脂，称为氢化油或硬化油。

$$\begin{array}{c} C_{17}H_{33}COOCH_2 \\ | \\ C_{17}H_{33}COOCH \\ | \\ C_{17}H_{33}COOCH_2 \end{array} + 3H_2 \xrightarrow[0.1\sim 0.3\text{MPa}]{Ni,200℃} \begin{array}{c} C_{17}H_{35}COOCH_2 \\ | \\ C_{17}H_{35}COOCH \\ | \\ C_{17}H_{35}COOCH_2 \end{array}$$

油酸甘油酯（油）　　　　　　　　　硬脂酸甘油酯（脂肪）

工业上可用油脂的氢化反应，把植物油转化成硬化油。硬化油饱和程度好，不易被空气氧化变质，便于贮藏和运输，还能用来制造肥皂、甘油、人造奶油等。

（2）加碘反应　不饱和脂肪酸甘油酯也可以和碘发生加成反应。通常用来判断油脂的不饱和程度。油脂的不饱和程度常用"碘值"表示。100g 油脂与碘加成所需碘的质量（g）称为碘值（又称碘价）。碘值是油脂性质的重要常数，碘值大，表示油脂的不饱和程度高。

3. 氧化和干性

（1）氧化　油脂贮存过久就会变质，产生一种难闻的气味，这种现象叫做油脂的酸败。这是由于油脂中含有不饱和键，在空气中被氧化，以及微生物作用下发生部分分解，生成低级醛、酮和游离脂肪酸的缘故。油脂的酸败不仅气味难闻，还会造成油脂中的维生素和脂肪酸的破坏，从而失去营养价值，同时对人体也有很大的伤害。光、热和湿气的存在都会加快油脂的酸败，因此，油脂应在避光、阴凉、干燥、密封的条件下保存，也可在油脂中加入一些抗氧剂，以防酸败。所以在日常生活中，遇到存放许久的食用油，先通过闻味，判断是否酸败，如有难闻气味，尽量不要食用，以免对身体造成损害。油脂酸败产生的游离脂肪酸的含量，可用氢氧化钾中和测定。中和1g油脂所需氢氧化钾的质量（mg）称为酸值。酸值越小，油脂越新鲜。酸值超过6的油脂不宜食用。

（2）干性　某些油脂（如桐油）涂成薄层，在空气中就逐渐变硬、光亮并富有弹性、韧性的固态薄膜。这种结膜特性叫做油的干性（或干化），具有干性的油脂叫干性油，干性的化学反应很复杂，主要是一系列氧化聚合反应的结果。油的干性强弱（结成膜的快慢）是和油分子中所含的双键数目以及双键体系有关，含双键数目越多，结膜速度越快，油的干性越强，反之，越慢。有共轭双键结构体系的比孤立双键结构体系的结膜快，成膜是由于双键聚合的结果。

油的干性可以用碘值的大小来衡量：

干性油　　　　碘值大于130
半干性油　　　碘值约为100～130
不干性油　　　碘值小于100

油脂结膜的特性，就使油脂成为油漆涂料工业中的一种重要原料。油的干性强弱是判断其能否作为油漆的主要依据。干性油、半干性油可用作油漆涂料。例如桐油（碘值160～170）分子中含有74%～91%的桐油酸（含有三个共轭双键），所以是很好的干性油，它制成的油漆不仅结膜快，而且漆膜坚韧、耐水、耐光和耐大气腐蚀，是制油漆涂料良好的原料。同时也广泛用于涂刷木船、木器以及制油布、油纸伞等。桐油是我国的特产，产区以西南各省为主，产量约占世界总产量的90%以上。

油脂的用途很广，是人类生活不可缺少的三大营养食物之一，含不饱和脂肪酸的油脂对人的新陈代谢起着重要的作用。它还可防止血黏稠和血管阻塞。如月见草油是降血脂、抗血栓的药物。油脂也是工业中的重要原料，在工业上大量用于制肥皂和合成洗涤剂，桐油、亚麻油用于制油漆涂料。蓖麻油可做高级润滑油，也是制癸二酸的原料。另外，油脂还在食品添加剂、医药、化妆品等领域广泛运用。

思考与练习

8-18　解释皂化、硬化、酸败、干性、碘值、酸值的含义。

8-19　完成下列方程式。

（1）硬脂酸甘油酯水解　　（2）软脂酸甘油酯水解　　（3）油酸甘油酯氢化

实验七　羧酸及衍生物的性质

一、实验目的

验证羧酸及衍生物的性质，掌握羧酸的鉴别方法。

二、实验原理

羧酸的分子中含有羧基（—COOH）官能团，由于结构特点，羧酸具有一定的酸性，羟基的取代反应，生成相应的羧酸衍生物。这些衍生物具有相似的化学性质，在一定条件下能发生水解、醇解、氨解等反应。其活性顺序为：酰氯＞酸酐＞酯＞酰胺。

甲酸分子中的羧基与一个氢原子相连，从而使它的结构还具有醛基的特点，能与托伦试剂、斐林试剂作用。草酸的结构为两个羧基，使其具有较强的还原性，能被高锰酸钾定量氧化，常用作高锰酸钾的标定。

三、实验方法

1. 羧酸的性质

（1）酸性　取三支试管，分别加入5滴甲酸，5滴乙酸，约0.2g草酸，再分别加1mL蒸馏水，振荡使其溶解。然后用干净的玻璃棒分别蘸取少量酸液，在同一条刚果红试纸上划线[1]，观察试纸颜色变化，比较各线的颜色深浅并说明三种酸的强弱顺序。

（2）酯化反应　在一支干净的试管中分别加入2mL乙醇和乙酸，混合均匀后加入5滴浓硫酸，把试管放入70～80℃水浴中加热，并时常摇动。10min后在试管口闻一下气味，取出试管冷却后，再加约2mL饱和碳酸钠溶液，观察有无分层，是否嗅到气味，记录现象并写出有关方程式。

（3）羧酸的还原性　取三支试管，分别加入0.5mL甲酸、0.5mL乙酸和0.2g草酸，各加水1mL配成溶液，再各加10％硫酸溶液1mL和0.5％高锰酸钾溶液2mL，振摇后加热至沸，观察现象，记录并解释原因。

在另一个干净试管中加入1mL 1∶1氨水和5滴5％硝酸银溶液，再取一干净试管加入1mL 20％氢氧化钠溶液和5滴甲酸，振荡后倒入第一支试管中并摇匀。若产生沉淀，则补加几滴稀氨水，直到沉淀完全消失，形成无色透明溶液，将试管放入85～90℃水浴中加热10min，观察有无银镜产生，记录现象并解释原因。

2. 羧酸衍生物的性质

（1）水解反应

① 酰氯水解。取一支试管加入1mL蒸馏水，沿管壁慢慢加入3滴乙酰氯[2]，轻微振摇试管，观察反应剧烈程度，并用手触摸试管底部，有何现象发生，待试管冷却后，再加1~2滴5%硝酸银溶液，观察现象，再向试管中加稀硝酸2滴，有何现象产生，写出有关方程式。

② 乙酸酐水解。取一支试管加入1mL蒸馏水，3滴乙酸酐，振摇并观察其溶解性，再稍微加热试管，观察试管中现象和气味，写出有关方程式。

③ 酯的水解。取三支试管编号，各加入0.5mL乙酸乙酯和0.5mL蒸馏水，然后在第二支试管中再加入1mL 10%硫酸，在第三支试管中加入1mL 10%氢氧化钠溶液。把三支试管同时放入70~80℃水浴中加热，不断地振荡试管，比较三支试管中酯层消失的速度，其中哪一支快一些，为什么？写出有关方程式。

④ 酰胺水解

碱性水解：在试管中加约0.2g乙酰胺和2mL 10%氢氧化钠溶液，振荡后加热至沸，是否有氨气味？用湿的红色石蕊试纸在试管口检验，有何现象发生，写出有关方程式。

酸性水解：在试管中加入约0.2g乙酰胺和2mL 10%硫酸溶液，用小火加热至沸，是否闻到乙酸的气味？冷却后加入10%氢氧化钠溶液中和至碱性，再加热闻其气味，并在试管中用湿的石蕊试纸检验，有何现象，记录并解释。

（2）醇解反应

① 酰氯醇解。在一干燥的试管中[3]加入1mL无水乙醇，慢慢滴加1mL乙酰氯，同时用冷水冷却试管并不断振荡。观察反应剧烈程度，待试管冷却后，再加3mL饱和碳酸钠溶液中和，当溶液出现明显分层后，闻其气味，有无酯的香味，观察现象并写出有关方程式。

② 酸酐醇解。在干燥试管中加入1mL无水乙醇和1mL乙酸酐，混合后摇匀，再加1滴浓硫酸，小火加热至微沸。冷却后慢慢加入3mL饱和碳酸钠溶液中和至分层清晰，是否有气味，记录并写出方程式。

3. 整理台面

注释

[1] 刚果红是一种酸碱指示剂，与弱酸作用显棕黑色；与中强酸作用显蓝黑色；与强酸作用显蓝色。

［2］乙酰氯与水、醇作用十分剧烈，操作时要小心，以防液体溅出。

［3］乙酰氯易发生水解，而无法进行醇解。

研究与实践

7-1 请根据实验过程写出本实验所需的所有仪器和药品名称及数量。

7-2 甲酸能发生银镜反应，其他羧酸是否也能发生？为什么？

7-3 为什么在碱性介质中酯的水解较快？

7-4 通过羧酸衍生物水解实验，比较羧酸衍生物的活性顺序。

7-5 通过本次实验能否归纳一下羧酸及其衍生物的性质。

归纳与总结

本章主要介绍了羧酸及衍生物的结构、分类、命名、物理性质、化学性质、来源和制备及用途。在教师的指导下，同学们自己归纳与总结，特别要注意分子结构与化学性质的关系以及各物质之间的相互转化关系。通过对结构和性质的理解和认识，联系在实践中的应用，在允许的条件下，自己动手做一些简单的合成试验。

习 题

一、填空题

1. 乙酸俗称_____，分子式为_____，结构式_____，—COOH 名称是_____。乙酸是一种_____酸，其酸性比碳酸_____，无水乙酸又称_____。

2. 油脂是_____甘油酯的通称。在室温下呈_____态的油脂叫油；分子中含_____烃基，能使溴水和 $KMnO_4$ 酸性溶液的颜色_____；呈固态或半固态的油脂叫_____，分子中含有_____烃基，熔点较_____，油脂属于_____类物质，在碱性条件下能发生_____反应，生成高级脂肪酸盐和_____，油脂的这一反应叫_____反应，工业上利用该反应来制取_____。

3. 写出下列化合物的结构简式

(1) 蚁酸_____ (2) 草酸_____ (3) 安息香酸_____ (4) α,β-二甲基己酸_____

(5) 苯甲酸酐_____ (6) 硬脂酸_____ (7) α-萘乙酸_____ (8) N,N-二甲基乙酰胺

二、选择题

1. 下列物质的溶液，pH 最大的是（　　）。

　A. 甲酸　　　　B. 乙酸　　　　C. 草酸　　　　D. 碳酸

2. 下列物质属于多元羧酸的是（　　）。

   A. 草酸　　　　B. 软脂酸　　　　C. 苯甲酸　　　　D. 丙烯酸

3. 下列物质属于纯物质的是（　　）。

   A. 食醋　　　　B. 福尔马林　　　C. 乙酸甲酯　　　D. 油脂

4. 既能发生氢化反应，又能发生皂化反应的物质是（　　）。

   A. 油酸　　　　B. 软脂酸甘油酯　C. 油酸甘油酯　　D. 硬脂酸

5. 下列化合物中活性最强的是（　　）。

   A. CH_3COCl　　B. CH_3CONH_2　　C. $HCOOCH_3$　　D. $(CH_3O)_2O$

三、判断题（下列叙述对的在括号中打"√"，错的打"×"）

1. 酰胺是有机弱碱，能与酸反应生成稳定的化合物。　　　　　　　　　（　　）
2. 凡是能与托伦试剂作用产生银镜的化合物都含有醛基，属于醛类。　　（　　）
3. 工业上利用油脂的干性来大量生产肥皂。　　　　　　　　　　　　　（　　）
4. 一元羧酸的通式是 R—COOH，式中的 R 只能是脂肪烃基。　　　　　（　　）
5. 羧酸分子中引入吸电子基团，可增强羧酸的酸性。　　　　　　　　　（　　）

四、完成下列方程式

1. $C_6H_5COOH \xrightarrow{SOCl_2} ? \xrightarrow{CH_3OH} ?$

2. $C_6H_5\text{—}COOH \xrightarrow{NH_3} ? \xrightarrow{\Delta} ? \xrightarrow[NaOH]{Br_2} ?$

3. $CH_3\text{—}C_6H_4\text{—}COOC_2H_5 \xrightarrow[Na, C_2H_5OH]{LiAlH_4} ?$

4. $C_6H_5CONH_2 \xrightarrow{P_2O_5} ?$

5. $(CH_3)_2CHCOOH \xrightarrow{PCl_5} ? \xrightarrow{NH_3} ? \xrightarrow[NaOH]{NaOBr} ?$

五、用化学方法区别下列各组化合物

1. 乙醇　　乙醛　　乙酸　　　　2. 甲酸　　乙酸　　乙二酸

3. 乙酸　　乙酰氯　　乙酰胺　　4. 甲酸　　丙酸　　乙酸丙酯

六、由指定原料合成所需化合物

1. $C_6H_5CH_2CHO \longrightarrow C_6H_5CH_2COOH$

2. $C_6H_5CH_3 \longrightarrow C_6H_5CH_2COOH$

3. $CH_3COOH \longrightarrow CH_2(COOH)_2$

七、分子式均为 $C_3H_6O_2$ 的 A、B、C 三个化合物，A 与碳酸钠作用放出二氧化碳，B 和 C 不能，用氢氧化钠溶液加热水解，B 的水解馏出液可发生碘仿反应，C 不能，试推测 A、B、C 的结构式并写出相关方程式。

八、 某化合物 A 的分子式为 $C_5H_8O_3$，它能与乙醇作用生成两种化合物 B 和 C，C 与亚硫酰氯作用后得到 D，D 与丙醇反应又得到化合物 E，E 和 B 为同分异构体，试推断 A、B、C、D、E 的结构式并写出相关的反应方程式。

*九、 某化合物 A 的分子式为 $C_5H_6O_3$，它能与乙醇作用生成两种互为异构体的化合物 B 和 C，B 和 C 分别与亚硫酰氯作用后，再加入乙醇，得到相同的化合物 D，试推断 A、B、C、D 的可能构造式并写出相关方程式。

第九章
含氮有机化合物

学习目标

1. 了解含氮有机化合物的分类和命名。
2. 掌握硝基化合物、胺的化学性质。
3. 了解几种重要的含氮有机化合物的性质和用途。

思维导图

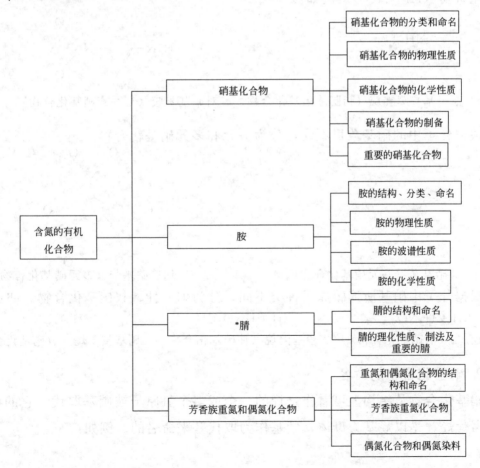

含氮有机化合物一般是指分子中含有碳-氮键的有机化合物,有时分子中含有 C—O—N 的化合物,如硝酸酯、亚硝酸酯等也归入此类。

含氮有机化合物的种类很多,主要有硝基化合物、胺、重氮化合物、偶氮化合物、腈、异腈、肼等,本章只讨论硝基化合物、胺、腈、重氮化合物和偶氮化合物。

第一节 硝基化合物

一、硝基化合物的分类和命名

1. 硝基化合物的分类

烃分子中的一个或几个氢原子被硝基(—NO_2)取代后所生成的化合物叫做硝基化合物,硝基(—NO_2)是它的官能团,通式为 RNO_2。

硝基化合物可看作是烃分子中的一个或多个氢原子被硝基(—NO_2)取代后生成的衍生物,按羟基的不同可以分为脂肪族硝基化合物(R—NO_2)和芳香族硝基化合物(Ar—NO_2)。例如:

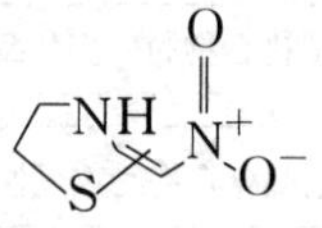

2-(硝基亚甲基)噻唑烷(脂肪族硝基化合物) 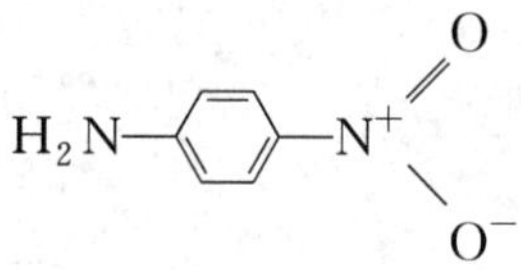　　对硝基苯胺(芳香族硝基化合物)

根据分子中的硝基数目不同,分为一元和多元硝基化合物。

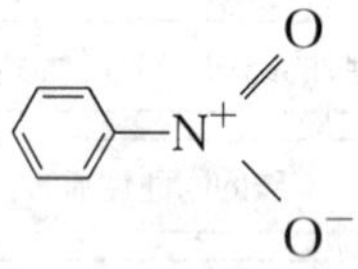

硝基苯(一元硝基化合物) 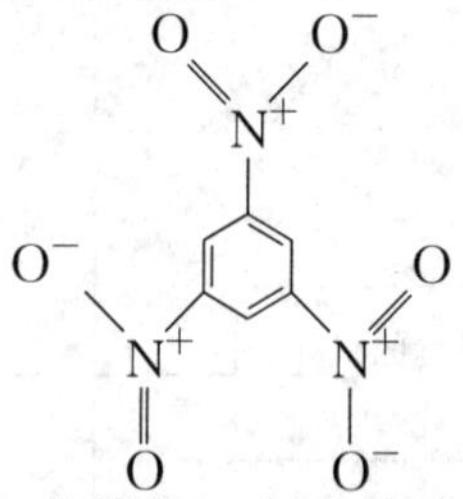　　均三硝基苯(多元硝基化合物)

根据分子中硝基所连碳原子种类不同,分为伯、仲、叔硝基化合物。如:

$CH_3CH_2NO_2$　　　　$CH_3CHNO_2CH_3$　　　　$(CH_3)_3CNO_2$

4-硝基乙烷(伯硝基化合物)　2-硝基丙烷(仲硝基化合物)　硝基叔丁烷(叔硝基化合物)

2. 硝基化合物的命名

硝基化合物从结构上可看作是烃的一个或多个氢原子被硝基取代。它的命名类似卤代烃,是以烃基为母体,硝基作为取代基来命名的。例如:

CH_3NO_2 $CH_3CH_2NO_2$ 2,3-二甲基-2,3-二硝基丁烷

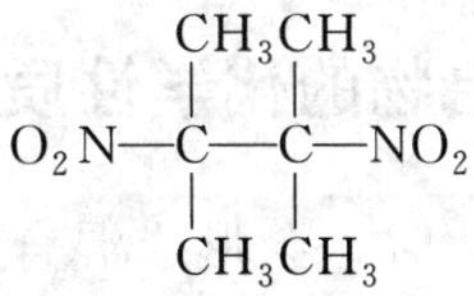

硝基甲烷   硝基乙烷   2,3-二甲基-2,3-二硝基丁烷

多官能团硝基化合物，硝基仍作为取代基。例如：

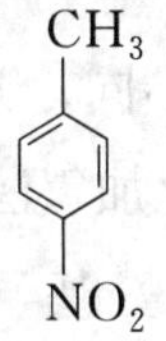

对硝基甲苯 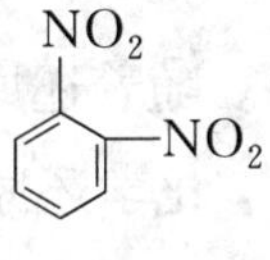   邻二硝基苯 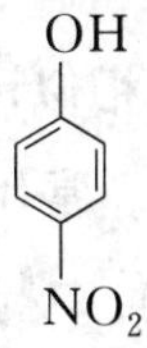   对硝基苯酚 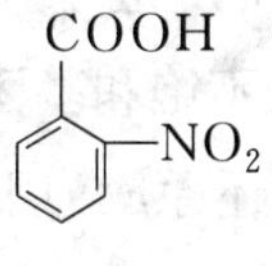   邻硝基苯甲酸

二、硝基化合物的物理性质

脂肪族硝基化合物是难溶于水、易溶于有机溶剂、相对密度大于1的无色液体。芳香族硝基化合物，一般为灰淡黄色，有苦杏仁气味，除少数一元硝基化合物是高沸点液体外，多数是固体。

硝基化合物从结构上可知具有较高的极性，分子间吸引力大，因此，硝基化合物的沸点比相应的卤代烃高。液体的硝基化合物是大多数有机物的良好溶剂，又因为具有一定的化学稳定性，常被用作一些有机化学反应的溶剂。但硝基化合物有毒，它的蒸气能透过皮肤被机体吸收而中毒，故生产上尽可能不用它作溶剂。多硝基化合物具有爆炸性，使用时应注意安全。常见硝基化合物的物理常数见表 9-1。

表 9-1 常见硝基化合物的物理常数

名 称	熔点/℃	沸点/℃	相对密度(d_4^{20})
硝基苯	5.7	210.8	1.203
邻二硝基苯	118	319	1.565
间二硝基苯	89.8	291	1.571
对二硝基苯	174	299	1.625
均三硝基苯	122	分解	1.688
邻硝基甲苯	−9.3	222	1.163
间硝基甲苯	16	231	1.157
对硝基甲苯	52	238.5	1.286
2,4-二硝基甲苯	70	300	1.521
α-硝基萘	61	304	1.322

三、硝基化合物的化学性质

脂肪烃硝化时,会形成混合物,在合成上无制备意义,工业上应用较广的是芳香烃的硝化,所以本章主要学习芳香族硝基化合物的性质。**芳香族硝基化合物的性质比较稳定。其化学反应主要发生在官能团硝基以及被硝基钝化的苯环上。**

1. 还原反应

硝基是不饱和基团,与羰基相似可以被还原。 随着还原条件的不同,芳香族硝基化合物可被还原成为不同的产物。常用的还原法有化学还原法和催化加氢法。

(1) 酸性介质　在酸性介质中与还原剂作用,硝基被还原成氨基,生成芳香胺。常用的还原剂有铁与盐酸、锡与盐酸等。例如:

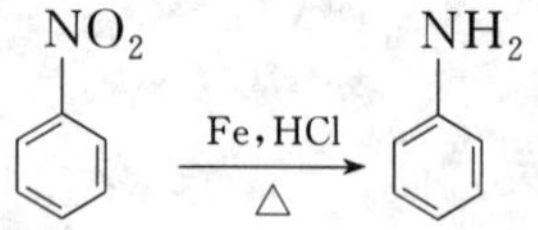

$$C_6H_5NO_2 \xrightarrow[\triangle]{Fe, HCl} C_6H_5NH_2 \text{ (苯胺)}$$

以上是实验室制取苯胺常用的方法。

在一定的温度和压力下,硝基还可发生催化加氢反应,还原为氨基。

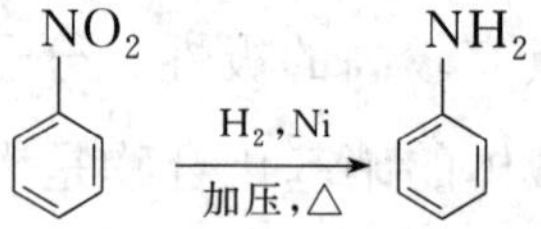

$$C_6H_5NO_2 \xrightarrow[\text{加压}, \triangle]{H_2, Ni} C_6H_5NH_2$$

使用化学还原法有污染,收率和产品质量都不及催化加氢法。因此工业上常用催化加氢法制取苯胺。

还原多硝基化合物时,选择不同的还原剂,可使其部分还原或全部还原。例如,在邻二硝基苯的还原反应中,可选用适量的硫化钠、硫氢化铵或硫化铵作还原剂,可只还原其中一个硝基,生成邻硝基苯胺。

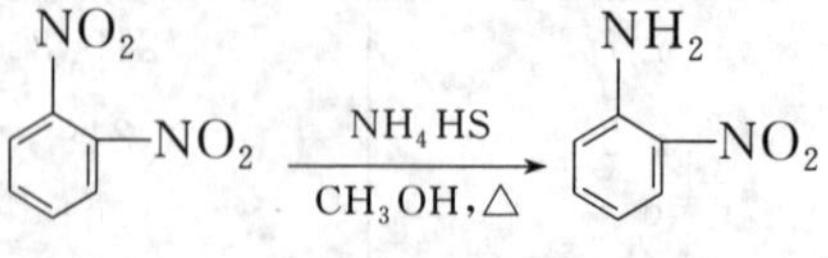

$$o\text{-}C_6H_4(NO_2)_2 \xrightarrow[CH_3OH, \triangle]{NH_4HS} o\text{-}H_2N\text{-}C_6H_4\text{-}NO_2 \text{ (邻硝基苯胺)}$$

但如果选用铁和盐酸或催化加氢为还原剂,则两个硝基全部被还原,生成邻苯二胺。还原金属越活泼,溶液酸性越强,还原程度越彻底。

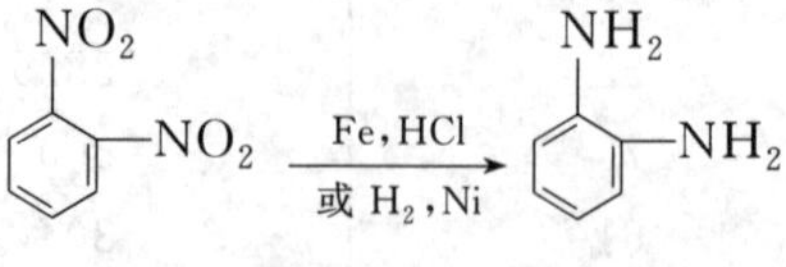

$$o\text{-}C_6H_4(NO_2)_2 \xrightarrow{\text{Fe, HCl 或 } H_2, Ni} o\text{-}C_6H_4(NH_2)_2 \text{ (邻苯二胺)}$$

（2）中性介质

在中性介质中：

$$\text{C}_6\text{H}_5\text{NO}_2 \xrightarrow[\text{H}_2\text{O 60℃}]{\text{Zn, NH}_4\text{Cl}} \text{C}_6\text{H}_5\text{-NHOH}$$

N-羟基苯胺

$$\text{C}_6\text{H}_5\text{NO}_2 \xrightarrow[\text{中性介质}]{\text{Zn, H}_2\text{O}} \text{C}_6\text{H}_5\text{-NO}$$

亚硝基苯

（3）碱性介质

在碱性条件下：

$$\text{C}_6\text{H}_5\text{NO}_2 \xrightarrow{\text{Zn, NaOH}} \text{C}_6\text{H}_5\text{-N}^+(\text{O}^-)\text{=N-C}_6\text{H}_5 \quad \text{氧化偶氮苯}$$

$$\text{C}_6\text{H}_5\text{NO}_2 \xrightarrow{\text{Fe, NaOH}} \text{C}_6\text{H}_5\text{-N=N-C}_6\text{H}_5 \quad \text{偶氮苯}$$

$$\text{C}_6\text{H}_5\text{NO}_2 \xrightarrow{\text{As}_2\text{O}_3, \text{NaOH}} \text{C}_6\text{H}_5\text{-NH-NH-C}_6\text{H}_5 \quad \text{氢化偶氮苯}$$

2. 苯环上的取代反应

硝基是间位定位基，可使苯环钝化，硝基苯不能发生傅-克反应。取代反应主要发生在间位上，且比苯难进行。但在较强的条件下，硝基苯也能发生卤代、硝化、磺化反应，得到间位产物。例如：

$$\text{C}_6\text{H}_5\text{NO}_2 + \text{Br}_2 \xrightarrow[\text{140℃}]{\text{Fe}} \text{间-BrC}_6\text{H}_4\text{NO}_2 + \text{HBr}$$

$$\text{C}_6\text{H}_5\text{NO}_2 + \text{HNO}_3(\text{发烟}) \xrightarrow[\text{95～100℃}]{\text{浓 H}_2\text{SO}_4} \text{间-O}_2\text{NC}_6\text{H}_4\text{NO}_2 + \text{H}_2\text{O}$$

$$\text{C}_6\text{H}_5\text{NO}_2 + \text{H}_2\text{SO}_4(\text{发烟}) \xrightarrow{\text{110℃}} \text{间-HO}_3\text{SC}_6\text{H}_4\text{NO}_2 + \text{HBr}$$

3. 硝基对邻位、对位取代基的影响

硝基不仅钝化了苯环，使苯环上的取代反应难于进行，同时硝基对苯环上的

其他取代基也发生显著的影响。

(1) 影响卤原子的活泼　在通常情况下，氯苯很难发生水解反应。但当氯原子的邻位或对位连有硝基时，则氯原子就容易被水解，硝基越多，反应越容易进行。这是由于硝基具有较强的吸电子作用，因而容易发生水解反应。例如，氯苯在一般条件下不能发生水解反应，而硝基氯苯则可发生水解。

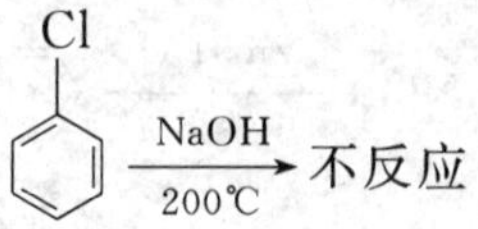

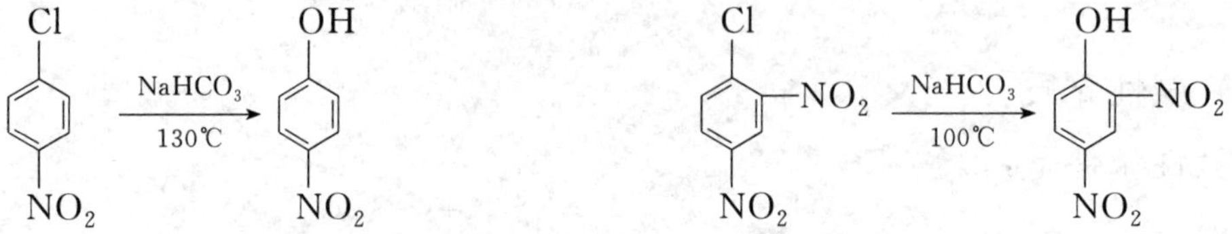

对硝基氯苯　对硝基苯酚　　2,4-二硝基氯苯　2,4-二硝基苯酚

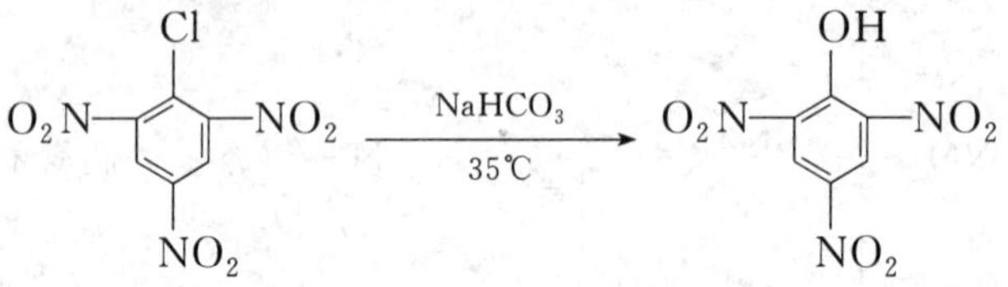

2,4,6-三硝基氯苯　　　　2,4,6-三硝基苯酚

(2) 对酚类酸性的影响　苯酚的酸性比碳酸弱。当苯环上引入硝基能增强酚的酸性。这是由于苯酚的苯环上引入硝基，吸电子的硝基通过共轭效应的传递，降低了酚羟基上氧原子的电子云密度，从而增加了羟基氢离解成质子的能力，特别是邻、对位降低程度较大，因而邻硝基苯酚和对硝基苯酚的酸性比间硝基苯酚强。而且硝基越多，酸性越强。例如 2,4,6-三硝基苯酚的酸性 (pK_a=0.38) 已接近无机酸，可使刚果红试纸变色（红色变蓝紫色）。表 9-2 列出它们的 pK_a 值。

表 9-2　苯酚及硝基苯酚的 pK_a 值

名称	pK_a(25℃)	名称	pK_a(25℃)
苯酚	10	对硝基苯酚	7.10
邻硝基苯酚	7.21	2,4-二硝基苯酚	4.00
间硝基苯酚	8.00	2,4,6-三硝基苯酚	0.38

(3) 对苯环上氨基和羧基的影响　当硝基处于氨基的邻、对位时，还会使氨基的碱性降低。当硝基处于羧基的邻、对位时，能使羧基的不稳定性增加，加热容易脱羧。

$$\underset{\text{NO}_2}{\overset{\text{COOH}}{\underset{}{\text{O}_2\text{N}\bigcirc\text{NO}_2}}} \xrightarrow{\Delta} \text{O}_2\text{N}\bigcirc\text{NO}_2 \ \ +\text{CO}_2\uparrow$$
$$\text{NO}_2\text{NO}_2$$

思考与练习

9-1 写出下列化合物的结构式

    （1）均三硝基苯　　　　（2）对硝基甲苯

    （3）邻硝基苯磺酸　　　（4）2-甲基-3-硝基戊烷

9-2 芳香族硝基化合物常用的还原剂是什么？对于多硝基苯化合物有几种还原方法。

9-3 完成下列化学反应

(1) $\text{C}_6\text{H}_5\text{NO}_2 \xrightarrow[\Delta]{\text{Sn, HCl}}$

(2) 邻二硝基苯 $\xrightarrow[\Delta]{\text{NaHS}}$

(3) 邻氯硝基苯 $\xrightarrow[\Delta]{\text{NaHCO}_3}$

(4) 邻二硝基苯 $\xrightarrow[\Delta]{\text{Fe, HCl}}$

9-4 排出下列酚的酸性由弱到强的顺序

苯酚　　对硝基苯酚　　2,4-二硝基苯酚　　2,4,6-三硝基苯酚

9-5 硝基苯能否发生傅-克反应，为什么？

四、硝基化合物的制备

1. 烷烃的硝化

脂肪族硝基化合物可以通过烷烃的直接硝化制取。例如：

$$\text{CH}_3\text{CH}_2\text{CH}_2\text{CH}_3 + \text{HONO}_2 \xrightarrow{400℃} \text{CH}_3\text{CH}_2\text{CH}_2\text{CH}_2\text{NO}_2 + \text{H}_2\text{O}$$

2. 亚硝酸盐的烃化

脂肪族硝基化合物可用无机亚硝酸盐与卤代烷进行亲核取代反应制取。常用的亚硝酸盐有锂、钠、钾盐等，卤代烷可用溴代烷或碘代烷，在二甲基亚砜溶液中的反应可得60%以上的硝基化合物。例如：

$$CH_3(CH_2)_6Br + NaNO_2 \xrightarrow[\text{二甲基亚砜}]{CH_3SOCH_3} CH_3(CH_2)_6NO_2 + NaBr$$

3. 芳烃的硝化

制取芳香烃硝基化合物最简便的方法是用硝酸和浓硫酸的混酸作用于芳烃，例如由苯硝化生成硝基苯。

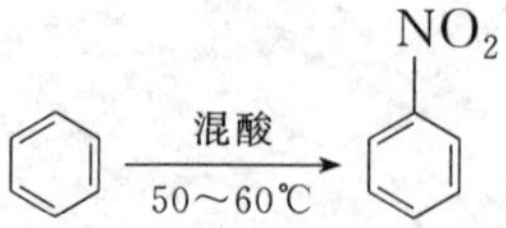

$$\text{C}_6\text{H}_6 \xrightarrow[50\sim 60℃]{\text{混酸}} \text{C}_6\text{H}_5\text{NO}_2$$

硝基苯继续硝化，可得间二硝基苯，再硝化可得三硝基苯。

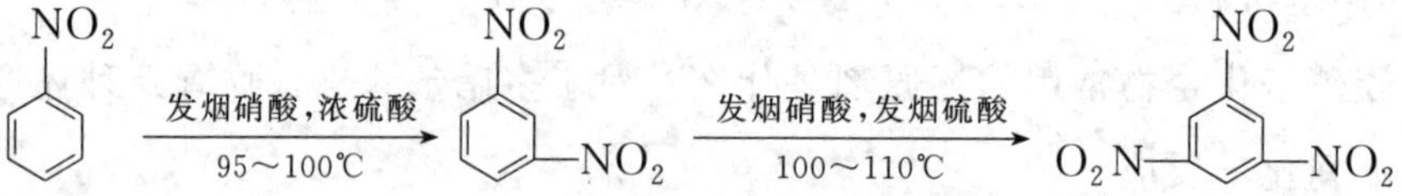

$$\text{硝基苯} \xrightarrow[95\sim 100℃]{\text{发烟硝酸,浓硫酸}} \text{间二硝基苯} \xrightarrow[100\sim 110℃]{\text{发烟硝酸,发烟硫酸}} \text{1,3,5-三硝基苯}$$

烷基苯比苯容易硝化，如甲苯硝化 30℃ 就能进行。主要生成邻硝基甲苯和对硝基甲苯。硝基甲苯进一步硝化可以得到 2,4,6-三硝基甲苯，即炸药 TNT。

五、重要的硝基化合物

1. 硝基苯（$C_6H_5NO_2$）

硝基苯俗称人造苦杏仁油。纯品是无色至淡黄色的油状液体。有杏仁油的特殊气味，有毒，熔点 5.7℃，沸点 210.9℃，相对密度 1.2037。普通品含有少量的二硝基苯和二硝基噻吩等杂质，是黄色至红黄色的液体。不溶于水，与乙醇、乙醚或苯混溶。用途很广，主要用于制造苯胺、联苯胺、偶氮苯、染料等。在一般条件下比较稳定，是有机合成的良好溶剂。由苯硝化制得。

2. 1,3,5-三硝基苯

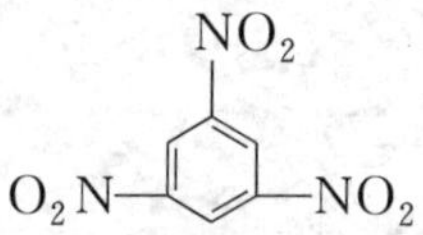

1,3,5-三硝基苯又名均三硝基苯，白色或黄色斜方结晶，熔点 122℃，相对密度 1.688，微溶于水，易溶于苯、甲苯、氯仿、丙酮等溶剂。具有爆炸性，可用作炸药。在分析化学中也可用作 pH 指示剂，变色范围 12.0~14.0，由无色变橙色。可由间二硝基苯经硝化制得。

3. 2,4,6-三硝基甲苯

2,4,6-三硝基甲苯简称三硝基甲苯，俗称梯恩梯（TNT），白色或黄色针状晶体，无臭，有毒，味苦，有吸湿性，熔点 81℃，不溶于水，溶于乙醇、乙醚。

可经皮肤、呼吸道、消化道侵入人体使人中毒。三硝基甲苯平时比较稳定，即使受热或撞击也不易爆炸，所以贮存和运输时都比较安全。但经起爆剂引发，就会发生猛烈爆炸。原子弹、氢弹的爆炸威力常用 TNT 的万吨级来表示。TNT 也可用在国防、开矿、筑路、挖掘隧道等工程中，另外，还可用作制染料和照相药品等原料。TNT 可由甲苯用硝酸和硫酸的混酸硝化而制得。

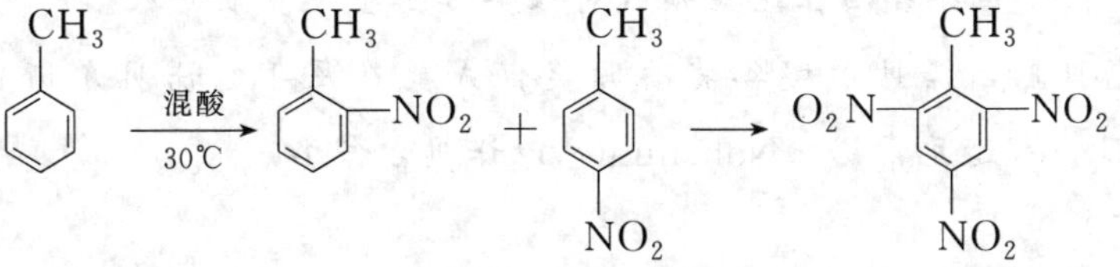

4. 2,4,6-三硝基苯酚

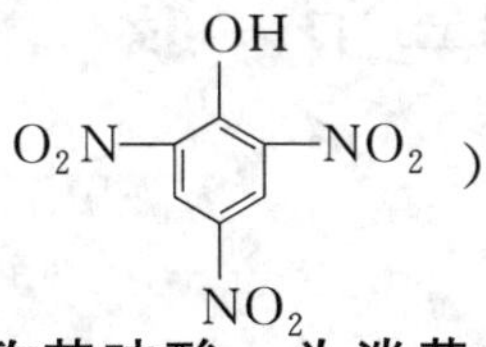

2,4,6-三硝基苯酚，俗称苦味酸，为淡黄色晶体，味苦、有毒、熔点 122℃，相对密度 1.763。不溶于冷水，易溶于热水和乙醇、乙醚、氯仿、苯等有机溶剂。2,4,6-三硝基苯酚是苯酚的三硝基取代物，具有爆炸性，是一种强酸（$pK_a = 0.38$），可由二硝基苯、氯代苯经水解和硝化而成。可用作染料、照相药品，医药上用作外科收敛剂。

思考与练习

9-6 为什么制二硝基化合物比制一硝基化合物难？

9-7 完成下列转化。

(1) 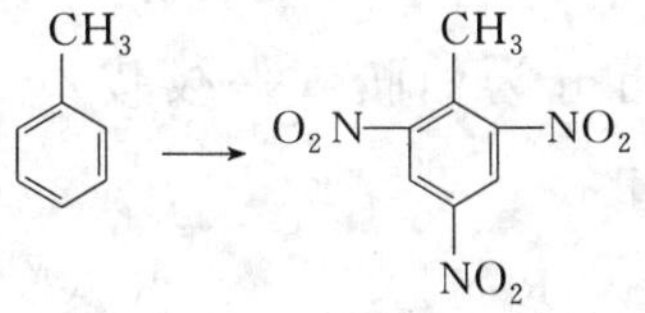 甲苯 → 2,4,6-三硝基甲苯

(2) 苯 → 2,4,6-三硝基苯酚

(3) 苯 → 甲苯

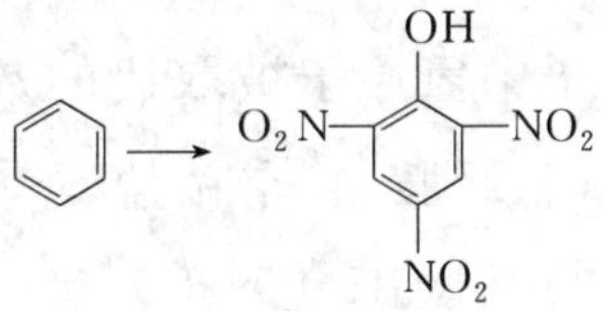

(4) 苯 → 1,3,5-三硝基苯

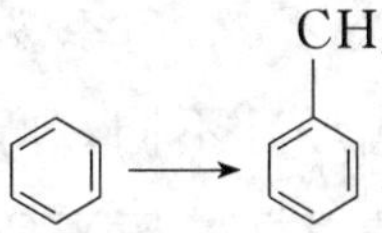

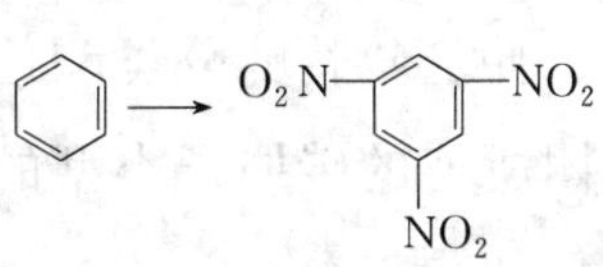

诺 贝 尔

诺贝尔（1833～1896）是瑞典著名的化学家，诺贝尔奖奖金创始人，生于瑞典斯德

哥尔摩，一生致力于炸药的研究，因发明硝化甘油引爆剂、硝化甘油固体炸药和胶状炸药等，被誉为"炸药大王"。诺贝尔不仅从事理论研究，而且进行工业实践，一生共获得技术发明专利355项，并在欧美等五大洲20个国家开设了约100家公司和工厂，积累了巨额财富。诺贝尔在逝世的前一年，立嘱将其遗产的大部分（约920万美元）作为基金，将每年所得利息分为5份，设立物理、化学、生理学或医学、文学及和平5种奖项（即诺贝尔奖），授予世界各国在这些领域对人类作出重大贡献的人。

为了纪念诺贝尔，诺贝尔奖各奖项颁奖仪式要在每年的诺贝尔逝世纪念日举行。2011年6月8日，人造元素锘（Nobelium）以诺贝尔命名。

第二节 胺

一、胺的结构、分类、命名

1. 胺的结构

烃分子中的氢原子被氨基（—NH_2）取代后所生成的化合物叫做胺，也可看作氨分子中的氢原子被烃基取代后的衍生物。胺的结构与氨相似，呈三角锥形。常用通式 R—NH_2 表示。

2. 胺的分类

根据分子中烃基的种类不同，可分为脂肪胺和芳香胺。例如：

CH_3NH_2 （脂肪胺） 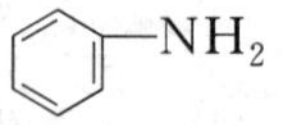   C₆H₅—NH_2 （芳香胺）

根据分子中含氨基数目不同，分为一元胺、二元胺和多元胺。例如：

$CH_3CH_2NH_2$（一元胺） $H_2NCH_2CH_2NH_2$（二元胺）

根据氨分子中氢原子被取代的数目不同，可分为伯胺（一级胺）、仲胺（二级胺）、叔胺（三级胺）、季铵盐、季铵碱。例如：

CH_3NH_2 $(CH_3)_2NH$ $(CH_3)_3N$ $R_4N^+X^-$ $R_4N^+OH^-$
伯胺　　　　仲胺　　　　叔胺　　　　季铵盐　　　　季铵碱

注意：伯、仲、叔胺的分类和伯、仲、叔醇（或卤代烃）不同，醇（或卤代烃）是按官能团所连的碳原子类型的不同而分类，而胺是根据氮原子所连烃基的数目而定的。例如：

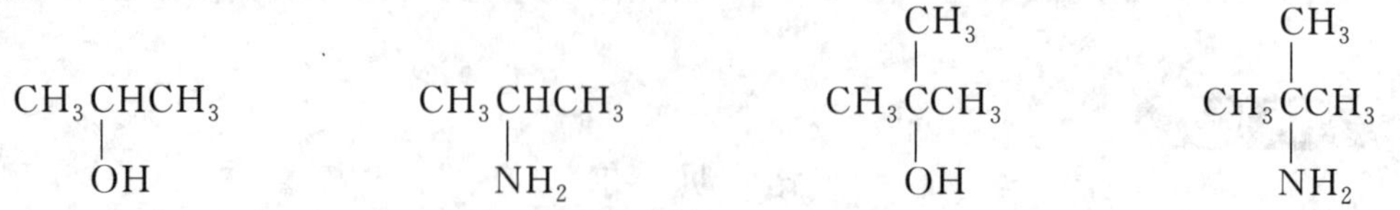

CH_3CHCH_3　　　CH_3CHCH_3　　　$CH_3\underset{CH_3}{\overset{CH_3}{C}}CH_3$　　　$CH_3\underset{CH_3}{\overset{CH_3}{C}}CH_3$
　|　　　　　　　　|　　　　　　　　|　　　　　　　　|
　OH　　　　　　NH_2　　　　　　OH　　　　　　NH_2

异丙醇（仲醇）　　异丙胺（伯胺）　　叔丁醇（叔醇）　　叔丁胺（伯胺）

对应于氢氧化铵或氯化铵的四烃基衍生物，称为季铵化合物。对应于氢氧化铵的化合物称为季铵碱，对应于氯化铵的化合物称为季铵盐。例如：

$$R_4N^+OH^- \qquad\qquad R_4N^+Cl^-$$

应注意"氨""胺""铵"字用法的不同，表示基时，用"氨"字，如氨基（—NH₂）；表示氨的烃基衍生物时，用"胺"字，如甲胺；表示季铵类化合物时，用"铵"字。

3. 胺的命名

（1）**习惯命名法** 简单的胺常用习惯命名法命名，即在胺前加上烃基的名称来命名。例如：

| 伯胺 | CH₃NH₂ | 苯甲胺（苄胺） | 叔丁胺 |
| 甲胺 | | | |

仲胺　(CH₃)₂NH　　CH₃NHCH₂CH₃　　二苯胺
　　　二甲胺　　　　甲乙胺

叔胺　(CH₃)₃N　　(CH₃CH₂)₂NCH₂CH₂CH₃　　三苯胺
　　　三甲胺　　　二乙基丙基胺

当氮原子同时连有烷基和芳基时，则以芳香胺为母体，命名时烷基名称前加符号"N"，表示烷基是连在氮原子上的。例如：

N-甲基苯胺　　　　　　　　　　N,N-二甲基苯胺

在仲胺、叔胺中，烃基同类合并，不同时，先简单，后复杂。

(CH₃CH₂)₂NH　　(CH₃)₃N　　CH₃NHCH₂CH₃　　N-甲基-N-乙基苯胺
　二乙胺　　　　三甲胺　　　甲基乙基胺

含两个氨基的称为二胺，并要标出它们的位次。

NH₂CH₂CH₂CH₂CH₂NH₂　　　　H₂N—⟨　⟩—NH₂
　　1,4-丁二胺　　　　　　　　　对苯二胺

（2）**系统命名法** 对复杂的胺常用系统命名法命名，以烃为母体，氨基作为

取代基。例如：

$$CH_3CH(CH_3)CH_2CH(NH_2)CH(CH_3)CH_3$$

2,5-二甲基-4-氨基己烷

伯、仲、叔胺与酸形成的盐，称作"某胺盐"。胺盐及季铵化合物可看作是铵的衍生物，季铵盐和季铵碱命名时，烃基以先简单后复杂的顺序排列，用"铵"表示。例如：

$$CH_3N^+H_3Cl^- \qquad [(CH_3)_3NCH_2CH_3]^+OH^-$$

甲胺盐酸盐 　　　　　　　　　氢氧化三甲乙铵

二、胺的物理性质

分子量较小的胺如甲胺、二甲胺、三甲胺和乙胺等在常温下均是无色气体，丙胺至十一胺为液体，十一胺以上的高级胺均为固体。6个碳原子以下的低级胺可溶于水，随着胺中烃基碳原子数的增加，其水溶性减少，高级胺难溶于水。胺有难闻的气味，许多脂肪胺有鱼腥味。芳香胺为高沸点液体或低熔点固体，具有特殊气味。芳香胺的毒性很大，如苯胺可以通过吸入、食入或透过皮肤吸收而致中毒，有些芳香胺如 β-萘胺还有致癌作用。

伯、仲、叔胺与水能形成氢键，所以低级胺在水中的溶解度都比较大。伯胺、仲胺本身分子间亦能形成氢键，但由于氮原子的电负性小于氧原子，胺的氢键不如醇的氢键强，因此，其沸点比分子量相近的醇、羧酸低。一些胺的物理常数见表 9-3。

表 9-3　一些常见胺的物理常数

总称	熔点/℃	沸点/℃	相对密度	折射率	pK_b
甲胺	−92.5	−6.5	0.6370	1.432	3.38
乙胺	−80.5	16.6	0.6829	1.366	3.7
丙胺	−83	48.7	0.7173	1.387	3.33
丁胺	−50.5	77.8	0.7417	1.403	3.39
戊胺	−5.5	104	0.7574	1.412	3.37
己胺	−19	132.7	0.7660	1.418	3.44
二甲胺	−96	7.4	0.6540	1.350	3.29
二乙胺	−50	55.5	0.7108	1.386	3.02
二丙胺	−39.6	110.7	0.7400	1.405	3.03
三甲胺	−124	3.58	0.6356	1.357	4.4

思考与练习

9-8 给下列化合物命名

(1) ![环己胺]—NH₂ (2) H₂N(CH₂)₆NH₂ (3) (CH₃)₂NH

(4) ![苯]—N(CH₃)₂ (5) [(CH₃CH₂)₄N]⁺OH⁻ (6) CH₃CHCHCHCH₃ 带 CH₃ 和 CH₂NH₂ 取代基

$$\text{(6) } CH_3\underset{CH_2NH_2}{\overset{}{C}H}\underset{}{C}H\underset{CH_3}{\overset{CH_3}{C}H}CH_3$$

9-9 写出下列化合物的结构式

(1) N-甲基-N-乙基苯胺 (2) 苯胺 (3) 三苯胺

(4) 乙丙胺 (5) 三甲胺 (6) 对羟基苯胺

9-10 为什么胺的沸点比分子量相近的烃和醚高，比醇和羧酸低？

9-11 排列出下列化合物沸点由高到低的顺序

(1) $CH_3CH_2CH_3$ $CH_3CH_2NH_2$ CH_3CH_2OH

(2) CH_3OCH_3 $HCOOH$ CH_3NHCH_3

三、胺的波谱性质

（1）红外吸收光谱　伯胺 N—H 伸缩振动：$3400\sim3300cm^{-1}$ 和 $3300\sim3200cm^{-1}$ 处有两个中等强度的吸收峰。芳香族伯胺：$3500\sim3390cm^{-1}$ 和 $3420\sim3300cm^{-1}$。

N—H 弯曲振动：在 $1650\sim1590cm^{-1}$ 和 $900\sim650cm^{-1}$（宽面外变形振动）有特征吸收，用于伯胺的鉴定。

仲胺的 N—H 伸缩振动：$3500\sim3300cm^{-1}$ 处，一个吸收峰。

（2）核磁共振谱　氨基氮上质子的化学位移一般在 $0.5\sim5\times10^{-6}$ 内，峰形宽，加入 D_2O 后峰消失，可用于鉴定氨基。

四、胺的化学性质

1. 胺的碱性

胺和氨一样，胺分子中氮原子具有未成对的电子，能接受一个质子，显示碱性。

胺的碱性以碱电离常数 K_b 或其负对数值 pK_b 表示，K_b 值越大或 pK_b 值越小，胺的碱性越强。某些胺的 pK_b 值见表 9-3。从表中可知，脂肪胺的碱性比氨强，而芳香胺的碱性比氨弱。

脂肪胺＞氨＞芳香胺

这是由于烷基是供电子基，使氮原子上的电子云密度增大，接受质子的能力增强，故碱性增强。从诱导效应上看，烷基越多，胺的碱性越强。在气态时，甲胺、二甲胺、三甲胺的碱性强弱顺序为：

$$(CH_3)_3N > (CH_3)_2NH > CH_3NH_2 > NH_3$$

在水溶液中，因受空间效应和溶剂的影响，其碱性强弱顺序为：

$$(CH_3)_2NH > CH_3NH_2 > (CH_3)_3N > NH_3$$

芳香胺的碱性比氨弱，是因为氮原子上的未共用电子对与苯环形成 p-π 共轭体系，使得氮原子上的电子云密度降低，减弱了与质子的结合能力。不同芳香胺的碱性强弱顺序如下：

N,N-二甲基苯胺＞N-甲基苯胺＞苯胺＞二苯胺＞三苯胺

当芳香胺的苯环上连有供电子基时，其碱性增强，而连有吸电子基时，其碱性减弱。例如：

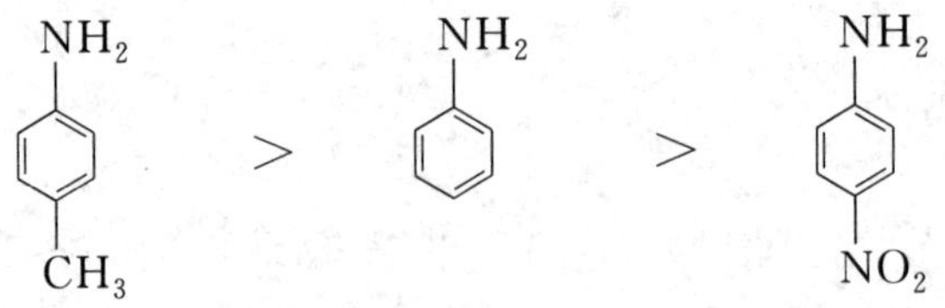

对甲基苯胺 ＞ 苯胺 ＞ 对硝基苯胺

胺是弱碱，与强无机酸的反应生成盐，再与强碱作用时，胺又重新被游离出来。例如：

$$R-NH_2 + HCl \rightleftharpoons RNH_3^+Cl^-$$

$$RNH_3^+Cl^- + NaOH \longrightarrow RNH_2 + NaCl + H_2O$$

利用这一性质可用于区分不溶于水的胺和不溶于水的有机物。

思考与练习

9-12 芳香胺分子中，引入供电子基、吸电子基对碱性有何影响？

9-13 将下列化合物中碱性由大到小依次排列。

(1) $CH_3CH_2NH_2$　　　NH_3　　　苯胺

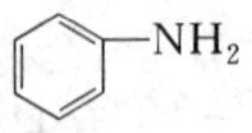

(2) 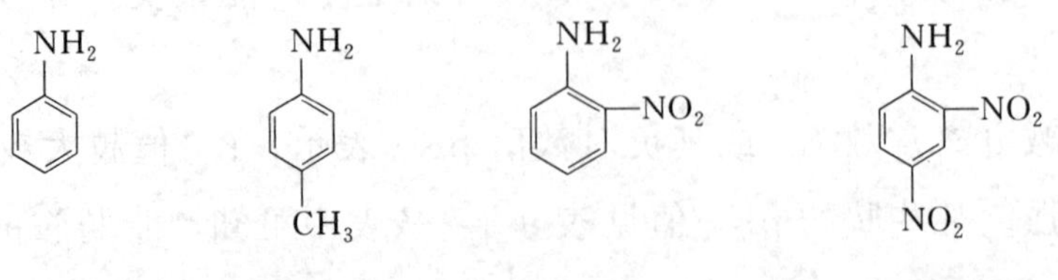 苯胺　　　对甲基苯胺　　　邻硝基苯胺　　　2,4-二硝基苯胺

(3) C₆H₅-NH₂   环己基-NH₂   C₆H₅-NH-C₆H₅

2. 胺的烷基化

胺能与卤代烷、醇等烷基化试剂作用，在氮原子上引入烷基，该反应称为胺的烷基化反应。伯胺与卤代烷或醇反应可生成仲胺、叔胺和季铵盐的混合物。

$$RNH_2 \xrightarrow{R'X} RNHR'$$

$$RNHR' \xrightarrow{R'X} RNR'_2$$

$$RNR'_2 \xrightarrow{R'X} RN^+R'_3 X^-$$

例如，工业上利用苯胺与甲醇在硫酸催化下，加热、加压制取 N-甲基苯胺和 N,N-二甲基苯胺。

$$C_6H_5-NH_2 + CH_3OH \xrightarrow[2.5\sim3MPa, 230℃]{H_2SO_4} C_6H_5-NHCH_3 + H_2O$$

$$C_6H_5-NH_2 + 2CH_3OH(过量) \xrightarrow[2.5\sim3MPa, 230℃]{H_2SO_4} C_6H_5-N(CH_3)_2 + 2H_2O$$

3. 酰基化

伯胺和仲胺能与酰卤、酸酐等酰基化试剂作用，氨基上的氢原子被酰基取代，生成胺的酰基衍生物，该反应称为胺的酰基化反应。

$$C_6H_5-NH_2 \xrightarrow[\text{或 } CH_3COCl]{(CH_3CO)_2O} C_6H_5-NHCOCH_3$$

芳香胺的酰基衍生物比芳胺稳定，不易氧化，但经水解可变为原来的芳香胺，故在有机合成中常用酰基化反应来保护氨基。例如：

$$C_6H_5-NH_2 \xrightarrow{(CH_3CO)_2O} C_6H_5-NHCOCH_3 \xrightarrow{混酸} \underset{NO_2}{\underset{|}{C_6H_3}}(NHCOCH_3)(NO_2) \xrightarrow[\triangle]{H_3O^+} \underset{NO_2}{\underset{|}{C_6H_3}}(NH_2)(NO_2)$$

（2,4-二硝基取代）

4. 磺酰化

胺也可发生磺酰化反应：

$$\left.\begin{array}{l} C_6H_5-NH_2 \\ C_6H_5-NHCH_3 \\ C_6H_5-N(CH_3)_2 \end{array}\right\} \xrightarrow[NaOH]{ClSO_2-C_6H_4-CH_3} \begin{cases} C_6H_5-NHSO_2-C_6H_4-CH_3 & \downarrow 沉淀可溶于碱 \\ C_6H_5-N(CH_3)SO_2-C_6H_4-CH_3 & \downarrow 沉淀不溶于碱 \\ 不发生反应 \end{cases}$$

该反应可用于鉴别分离伯、仲、叔胺。

5. 与亚硝酸反应

脂肪族、芳香族和杂环的一级胺都可发生重氮化反应。通常，重氮化试剂是由亚硝酸钠与盐酸作用临时产生的。除盐酸外，也可使用硫酸、过氯酸和氟硼酸等无机酸。脂肪族重氮盐很不稳定，能迅速自发分解；芳香族重氮盐较为稳定。芳香族重氮基可以被其他基团取代，生成多种类型的产物。所以芳香胺重氮化反应在有机合成上很重要。

脂肪族伯胺与亚硝酸反应，生成醇、烯烃等混合物，并放出氮气。例如：

$$CH_3CH_2NH_2 \xrightarrow[HCl]{NaNO_2} CH_3CH_2OH + CH_2=CH_2 + CH_3CH_2Cl + N_2\uparrow$$

芳香族伯胺在低温下和亚硝酸的强酸性水溶液反应，生成重氮盐，该反应叫做重氮化反应。

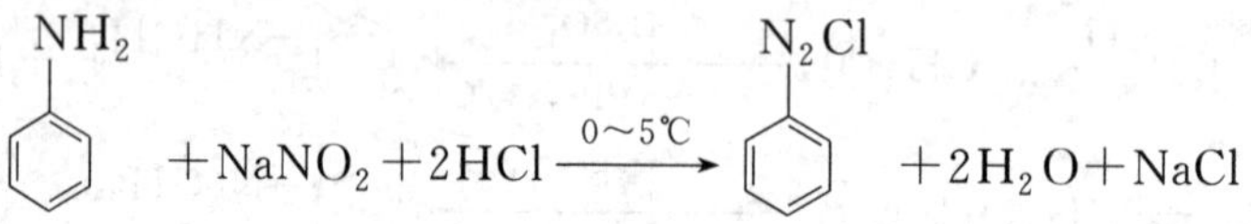

$$C_6H_5NH_2 + NaNO_2 + 2HCl \xrightarrow{0\sim5℃} C_6H_5N_2Cl + 2H_2O + NaCl$$

重氮盐在低温下稳定，加热水解为苯酚和氮气。

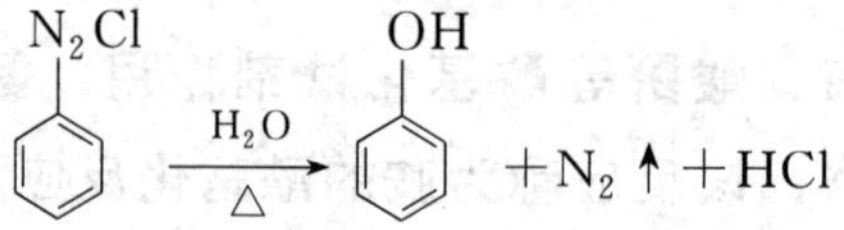

$$C_6H_5N_2Cl \xrightarrow[\triangle]{H_2O} C_6H_5OH + N_2\uparrow + HCl$$

脂肪族和芳香族仲胺与亚硝酸反应，都生成不溶于水的黄色油状物——N-亚硝基胺。例如：

$$(CH_3CH_2)_2NH \xrightarrow[HCl]{NaNO_2} (CH_3CH_2)_2N-NO$$

N-亚硝基二乙胺

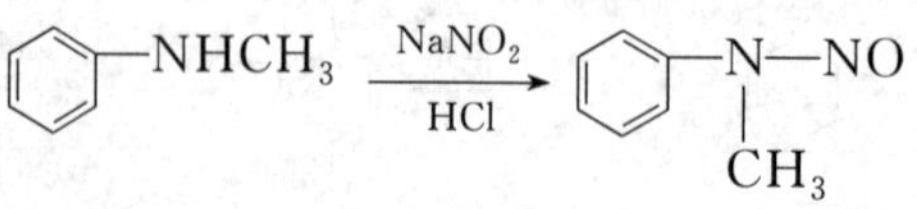

$$C_6H_5NHCH_3 \xrightarrow[HCl]{NaNO_2} C_6H_5N(CH_3)-NO$$

N-甲基-N-亚硝基苯胺

N-亚硝基胺与稀硝酸共热时，水解成原来的仲胺。可用于分离和提纯仲胺。

脂肪族叔胺由于氮原子上没有氢原子，一般不与亚硝酸反应，芳香族叔胺与亚硝酸作用，发生环上亚硝化反应，生成有颜色的对亚硝基取代物。例如：

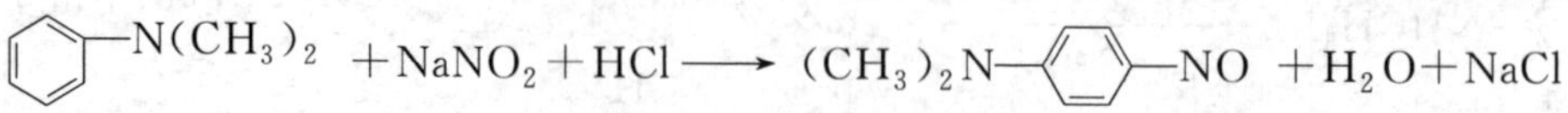

$$C_6H_5N(CH_3)_2 + NaNO_2 + HCl \longrightarrow (CH_3)_2N-C_6H_4-NO + H_2O + NaCl$$

对亚硝基-N,N-二甲基苯胺（绿色）

由于不同的胺与亚硝酸反应后产物的颜色、物态各不相同，故可用来鉴别伯、仲、叔胺。

你知道吗？ 亚硝酸盐的危害有哪些？

亚硝酸盐是一种常见的物质，是广泛用于食品加工业中的发色剂和防腐剂。它有三方面的功能：①使肉制品呈现一种漂亮的鲜红色；②使肉类具有独特的风味；③能够抑制有害的肉毒杆菌的繁殖和分泌毒素。

一般来说，只要含量在安全范围内，不会对人产生危害。一次性食入 0.2~0.5g 亚硝酸盐会引起轻度中毒，食入 3g 会引起重度中毒。中毒后造成人体组织缺氧，严重时甚至引起死亡。

亚硝基化合物在天然食物中含量很少，却在生活中十分常见，存在于多种物质当中，比如平常的腌制食品和日常所吃的烧烤中，就含有很多亚硝酸盐，一般在腌制食品腌制半天左右，亚硝酸盐的含量最高。因此建议要少吃腌制食品，如咸鸭蛋、泡菜等，以防长期食用对人身体造成极大的伤害，在生活中也要少吃烧烤或者熏制的食物。一定要注意亚硝酸盐的摄入情况，否则会对身体造成很大的危害。长期摄入亚硝酸盐，会引发亚硝基化合物中毒。

减少亚硝酸盐和亚硝基化合物的危害，专家建议，一方面要减少摄入量，包括多吃新鲜的蔬菜和肉类；少吃或不吃腌腊制品、酸菜；不吃腌制时间在 24h 之内的咸菜；胡椒和辣椒等调味品与盐分开包装；不喝长时间煮熬的蒸锅剩水。另一方面要阻断亚硝酸盐向亚硝基化合物转化，如低温保存食物，以减少蛋白质分解和亚硝酸盐生成；多吃一些富含维生素 C 和维生素 E 的蔬菜、水果以及大蒜、茶叶、食醋。

6. 胺的氧化

胺很容易发生氧化反应，尤其是芳伯胺更容易氧化。如纯苯胺是无色油状液体，在空气中放置后逐渐被氧化变为黄色甚至红棕色，所以芳胺应放置于避光棕色瓶中保存。

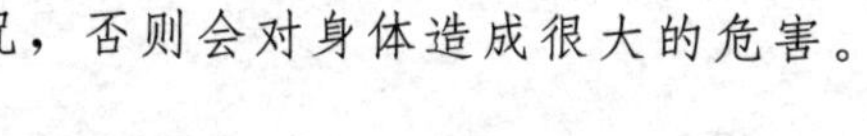

$$\text{C}_6\text{H}_5-\text{NH}_2 \xrightarrow[\text{(空气)}]{\text{O}_2} \text{黄色} \longrightarrow \text{红棕色}$$

氧化产物很复杂，氧化剂和反应条件不同，其产物也不同。例如：在酸性条件下二氧化锰氧化苯胺生成对苯醌：

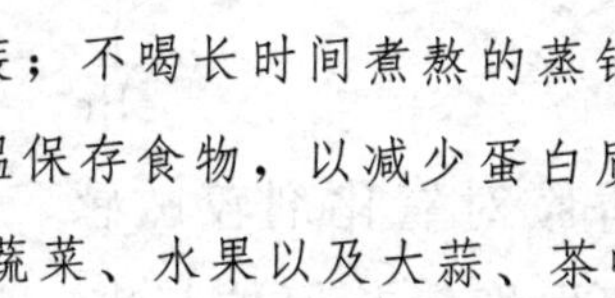

$$\text{C}_6\text{H}_5\text{NH}_2 \xrightarrow[\text{H}_2\text{SO}_4, 10\text{℃}]{\text{MnO}_2} \text{对苯醌}$$

若用重铬酸钾和硫酸氧化，经过复杂的变化，产物叫"苯胺黑"，是一种黑色的染料。

苯胺遇漂白粉变成紫色，可用于苯胺的鉴别。

7. 苯环上的取代反应

芳香胺是氨基直接连在芳环上，由于氨基是很强的邻、对位基，可活化苯环，因此苯胺容易发生卤化、硝化、磺化等亲电取代反应。

(1) **卤化反应**　苯胺与卤素很容易发生卤化反应，在常温下苯胺与溴水反应，立即生成 2,4,6-三溴苯胺白色沉淀，反应非常灵敏，可用于鉴别苯胺。

$$\text{C}_6\text{H}_5\text{NH}_2 + 3\text{Br}_2 \longrightarrow \text{2,4,6-Br}_3\text{C}_6\text{H}_2\text{NH}_2 \downarrow + 3\text{HBr}$$

(白色)

由于苯胺与卤素易反应，因而制备一元取代物很难。为制取一元取代物，必须设法降低氨基的活性，常用酰基化，由于乙酰氨基活性小于氨基，再卤代后水解可得一元取代物。

$$\text{PhNH}_2 \xrightarrow{(\text{CH}_3\text{CO})_2\text{O}} \text{PhNHCOCH}_3 \xrightarrow{\text{Br}_2} \text{p-Br-C}_6\text{H}_4\text{NHCOCH}_3 \xrightarrow[\text{OH}^-]{\text{H}_2\text{O}} \text{p-Br-C}_6\text{H}_4\text{NH}_2$$

(2) **硝化反应**　由于芳香胺对氧化剂较敏感，苯胺直接硝化易引起氧化作用，所以制备硝基苯胺时必须先把氨基保护起来，为此常采用先将苯胺乙酰化，然后再进行硝化的方法。乙酰苯胺硝化时，可以得到邻位或对位硝基衍生物。

$$\text{PhNH}_2 \xrightarrow{(\text{CH}_3\text{CO})_2\text{O}} \text{PhNHCOCH}_3 \begin{array}{c} \xrightarrow[\text{CH}_3\text{COOH}]{\text{HNO}_3} \text{p-O}_2\text{N-C}_6\text{H}_4\text{NHCOCH}_3 \xrightarrow[\text{OH}^-]{\text{H}_2\text{O}} \text{p-O}_2\text{N-C}_6\text{H}_4\text{NH}_2 \\ \xrightarrow[(\text{CH}_3\text{CO})_2\text{O}]{\text{HNO}_3} \text{o-O}_2\text{N-C}_6\text{H}_4\text{NHCOCH}_3 \xrightarrow[\text{OH}^-]{\text{H}_2\text{O}} \text{o-O}_2\text{N-C}_6\text{H}_4\text{NH}_2 \end{array}$$

若用浓硝酸和浓硫酸的混酸进行硝化，则主要产生间硝基苯胺。

$$\text{PhNH}_2 \xrightarrow{\text{H}_2\text{SO}_4(\text{浓})} \text{PhN}^+\text{H}_3 \text{ }^-\text{OSO}_3\text{H} \xrightarrow{\text{HNO}_3(\text{浓})} \text{m-O}_2\text{N-C}_6\text{H}_4\text{N}^+\text{H}_3\text{ }^-\text{OSO}_3\text{H} \xrightarrow{\text{OH}^-} \text{m-O}_2\text{N-C}_6\text{H}_4\text{NH}_2$$

(3) **磺化反应** 苯胺在常温下与浓硫酸反应，生成苯胺硫酸盐，将其盐加热到 180～190℃，发生脱水转位，得到对氨基苯磺酸。

$$\text{C}_6\text{H}_5\text{NH}_2 \xrightarrow{\text{H}_2\text{SO}_4(\text{浓})} \text{C}_6\text{H}_5\text{NH}_2 \cdot \text{H}_2\text{SO}_4 \xrightarrow{180\sim190℃} p\text{-H}_2\text{N-C}_6\text{H}_4\text{-SO}_3\text{H} + \text{H}_2\text{O}$$

对氨基苯磺酸，俗称磺胺酸，白色晶体，熔点 288℃，是制备偶氮染料和磺胺药物的原料。

8. 异腈反应

脂肪族伯胺和芳香族伯胺与三氯甲烷、氢氧化钾的醇溶液共热生成有毒有恶臭气味的异腈。这个反应非常灵敏，可作为鉴别伯胺的方法。

$$\text{RNH}_2 + \text{CHCl}_3 + 3\text{KOH} \xrightarrow{\text{乙醇}} \text{RCN} + 3\text{KCl} + 3\text{H}_2\text{O}$$

思考与练习

9-14 叔胺为什么不能发生酰基化反应？

9-15 苯胺直接卤化和硝化能否得一卤代苯胺和相应的硝化产物，为什么？

9-16 完成下列反应。

(1) $\text{C}_6\text{H}_5\text{NH}_2 \xrightarrow[\text{H}_2\text{SO}_4]{\text{CH}_3\text{OH}} ?$

(2) $(\text{CH}_3)_2\text{NH} \xrightarrow{(\text{CH}_3\text{CO})_2\text{O}} ?$

(3) $\text{C}_6\text{H}_5\text{NH}_2 \xrightarrow[0\sim5℃]{\text{NaNO}_2 + \text{HCl}} ?$

(4) $\text{C}_6\text{H}_5\text{NH}_2 \xrightarrow{\text{浓 H}_2\text{SO}_4} ?$

9-17 完成下列转变。

(1) 苯胺 → 间硝基苯胺

(2) 苯胺 → 对溴苯胺

(3) 对乙基苯胺 → 对氨基苯甲酸

(4) 苯胺 → 苯酚

*五、胺的制法

1. 氨的烷基化

氨与卤代烷等烷基化试剂作用生成胺,通常反应的最后产物是伯胺、仲胺、叔胺和季铵盐的混合物。由于产物难于分离,因而此反应应用受到限制。

醇和氨的混合蒸气通过加热的催化剂(氧化铝)也可生成伯胺、仲胺和叔胺。例如,工业上利用甲醇与氨反应制甲胺、二甲胺和三甲胺。

$$CH_3OH + NH_3 \xrightarrow[380\sim450℃,5MPa]{Al_2O_3} CH_3NH_2 \xrightarrow{CH_3OH} (CH_3)_2NH \xrightarrow{CH_3OH} (CH_3)_3N$$

芳香卤化物的卤素不活泼,一般不易与氨发生反应,只有在高温、高压及催化剂存在下,或芳环上有强吸电子基时,可发生取代反应。例如:

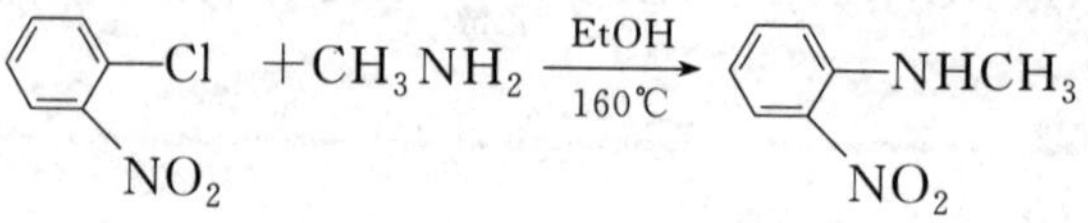

$$\text{o-}O_2N\text{-}C_6H_4\text{-}Cl + CH_3NH_2 \xrightarrow[160℃]{EtOH} \text{o-}O_2N\text{-}C_6H_4\text{-}NHCH_3$$

2. 含氮化合物的还原

硝基化合物、腈、酰胺等含氮化合物都易还原成胺。

芳香胺的制取最好是硝基化合物的还原,常用的还原剂为铁、锡和盐酸等(详见第九章第一节)。

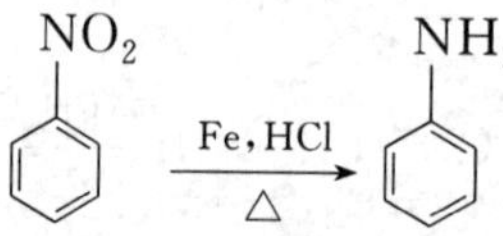

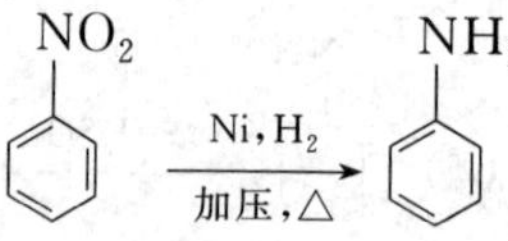

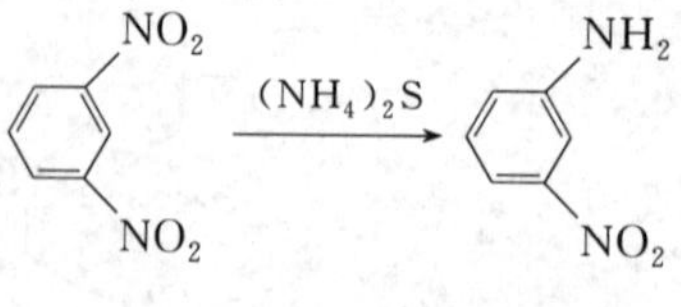

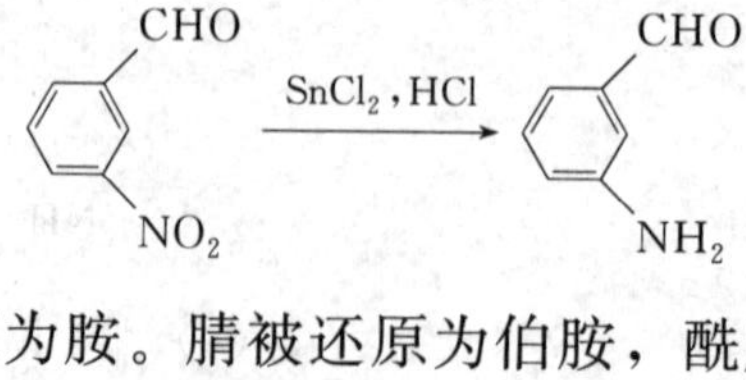

$$C_6H_5NO_2 \xrightarrow[\triangle]{Fe, HCl} C_6H_5NH_2$$

$$C_6H_5NO_2 \xrightarrow[\text{加压},\triangle]{Ni, H_2} C_6H_5NH_2$$

$$m\text{-}C_6H_4(NO_2)_2 \xrightarrow{(NH_4)_2S} m\text{-}O_2N\text{-}C_6H_4\text{-}NH_2$$

$$m\text{-}OHC\text{-}C_6H_4\text{-}NO_2 \xrightarrow{SnCl_2, HCl} m\text{-}OHC\text{-}C_6H_4\text{-}NH_2$$

腈、酰胺都可以还原为胺。腈被还原为伯胺,酰胺则可以还原各级胺。

腈在乙醇与金属钠作用下还原为伯胺。

$$RCN + 4C_2H_5OH + 4Na \longrightarrow RCH_2NH_2 + 4C_2H_5ONa$$

用催化加氢也可得到伯胺，例如工业上采用此法制取己二胺。

$$NC(CH_2)_4CN \xrightarrow[\triangle,加压]{H_2,Ni} H_2N(CH_2)_6NH_2$$

不同结构的酰胺经还原可制取伯、仲、叔胺。例如：

$$CH_3CON(CH_2CH_3)_2 \xrightarrow{LiAlH_4} (CH_3CH_2)_3N$$

$$CH_3(CH_2)_{10}CONHCH_3 \xrightarrow{LiAlH_4} CH_3(CH_2)_{10}CH_2NHCH_3$$

3. 酰胺的降级反应

酰胺与次卤酸钠作用，脱去羰基，生成少一个碳原子的伯胺，称为霍夫曼降级反应。

$$R-\underset{O}{\overset{\parallel}{C}}-NH_2 \begin{cases} \xrightarrow{LiAlH_4} RCH_2NH_2 \\ \xrightarrow[(X_2+NaOH)]{NaOX+NaOH} RNH_2 \end{cases}$$

4. 醛、酮的氨化还原

醛、酮能与氨及其衍生物缩合生成亚胺（西夫碱），再通过催化加氢或化学还原，得到伯、仲或叔胺。

$$C_6H_5CHO + NH_3 \xrightarrow[9MPa,40\sim70℃]{H_2/Ni} C_6H_5CH_2NH_2$$

$$C_6H_{10}O + NH_2CH_3 \xrightarrow[\triangle,加压]{H_2/Ni} C_6H_{11}NHCH_3$$

5. 盖布瑞尔（Gabriel）反应制伯胺

邻苯二甲酰亚胺的钠盐或钾盐与一级卤代烷发生亲核取代反应（构型翻转），生成烷基邻苯二甲酰亚胺。二级卤代烷无法行此反应。由于邻苯二甲酰亚胺的氮上只有一个氢原子，只能引入一个烷基，故该反应是制取较纯净的一级胺的常用方法。

$$\text{邻苯二甲酰亚胺} \xrightarrow[\text{醇}]{KOH} \text{邻苯二甲酰亚胺钾盐} \xrightarrow{RX} \text{N-烷基邻苯二甲酰亚胺} \xrightarrow{NaOH} \text{邻苯二甲酸钠} + RNH_2$$

六、尿素

1. 尿素的来源和制法

尿素又称碳酰胺，也叫脲。分子式为 $CO(NH_2)_2$，结构式为 $NH_2-\underset{O}{\overset{\parallel}{C}}-NH_2$。最初1773年从尿中取得，它是哺乳动物和某些鱼类体内蛋白质代谢的含氮终产物，成人每日排泄的尿中约含 30g 尿素，所以尿素可以从人和动物的尿液中提取，是重要的工业原料之一，可做肥料、塑料等。工业上用二氧化碳和过量的氨在加压 20MPa、180℃ 条件下制得：

$$2NH_3 + CO_2 \xrightarrow[20MPa]{180℃} NH_2COONH_4 \xrightarrow[\triangle]{-H_2O} NH_2CONH_2$$

　　　　　　　　　　　　　氨基甲酸铵　　　　　　　尿素

2. 尿素的性质

尿素是白色晶体，熔点 132.7℃，相对密度 1.335。易溶于水、乙醇和苯，不溶于乙醚和氯仿。从尿素的结构可知，具有酰胺类化合物的化学性质，但由于分子中两个氨基同时连接在一个羰基上，因此它还具有一定的特性。

（1）弱碱性　尿素具有极弱的碱性，其水溶液不能使石蕊变色，能跟强酸起反应。

（2）水解　尿素在酸、碱或尿素酶的存在下，能发生水解反应，生成氨二氧化碳和铵盐。

$$H_2NCONH_2 + H_2O + 2HCl \xrightarrow{\triangle} 2NH_4Cl + CO_2\uparrow$$

$$H_2NCONH_2 + 2NaOH \xrightarrow{\triangle} 2NH_3\uparrow + Na_2CO_3$$

$$H_2NCONH_2 + H_2O \xrightarrow{尿素酶} 2NH_3\uparrow + CO_2\uparrow$$

尿素含氮量高达 46.6%，投放在土壤中，逐渐水解成铵离子，为植物吸收，合成植物体内蛋白质。

（3）放氮反应　当尿素与次卤酸钠溶液作用，放出氮气，与霍夫曼降级反应相似。

$$H_2NCONH_2 + 3NaOBr \longrightarrow CO_2\uparrow + N_2\uparrow + 2H_2O + 3NaBr$$

测量所生成的氮气的体积可以定量地测定尿液中尿素的含量。

尿素与亚硝酸作用，生成二氧化碳和氮气。

$$CO(NH_2)_2 + 2HNO_2 \longrightarrow CO_2\uparrow + 2N_2\uparrow + 3H_2O$$

这一反应也是定量进行的，在有机分析中可用来测定尿素中的氮含量，也可用于破坏亚硝酸及氮的氧化物。

尿素在工业上占有很重要的地位，不仅是重要的肥料，还是重要的有机合成原料，尿素与甲醛作用合成脲醛树脂，也可用于合成重要的药物如巴比妥、苯巴比妥，它们是常用的安眠药。尿素也是一种很好的保湿成分，可用于面膜、护肤水、膏霜、护手霜等产品作为保湿成分，添加比例为 3%～5%。

七、重要的胺

1. 甲胺、二甲胺、三甲胺

甲胺（CH_3NH_2）、二甲胺（CH_3NHCH_3）、三甲胺 [$(CH_3)_3N$] 在常温下都是气体，甲胺和二甲胺具有氨的气味，三甲胺有鱼腥味。它们都易溶于水，能溶于乙醇和乙醚。都易燃烧，跟空气能形成爆炸性混合物。它们都是弱碱性物质。

工业上用氨与甲醇在高温（380～450℃）、高压（5.66MPa）和催化剂（Al_2O_3）存在下反应来制取甲胺、二甲胺和三甲胺。

$$CH_3OH + NH_3 \xrightarrow[\text{高温,高压}]{Al_2O_3} CH_3NH_2 + H_2O$$

$$CH_3NH_2 + CH_3OH \longrightarrow (CH_3)_2NH + H_2O$$

$$(CH_3)_2NH + CH_3OH \longrightarrow (CH_3)_3N + H_2O$$

这样得到产物是三种胺的混合物，再经过压缩分馏及萃取分离，就可得到较纯的甲胺、二甲胺、三胺。

甲胺、二甲胺、三甲胺都是重要的有机合成原料，可用来制造药物、染料、橡胶硫化促进剂及表面活性剂等。

2. 乙二胺（$H_2NCH_2CH_2NH_2$）

无色黏稠液体，有氨的气味。熔点8.5℃，沸点117.1℃，相对密度0.8994。溶于水和乙醇，不溶于乙醚和苯。

乙二胺由1,2-二氯乙烷与氨反应制得：

$$ClCH_2CH_2Cl + 4NH_3 \xrightarrow[\text{9.5MPa}]{145\sim 180℃} H_2NCH_2CH_2NH_2 + 2NH_4Cl$$

乙二胺在碱性溶液中与氯乙酸作用，生成乙二胺四乙酸钠，经过酸化得乙二胺四乙酸，即EDTA。

$$H_2NCH_2CH_2NH_2 + 4ClCH_2COOH \xrightarrow[50℃]{NaOH} \begin{array}{c} NaOOCCH_2 \\ NaOOCCH_2 \end{array} NCH_2CH_2N \begin{array}{c} CH_2COONa \\ CH_2COONa \end{array}$$

$$\xrightarrow{H^+} \begin{array}{c} HOOCCH_2 \\ HOOCCH_2 \end{array} NCH_2CH_2N \begin{array}{c} CH_2COOH \\ CH_2COOH \end{array}$$

EDTA能跟许多金属离子形成稳定的配合物，是分析化学中常用的金属离子配合剂。

乙二胺可用于制染料、橡胶硫化促进剂、药物等，也可作清蛋白、纤维蛋白等的溶剂。

3. 己二胺 [$H_2N(CH_2)_6NH_2$]

己二胺为无色片状晶体,熔点 39～42℃,沸点 205℃,微溶于水,溶于乙醇、乙醚和苯。

工业上生产己二胺的主要方法如下。

由己二酸制备:己二酸与氨反应生成铵盐,加热脱水生成己二腈,再催化加氢得己二胺。

$$HOOC(CH_2)_4COOH + 2NH_3 \longrightarrow H_4NOOC(CH_2)_4COONH_4$$

$$\xrightarrow[-4H_2O]{220\sim280℃} NC(CH_2)_4CN \xrightarrow[NaOH,75℃,3MPa]{H_2,Ni} H_2N(CH_2)_6NH_2$$

由丁二烯制备:丁二烯与氯气加成,产物与氰化钠反应再催化加氢,可得己二胺。

$$CH_2=CHCH=CH_2 \xrightarrow[200\sim300℃]{Cl_2} ClCH_2CH=CHCH_2Cl \xrightarrow[80\sim100℃]{NaCN}$$

$$NCCH_2CH=CHCH_2CN \xrightarrow{H_2}{Ni} NC(CH_2)_4CN \xrightarrow{H_2}{Ni} H_2N(CH_2)_6NH_2$$

由丙烯腈制备:

$$CH_2=CHCN \xrightarrow[50℃]{电解} NC(CH_2)_4CN \xrightarrow{H_2}{Ni} H_2N(CH_2)_6NH_2$$

此法工艺流程短,产率高,副产物少,是目前工业上主要使用的己二胺制备方法。

己二胺主要用于合成有机高分子化合物,是尼龙-66、尼龙-610、尼龙-612 单体的原料之一。

4. 苯胺 ($C_6H_5NH_2$)

苯胺俗称阿尼林油,无色油状液体,有强烈气味,有毒,沸点 184.4℃,熔点 −6.2℃,相对密度 1.0216。暴露于空气中或在日光下变成棕色。稍溶于水,与乙醇、乙醚、苯混溶,有碱性。工业上制备苯胺主要由硝基苯还原,另外也可用氯苯、苯酚氨解来制备。

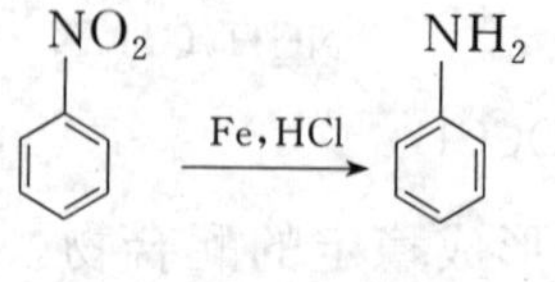

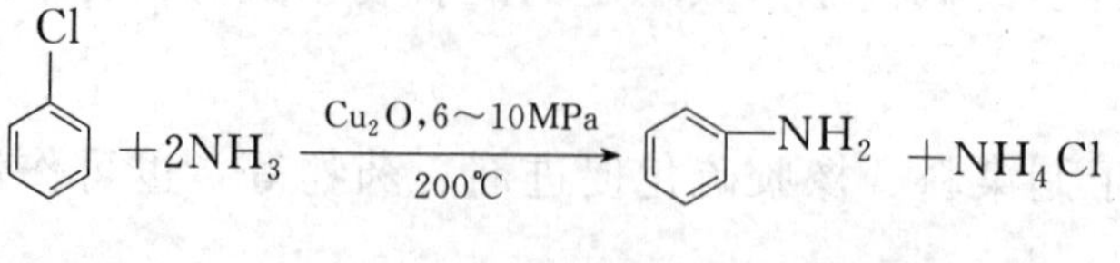

$$C_6H_5NO_2 \xrightarrow{Fe, HCl} C_6H_5NH_2$$

$$C_6H_5Cl + 2NH_3 \xrightarrow[200℃]{Cu_2O, 6\sim10MPa} C_6H_5NH_2 + NH_4Cl$$

$$\text{C}_6\text{H}_5\text{OH} + \text{NH}_3 \xrightarrow[360\sim460^\circ\text{C}]{\text{Al}_2\text{O}_3,\ \text{SiO}_2,\ 1.4\sim1.7\text{MPa}} \text{C}_6\text{H}_5\text{NH}_2 + \text{H}_2\text{O}$$

苯胺是重要的工业原料，可用于制造医药、农药、染料和橡胶硫化促进剂等。

思考与练习

9-18 完成下列方程式。

(1) 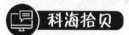 $+ \text{NH}_3 \xrightarrow[\text{加压}]{\triangle} ?$

(2) $\text{CH}_3\text{CON}(\text{CH}_3)_2 \xrightarrow{\text{LiAlH}_4} ?$

(3) $\text{NH}_3 + \text{CO}_2 \xrightarrow[\triangle]{\text{加压}} ?$

(4) $\text{ClCH}_2\text{CH}_2\text{Cl} + \text{NH}_3 \xrightarrow{\triangle,\text{加压}} ?$

(5) $\text{CH}_3\text{CH}_2\text{CONH}_2 \xrightarrow[\text{Br}_2]{\text{NaOH}} ?$

(6) $\text{CO}(\text{NH}_2)_2 + \text{H}_2\text{O} \xrightarrow{\text{酶}} ?$

(7) 邻硝基苯 $\xrightarrow{\text{Fe, HCl}} ?$

(8) $\text{CO}(\text{NH}_2)_2 \xrightarrow{\text{HNO}_2} ?$

科海拾贝

霍夫曼

霍夫曼（A. W. Hofmann，1818～1892），德国化学家。霍夫曼原是一个化学的门外汉（他本学习法律），被李比希（Liebig）教学的魅力所感召，和其他许多青年人一道，跨进了化学这座科学的殿堂。在李比希的教导下，他与煤焦油打上了交道，并研究起苯胺的性质，他就这个课题写了一篇论文，并在1841年获得博士学位。

由于受英国女王维多利亚的丈夫阿尔伯特亲王的建议被邀请到英国，在伦敦的皇家学院教化学，并担任英国皇家造纸厂的化学家。他有高超的教学技巧，侧重在讲演时作戏剧式的示范演示，不过因他动手能力不强，演示统统要由他的助手来完成。他设计的许多演示一经做出，便成为典型性实验。霍夫曼对煤焦油的兴趣始终不减，通常被认为他的研究是煤焦油工业的开端。他曾让他的英国学生蒲尔金研究奎宁，结果却发现了合成染料苯胺紫。然而霍夫曼不是那种羞于追随自己弟子的人。在蒲尔金的发现两年以后，霍夫曼合成了他自己的新染料，这就是在1858年至1860年间他在伦敦合成了红色染料碱性品红和蓝色染料。霍夫曼在英国居住20年之后于1864年回到了德国，在柏林大学工作。

霍夫曼建立了德国化学会，并多次任会长，他以溢美之词为许多化学家写过讣告并在1888年出版，共计3卷。1875年他曾获得科普利（Copley）奖章。他的胺类制备和分类,他的生物碱领域里的研究及季铵碱的降解的研究仅仅代表了他在有机领域中卓越贡献的一部分。

1897年,霍夫曼宣布他发明了阿司匹林。到目前为止,阿司匹林已应用百年,成为医药史上三大经典药物之一,至今它仍是世界上应用最广泛的解热、镇痛和抗炎药,也是比较和评价其他药物的标准制剂。

*第三节 腈

一、腈的结构和命名

1. 腈的结构

腈可看作是氢氰酸（HCN）分子中的氢原子被烃基取代的生成物。通式为 R—CN,结构式为 R—C≡N。式中 —C≡N 称为氰基,碳氮三键由一个 σ 键和两个 π 键组成。

2. 腈的命名

腈的命名是根据所含的碳原子数（包括氰基的碳原子）而称为"某腈"；或以烃为母体,氰基当作取代基,称为"氰基某烷"。例如:

CH₃CN	CH₃CH₂CN	CH₂=CHCN	C₆H₅CH₂CN
乙腈（氰基甲烷）	丙腈（氰基乙烷）	丙烯腈（氰基乙烯）	苯乙腈（苄氰）

二、腈的物理性质

氰基为碳氮三键,与炔的碳碳三键相似,由于氮原子的电负性大于碳原子,故氰基是吸电子基,极性较大。低级腈为无色液体,高级腈为固体。由于腈分子间作用力较大,因此其沸点较高,比分子量相近的烃、醚、醛、酮和胺沸点高,与醇相近,比相应的羧酸沸点低。例如:

	乙腈	乙醇	甲酸
分子量	41	46	46
沸点/℃	82	78.3	100.5

低级腈不仅可以与水混溶,而且可以溶解许多无机盐类,是优良的溶剂,但随着分子量的增加其溶解度迅速减小,例如乙腈能于水混溶,戊腈以上难溶于水。

三、腈的化学性质

由腈结构可知，腈化学性质比较活泼，能发生水解、醇解、还原等反应。

1. 水解反应

腈在酸或碱的作用下，加热水解生成羧酸或羧酸盐。例如：

$$CH_3CH_2CN \xrightarrow[H^+]{H_2O} CH_3CH_2COOH$$

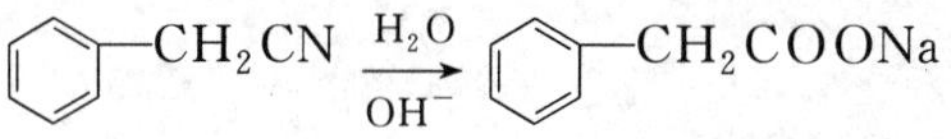

$$C_6H_5CH_2CN \xrightarrow[OH^-]{H_2O} C_6H_5CH_2COONa$$

2. 醇解反应

腈在酸催化作用下，与醇反应生成酯。

$$CH_3CH_2CN \xrightarrow[H^+]{CH_3OH} CH_3CH_2COOCH_3 + NH_3$$

3. 还原反应

腈催化加氢或用还原剂（$LiAlH_4$）还原，生成相应的伯胺。例如：

$$CH_3CN \xrightarrow[\text{加压}]{H_2, Ni} CH_3CH_2NH_2$$

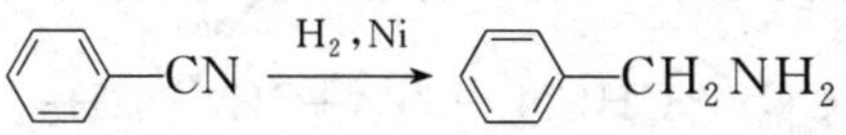

$$C_6H_5-CN \xrightarrow{H_2, Ni} C_6H_5-CH_2NH_2$$

四、腈的制法

1. 卤代烃氰解

卤代烃和氰化钾、氰化钠反应生成腈。例如：

$$CH_3CH_2Cl + NaCN \longrightarrow CH_3CH_2CN + NaCl$$

引入氰基后，使原来分子中碳原子数增加一个，这是有机合成上增加碳链的一种方法。

2. 酰胺脱水

由酰胺在五氧化二磷存在下加热脱水得腈。

$$CH_3CONH_2 \xrightarrow[\triangle]{P_2O_5} CH_3CN + H_2O$$

3. 重氮盐制备

重氮盐与氰化亚铜的氰化钾溶液反应，重氮基被氰基取代制得腈，是芳环上引入氰基的一种方法。

$$o\text{-}CH_3C_6H_4N_2Cl \xrightarrow[\triangle]{CuCN, KCN} o\text{-}CH_3C_6H_4CN$$

五、重要的腈

1. 乙腈（CH_3CN）

乙腈为无色液体，有芳香气味，有毒，沸点 80～82℃，熔点 −45℃，相对密度 0.7828，可溶于水和乙醇。水解生成乙酸，还原生成乙胺，能聚合成二聚物和三聚物。可由乙酰胺脱水，由硫酸二甲酯与氰化钠作用，或由乙炔与氨在催化剂存在下作用而得。乙腈可用于制备维生素 B_1 等药物及香料，也用作脂肪酸萃取剂、酒精变性剂等。

2. 丙烯腈（$CH_2\text{=}CHCN$）

丙烯腈为无色易流动液体，蒸气有毒，沸点 77.3～77.4℃，微溶于水，易溶于有机溶剂，能与空气形成爆炸性混合物，爆炸极限为 3.05%～17.0%（体积分数）。

工业上常用丙烯的氨氧化法和乙炔和氢氰酸直接化合而得：

$$CH_2\text{=}CHCH_3 + NH_3 + \frac{3}{2}O_2 \xrightarrow[470℃]{磷钼酸铋} CH_2\text{=}CHCN + 3H_2O$$

$$HC\text{≡}CH + HCN \xrightarrow[70℃]{Cu_2Cl_2} CH_2\text{=}CHCN$$

丙烯腈在引发剂（过氧化苯甲酰）存在下，发生聚合反应生成聚丙烯腈：

$$nCH_2\text{=}CHCN \longrightarrow \text{—}[CH_2\text{—}CH]_n\text{—}$$
$$\qquad\qquad\qquad\qquad\qquad\qquad |$$
$$\qquad\qquad\qquad\qquad\qquad\quad CN$$

聚丙烯腈纤维，即腈纶，又称人造羊毛。具有强度高、保暖性好、密度小、耐日光、耐酸和耐溶剂等特性。丙烯腈还能与其他化合物共聚，如丁腈橡胶就是由丙烯腈和1,3-丁二烯共聚而成。

思考与练习

9-19 写出下列化合物的结构式：

(1) 2-氰基戊烷　　(2) 己二腈　　(3) 氰基甲烷

(4) 丙烯腈　　(5) 苯甲腈　　(6) 邻硝基苯甲腈

9-20 完成下列方程式：

(1) $CH_3CH_2CH_2CN \xrightarrow[H^+]{H_2O}$

(2) $CH_3CH_2CONH_2 \xrightarrow[\triangle]{P_2O_5}$

(3) $NC(CH_2)_4CN \xrightarrow[Ni]{H_2}$

(4) 苯-$CH_2Cl \xrightarrow{NaCN}$?

(5) 苯-$N_2Cl \xrightarrow{CuCN, KCN}$?

(6) $CH_3CH_2CN \xrightarrow[H^+]{CH_3CH_2OH}$?

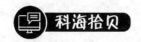

蛋白质纤维

蛋白质纤维是由天然蛋白质制成的性质类似于羊毛的纤维，羊毛、蚕丝等为天然蛋白质纤维。1866年英国人E.E.休斯首先成功地从动物胶中制出人造蛋白质纤维。他将动物胶溶于乙酸，在硝酸酯的水溶液中凝固抽丝，然后以亚铁盐溶液脱硝，进一步加工得到蛋白质纤维，但未工业化。1935年意大利弗雷蒂才用牛乳内提取的奶酪素制成人造羊毛。天然蛋白质制成的蛋白质纤维与羊毛的性质差不多，基本结构单元都是氨基酸以酰胺键（肽键）结合在一起的高分子。比天然羊毛优越之处在于不易皱缩，不易虫蛀，易保存；缺点是保暖性及柔软性较天然羊毛差些。工业上生产蛋白质纤维的主要原料是乳酪素、花生蛋白及大豆蛋白等。

20世纪90年代以来，又有生产者开始从牛奶中提取乳酪蛋白以生产"新一代蛋白质纤维"——酪素纤维（casein fiber），用于制作内衣，据称其对皮肤还有某种"保养"作用，产品形式主要为短纤维。

第四节 芳香族重氮和偶氮化合物

一、重氮和偶氮化合物的结构和命名

重氮和偶氮化合物分子中都含有氮氮重键（—N=N—）官能团，其中—N=N—官能团两端都和碳原子直接相连的化合物称为偶氮化合物例如：

$$CH_3-N=N-CH_3 \qquad C_6H_5-N=N-C_6H_5 \qquad C_6H_5-N=N-\underset{OH}{C_6H_4} \qquad (CH_3)_2\underset{CN}{C}-N=N-\underset{CN}{C}(CH_3)_2$$

偶氮甲烷　　　　　偶氮苯　　　　　对羟基偶氮苯　　　　偶氮二异丁腈

如果—N₂—只有一端与碳原子相连，另一端与非碳原子（—CN例外）相连的化合物，称为重氮化合物。例如：

$$C_6H_5-N=N-NH-C_6H_5 \qquad C_6H_5-N=NCl$$

苯重氮氨基苯　　　　　　　　氯化重氮苯

二、芳香族重氮化合物

1. 重氮化反应

芳伯胺与亚硝酸在低温和强酸溶液中反应生成重氮盐的反应，称为重氮化反应。例如：

$$\underset{}{\text{C}_6\text{H}_5\text{—NH}_2} + \text{NaNO}_2 + 2\text{HCl} \xrightarrow{0\sim5℃} \underset{}{\text{C}_6\text{H}_5\text{—N}_2\text{Cl}} + \text{NaCl} + 2\text{H}_2\text{O}$$

$$\underset{}{\text{C}_6\text{H}_5\text{—NH}_2} + \text{NaNO}_2 + 2\text{H}_2\text{SO}_4 \xrightarrow{0\sim5℃} \underset{}{\text{C}_6\text{H}_5\text{—N}_2\text{HSO}_4} + \text{NaHSO}_4 + 2\text{H}_2\text{O}$$

重氮化反应一般在低温（0～5℃）下进行，温度稍高易分解。通常用盐酸和硫酸作酸性介质，而且酸的用量必须过量，以避免副反应的产生。但亚硝酸要适量，因过量会使重氮盐分解，反应终点可用淀粉碘化钾试纸检验，呈蓝紫色即为终点。过量的亚硝酸可以加入尿素除去。

2. 重氮盐的性质及其在合成中的应用

重氮盐具有盐的通性，可溶于水，不溶于有机溶剂。干燥的重氮盐极不稳定，受热或振动易发生爆炸，在低温水溶液中比较稳定，重氮盐不需从水中分离，可直接用于有机合成。

重氮盐是活泼的中间体，可发生许多化学反应，一般分为失去氮的反应和保留氮的反应两类。

（1）失去氮的反应　重氮盐分子中的重氮基在一定的条件下，可以被羟基、卤原子、氰基、氢原子等取代，生成多种芳烃衍生物，同时放出氮气，这类失去氮的反应叫做放氮反应。

① 被羟基取代。在酸性条件下，将重氮盐加热水解，重氮基被羟基取代生成苯酚，同时放出氮气。例如：

$$\text{C}_6\text{H}_5\text{—N}_2\text{HSO}_4 + \text{H}_2\text{O} \xrightarrow[\triangle]{\text{H}_2\text{SO}_4} \text{C}_6\text{H}_5\text{—OH} + \text{N}_2\uparrow + \text{H}_2\text{SO}_4$$

反应一般用重氮苯硫酸盐，可以避免反应生成的酚与未反应的重氮盐发生偶合反应。如果用重氮苯盐酸盐的盐酸溶液，则常伴有副产物氯代酚的生成。

在有机合成中可通过生成重氮盐将氨基转变成羟基，来制备一些不能由芳磺酸盐碱熔而制得的酚类，例如间氯苯酚不宜用间氯苯磺酸钠碱熔制取，因为氯原子会在碱熔时水解。常用下面方法来制备。

$$\text{O}_2\text{N}\text{—C}_6\text{H}_4\text{—Cl} \xrightarrow{[\text{H}]} \text{H}_2\text{N}\text{—C}_6\text{H}_4\text{—Cl} \xrightarrow[0\sim5℃]{\text{NaNO}_2+\text{H}_2\text{SO}_4} \text{HSO}_4\text{N}_2\text{—C}_6\text{H}_4\text{—Cl} \xrightarrow[\text{H}_2\text{SO}_4,\triangle]{\text{H}_2\text{O}} \text{HO}\text{—C}_6\text{H}_4\text{—Cl}$$

② 被氰基取代。重氮盐与氰化亚铜的氰化钾水溶液共热，重氮基被氰基取代，同时放出氮气。例如：

$$\text{C}_6\text{H}_5\text{—N}_2\text{Cl} \xrightarrow[\triangle]{\text{CuCN, KCN}} \text{C}_6\text{H}_5\text{—CN} + \text{N}_2\uparrow$$

氰基可以水解成羧基，也可还原成氨甲基。

$$\underset{}{\text{C}_6\text{H}_5\text{—NH}_2} \xrightarrow[0\sim5℃]{\text{NaNO}_2,\text{HCl}} \text{C}_6\text{H}_5\text{—N}_2\text{Cl} \xrightarrow[\text{KCN}]{\text{CuCN}} \text{C}_6\text{H}_5\text{—CN} \begin{matrix} \xrightarrow[\text{H}^+]{\text{H}_2\text{O}} \text{C}_6\text{H}_5\text{—COOH} \\ \xrightarrow[\text{Ni}]{\text{H}_2} \text{C}_6\text{H}_5\text{—CH}_2\text{NH}_2 \end{matrix}$$

通过重氮盐可在苯环上引入羧基和氨甲基。

③ 被氢原子取代。重氮盐与还原剂次磷酸或乙醇反应,重氮基被氢原子所取代,该反应是从芳环上除去氨基的方法,所以又称脱氨基反应。

$$C_6H_5\text{—N}_2\text{Cl} + H_3PO_2 + H_2O \longrightarrow C_6H_6 + N_2\uparrow + H_3PO_3 + HCl$$

$$C_6H_5\text{—N}_2\text{HSO}_4 + C_2H_5OH \longrightarrow C_6H_6 + N_2\uparrow + CH_3CHO + H_2SO_4$$

利用此反应可从芳环上除去硝基和氨基。例如,1,3,5-三溴苯无法由苯直接溴代得到,可由苯胺通过溴代,重氮化再还原制得。

$$C_6H_5\text{—NH}_2 \xrightarrow{Br_2} 2,4,6\text{-三溴苯胺} \xrightarrow[0\sim5℃]{\text{NaNO}_2,\text{HCl}} \text{重氮盐} \xrightarrow{H_3PO_2} 1,3,5\text{-三溴苯}$$

④ 被卤原子取代。重氮盐与氯化亚铜的浓盐酸溶液或溴化亚铜的浓氢溴酸溶液共热,重氮基被氯原子或溴原子取代变成氯代或溴代芳烃。

$$C_6H_5\text{—N}_2\text{Cl} \xrightarrow[\triangle]{\text{Cu}_2\text{Cl}_2,\text{HCl}} C_6H_5\text{—Cl} + N_2\uparrow$$

$$C_6H_5\text{—N}_2\text{Br} \xrightarrow[\triangle]{\text{Cu}_2\text{Br}_2,\text{HBr}} C_6H_5\text{—Br} + N_2\uparrow$$

重氮盐和碘化钾水溶液共热,重氮基被碘所取代,生成碘代芳烃。例如:

$$C_6H_5\text{—N}_2\text{HSO}_4 \xrightarrow[\text{H}_2\text{O}]{\text{KI}} C_6H_5\text{—I} + N_2\uparrow$$

这是将碘原子引入苯环中的一个方法。

(2) 保留氮的反应　重氮盐在反应中没有氮气放出,重氮基的两个氮原子仍保留在产物分子中,称为保留氮反应。

① 还原反应。重氮盐与还原剂二氯化锡和盐酸(或亚硫酸钠)反应,生成苯肼:

$$C_6H_5\text{—N}_2\text{Cl} \xrightarrow{\text{SnCl}_2,\text{HCl}} C_6H_5\text{—NHNH}_2\cdot\text{HCl} \xrightarrow{\text{NaOH}} \underset{\text{苯肼}}{C_6H_5\text{—NHNH}_2}$$

$$C_6H_5\text{—N}_2\text{Cl} \xrightarrow{\text{Na}_2\text{SO}_3} C_6H_5\text{—N}=\text{N—SO}_3\text{Na} \xrightarrow{\text{Na}_2\text{SO}_3} C_6H_5\text{—NH—NH—SO}_3\text{Na} \xrightarrow[\text{HCl},\text{H}_2\text{O}]{100℃}$$

$$C_6H_5\text{—NH—NH}_2\cdot\text{HCl} \xrightarrow{\text{NaOH}} C_6H_5\text{—NHNH}_2$$

$$O_2N-\underset{}{\bigcirc}-\overset{+}{N_2}HSO_4^- \xrightarrow[H_2O]{Na_2SO_3} O_2N-\underset{}{\bigcirc}-NHNH_2$$

苯肼为无色油状液体，沸点 241℃，熔点 19.8℃，不溶于水，具有强还原性，在空气中易被氧化变黑。毒性较大，使用时注意，是合成染料和药物的原料。

② 偶合反应。重氮盐与酚或芳香胺反应，生成有颜色的偶氮化合物，称为偶合反应或偶联反应。例如：

$$\bigcirc-N_2Cl + \bigcirc-OH \xrightarrow[0℃]{NaOH} \bigcirc-N=N-\bigcirc-OH + HCl$$

对羟基偶氮苯（橘红色）

$$\bigcirc-N_2Cl + \bigcirc-NH_2 \xrightarrow[0℃]{CH_3COONa} \bigcirc-N=N-\bigcirc-NH_2 + HCl$$

对氨基偶氮苯（黄色）

偶合反应相当于在一个芳环上引入苯重氮基，只有活泼的芳烃才能与重氮盐发生偶合反应，生成偶氮化合物，偶合反应主要发生在羟基或氨基的对位上，若对位被占，则发生在邻位上。例如：

$$\bigcirc-N_2Cl + \underset{CH_3}{\underset{|}{\bigcirc}}-N(CH_3)_2 \longrightarrow \bigcirc-N=N-\underset{CH_3}{\underset{|}{\bigcirc}}-N(CH_3)_2 + HCl$$

重氮盐与酚类的偶合反应要求在弱碱性介质（pH＝8～10）中进行。芳香胺发生偶合反应，要求在弱酸或中性条件下（pH＝5～7）进行。偶合反应的产物，都是有颜色的，多作为染料，故称为偶氮染料。例如甲基橙就是由对氨基苯磺酸经重氮化，与 N,N-二甲基苯胺发生偶合反应的产物。

$$HO_3S-\bigcirc-NH_2 \xrightarrow[0\sim5℃]{NaNO_2,HCl} HO_3S-\bigcirc-N_2Cl \xrightarrow[CH_3COOH]{\bigcirc-N(CH_3)_2}$$

$$HO_3S-\bigcirc-N=N-\bigcirc-N(CH_3)_2 \xrightarrow{NaOH} NaO_3S-\bigcirc-N=N-\bigcirc-N(CH_3)_2$$

由于甲基橙在酸碱溶液中显示不同的颜色，常被用作酸碱指示剂。

三、偶氮化合物和偶氮染料

在低温下重氮盐与酚或芳香胺作用，失去一分子 HX，使两个分子偶合起来，生成具有颜色的偶氮化合物，多用于染料，称为偶氮染料。偶氮染料是以分子内具有一个或几个偶氮基（—N=N—）为特征的合成染料。它的颜色几乎包括大部分色谱，在已知染料品种中，偶氮染料占半数以上，是应用最广的一类合成染料。它们包括了碱性染料、酸性染料、直接染料、媒染染料、冰染染料、活性染料和分散性染料等几大类。

偶氮染料颜色齐全、色泽鲜艳，使用方便，广泛应用于棉、毛、丝织品以及塑料、橡胶、皮革、印刷、食品等产品的染色。但随着科学技术、健康环保意识的提高，对偶氮染料的毒性有了进一步的认识。偶氮染料在分解过程中能产生对人体或动物有致癌作用的芳香胺化合物，对人的身体有很大的影响，偶氮染料的生产在很多发达国家受到限制，如美国、欧盟等国家和地区禁止有毒偶氮染料纺织品的进口，我国也在制定相关条例，以减少含毒染料的生产。这就要求我们多开发一些低毒、无毒染料，以适应当今社会的发展。下面介绍几种含偶氮化合物的指示剂和偶氮染料。

1. 甲基橙

甲基橙是由对氨基苯磺酸重氮盐与 N,N-二甲基苯胺发生偶联反应制得的，是一种酸碱指示剂，变色范围为 pH=3.1～4.4。在 pH<3.1 的酸性溶液中显红色；在 pH 3.1～4.4 显橙色；pH>4.4 显黄色。

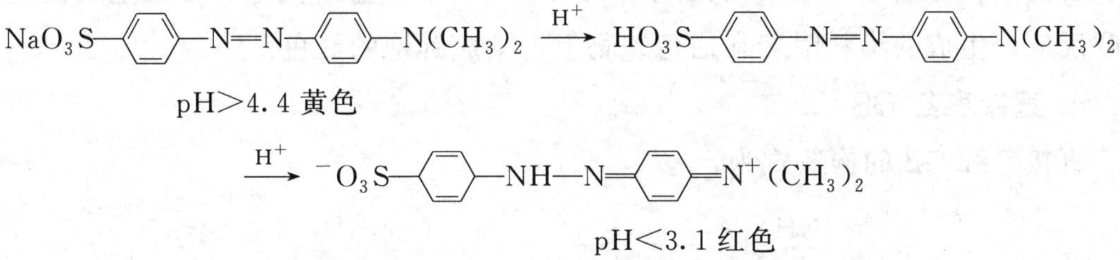

$$NaO_3S-\!\!\left\langle\!\!\!\bigcirc\!\!\!\right\rangle\!\!-N=N-\!\!\left\langle\!\!\!\bigcirc\!\!\!\right\rangle\!\!-N(CH_3)_2 \xrightarrow{H^+} HO_3S-\!\!\left\langle\!\!\!\bigcirc\!\!\!\right\rangle\!\!-N=N-\!\!\left\langle\!\!\!\bigcirc\!\!\!\right\rangle\!\!-N(CH_3)_2$$

pH>4.4 黄色

$$\xrightarrow{H^+} {}^-O_3S-\!\!\left\langle\!\!\!\bigcirc\!\!\!\right\rangle\!\!-NH-N=\!\!\left\langle\!\!\!\bigcirc\!\!\!\right\rangle\!\!=N^+(CH_3)_2$$

pH<3.1 红色

甲基橙的颜色不稳定，且不牢固，所以不适于作染料。

2. 刚果红

刚果红的构造式为：

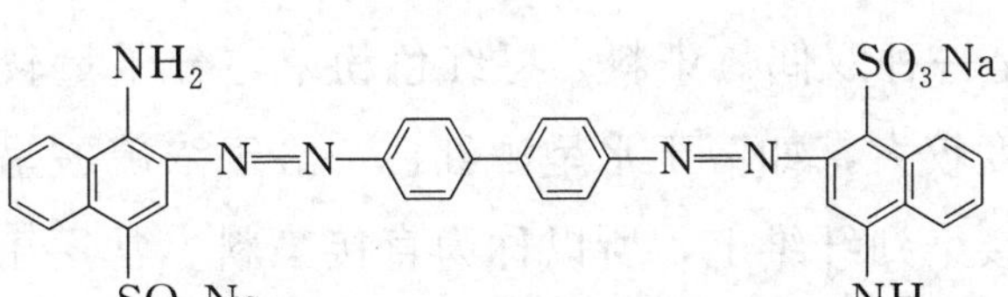

刚果红又称为直接大红，是一种棕红色粉末，可溶于水和乙醇，是由联苯胺的重氮盐与4-氨基-1-萘磺酸发生偶联反应制得。

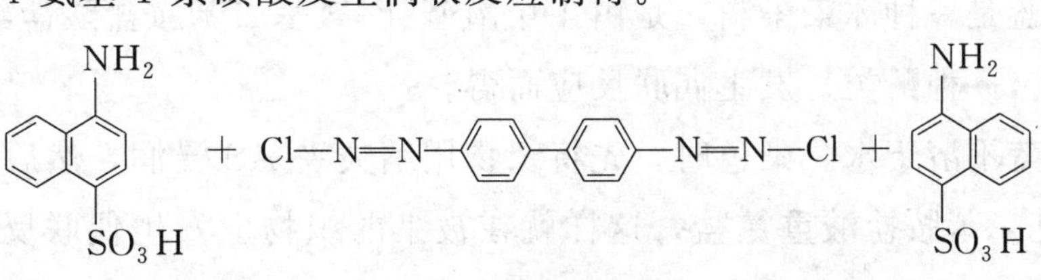

4-氨基-1-萘磺酸   联苯胺盐酸重氮盐

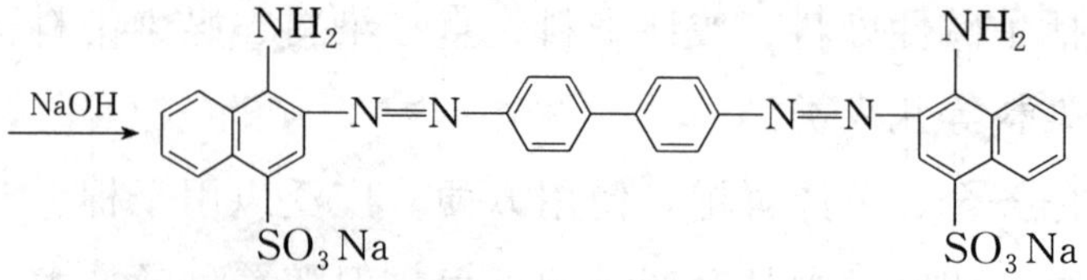

$$\xrightarrow{\text{NaOH}}$$ [刚果红结构式：两端为含NH₂和SO₃Na的萘环，通过—N=N—与联苯相连]

刚果红是一种酸碱指示剂，变色范围为pH 3.0～5.0。在pH<3.0的酸溶液中显蓝色，在pH>5.0的近中性或碱性溶液中显红色。它还是一种红色染料，可用于丝毛和棉纤维的染色。

3. 对位红

对位红是由对硝基苯胺经重氮化后，再与 β-萘酚偶合而成。

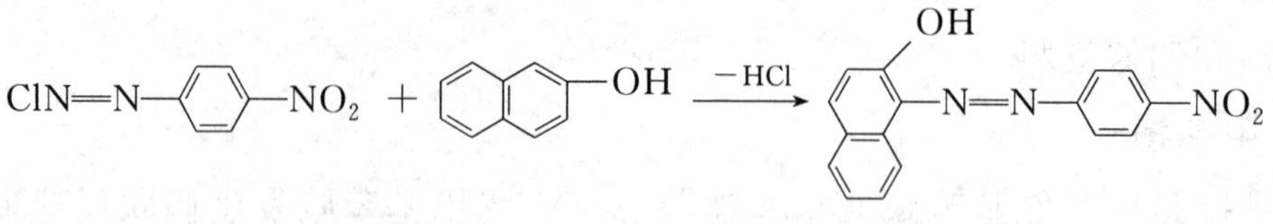

$$\text{ClN=N}\!-\!\!\!\bigcirc\!\!\!-\text{NO}_2 + \text{[萘]}\!-\!\text{OH} \xrightarrow{-\text{HCl}} \text{[对位红结构]}$$

对位红

对位红是能在纤维上直接生成并牢固附着的一种偶氮染料。染色时，先将白色织物浸入 β-萘酚中，取出再浸入对硝基苯胺的重氮盐溶液中，纤维上就发生了偶联反应，生成的染料附着在白色织物上，染成鲜艳的红色。

4. 直接枣红 GB

直接枣红 GB 的构造式为：

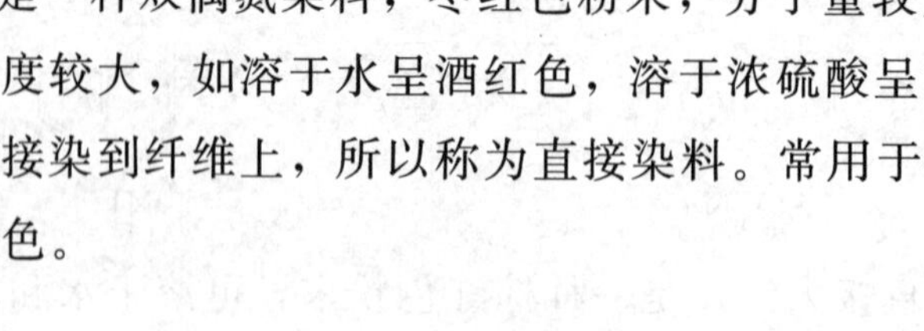

[直接枣红GB结构式]

直接枣红 GB 是一种双偶氮染料，枣红色粉末，分子量较大，但大多是磺酸钠盐，水中的溶解度较大，如溶于水呈酒红色，溶于浓硫酸呈黄色，溶于浓硝酸呈棕黄色。可以直接染到纤维上，所以称为直接染料。常用于棉、麻、蚕丝、羊毛等天然纤维的染色。

5. 凡拉明蓝

凡拉明蓝是一种冰染染料，是由4-甲氧基-4′-氨基二苯胺盐酸盐经重氮化后，再与纳夫妥（一种酚类）发生偶联反应而得。

凡拉明蓝不溶于水。染色时，先将织物用纳夫妥 AS 浸润，然后再通过4-甲氧基-4′-氨基二苯胺盐酸重氮盐，这样就在被染的织物上发生偶联反应，生成凡拉明蓝，因凡拉明蓝不溶于水，因此被附着在纤维上而染成蓝色。

你知道吗？

何为"苏丹红一号"

"苏丹红一号"色素是一种红色的工业合成染色剂，在我国以及世界上多数国家都不属于食用色素，动物实验研究表明，"苏丹红一号"可导致老鼠患某些癌症。

2002年研究人员发现它能造成人类肝脏细胞的DNA突变，显现出可能致癌的特性。之后欧盟要求，进入任何欧盟国家的所有干的、碎的或研磨的辣椒，都不能含有"苏丹红一号"。我国也明文禁止在食品中添加"苏丹红一号"。

"苏丹红一号"会对人体产生哪些危害？"苏丹红一号"染色剂含有偶氮苯，当偶氮苯被降解后，就会产生苯胺，这是一种中等毒性的致癌物。过量的苯胺被吸入人体，可能会造成组织缺氧，呼吸不畅，引起中枢神经系统、心血管系统和其他脏器受损，甚至导致不孕症。

思考与练习

9-21 什么是重氮化反应、偶联反应？反应条件是什么？

9-22 为什么不能用重氮盐的水溶液与KCl作用在芳环上直接引入卤素？

9-23 完成下列反应式：

(1) 间硝基苯胺 $\xrightarrow{NaNO_2, HCl}{0\sim5℃}$?

(2) $C_6H_5N_2Cl$ + 间甲苯酚 $\xrightarrow{NaOH}{0℃}$?

(3) $C_6H_5N_2Cl \xrightarrow{Cu_2Br_2, HBr}$?

(4) $C_6H_5N_2Cl \xrightarrow{C_2H_5OH}$?

(5) $C_6H_5N_2Cl \xrightarrow[\triangle]{CuCN, KCN}$? $\xrightarrow{① H_2O, H^+ ； ② H_2, Ni}$?

(6) 对甲基苯胺 $\xrightarrow{NaNO_2, H_2SO_4}{0\sim5℃}$?

(7) $C_6H_5N_2Cl \xrightarrow{SnCl_2, HCl}$?

9-24 完成下列转变：

(1) 苯胺 → 苯甲酸

(2) 苯胺 → 偶氮苯

(3) 苯 → 间硝基苯酚

(4) 苯 → 间二氯苯

(5) 对甲基苯胺 → 对氨基苯酚

科海拾贝

偶氮染料与服装

染料分子结构中，凡是含有偶氮基（—N═N—）的统称为偶氮染料，其中偶氮基常与一个或多个芳香环系统相连构成一个共轭体系而作为染料的发色体。

偶氮染料广泛应用于纺织品、皮革制品等的染色及印花,在合成染料中,偶氮染料是品种和数量最多的一类,约占一半以上,目前印染厂使用的偶氮染料品种多达600~700种,有很多直接染料、酸性染料、分散染料、活性染料、阳离子染料都是偶氮染料。偶氮染料具有很广的色谱范围,包括红、橙、黄、蓝、紫、黑等,色种齐全,色光良好,并有一定的牢度,因此广泛地应用于各类纤维的染色。某些有害偶氮染料染色的服装与人体皮肤长期接触后,会与代谢过程中释放的成分混合并产生还原反应形成致癌的芳香胺化合物,这种化合物会被人体吸收,经过一系列活化作用使人体细胞的DNA发生结构与功能的变化,成为人体病变的诱因。欧盟是我国纺织品服装和皮革制品输入量较多的市场之一,据海关统计,2001年,我国出口到欧盟的纺织品服装和皮革制品的总值超过64亿美元,约占当年同类商品出口总值的11%,欧盟对禁用偶氮染料检测的新规定,已引起我国纺织界及染料界的高度重视,含有有害芳香胺中间体的偶氮染料的合格代用染料已纷纷出台。只要我们对欧盟的法规引起重视,是不会影响企业产品出口的。

实验八 乙酰苯胺的制备及其熔点的测定

一、实验目的

掌握苯胺乙酰化反应的原理和实验操作;进一步熟悉分馏、重结晶、抽滤和熔点测定等基本操作技能。

二、实验原理

苯胺很容易发生乙酰化反应,生成乙酰苯胺。常用的乙酰化试剂有乙酸、乙酸酐、乙酰氯等。其中苯胺与乙酰氯反应最激烈,酸酐次之,乙酸最慢。乙酰氯、乙酸酐反应不易控制。一般常用乙酸作乙酰化试剂与苯胺反应,反应进行较慢,为了使反应向生成乙酰苯胺的方向进行,需不断将生成的水蒸出,为了蒸出水时减少乙酸的蒸出,本实验使用分馏柱。

$$C_6H_5NH_2 + CH_3COOH \longrightarrow C_6H_5NHCOCH_3 + H_2O$$

三、实验方法

1. 酰化

在干燥的250mL圆底烧瓶中,放入10mL新蒸馏过的苯胺(10.2g,

0.11mol)、15mL 乙酸（15.7g，0.26mol）及少许锌粉（约 0.1g）[1]。装一分馏柱，将圆底烧瓶连同分馏柱固定在铁架台上，分馏柱的顶端插一支温度计，支管用一段橡胶管与一玻璃弯管相连接，下端伸入试管，收集蒸出的水和乙酸。将圆底烧瓶放在电热套内，慢慢加热回流，当温度升到100℃，即有液体蒸出，馏出液体为水（含少量乙酸），维持温度在100～105℃，回流约为1h，此时反应生成的水和少量的乙酸被蒸出。当温度下降时，则表示反应已经结束，停止加热。

2. 抽滤与重结晶

反应完成后，趁热搅拌，将反应物慢慢倒入盛有250mL冷水的烧杯中[2]，待充分冷却后进行抽滤[3]。抽滤前，将一张滤纸平放于漏斗中，滤纸大小要适中，直径略小于漏斗内径[4]，但应能全部盖住漏斗孔为宜，不应大于漏斗的底面。用少量溶剂将滤纸润湿，再打开泵，使滤纸紧贴在漏斗上，然后把混合物倒入漏斗中，漏斗中的液面不要超过漏斗深度的3/4，一直抽到几乎没有滤液为止，停止抽滤。先小心拨出接在抽滤瓶上的橡胶管，然后关泵。

母液抽干后，暂时停止抽气。用玻璃棒将固体轻轻搅动松散（注意玻璃棒不可触及滤纸），加入少量冷水于漏斗内的固体上进行洗涤，静置后再抽干，得到乙酰苯胺的粗品。

将乙酰苯胺的粗品移入500mL烧杯中，加入300mL水，慢慢加热并搅拌，使其溶解[5]，冷却后加入少量活性炭（约0.1g）[6]，搅拌再煮沸，趁热抽滤，滤液冷后，乙酰苯胺结晶体析出。抽滤并用冷水洗涤结晶体二次，再压紧抽干，将结晶转移到表面皿上，放置晾干后称重，产量约为10g。

3. 熔点的测定

取外径1～1.5mm、长70～80mm的玻璃毛细管一支，将一端靠近酒精灯火焰边缘，烧熔封闭，将干燥的乙酰苯胺精制品0.1g研细，移至干净的表面皿上，堆成小堆，将毛细管开口一端插入样品堆中，样品被压入管内，再颠倒毛细管，在桌上垂直轻轻顿几下，使试料掉入管底，重复几次至管底试料高2～3mm为止，装入的样品要均匀、紧密、结实。

将提勒管（b形管）夹在铁架台上，装入甘油，液面高出上侧管0.5cm（浴液受热膨胀，故不能多装），用橡胶圈把装有试料的毛细管固定在温度计上，使装试料的部分正靠在温度计水银球的中部。然后，用带有缺口的软木塞（橡胶塞）把温度计固定在提勒管上，温度计的刻度朝外，以便观察，小橡胶圈应置于甘油液面上。

用小火慢慢加热侧管底部，待温度上升到105℃左右时，调整火焰，应将升温速度控制在每分钟1℃左右，仔细观察温度和样品状态。当毛细管中的试样开始出现收缩、软化、出汗（在毛细管壁出现细微液滴）、塌落等现象时，表示样品开始熔化（始熔），记录温度；至固体晶体全部熔化（全熔），记录温度，此温度区间为试样的熔点。

纯乙酰苯胺熔点为113～114℃，若始熔与全熔温度相差很大，说明样品不纯。

4. 整理台面

注释

［1］加锌的目的是防止苯胺在反应中被氧化。

［2］若让反应混合物冷却，则固体析出粘在瓶壁上不易处理。

［3］注意漏斗与抽滤瓶连接处的橡胶塞必须紧密不透气，同时漏斗管下端的斜口要背对着抽滤瓶的侧管。

［4］若滤纸的直径与漏斗内径相等，由于滤纸的膨胀，就会贴不紧漏斗底表面，抽滤时结晶就会从滤纸边缘抽入吸滤瓶中。

［5］100℃时100mL水溶解乙酰苯胺5.55g；80℃时，溶解3.45g；50℃时，溶解0.84g；20℃时，溶解0.46g。

［6］若将活性炭加入沸腾溶液中，会溢出容器外。

研究与实践

8-1 注意实验的各操作步骤，并写出本实验所需的所有仪器、试剂、用品。

8-2 用乙酸酰化制备乙酰苯胺方法如何提高产率？为什么要安装分馏柱？

8-3 反应时为什么要控制冷凝管上端的温度在105℃？

8-4 用苯胺作原料进行苯环上的一些取代反应为什么常常先要进行酰化？

8-5 测定熔点时，为什么要用热浴间接加热？

8-6 为什么说通过测定熔点可检验有机物的纯度？

8-7 你在实验过程中遇到了哪些现象，哪些问题，试同教师一同研究解决。

归纳与总结

本章学习有机含氮化合物，包括硝基化合物、胺、腈、重氮和偶氮化合物，要学会从它们的结构特征来推断性质、制法及用途，特别要注意各物质的化学性质，是今后学习相关课程的基础。同学们在老师的指导下，通过动手实验、讨论现象、自测等方式，把本章的内容融会贯通。

习 题

一、填空题

1. 重氮和偶氮化合物分子中都含有_____官能团，其中_____官能团的一端与_____相连，另一端与_____相连的化合物叫做_____；_____官能团与_____相连的化合物，叫做_____。

2. 脂肪胺的碱性比氨_____，芳香胺的碱性比氨_____。

3. 硝基化合物分子中，硝基都是直接跟_____相连接。通式为_____。与_____相连接称为_____，与_____相连称为_____。

4. 写出下列化合物的结构式：

(1) 乙酰苯胺_____ (2) TNT_____ (3) 丙烯腈_____

(4) EDTA_____ (5) 苯胺_____ (6) 苯乙腈_____

(7) 苦味酸_____ (8) 苄胺_____ (9) 偶氮苯_____

二、选择题

1. 下列化合物中酸性最弱的是（　　）。

A. 邻硝基苯酚　　B. 苯酚　　C. 邻硝基苯酚　　D. 2,4,6-三硝基苯酚

2. 下列化合物的水溶液，碱性最强的是（　　）。

A. NH_3　　B. CH_3NH_2　　C. $(CH_3)_2NH$　　D. $(CH_3)_3N$

3. 下列物质不属于硝基化合物的是（　　）。

A. 硝酸乙酯　　B. TNT　　C. 苦味酸　　D. 硝基乙烷

4. 下列物质中沸点最低的是（　　）。

A. CH_3CH_2COOH　　　　　　B. $CH_3CH_2CH_2CH_2OH$

C. $CH_3CH_2NH_2$　　　　　　D. $CH_3CH_2CH_2CH_3$

5. 下列物质中属于一元芳香胺的是（　　）。

A. 间苯二胺　　B. 乙二胺　　C. 苯胺　　D. 甲胺

三、判断题（下列叙述对的在括号中打"√"，错的打"×"）

1. 乙二胺简称 EDTA，是分析化学中常用的一种配合剂。（　　）

2. TNT 很不稳定，受热或撞击易发生爆炸。（　　）

3. 凡是含有氮氮重键的化合物称为重氮化合物。（　　）

4. 苯胺具有弱碱性，它很容易被还原。（　　）

5. 凡是含有硝基的化合物称为硝基化合物。（　　）

四、将下列各组化合物按碱性强弱顺序排列

1. 氨、乙胺、苯胺、三苯胺
2. 苯胺、对甲氧基苯胺、己胺、环己胺
3. 苄胺、苯胺、间氯苯胺、苯甲酰胺
4. 苯胺、乙酰苯胺、戊胺、环己胺
5. 甲酰胺、甲胺、尿素、邻苯二甲酰亚胺

五、完成下列方程式

1. $C_6H_5NHCH_2CH_3 + CH_3I \longrightarrow$

2. $C_6H_6 \xrightarrow{HNO_3 / H_2SO_4} ? \xrightarrow{Fe+HCl} ? \xrightarrow{C_6H_5COCl} ?$

3. $C_6H_5NO_2 \xrightarrow{Fe+HCl} ? \xrightarrow[0\sim 5℃]{NaNO_2+HCl} ? \xrightarrow[NaOH]{C_6H_5OH} ?$

4. $C_6H_5CONH_2 \xrightarrow{Br_2+NaOH} ? \xrightarrow[0\sim 5℃]{NaNO_2+HCl} ? \xrightarrow{CuCN-KCN} ? \xrightarrow[H^+]{H_2O} ?$

5. $C_6H_5NH_2 + HCl + NaNO_2 \xrightarrow{0\sim 5℃} ? \begin{cases} \xrightarrow{C_6H_5N(CH_3)_2} ? \\ \xrightarrow[\Delta]{H_2O} ? \end{cases}$

6. $C_6H_5NH_2 \xrightarrow{CH_3COCl} ? \begin{cases} \xrightarrow[\text{乙酐中}]{HNO_3} ? \\ \xrightarrow[\text{乙酸中}]{HNO_3} ? \end{cases}$

六、完成下列合成（无机试剂可任取）

1. 苯 ⟶ 1,3-二氯苯
2. 苯 ⟶ 对溴苯偶氮对羟基苯（4-Br-C6H4-N=N-C6H4-OH）
3. 苯 ⟶ 间甲基苯酚
4. 苯 ⟶ 1,3,5-三溴苯
5. 苯胺 ⟶ 4-硝基-苯甲酰氯（对位NO2，另一位COCl）
6. 甲苯 ⟶ 3,5-二溴-4-氨基甲苯

七、用化学方法鉴别下列化合物

1. 苯胺、环己胺、苯甲酰胺
2. 苯胺、苯酚、环己胺

3. 甲胺　　　　　　　　二甲胺　　　　　　　　三甲胺
4. 硝基苯　　　　　　　苯胺　　　　　　　　　苯酚
5. 邻甲基苯胺　　　　　N-甲基苯胺　　　　　N,N-二甲基苯胺

八、 分子式为 $C_7H_7NO_2$ 的化合物 A，与 Fe+HCl 反应生成分子式为 C_7H_9N 的化合物 B；B 和 $NaNO_2$+HCl 在 0～5 ℃反应生成分子式为 $C_7H_7ClN_2$ 的化合物 C；在稀盐酸中，化合物 C 与 CuCN 反应生成分子式为 C_8H_7N 化合物 D；D 在稀盐酸中水解得到一个酸 $C_8H_8O_2$（E）；(E) 用 $KMnO_4$ 氧化得到另一个酸（F）；(F) 受热时生成分子式为 $C_8H_4O_3$（G）的酸酐，试推测 A、B、C、D、E、F、G 的结构式并写出有关方程式。

九、 某化合物 A 的分子式为 $C_6H_{15}N$，能溶于稀盐酸，在室温下与亚硝酸作用放出氮气而得到 B；B 能进行碘仿反应，B 和浓硫酸共热得到化合物 C；C 能使溴水褪色，C 臭氧化后再经锌粉还原水解得到乙醛和异丁醛，试推测 A、B、C 的结构式并写出有关方程式。

十、 有一化合物 A 能溶于水，但不溶于乙醚、苯等有机溶剂。经元素分析表明 A 含有 C、H、O、N 元素。A 经加热后失去一分子水得 B，B 与溴的氢氧化钠溶液作用得到比 B 少一个 C 和 O 的化合物 C。C 与亚硝酸作用得到产物与次磷酸反应能生成苯。试写出 A、B、C 的结构式并写出有关方程式。

第十章 其他类有机化合物简介

学习目标

1. 了解杂环化合物、糖类化合物、高分子化合物的概念、分类、命名。
2. 掌握糖类化合物的有关性质及部分鉴别方法。
3. 熟悉常见杂环化合物、糖类化合物、高分子化合物的结构特点、主要性质和用途及部分鉴别方法。

思维导图

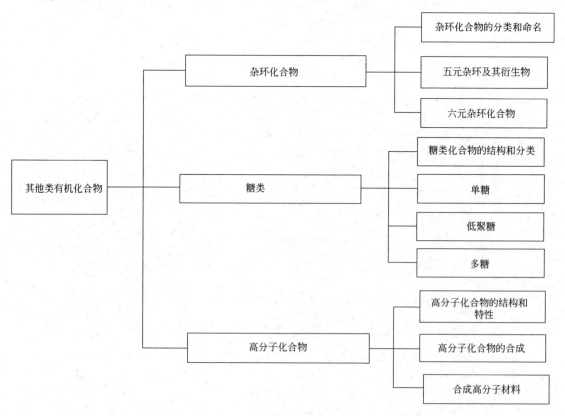

第一节 杂环化合物

分子中含有由碳原子和其他原子共同组成的环的化合物称为杂环化合物。一般把除碳原子以外的成环原子叫做杂原子，由这些杂原子构成、具有类似苯环稳定结构和一定芳香性的化合物称为杂环化合物。例如：

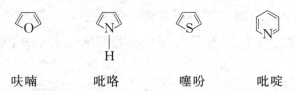

  呋喃   吡咯   噻吩   吡啶

前面的章节中，学过一些含杂原子的环状化合物，例如：环氧乙烷、邻苯二甲酸酐等。因这些环状化合物，在一定条件下易断裂成链状化合物，在性质上与脂肪族更为相似，所以通常归入脂肪族中讨论。

杂环化合物的种类繁多，数量很大，在自然界中分布非常广泛，约占全部已知有机化合物的1/3，其中很多具有重要的生理活性，如叶绿素、花色素、血红素、维生素、生物碱、核酸等。杂环化合物还是合成药物、染料、塑料、纤维、农药及生物膜等重要的原料。近年来随着科学技术的进步，含杂环化合物的合成材料不断涌现，因此研究杂环化合物具有一定的现实意义。

一、杂环化合物的分类和命名

1. 杂环化合物的分类

杂环化合物可以根据环的大小分为五元杂环化合物和六元杂环化合物两大类；根据环的数目分为单杂环化合物和稠杂环化合物；根据杂原子的数目分为含一个杂原子的杂环化合物和含多个杂原子的杂环化合物。在实际中这些分类往往混用。

含一个杂原子的五元杂环：呋喃

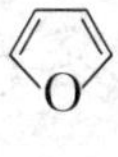

含两个杂原子的五元杂环：吡咯

含一个杂原子的六元杂环：3,4-二氢-2H-吡喃

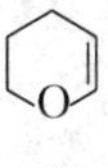

含两个杂原子的六元杂环：嘧啶

稠杂环： [吲哚结构] 吲哚

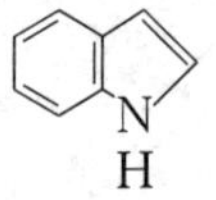

2. 杂环化合物的命名

杂环化合物的命名比较复杂，目前常习惯采用音译法。即将杂环化合物的名称按英文名称译音，选用同音汉字，并在其左边加"口"字旁。对杂环化合物衍生物命名应遵守以下规则：从杂原子开始编号，依次用1、2、3……表示，并使取代基的位次尽量小的原则；还可用希腊字母编号，与杂原子直接相连的碳原子为α位，依次为β位、γ位。五元杂环化合物只有α位、β位，六元杂环化合物有α位、β位、γ位。

若取代基是烃基、硝基、卤素、氨基、酰基、羟基等，以杂环作母体；若取代基是磺酸基、醛基、羧基等，则以杂环当取代基。

若含有多个相同杂原子，则从连有氢或取代基的杂原子开始编号，并使其他杂原子的位次尽可能最小；若含有不同的杂原子，则按O、S、N的顺序编号。例如：

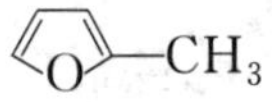

2-甲基呋喃　　　　2-呋喃甲醛（糠醛）　　2-甲基噻吩
（α-甲基呋喃）　　（α-呋喃甲醛）　　　　（α-甲基噻吩）

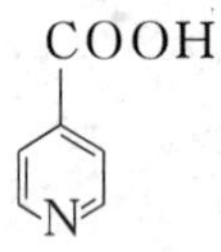

4-吡啶甲酸　　　　3-吲哚乙酸　　　　　　8-羟基喹啉
（γ-吡啶甲酸）　　（β-吲哚乙酸）　　　　（不叫 8-喹啉酚）

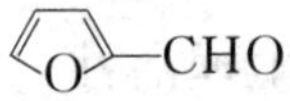

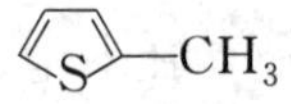

二、五元杂环及其衍生物

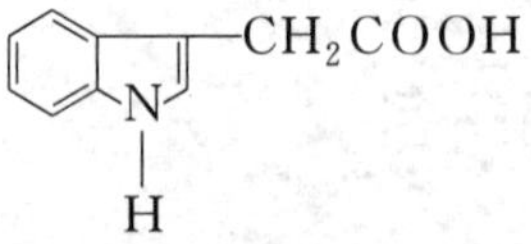

1. 呋喃

（1）呋喃的结构和来源　呋喃的分子式为 C_4H_4O，结构式为 [呋喃结构]。其结构与苯很相似，具有芳香性，但由于成环氧原子的电负性大于碳原子，所以呋喃的芳香性比苯弱；活性增强，环上取代反应比苯更易进行。

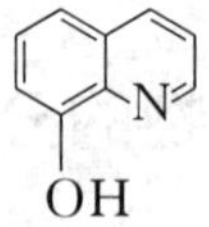

呋喃及其衍生物主要存在于松木焦油中，工业上以糠醛和水蒸气为原料，在催化剂及高温作用下制得。

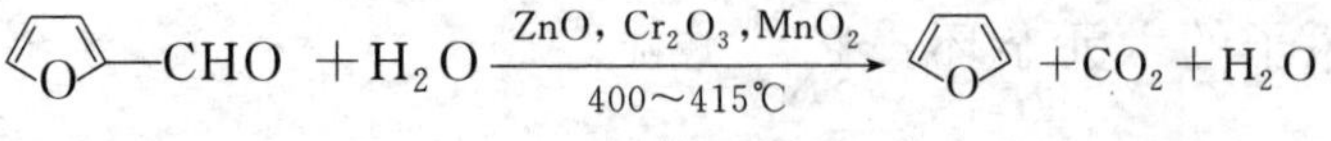

$$\text{[呋喃]—CHO} + H_2O \xrightarrow[400\sim415℃]{ZnO,\ Cr_2O_3,\ MnO_2} \text{[呋喃]} + CO_2 + H_2O$$

有机化学

实验室中常用糠酸加热脱羧基而成。

$$\underset{O}{\bigcirc}-COOH \xrightarrow[\triangle]{Cu,喹啉} \underset{O}{\bigcirc} + CO_2$$

(2) 呋喃的性质和用途　呋喃为无色液体，有特殊气味，相对密度 0.937，沸点 32℃，折射率 1.4216，不溶于水，溶于乙醇和乙醚，易挥发，并易燃烧。它的蒸气接触被盐酸浸过的松木片时，显绿色，叫做松木片反应，可用来鉴定呋喃的存在。

从呋喃的结构可知，它具有芳香性，性质较苯活泼，易发生取代反应，主要发生在 α-位上，另外它在一定程度上还具有不饱和性，可以发生加成反应。

① 取代反应。呋喃比苯活泼，在常温下与氯和溴反应，生成多卤化物，例如：

$$\underset{O}{\bigcirc} + 2Br_2 \longrightarrow Br-\underset{O}{\bigcirc}-Br + 2HBr$$

2,5-二溴呋喃

与硝酸和硫酸发生硝化反应和磺化反应，它遇酸时常发生分解、开链、聚合反应，所以在进行硝化和磺化时，必须采用比较温和的试剂，常用的温和磺化剂为吡啶三氧化硫。

② 加成反应。呋喃在催化剂作用下，可以加氢而得到四氢呋喃。

$$\underset{O}{\bigcirc} + 2H_2 \xrightarrow[100℃,5MPa]{Ni} \underset{O}{\bigcirc}$$

四氢呋喃

四氢呋喃是无色透明液体，有乙醚气味，相对密度 0.8892，沸点 66℃，折射率 1.405，能与水和多数有机溶剂互溶，易燃烧。可用作天然和合成树脂的溶剂，也用于制丁二烯、己二腈、己二酸、己二胺等，是一种重要的化工原料。

2. 噻吩

(1) 噻吩的结构和来源　噻吩的分子式为 C_4H_4S，结构式为 $\underset{S}{\bigcirc}$。含有与呋喃一样的闭合大 π 键。具有芳香性，因硫原子的电负性小于氧原子，所以比呋喃芳香性强。

噻吩是煤焦油分馏得到的粗苯和粗萘中的杂质，也存在于某些原油中。工业上是将丁烷与硫混合通过高温制得：

$$CH_3CH_2CH_2CH_3 + 4S \xrightarrow{650℃} \underset{S}{\bigcirc} + 3H_2S$$

实验室中可用琥珀酸钠与三硫化二磷或五氧化二磷作用制得：

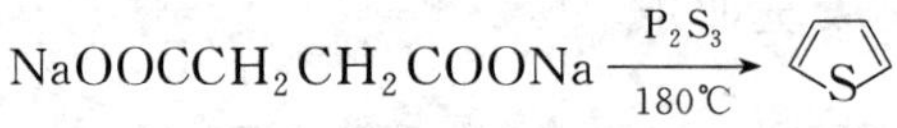

$$\text{NaOOCCH}_2\text{CH}_2\text{COONa} \xrightarrow[180℃]{P_2S_3} \text{[噻吩环]}$$

(2) 噻吩的性质和用途　噻吩为无色液体，有特殊气味，相对密度1.0644，沸点84.12℃，不溶于水，易溶于乙醇、乙醚、苯和硫酸。在浓硫酸作用下与松木片作用呈蓝色，这是检验噻吩存在的方法。

由于含有大π键，有芳香性，它与苯的性质相似，但比苯活泼，能发生取代反应和一般在α-位上的加成反应。

噻吩及其衍生物主要用于合成药物的原料，也是制造感光材料、增塑剂、增亮剂、除草剂和香料的材料，是现代有机化工很重要的原料之一。

3. 吡咯

(1) 吡咯的结构　吡咯的分子式为C_4H_5N，结构式为 [吡咯结构]，结构与呋喃、噻吩相似，含有闭合的大π键，具有芳香性，因氮原子电负性介于氧原子与硫原子之间，所以芳香性也介于两者之间。由于氮原子上连有一氢原子，共轭环对氢原子吸引力降低，使其较活泼，具有一定的弱酸性。

吡咯及其同系物主要存在于骨炭、焦油中，通过分馏可得，工业上是用氧化铝作催化剂，以呋喃和氨高温反应制得。

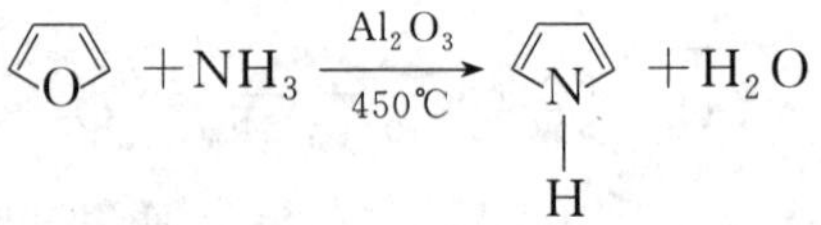

$$\text{[呋喃]} + NH_3 \xrightarrow[450℃]{Al_2O_3} \text{[吡咯]} + H_2O$$

还可以从乙炔与甲醛经丁炔二醇合成。

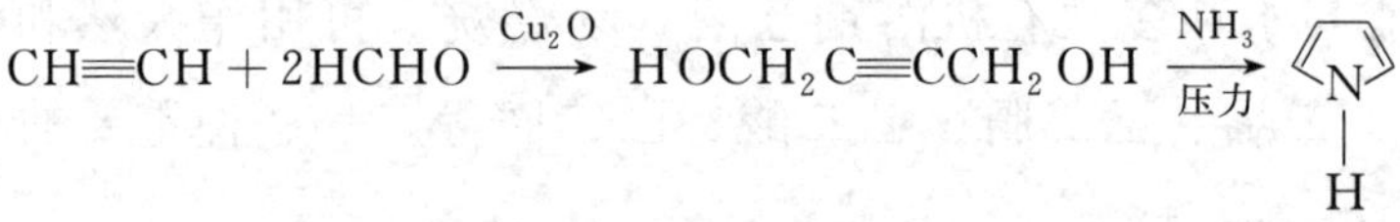

$$CH \equiv CH + 2HCHO \xrightarrow{Cu_2O} HOCH_2C \equiv CCH_2OH \xrightarrow[\text{压力}]{NH_3} \text{[吡咯]}$$

(2) 吡咯的性质和用途　吡咯是无色液体，在空气中颜色迅速变黑，有显著的刺激性气味，相对密度0.9691，沸点130～131℃，几乎不溶于水，溶于乙醇、乙醚、苯和无机酸溶液。吡咯蒸气遇蘸有盐酸的松木片能显红色，可用于鉴定吡咯的存在。

由于结构上大π键存在，具有芳香性，能发生取代反应和加成反应，同时环上有氢原子存在，又具有一定的酸性。

吡咯和许多重要的衍生物都是重要药物和具有很强的生理活性物质，如叶绿素、血红素、胆汁色素、某些氨基酸和许多生物碱等，在工业上应用广泛。

4. 糠醛

（1）糠醛的结构和来源　糠醛的分子式为 $C_5H_4O_2$，结构式为 ⟨O⟩—CHO，由呋喃环和 α-醛基组成，学名 α-呋喃甲醛，是呋喃的重要衍生物。最初由米糠与稀酸共热制得，因此称为糠醛，也可用戊糖与稀酸作用，经水解、脱水和蒸馏而制得。

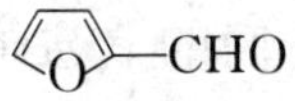

（2）糠醛的性质和用途　糠醛为无色液体，有特殊香味，相对密度 1.1598，折射率 1.5261，沸点 161.7℃，溶于水，与乙醇、乙醚互溶，是良好的溶剂。与苯胺的乙酸盐作用呈红色，可用于鉴别糠醛。

从结构可知，糠醛具有芳香性，又含有醛基，其性质与苯甲醛相似，可发生氧化反应、还原反应、脱羰基反应以及歧化反应。

糠醛在工业上用途很广，可用于制合成树脂、电绝缘材料、清漆、呋喃西林和精制粗蒽，并用作防腐剂和香烟香料等，同时还是制药和多种有机合成的原料和试剂。

5. 吲哚

（1）吲哚的结构和来源　吲哚的分子式为 C_8H_7N，结构式为 ⟨N-H⟩，是由苯环与吡咯环稠合而成的化合物，又叫苯并吡咯，平面构型，具有芳香性。

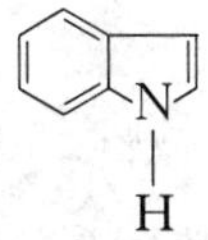

吲哚及其衍生物在自然界中分布广泛，主要存在于茉莉花和橙橘花中。人和动物的粪便中也含有吲哚及其衍生物，某些石油和煤焦油中也含有一定量的吲哚。工业上可从煤焦油 220~260℃ 馏分中分出或由靛红用锌粉还原制得，也可由脂肪醛或酮的苯腙与氯化锌或氯化亚铜一起加热合成。

（2）吲哚的性质和用途　吲哚是无色晶体，遇光或在空气中变成黄色或红色，沸点 253℃，熔点 52℃，可溶于热水和乙醇、乙醚和苯等溶剂中，有粪的臭味。但其纯品在极稀浓度时却具有花香气味，可用于化妆品、制茉莉型香料、染料和药等，同时又是重要的合成原料，如可以合成植物生长素、β-吲哚乙酸和色氨酸等。

吲哚的分子结构中含吡咯环，使其性质相似于吡咯，显碱性，能与松木片显红色，氮上氢原子能被钾、钠等金属原子取代，由于苯环的影响，取代发生在吡咯环的 β-位上，生成 β-取代物。

三、六元杂环化合物

1. 吡啶

（1）吡啶的结构和来源　吡啶的分子式为 C_5H_5N，结构式为 ⟨N⟩，吡啶分子的成键情形和苯相似，是一个平面六边形结构，环中 5 个碳原子和 1 个氮原子

彼此以 sp² 杂化形成 σ 键。另外环中 5 个碳原子和 1 个氮原子各提供一个 p 电子，它们的 p 轨道与环的平面垂直，互相重叠而成一个闭合共轭大 π 键。

吡啶主要存在于煤焦油、页岩油和骨焦油中，吡啶的衍生物广泛存在于自然界，如植物所含的生物碱不少具有吡啶环结构，维生素 B_6、维生素 PP、辅酶Ⅰ、辅酶Ⅱ等都含有吡啶环。

工业上一般从煤焦油中提取，或用糠醛和乙炔合成制备。

(2) 吡啶的性质和用途　吡啶是无色或微黄色液体，有特殊气味，相对密度 0.978，沸点 115.56℃，折射率 1.5092，溶于水、乙醇、乙醚、苯、石油醚和动植物油，并能溶解大部分有机化合物和许多无机盐类，是一种良好的溶剂。

吡啶与苯的结构相似，具有一定芳香性，由于氮原子的电负性较强，氮原子周围电子云密度较高，从而降低环上的电子云密度，使它的取代反应较苯难，且主要发生在 β-位上。另外氮原子上未共用的电子对能结合质子，因此吡啶显一定碱性。

① 碱性。吡啶呈弱碱性（pK_b=8.8），其碱性比苯胺（pK_b=9.4）强，但比脂肪胺甲胺（pK_b=3.38）和氨（pK_b=3.8）弱。

碱性强弱顺序为：脂肪胺＞氨＞吡啶＞苯胺。

吡啶可以与强酸作用生成盐，吡啶生成的盐与强碱作用可重新生成吡啶。可利用此性质从煤焦油中提纯吡啶及其衍生物。

② 取代反应。从结构可知，取代反应不易进行，在一定条件下可发生 β-位取代。

③ 氧化与还原。从结构可知，吡啶比苯更难氧化，吡啶的烷基衍生物氧化较易进行，侧链可被氧化成羧基。

吡啶经催化氢化或用乙醇钠还原，可得六氢吡啶。

吡啶及其衍生物广泛存在于自然界中，有些具有一定生理活性，所以是制许多维生素和药物的原料，吡啶还是一些有机反应的介质和分析化学的试剂。

2. 喹啉

(1) 喹啉的结构和来源　喹啉的分子式为 C_9H_7N，结构式为 。是由苯环与吡啶稠合而成的稠环化合物，又称为苯并吡啶，结构和萘环相似，是平面型分子，具有芳香性。

喹啉存在于煤焦油和骨焦油中。通常将苯胺和甘油在硫酸中以硝基苯氧化而成。

(2) 喹啉的性质和用途　喹啉是无色油状液体，遇光或在空气中变黄色，有特殊气味，相对密度1.0937，沸点237.7℃，微溶于水，易溶于乙醇、乙醚、氯仿等有机溶剂。喹啉分子中含有吡啶环，性质与吡啶相似，具有弱碱性（$pK_b=9.1$），碱性比吡啶（$pK_b=8.8$）稍弱，能与酸作用生成盐，与卤代烷作用生成季铵盐，也能发生取代反应、氧化反应、还原反应。

① 取代反应。在喹啉分子中，因为有氮原子的吸电子作用，使吡啶环上的电子云密度低于苯环，一般取代反应不发生在吡啶环上，而发生在较活泼的苯环上，取代基主要进入5位和8位上。

② 氧化反应。喹啉用$KMnO_4$氧化时，苯环断裂，生成2,3-吡啶二甲酸，进一步加热脱羧可得β-吡啶甲酸。

③ 还原反应。喹啉还原时，分子中吡啶环先被还原生成1,2,3,4-四氢喹啉，若在强烈条件下可生成十氢喹啉。

喹啉及其衍生物主要用于制药、染料、试剂和溶剂，还可用于照相胶片的感光剂、彩色电影胶片的增感剂等，是很重要的一类有机合成原料。

思考与练习

10-1　写出下列化合物的名称

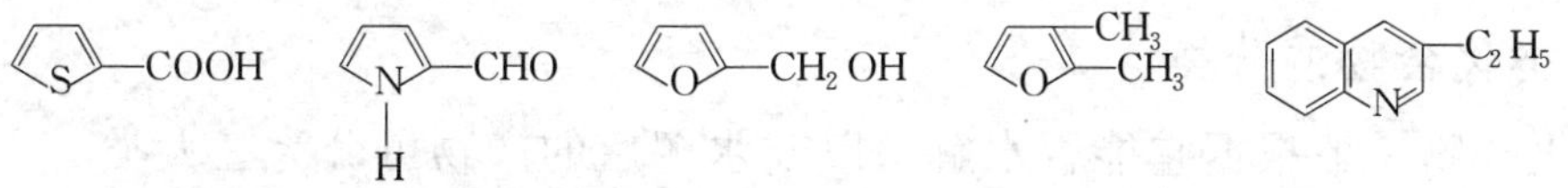

10-2　写出下列化合物的结构式

　　（1）β-吲哚乙酸　　　　　（2）四氢糠醇　　　　　（3）糠醛

　　（4）5-喹啉磺酸　　　　　（5）γ-吡啶甲酸　　　　（6）α-氯代呋喃

第二节　糖　类

糖类又称为碳水化合物，是自然界中存在最多最重要的一类有机化合物。常见的糖类化合物有葡萄糖、果糖、蔗糖、淀粉、纤维素等，它们主要存在于植物体中，约占植物固体物质的80%，是绿色植物光合作用的主要产物，也是人类的主要食物之一，是生物体进行新陈代谢不可缺少的能源。同时，它们又是许多工业部门，如纺织、造纸、食品、发酵等工业的重要原料。

一、糖类化合物的结构和分类

1. 糖类化合物的结构

从化学结构上看,糖类化合物是多羟基醛、多羟基酮或者是能水解成多羟基醛或多羟基酮的化合物,即分子中含有下列结构:

$$\begin{array}{c} \text{H H H} \\ -\text{C}-\text{C}-\text{C}=\text{O} \\ \text{HO OH} \end{array} \qquad \begin{array}{c} \text{H} \qquad \text{H} \\ -\text{C}-\text{C}-\text{C}-\text{H} \\ \text{HO O OH} \end{array}$$

由于人们最初发现这类化合物主要是由碳、氢、氧三种元素组成,而且分子中氢原子和氧原子个数比为 2∶1,同水分子相同,可以用通式 $C_n(H_2O)_m$ (n 和 m 可以相同,也可不同) 表示。例如葡萄糖和果糖的分子式都是 $C_6H_{12}O_6$,可以用 $C_6(H_2O)_6$ 表示;蔗糖的分子式是 $C_{12}H_{22}O_{11}$,可以用 $C_{12}(H_2O)_{11}$ 表示,所以将这类物质称为碳水化合物。随着科学技术的发展,有机物数量不断增多,后来发现,有些化合物的结构和性质属于碳水化合物,如鼠李糖 $C_6H_{12}O_5$ 和脱氧核糖 $C_5H_{10}O_4$,其分子式并不符合 $C_n(H_2O)_m$ 这个通式。而有些分子式符合 $C_n(H_2O)_m$ 通式的化合物,例如甲醛 CH_2O、乙酸 $C_2H_4O_2$、乳酸 $C_3H_6O_3$ 等,又都不具有碳水化合物的结构和性质,因"碳水化合物"这名称沿用已久,所以至今仍继续使用,但已失去原有的意义,现在我们更多地称这类物质为糖类化合物。

2. 糖类化合物的分类

糖类化合物一般根据它能否水解,以及水解后的产物可分为三大类。

(1) **单糖** 不能再被水解成更小分子的多羟基醛或多羟基酮,例如葡萄糖(醛糖)、果糖(酮糖)。

(2) **低聚糖** 水解后能生成几个分子(一般为 2~10 个)的单糖。能水解为两分子单糖的低聚糖叫二糖,水解生成三分子或四个分子单糖的低聚糖叫三糖或四糖,其中最主要的低聚糖是二糖。例如,蔗糖、麦芽糖和乳糖。

(3) **多糖** 水解后能生成几百、几千以至上万个单糖分子,它们相当于由许多单糖形成的高聚物,所以也叫高聚糖,它们属于天然高分子化合物,例如淀粉、纤维等。

二、单糖

自然界中的单糖种类很多,按分子中所含碳原子的数目可分为丙糖、丁糖、戊糖、己糖、庚糖等。分子中含有醛基的称为醛糖;分子中含有酮基的称为酮糖。单糖中最重要、应用最广的是己醛糖中的葡萄糖和己酮糖中的果糖,它们的分子式为 $C_6H_{12}O_6$,互为同分异构体。

1. 葡萄糖

(1) 葡萄糖的来源与结构　葡萄糖广泛存在于蜂蜜、葡萄、甜水果以及植物的种子、根茎、叶、花和果实中。尤其在成熟的葡萄中含量较高(含20%～30%),因而得名。动物及人类的血液、脑脊髓及淋巴液中,均含有少量的葡萄糖,正常人的血液中,保持有0.08%～0.11%的葡萄糖,称为血糖。

葡萄糖的分子式为 $C_6H_{12}O_6$,结构式为:

$$
\begin{array}{cc}
\text{D-葡萄糖} & \text{L-葡萄糖}
\end{array}
$$

是一种多羟基醛的己醛糖。

(2) 葡萄糖的性质　葡萄糖是一种白色粉末状晶体,无臭,具有甜味,其甜度约为蔗糖的70%,熔点146℃,相对密度1.544 (25℃),易溶于水,稍溶于酒精,不溶于乙醚和芳香烃类。天然葡萄糖具有旋光性,是右旋体,称右旋糖(+52.7°)。葡萄糖是醛糖,分子中含醛基,所以有醛基的化学性质,易发生氧化反应和还原反应等。

① 氧化反应。葡萄糖是醛糖,具有还原性,可被氧化剂氧化生成葡萄糖酸,氧化剂不同,产物有所不同。

被弱氧化剂溴水氧化,生成葡萄糖酸。这个反应中溴水褪色,可用于区别醛糖和酮糖。被较强氧化剂稀硝酸氧化,生成葡萄糖二酸。

$$
\begin{array}{c}
\text{CHO} \\
\text{(CHOH)}_4 \\
\text{CH}_2\text{OH}
\end{array}
\xrightarrow{\text{Br}_2,\text{H}_2\text{O}}
\begin{array}{c}
\text{COOH} \\
\text{(CHOH)}_4 \\
\text{CH}_2\text{OH}
\end{array}
\qquad
\begin{array}{c}
\text{CHO} \\
\text{(CHOH)}_4 \\
\text{CH}_2\text{OH}
\end{array}
\xrightarrow{\text{稀 HNO}_3}
\begin{array}{c}
\text{COOH} \\
\text{(CHOH)}_4 \\
\text{COOH}
\end{array}
$$

　　　　　　　　葡萄糖酸　　　　　　　　　　　　　　　葡萄糖二酸

葡萄糖也能被托伦试剂、斐林试剂这些弱氧化剂所氧化,分别生成银镜和砖红色的氧化亚铜沉淀。凡是能与托伦试剂和斐林试剂发生反应的糖是还原糖,反之,是非还原糖,所以葡萄糖是还原糖。此反应用于区别还原糖和非还原糖。

② 还原反应。葡萄糖分子中含有醛基,可以发生还原反应,在催化加氢或硼氢化钠等还原剂作用下,醛基可转变为羟基,生成相应的糖醇,例如葡萄糖可还原生成山梨糖醇(葡萄糖醇)。

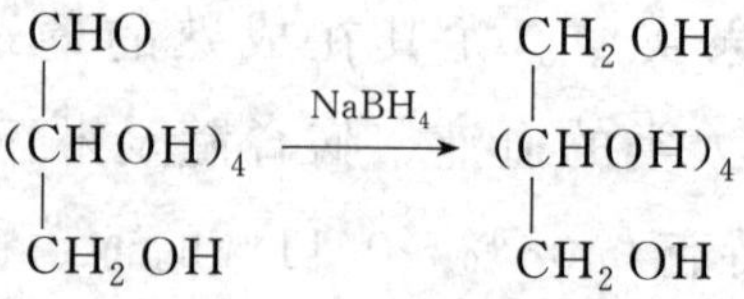

$$\begin{matrix} CHO \\ | \\ (CHOH)_4 \\ | \\ CH_2OH \end{matrix} \xrightarrow{NaBH_4} \begin{matrix} CH_2OH \\ | \\ (CHOH)_4 \\ | \\ CH_2OH \end{matrix}$$

己六醇(山梨糖醇)

(3) 葡萄糖的制法和用途 工业上葡萄糖要由淀粉或纤维素在酸性条件下,发生水解反应制得:

$$(C_6H_{10}O_5)_n + nH_2O \xrightarrow{酸或酶} nC_6H_{12}O_6$$

葡萄糖是人体新陈代谢不可缺少的营养物质,是人类生命活动所需能量的重要来源。它在人体中经缓慢氧化而释放出能量,以供机体活动并保持体温。

$$C_6H_{12}O_6(固) + 6O_2(气) \longrightarrow 6CO_2(气) + 6H_2O(液) + 2840kJ$$

葡萄糖在医药上用作营养剂,并有强心、利尿、解毒等作用,同时也是制备某些药物的重要原料。如制备维生素C、葡萄糖酸钙等药物。葡萄糖酸钙是一种重要的补钙质的药物,与维生素D并用,有助于骨质形成,可以治疗小儿佝偻病(钙缺乏病)。

工业上葡萄糖有很多应用,制镜业和热水瓶胆镀银常用葡萄糖作还原剂;在食品工业中用于制糖浆和糖果;印染工业和制革工业中常用作还原剂等。

2. 果糖

(1) 果糖的来源和结构 果糖是自然界中分布很广的一种单糖,它广泛存在于植物体中,与葡萄糖共存于蜂蜜和许多水果中,它也是蔗糖的组成单元。

果糖的分子式是 $C_6H_{12}O_6$,与葡萄糖一样,它们互为同分异构体,其构造式为:

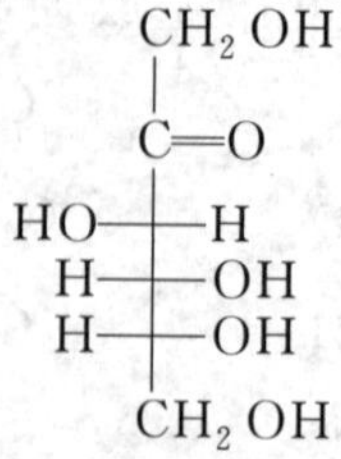

$$\begin{matrix} CH_2OH \\ | \\ C=O \\ | \\ HO-H \\ | \\ H-OH \\ | \\ H-OH \\ | \\ CH_2OH \end{matrix}$$

通过结构可知,果糖是一种多羟基酮,是一种己酮糖。

(2) 果糖的性质和用途 果糖为白色晶体或结晶粉末,是普通糖类中最甜的糖，相对密度 1.60，熔点 103~105℃，溶于水、乙醇和乙醚。有左旋性，称为左旋糖（−92.4°）。

果糖是酮糖，分子中不含醛基，不能被溴水氧化，但在碱性溶液中能转变为醛糖，因此能被托伦试剂或斐林试剂氧化，发生银镜反应和生成砖红色的氧化亚铜沉淀，所以果糖也是一种还原性糖；经催化加氢也能被还原成己六醇；它与氢氧化钙生成的配合物 $C_6H_{12}O_6 \cdot Ca(OH)_2 \cdot H_2O$ 极难溶于水，可用于果糖的检验。

工业上由木香粉（菊粉），在酸或酶水解下可生产果糖。

果糖可用作食物、营养剂和防腐剂。它在人体内极易转变为葡萄糖，在食品工业中也可作调味剂。

三、低聚糖

低聚糖水解后能生成二分子单糖的化合物称为二糖。低聚糖中最重要的是二糖，分子式为 $C_{12}H_{22}O_{11}$，例如蔗糖和麦芽糖。

1. 蔗糖

蔗糖是自然界中分布最广的二糖，它广泛存在于植物的茎、叶、根、种子和果实内，其中以甘蔗和甜菜含量最多，故称为蔗糖或甜菜糖。

工业上是将甘蔗或甜菜经榨汁、浓缩、脱色结晶等操作制得食用蔗糖。

蔗糖为白色晶体，有甜味，其甜味仅次于果糖，无气味，易溶于水，溶于甘油，极微溶于乙醇，相对密度 1.587（25℃），具有旋光性，天然蔗糖是右旋糖（+66.5°）。

蔗糖的分子式是 $C_{12}H_{22}O_{11}$，分子中不含醛基，因此不能与托伦试剂和斐林试剂发生反应，不具有还原性，是一种非还原糖，但在无机酸或酶的催化作用下可发生水解反应，生成一分子葡萄糖和一分子果糖。

$$C_{12}H_{22}O_{11} + H_2O \xrightarrow{H^+ \text{或酶}} \underset{\text{葡萄糖}}{C_6H_{12}O_6} + \underset{\text{果糖}}{C_6H_{12}O_6}$$

蔗糖水解为单糖的过程称为转化过程，生成的混合单糖也称为转化糖。因此转化糖含有一半果糖，所以转化糖比原来的蔗糖更甜。

蔗糖是人类日常生活中不可缺少的食用糖，除食用外，还可用于制柠檬酸、焦糖、转化糖、透明肥皂等，也用于药物防腐剂、药片赋形剂等。

2. 麦芽糖

麦芽糖的分子式是 $C_{12}H_{22}O_{11}$，它是蔗糖的同分异构体。自然界中不存在游离的麦芽糖。通常是由含糊状淀粉较多的农产品（大米、玉米、薯类等）为原

料，在淀粉酶作用下，在约 60℃发生水解反应制得。

$$2(C_6H_{10}O_5)_n + nH_2O \xrightarrow[60℃]{淀粉酶} nC_{12}H_{22}O_{11}$$
$$\text{麦芽糖}$$

在大麦的芽中通常含有淀粉酶，工业上通常就是用麦芽使淀粉水解的，麦芽糖由此得名。

唾液中含有淀粉酶，可使淀粉水解为麦芽糖，所以细嚼淀粉食物（米饭、馒头）后常有甜味感就是这个原因。

麦芽糖为白色晶体或晶体粉末，甜度约为蔗糖的 40%，相对密度为 1.540，熔点为 102~103℃，溶于水，微溶于乙醇，溶于乙醚，具有旋光性，是右旋糖（+130.4°）。麦芽糖分子中含有醛基，能与托伦试剂和斐林试剂反应，是还原糖。在无机酸或酶的催化作用下，发生水解反应，生成两分子葡萄糖。

$$C_{12}H_{22}O_{11} + H_2O \xrightarrow{H^+ 或酶} 2C_6H_{12}O_6$$
$$\text{麦芽糖} \qquad\qquad\qquad \text{葡萄糖}$$

麦芽糖主要用于食品工业中，是饴糖的主要成分，可用于营养剂和微生物的培养基。

四、多糖

多糖是一类复杂的天然有机高分子化合物，广泛存在于自然界中，是由许多相同或不相同的单糖分子脱水缩合而成的化合物。多糖的分子量高达几万或几十万。自然界中最常见的多糖是由己糖构成的，可用通式 $(C_6H_{10}O_5)_n$ 表示。多糖的性质与单糖、低聚糖有明显区别。一般为无定形固体，难溶于水，无甜味，没有还原性，水解的最终产物是单糖。

淀粉和纤维素都是重要的多糖，分子式为 $(C_6H_{10}O_5)_n$，淀粉和纤维分子中所包含的单糖单元 $(C_6H_{10}O_5)$ 的数目不相同，即 n 值不同，它们的结构也有所不同，所以不是同分异构体。

1. 淀粉

淀粉是植物体内储藏的营养，是人类食物的重要成分，是一种白色的无定形粉末，相对密度为 1.499~1.513。大量存在于植物的种子、块根和茎中，其中谷类植物中含有大量淀粉，例如大米中含淀粉 62%~82%，小麦含 57%~75% 等。

淀粉按结构特点可分为直链淀粉和支链淀粉两部分，它们在淀粉中所占的比例有所不同，直链淀粉占 10%~30%，支链淀粉为 70%~90%。

直链淀粉又称可溶性淀粉（淀粉颗粒质），是由几百个葡萄糖单元 $(C_6H_{10}O_5)$ 脱水缩合而成的链状化合物，它的分子量从几万到十几万。能溶于热水而不成糊状，遇碘呈蓝色。

支链淀粉又称为淀粉皮质，是由几百个或几千个葡萄糖单元脱水缩合而成的链状化合物，分子链中有许多支链，约每相隔20个葡萄糖单元有一分支，它的分子量从几十万到几百万，在冷水中不溶，与热水作用则膨胀而成糊状，遇碘呈紫或红紫色。

粮食作物的种子中，直链淀粉和支链淀粉都有，含支链淀粉较高的淀粉，蒸煮后黏性较大，例如粳米支链淀粉含量比小米多，糯米中几乎100%是支链淀粉，所以黏性更大。我们煮稀饭就是淀粉膨胀破裂的过程，这就是选择不同的米煮出的饭黏性不同的原因。

直链淀粉和支链淀粉在酸或酶的催化下，能发生水解，最后生成葡萄糖，淀粉水解最后生成葡萄糖，可用化学方程式表示：

$$(C_6H_{10}O_5)_n + nH_2O \xrightarrow{H^+ \text{或酶}} nC_6H_{12}O_6$$

淀粉没有还原性，不与托伦试剂、斐林试剂作用，淀粉遇碘呈蓝紫色，可用于淀粉的检验，淀粉除作食物外，也是一种重要的工业原料。在工业上用淀粉为原料，用发酵方法生产酒精，先用酸或酶使淀粉水解成葡萄糖，葡萄糖在酒化酶作用下转变为酒精，同时放出二氧化碳。

$$C_6H_{12}O_6 \xrightarrow{\text{酒化酶}} 2C_2H_5OH + 2CO_2 \uparrow$$

另外淀粉水解的中间产物糊精是分子量比淀粉小的多糖，能溶于水，可作糨糊及纸张、布匹等的上浆剂。

2. 纤维素

纤维素是自然界中分布最广、含量最丰富的有机高分子多糖类化合物。它们是构成植物细胞壁的主要成分，也是构成植物基干的基础。常与木质素、半纤维素、树脂等伴生。纤维素在纯棉花中含90%以上，亚麻约为80%，木材约为50%，竹子、麦秆、稻草、野草芦苇等也含有大量的纤维素。

纤维素是由许多葡萄糖单元经脱水缩合而成的没有分支的长链高分子化合物，它的分子中约含几千个葡萄糖单元 $(C_6H_{10}O_5)$，分子量约为几十万，分子式是 $(C_6H_{10}O_5)_n$。

纯净的纤维素是无色、无味、无臭的纤维状物质，不溶于水，也不溶于一般有机溶剂,没有还原性,比淀粉更难水解,但在高温、高压和无机酸的作用可下发生水解,水解的最终产物是葡萄糖。

$$(C_6H_{10}O_5)_n + nH_2O \xrightarrow[\text{高温,高压}]{\text{稀酸}} nC_6H_{12}O_6$$

尽管纤维素水解的最终产物是葡萄糖,但它不能作为人类的养分物质,因人体消化道中没有能使纤维素水解的酶,但人可食用一些含纤维素的食物,如玉米、大麦、燕麦、水果、蔬菜等,增加胃肠蠕动,有助于食物的消化吸收。而且纤维素还能吸收胆固醇,使体内的胆固醇沉积减少,有利于人体健康,是我们食物中不可缺少的组成部分。而食草动物如马、牛、羊等消化道中能分泌纤维素酶,使纤维素水解成葡萄糖,所以纤维素是食草动物的主要营养物质。

纤维素分子由许多个葡萄糖单元构成,单元中的醇羟基可以与一些试剂作用,生成纤维素的衍生物,例如纤维素与混酸作用,生成纤维素硝酸酯,是制造无烟火药、塑料和油漆的原料,纤维素与乙酸和酸酐的混合物作用生成的纤维素乙酸酯可用作制造胶片和香烟过滤嘴,纤维素还可以制黏胶纤维和纸张等。

总之,纤维素是纺织业和轻工业不可缺少的工业原料之一。

思考与练习

10-3 举例说明下列名词的含义:

(1) 多糖　　(2) 二糖　　(3) 转化糖　　(4) 还原糖　　(5) 非还原糖

10-4 用化学方法区别下列各组物质

(1) 淀粉与葡萄糖　　　　　(2) 纤维素与淀粉

(3) 蔗糖与麦芽糖　　　　　(4) 葡萄糖与蔗糖

10-5 写出葡萄糖与下列试剂的化学反应方程式

(1) 托伦试剂　　(2) 斐林试剂　　(3) 溴水　　(4) 催化氢化

第三节　高分子化合物

一、概述

高分子化合物是分子量很大的化合物,分为两大类,一类是天然有机高分子化合物,另一类是合成有机高分子化合物。随着人类社会的发展,特别是塑料、合成纤维和合成橡胶等通过人工合成的方法制造出来，它广泛地应用在日常生活、工农业生产、航空、医疗及能源等领域。所以我们有必要了解一些有关高分子化合物的知识。

1. 高分子化合物的含义

高分子化合物实际上是由许多链节结构相同而聚合度不同的高分子所组成的混合物，又称为高聚物。它们是分子量大于 10000 的大分子化合物。虽然高聚物的分子量很大但其分子组成和结构并不复杂，是由特定的结构单元多次重复连接组成，例如，前面学过的聚合反应：

$$n CH_2=CH_2 \xrightarrow[100MPa]{100 \sim 300℃} -[CH_2-CH_2]_n-$$
　　乙烯　　　　　　　　　　聚乙烯

其中，乙烯就是聚乙烯的单体，组成聚乙烯的重复构造单元称为链节，n 表示链节的数目，称为聚合度。因此，高分子的平均分子量＝聚合度×单体的分子量。例如聚合度为 2000 的聚乙烯的分子量＝2000×28＝56000。

同一种高分子化合物是由许多链节相同，而聚合度不同的化合物组成的同系混合物。所以同系混合物各个分子的分子量是不同的，我们讲的高分子化合物的相对分子质量指的是平均相对分子质量，聚合度也是平均聚合度。高分子化合物中相对分子质量大小不等的现象称为高分子物的多分散性。这种现象在低分子中不存在，但对高分子化合物的性能却有很大的影响。一般来讲，分散性越大，性能越差。所以在合成高分子材料时，要注意相对分子质量和分散性的问题，以提高其性能质量。

2. 高分子化合物的分类

高分子化合物的种类繁多，性能和用途各不相同，为了便于研究常按下列方法分类。

（1）按来源分类　可将高分子化合物分为天然高分子化合物和合成高分子化合物。天然高分子化合物是指存在于自然界动、植物体内的高分子化合物，例如淀粉、纤维素、蛋白质、天然橡胶等。合成高分子是指用化学方法合成的高分子化合物，例如，塑料、合成纤维、合成橡胶等。

（2）根据工艺性质分类　根据性能和用途不同可分为塑料、橡胶和纤维三大类，各类化合物又可分为若干类别。

塑料 $\begin{cases} 热塑性塑料（聚乙烯、聚氯乙烯）\\ 热固性塑料（如酚醛塑料、环氧树脂）\end{cases}$

$$\text{橡胶}\begin{cases}\text{天然橡胶}\\\text{合成橡胶（如丁苯橡胶、氯丁橡胶）}\end{cases}$$

$$\text{纤维}\begin{cases}\text{天然纤维（如棉、毛、丝）}\\\text{化学纤维}\begin{cases}\text{人造纤维（如黏胶纤维、醋酸纤维）}\\\text{合成纤维（涤纶、尼龙-66）}\end{cases}\end{cases}$$

（3）按分子的几何形状分类　根据形状分为线型高分子化合物和体型高分子化合物。线型高分子化合物：高聚物的各链节连接成一个长链，在主链上也可以带支链，如聚乙烯、聚氯乙烯等。体型高分子化合物：高聚物是由线型高分子互相交联起来，形成网状的三度空间结构，如酚醛树脂等。

（4）按主链结构分类　根据结构可分为碳链高分子化合物、杂链高分子化合物、元素高分子化合物和无机高分子化合物。

（5）按用途分类　按用途分类可分为通用高分子（塑料、纤维、橡胶）；工程材料高分子（聚甲醛、聚碳酸酯）；功能高分子（离子交换树脂）；高分子催化剂（蛋白酶）；生物高分子（生物细胞膜）。

3. 高分子化合物的命名

高分子化合物有多种命名方法，其中系统命名法比较复杂，实际上很少用，现将常见的几种命名法简介如下。

天然高分子化合物，一般常用俗名，例如，淀粉、纤维素、蛋白质等。

合成高分子化合物常用下列几种命名法。

加聚反应物命名，在单体名称前加"聚"字来命名。例如，氯乙烯的聚合物称为聚氯乙烯。

缩聚反应物命名，在单体的简称后加"树脂"二字来命名。例如，由苯酚和甲醛缩聚得到的产物叫酚醛树脂。

合成橡胶命名，由不同单体共聚得到的化合物，在单体简称后面加"橡胶"二字。例如，丁二烯和苯乙烯共聚得到的共聚物叫丁苯橡胶。

此外，在商业上为了方便，也常给高分子物质以商品名称。例如，聚己内酰胺纤维称为尼龙-6，聚丙烯腈纤维称为腈纶，聚甲基丙烯酸甲酯称为有机玻璃等。

二、高分子化合物的结构和特性

1. 高分子化合物的结构

高分子的分子结构可分为两种基本类型。

第一种是线型结构，是分子中的原子以共价键相互连接成一条很长的卷曲状态的"链"（叫分子链），具有这种结构的高分子化合物称为线型高分子化合物。在线型结构高分子化合物中有独立的大分子存在，这类高聚物在溶剂中或在加热熔融状态下，大分子可以彼此分离开来。

第二种是体型结构，是分子链与分子链之间有许多共价键交联起来，形成三度空间的网状结构。具有这种结构的高分子化合物称为体型高分子化合物。在体型高分子物质中，没有独立的大分子存在，因而也没有分子量的意义，只有交联度的意义。

应该指出，上述两种基本结构实际上是对高分子的分子模型的直观模拟，而分子的真实精细结构一般是很难搞清楚的。

2. 高分子化合物的特性

高分子化合物大的分子量和特殊的结构关系，使得它与低分子化合物有很大的不同，表现出许多特殊的性质。

(1) **溶解性和不挥发性** 线型高分子化合物，因分子链间可以滑动，因而一般能溶解于适当的有机溶剂。例如聚苯乙烯可溶解于苯或乙苯中，聚氯乙烯可溶解于环己醇中；体型高分子化合物，因分子链间的相对移动困难，不易溶解。

高分子化合物由于分子量很大，一般不挥发，因此不能用蒸馏的方法来提纯。

(2) **密度和力学强度** 高分子化合物虽然分子量很大，但一般密度较小。高分子化合物的分子链很长，分子中的原子数目又非常多，分子间的引力比较大，在常温下，大多数以固态存在，具有良好的力学强度，具有一定的抗拉、抗压、抗扭转、抗弯曲、抗冲击等能力。

高分子材料的力学强度差别与它们的分子量、分子间的引力、分子结构有关。一般来说，同一种高分子化合物，分子量越大，力学强度也就越大；分子结构成网状，力学强度显著增加。例如玻璃钢的强度比合金钢大 1.7 倍，比钛钢大 1 倍。

由于质轻、强度大、耐腐蚀、价廉、易制取等，所以高分子材料在不少地方已逐步替代金属材料，如航空航天、全塑汽车都是典型的例子。

(3) **高弹性和可塑性** 线型高分子化合物的分子链很长，由于通常情况下是卷曲的，当受到外力作用拉伸时，可稍被拉直，当外力去掉后分子又恢复原来的卷曲形状，这种性质叫做弹性。例如生胶是一种线型高分子化合物，它有很大的弹性。体型高分子化合物中的分子长链，如果交联不多，也有一定的弹性，如硫化橡胶，如果交联过多，就失去弹性而变成坚硬的物质，如硬橡皮、酚醛塑料等。

线型高分子化合物当加热到一定温度时，就会逐渐变软，最后到达黏性流动状态，在这种情况下，整个大分子可以移动，受外力作用时，分子间便互相滑动而变形，除去外力也不恢复原状，这种性质叫做可塑性。利用此性质可进行高分子材料的加工。例如，可用高分子材料吹制成农业上和日常用品用得最多的农膜和各种塑料袋；拉成各种各样的丝，可以织成布、渔网等，以及日常用的各种塑料器皿等。

体型高分子化合物因交联过多，当加热时不能软化，因此，也就没有可塑性。

(4) 电绝缘性和耐腐蚀性　高分子化合物分子中的原子以共价键结合，键的极性不大，没有自由电子，不易发生电离，不能导电，所以一般具有良好的绝缘性，可用于包裹电缆、电线，制成各种电器设备的零件等。

由于许多高分子化合物中含有 C—C、C—H、C—O 等饱和性共价键，具有饱和烃的稳定性，能耐化学腐蚀。如聚四氟乙烯可耐酸、碱，是城市建设中上下水管用得很多的高分子材料。

高分子化合物除具上述特性外，还有耐磨、耐油、不透明、不透气、抗辐射等特性。

高分子化合物虽然有上述许多优良特性，但也有些缺点，如不耐高温，易燃烧，易老化，不易降解等。如何通过改善高分子化合物的结构，改进它们的聚合和加工工艺，改善它们在加工和使用过程中对环境的影响，提高高分子材料的性能，都是研究高分子化合物的重要课题。

三、高分子化合物的合成

有机高分子化合物的合成是由低分子单体聚合而成的，又称为高聚物。最主要的基本反应有两类：一类叫缩合聚合反应（简称缩聚反应），另一类叫加成聚合反应（简称加聚反应）。这两类合成类型的单体结构、聚合机理和具体实施方法都不同。通过这两类反应可以合成各种各样的有机高分子化合物，在下面讨论中，我们将会发现合成高分子化合物的反应和合成低分子化合物的反应有许多相似之处，从原理上讲，它们都是通过不同的官能团相互作用来实现的，只是聚合反应所得的产物是高分子化合物。

1. 加成聚合反应

加聚反应是指由一种或两种以上单体通过相互加成而聚合成高聚物的反应，

在反应过程中没有低分子物质生成，生成的高聚物中链节的化学组成与单体相同，其分子量是单体分子量的整数倍。仅由一种单体发生的加聚反应称为均聚反应，例如，氯乙烯合成聚氯乙烯：

$$n\text{CH}_2\!=\!\text{CH}_2 \atop \mid \atop \text{Cl} \xrightarrow[\text{加热、加压}]{\text{催化剂}} \text{—[CH}_2\text{—CH]}_n \atop \mid \atop \text{Cl}$$

氯乙烯　　　　　　　　聚氯乙烯

由两种以上单体发生的加聚反应称共聚反应，例如：乙烯和丙烯聚合生成乙丙橡胶。

$$n\text{CH}_2\!=\!\text{CH}_2 + n\text{CH}_2\!=\!\text{CH—CH}_3 \longrightarrow \text{—[CH}_2\text{—CH}_2\text{—CH}_2\text{—CH]}_n$$
$$|$$
$$\text{CH}_3$$

乙烯　　　　　丙烯　　　　　　　　乙丙橡胶

通过共聚反应，不仅可增加聚合物的种类，还可改善产品性能，例如聚丁二烯橡胶的耐油性差，而 1,3-丁二烯与丙烯腈共聚，可得耐油的丁腈橡胶。

2. 缩合聚合反应

缩聚反应是由一种或两种以上单体通过缩合形成高聚物，同时有低分子物质（水、卤化氢、氨、醇等）析出的反应，所以，生成的高聚物的化学组成与单体的组成不同。故缩聚物的分子量不是单体的整数倍，例如，己二胺和己二酸分子间脱水，发生缩聚反应生成尼龙-66。

四、合成高分子材料

高分子合成材料主要指塑料、合成纤维和合成橡胶三大合成材料及涂料、胶黏剂、离子交换树脂等。 这些新型的合成材料，一般具有密度小、强度高、弹性好、可塑性、绝缘性和耐腐性好等特点，是一般天然材料所没有的，所以在工业、农业、航空、医疗卫生、建筑以及人民日常生活等方面都有广泛的应用，下面就这些材料作一些简单的介绍。

1. 塑料

以合成的或天然的高分子化合物为基本成分，在加工过程中可塑制成型，而产品最后能保持形状不变的材料。多数塑料以合成树脂为基本成分，是三大合成材料中产量最大、用途最广泛的一种。

根据其受热后表现的特性，塑料可分为热塑性塑料和热固性塑料。

热塑性塑料是以热塑性树脂为基本成分的，具有链状的线型结构。受热时软化或熔化成黏稠流动的液体，可以制成一定形状，冷却后变硬成型，并且能反复多次加工塑制。例如聚乙烯、聚氯乙烯、聚四氟乙烯等都是热塑性塑料。

热固性塑料是以热固性树脂为基本成分的，具有网状的结构。初次受热时变软，可以塑制成一定形状，但硬化成型后，再加热不会再软化，因此不能反复加工，也不能回收利用，如酚醛树脂、环氧树脂、脲醛塑料等。

按其应用和使用性能，塑料又可分为通用塑料和工程塑料。

聚烯烃（聚乙烯、聚丙烯）、聚苯乙烯、聚氯乙烯、酚醛树脂和氨基树脂被称为五大通用塑料，其产量占塑料总量的75%，广泛应用于工农业生产、日常生活和国防上。

工程塑料是一类新兴的高分子合成材料，它力学性能好，是可代替金属用作工程材料的一类塑料。如聚酰胺、聚甲醛、聚碳酸酯和ABS树脂，称为四大工程塑料。它们广泛应用于机械制造工业、仪器仪表工业、化工、建筑以及航空、国防等尖端科技方面，在这些领域中它们已成为不可缺少的材料。

2. 合成纤维

纤维是一类具有一定长度、细度、强度和弹性的丝状高分子化合物。根据来源不同，纤维可分为天然纤维和化学纤维两大类。有些纤维是天然高分子化合物，称为天然纤维，如棉、麻、羊毛、蚕丝等。用化学方法制得的纤维称为化学纤维，根据使用的原料不同又分为人造纤维和合成纤维。

人造纤维是以天然纤维为原料（如木材、短棉绒、稻草等），经过化学加工处理得到的性能比天然纤维优越的新纤维，又叫再生纤维。例如黏胶纤维、醋酸纤维等。

合成纤维是以煤、石油、天然气和农副产品作原料制成单体，经加聚反应或缩聚反应制得的高分子化合物，再经纺丝加工而成的纤维。合成纤维都是线型高聚物，有较好的强度和挠曲性能，具有比天然纤维和人造纤维更优越的性能。同时还具有质轻、耐磨、耐腐蚀、不怕虫蛀、不会发霉等特性。成为现代人类重要的衣着材料之一，例如尼龙纤维、腈纶纤维和涤纶纤维等。此外具有特殊性能的合成纤维还可满足现代工业技术和科学技术发展的需求，如耐高温纤维、耐辐射纤维、防火纤维、发光纤维、光导纤维等。

3. 合成橡胶

橡胶是一类具有高弹性能的高分子化合物。按照橡胶来源不同，可分为天然橡胶和合成橡胶两大类。

天然橡胶是由橡胶树和橡胶草的胶乳经化学处理制得，由于橡胶树只适宜在热带和亚热带地区生长，因此天然橡胶的生产受到地理条件的限制，远远不能满足日益发展的工业需要。

合成橡胶是由人工合成的具有天然橡胶性能的线型高分子化合物。合成橡胶按照性能和用途不同，可分为两类：一类是通用橡胶，如顺丁橡胶和丁苯橡胶等，用于制造轮胎及一般橡胶制品；另一类是特种橡胶，如硅橡胶等，用于制造具有特殊性能（如耐高温、耐油、耐老化等）并适合特殊条件下使用的橡胶制品。

合成橡胶的出现不仅弥补了天然橡胶数量上的不足，而且品种较多，有的在某些性能上优于天然橡胶，具有一些特殊的用途。因此发展合成橡胶生产，对于工业、农业、交通、国防建设和科学技术的发展，都有十分重要的意义。目前世界上橡胶生产中合成橡胶占有越来越重要的地位。

思考与练习

10-6 某种聚氯乙烯的平均聚合度为 3000，计算它的平均分子量。

10-7 举例说明高分子化合物的分类方法有哪些？

10-8 高分子合成材料包括哪些物质？

10-9 天然纤维、人造纤维、合成纤维有何不同？

归纳与总结

本章的内容比较多、杂，希望在教师的指导下，从杂环化合物、糖类化合物、高分子化合物的结构、性质、来源制法、用途等方面进行归纳与总结，通过习题，对本章有更进一步的认识。

习 题

一、填空题

1. 高分子的结构大体可分为_____结构和_____结构两种，其中_____结构的高分子是一条能够_____的长链，这种高分子链中，原子跟原子或链节都是以_____键相结合的。

2. 杂环化合物是一种类_____化合物，是由_____原子组成的，一般把除碳原子以外的_____原子，叫做_____。由这些_____构成具有_____化合物称为杂环化合物。

3. 人们常说的三大合成材料是_____、_____、_____。其中产量最大、用途最广的是_____。

4. 葡萄糖的分子式是_____，结构式是_____。分子中含有_____和_____两种官能团，其中一种能跟银氨溶液作用发生_____反应。

5. 写出下列化合物的结构式：
(1) 聚氯乙烯　(2) 果糖　(3) 糠醛　(4) 乙丙橡胶　(5) α-呋喃磺酸

二、选择题

1. 下列物质不具有芳香性的是（　　）。
   A. 呋喃　　　B. 噻吩　　　C. 糠醛　　　D. 甲醛
2. 乙烯是聚乙烯的（　　）。
   A. 单体　　　B. 聚合度　　C. 链节　　　D. 同分异构体
3. 下列物质味最甜的是（　　）。
   A. 果糖　　　B. 葡萄糖　　C. 蔗糖　　　D. 麦芽糖
4. 下列物质属于合成高分子化合物的是（　　）。
   A. 氨基酸　　B. 天然橡胶　C. 淀粉　　　D. 聚氯乙烯
5. 下列物质能发生银镜反应的是（　　）。
   A. 葡萄糖　　B. 蔗糖　　　C. 纤维素　　D. 淀粉

三、判断题（下列叙述对的在括号中打"√"，错的打"×"）

1. 凡是含有杂原子的环状化合物就是杂环化合物。　　　　　　　　（　　）
2. 加聚反应一定要通过两种不同的单体才能发生反应。　　　　　　（　　）
3. 通用塑料和工程塑料都是线型高聚物，都具有可塑性。　　　　　（　　）
4. 凡分子组成符合通式 $C_n(H_2O)_m$ 的化合物属糖类，也叫碳水化合物。（　　）
5. 线型结构的高分子链是一条直线型的能够旋转的长链。　　　　　（　　）

四、用化学方法鉴别下列化合物

(1) 噻吩与苯酚　　(2) 葡萄糖与蔗糖　　(3) 蔗糖与淀粉

五、 分子式为 $C_5H_4O_2$ 的化合物 A 在氧化时生成 B($C_5H_4O_3$)，B 是羧酸，B 在封管内加热到 260～275℃生成化合物 C(C_4H_4O)，C 不和金属钠作用，也没有与醛和酮的反应。试推断 A、B、C 的结构。

课后习题答案

第一章　饱和烃——烷烃

第一节

1-1

(1) $CH_3(CH_2)_5CH_3$　　　　　　　　(2) $(CH_3)_2CH(CH_2)_3CH_3$

(3) $CH_3CH_2CH(CH_3)CH_2CH_2CH_3$　　(4) $(CH_3CH_2)_3CH$

(5) $(CH_3)_2CHCH(CH_3)CH_2CH_3$　　　(6) $(CH_3)_2CHCH_2CH(CH_3)_2$

(7) $(CH_3CH_2)_2C(CH_3)_2$　　　　　　(8) $(CH_3)_3CCH_2CH_2CH_3$

(9) $(CH_3)_3CCH(CH_3)_2$

第二节

1-2 (1)
$$CH_3-\underset{\underset{CH_3}{|}}{\overset{\overset{CH_3}{|}}{C}}-\underset{\underset{}{}}{\overset{\overset{CH_3}{|}}{CH}}-CH_3$$
(2)
$$CH_3-CH_2-CH_2-CH-CH_2-CH_2-CH_3$$
$$\overset{|}{CH}-CH_3$$

(3)
$$CH_3-CH-CH-\overset{\overset{CH_3}{|}}{CH}-CH_3$$
$$\underset{CH_3}{|}\;\underset{CH_2CH_3}{|}$$
(4) $CH_3-(CH_2)_{13}-CH_3$

1-3　(1) 庚烷　　　　　　(2) 2-甲基己烷　　　　　(3) 3-甲基己烷

　　(4) 3-乙基戊烷　　　(5) 2,3-二甲基戊烷　　　(6) 2,4-二甲基戊烷

　　(7) 3,3-二甲基戊烷　(8) 2,2-二甲基戊烷　　　(9) 2,2,3-三甲基丁烷

第三节

1-4　新戊烷＞正戊烷＞异戊烷

1-5　(1) 正丁烷＞异丁烷　　　　(2) 已烷＜辛烷

第四节

1-6　叔氢＞仲氢＞伯氢

1-7
$$CH_3-\underset{\underset{CH_2Cl}{|}}{CH}-\overset{\overset{CH_3}{|}}{CH}-CH_3 \qquad CH_3-\underset{\underset{CH_3}{|}}{\overset{\overset{Cl}{|}}{C}}-\overset{\overset{CH_3}{|}}{CH}-CH_3$$

习题

一、

1. CH₃CH₃

2. $CH_3-\overset{\overset{CH_3}{|}}{\underset{\underset{CH_3}{|}}{C}}-\overset{\overset{CH_3}{|}}{CH}-CH_2-CH_3$ $CH_3-\overset{\overset{CH_3}{|}}{CH}-\overset{\overset{CH_3}{|}}{\underset{\underset{CH_3}{|}}{C}}-CH_2-CH_3$ $CH_3-\overset{\overset{CH_3}{|}}{\underset{\underset{CH_3}{|}}{C}}-CH_2-\overset{\overset{CH_3}{|}}{CH}-CH_3$

3. (3) (1) (2)

4. A. $CH_3-\overset{\overset{CH_3}{|}}{\underset{\underset{CH_3}{|}}{C}}-CH_3$ B. $CH_3-CH_2-CH_2-CH_2-CH_3$

5. (3) (4) (2) (1) (5)

二、 1～5 C A C B C

三、 1～5 × √ × × ×

四、 (1) 错 2,2,4-三甲基戊烷   (2) 错 2,3-二甲基丁烷

五、

(1) $CH_3-CH_2-\overset{\overset{CH_2CH_3}{|}}{\underset{\underset{CH_3}{|}}{C}}-\overset{\overset{}{|}}{\underset{\underset{CH_2CH_3}{|}}{CH}}-CH_2-CH_3$ (2) 错 $CH_3-\overset{\overset{CH_3-CH-CH_3}{|}}{\underset{\underset{CH_3}{|}}{CH}}-CH_2-\overset{\overset{}{|}}{\underset{\underset{CH_3}{|}}{C}}-CH_2-CH_3$

2,3,5-三甲基-4-乙基己烷

(3) $CH_3-\overset{\overset{CH_3}{|}}{\underset{\underset{CH_2CH_3}{|}}{CH}}-CH_2-CH_3$ (4) 错 $CH_3-\overset{\overset{CH_3-CH-CH_3}{|}}{CH}-\overset{\overset{}{|}}{\underset{\underset{CH_3}{|}}{CH}}-CH_3$

2,3,4-三甲基戊烷

第二章 不饱和烃——烯烃、二烯烃和炔烃

第一节

2-1、2-2

(1) $CH_2=CH-CH_2-CH_2-CH_2-CH_3$ 1-己烯

(2) $CH_3-CH=CH-CH_2-CH_2-CH_3$ 2-己烯

(3) $CH_3-CH_2-CH=CH-CH_2-CH_3$ 3-己烯

(4) $CH_2=\underset{\underset{CH_3}{|}}{C}-CH_2-CH_2-CH_3$ 2-甲基-1-戊烯

(5) $CH_3-\underset{\underset{CH_3}{|}}{C}=CH-CH_2-CH_3$ 2-甲基-2-戊烯

(6) $CH_3-\underset{\underset{CH_3}{|}}{CH}-CH=CH-CH_3$ 4-甲基-2-戊烯

(7) $CH_2=CH-CH_2-CH-CH_3$ 　　　　　4-甲基-1-戊烯
　　　　　　　　　　　$|$
　　　　　　　　　　　CH_3

(8) $CH_3-CH_2-C=CH-CH_3$ 　　　　　3-甲基-2-戊烯
　　　　　　　　　$|$
　　　　　　　　　CH_3

(9) $CH_2=CH-CH-CH_2-CH_3$ 　　　　　3-甲基-1-戊烯
　　　　　　　　$|$
　　　　　　　　CH_3

(10) $CH_2=C-CH_2-CH_3$ 　　　　　2-乙基-1-丁烯
　　　　　　　$|$
　　　　　　　CH_2CH_3

(11) $CH_3-\overset{\overset{CH_3}{|}}{\underset{\underset{CH_3}{|}}{C}}-CH=CH_2$ 　　　　　3,3-二甲基-1-丁烯

(12) $CH_3-C=C-CH_3$ 　　　　　2,3-二甲基-2-丁烯
　　　　　$|$ 　$|$
　　　　CH_3 CH_3

(13) $CH_2=C-CH-CH_3$ 　　　　　2,3-二甲基-1-丁烯
　　　　　　$|$ 　$|$
　　　　　CH_3 CH_3

2-3　可用硫酸、溴水洗涤除去

2-4 (1) $CH_3-C=CH_2 + H_2 \xrightarrow{催化剂} CH_3-CH-CH_3$
　　　　　　$|$　　　　　　　　　　　　　$|$
　　　　　CH_3　　　　　　　　　　　　CH_3

(2) $CH_3-C=CH_2 + Br_2 \longrightarrow CH_3-\overset{\overset{Br}{|}}{\underset{\underset{CH_3}{|}}{C}}-\overset{Br}{\underset{}{C}}H_2$
　　　　　$|$
　　　　CH_3

(3) $CH_3-C=CH_2 + HO-Cl \longrightarrow CH_3-\overset{\overset{HO}{|}}{\underset{\underset{CH_3}{|}}{C}}-\overset{Cl}{\underset{}{C}}H_2$
　　　　　$|$
　　　　CH_3

(4) $CH_3-C=CH_2 + HBr \xrightarrow{AlCl_3} CH_3-\overset{\overset{Br}{|}}{\underset{\underset{CH_3}{|}}{C}}-\overset{H}{\underset{}{C}}H_2$ 或 $CH_3-\overset{\overset{H}{|}}{\underset{\underset{CH_3}{|}}{C}}-\overset{Br}{\underset{}{C}}H_2$
　　　　　$|$
　　　　CH_3　　　　　　　　　　　　　　　　　　　　　　　　（有过氧化物时）

第二节

2-6 (1) 2-甲基-1,3-丁二烯　　(2) 2,5-二甲基-1,4-己二烯

　　(3) 2-乙基-1,3-丁二烯

2-7 (1) $CH_2=CH-C=CH_2 + HBr \xrightarrow{低温} CH_2=CH-\overset{\overset{Br}{|}}{\underset{\underset{CH_3}{|}}{C}}-\overset{H}{\underset{}{C}}H_2$
　　　　　　　　　$|$
　　　　　　　　CH_3

(2) $CH_2=CH-C-CH_2 + Br_2 \xrightarrow{\text{高温}} \underset{CH_3}{\underset{|}{CH_2-CH=C-CH_2}}$ with Br on each end

(3) $CH_2=CH-C-CH_2 + CH_2=CH_2 \xrightarrow[90MPa]{165℃}$ 甲基环己烯结构
$\quad\quad\quad\quad\quad\underset{CH_3}{|}$

2-8　$CH_2=CH-CH_2-CH_2$

第三节

2-9　(1)　$CH\equiv CCH_2CH_2CH_2CH_3$　　1-己炔

(2)　$CH_3C\equiv CCH_2CH_2CH_3$　　2-己炔

(3)　$CH_3CH_2C\equiv CCH_2CH_3$　　3-己炔

(4)　$CH\equiv CCH_2CHCH_3$　　4-甲基-1-戊炔
　　　　　　$\underset{CH_3}{|}$

(5)　$CH\equiv CCHCH_2CH_3$　　3-甲基-1-戊炔
　　　　　$\underset{CH_3}{|}$

(6)　$CH\equiv C-\underset{\underset{CH_3}{|}}{\overset{\overset{CH_3}{|}}{C}}-CH_3$　　3,3-二甲基-1-丁炔

(7)　$CH_3C\equiv CCHCH_3$　　4-甲基-2-戊炔
　　　　　　$\underset{CH_3}{|}$

2-10　(1)　$CH_3C\equiv CH + O_2 \xrightarrow{\text{点燃}} CO_2 + H_2O$

(2)　$CH_3C\equiv CH \xrightarrow{KMnO_4} CH_3COOH + CO_2$

(3)　$CH_3C\equiv CH + H_2 \xrightarrow{\text{林德拉}} CH_3CH=CH_2$

(4)　$CH_3C\equiv CH + 2Br_2 \longrightarrow CH_3\underset{\underset{Br}{|}}{\overset{\overset{Br}{|}}{C}}-\underset{\underset{Br}{|}}{\overset{\overset{Br}{|}}{CH}}$

(5)　$CH_3C\equiv CH + HCl \xrightarrow{\text{加热}} CH_3\underset{\underset{Cl}{|}}{C}=CH_2$

(6)　$CH_3C\equiv CH + H_2O \xrightarrow[70℃]{H_2SO_4} CH_3\overset{\overset{O}{\|}}{C}-CH_3$

(7)　$CH_3C\equiv CH + HCN \xrightarrow[80\sim90℃, 0.7MPa]{Cu_2Cl_2 \text{水溶液}} CH_3\underset{\underset{CN}{|}}{C}=CH_2$

习题

一、1. Br_2/CCl_4　　$KMnO_4$　　溶液褪色

2. 醇　醛或酮

3. 钯、铂或镍　林德拉

4. 溶液吸收法

5. $CH_3\text{—}\underset{\underset{CH_3}{|}}{CH}\text{—}CH\text{=}CH_2 \quad CH_3\text{—}\underset{\underset{CH_3}{|}}{C}\text{=}CH_2$

6. NaOH　CO_2　SO_2

二、1~10　C　D　D　C　D　A　(AD)　A　B　(AC)

三、(1) 2,4-二甲基-3-氯-2-戊烯

(2) 2,3,4-三甲基-3-己烯　(3) 2,2,5-三甲基-3-己炔

四、

1. $CH_3\underset{\underset{CH_3}{|}}{CH}C\text{≡}CH + Ag(NH_3)_2NO_3 \longrightarrow CH_3\underset{\underset{CH_3}{|}}{CH}C\text{≡}C\text{—}Ag\downarrow + NH_4NO_3 + NH_3$

2. $CH_3CH_2CH\text{=}CH_2 + Cl_2 \begin{cases} \xrightarrow{\text{常温}} CH_3CH_2\underset{\underset{Cl}{|}}{C}H\text{—}\underset{\underset{Cl}{|}}{C}H_2 \\ \xrightarrow{500℃} CH_3\underset{\underset{Cl}{|}}{C}HCH\text{=}CH_2 + HCl \end{cases}$

3. $CH_3CH_2\underset{\underset{CH_3}{|}}{C}\text{=}CHCH_3 \begin{cases} \xrightarrow{HBr} CH_3CH_2\underset{\underset{CH_3}{|}}{\overset{\overset{Br}{|}}{C}}\text{—}\overset{\overset{H}{|}}{C}HCH_3 \\ \xrightarrow[\text{过氧化物}]{HBr} CH_3CH_2\underset{\underset{CH_3}{|}}{\overset{\overset{H}{|}}{C}}\text{—}\overset{\overset{Br}{|}}{C}HCH_3 \end{cases}$

五、

$\begin{matrix}\text{丁烷}\\\text{1-丁炔}\\\text{2-丁炔}\end{matrix} \xrightarrow{Br_2/CCl_4} \begin{matrix}\times\\\text{溴水褪色}\\\text{溴水褪色}\end{matrix} \xrightarrow{AgNO_3\text{氨溶液}} \begin{matrix}\text{灰白色沉淀}\\\text{无现象}\end{matrix}$

六、

1. $CH\text{≡}CH \xrightarrow{H_2}{\text{林德拉}} CH_2\text{=}CH_2 \xrightarrow[H_3PO_4,\triangle]{H_2O} CH_3CH_2OH$

2. $CH\text{≡}CH + H_2O \xrightarrow[\text{稀}H_2SO_4,100℃]{HgSO_4} CH_3CHO$

3. $CH\text{≡}CH + 2HBr \longrightarrow CH_3CHBr_2$

七、A. $CH_3CH_2CH_2C\text{≡}CH$　　B. $CH_3C\text{≡}CCH_2CH_3$

主要化学反应有：

$CH_3CH_2CH_2C\text{≡}CH + Ag(NH_3)_2NO_3 \longrightarrow CH_3CH_2CH_2C\text{≡}CAg\downarrow + NH_4NO_3 + NH_3$

$CH_3CH_2CH_2C\text{≡}CH \xrightarrow{KMnO_4,H^+} CH_3CH_2CH_2COOH + CO_2$

$$CH_3C\equiv CCH_2CH_3 \xrightarrow{KMnO_4, H^+} CH_3CH_2COOH + CH_3COOH$$

第三章 脂环烃

第三节

3-2

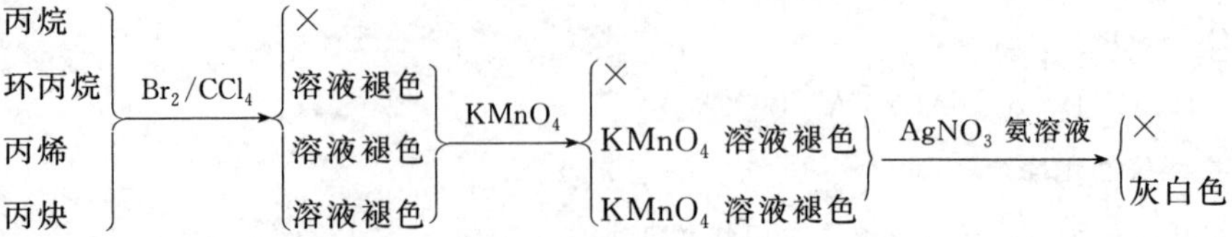

	Br₂/CCl₄		KMnO₄		AgNO₃ 氨溶液	
丙烷		×		×		
环丙烷		溶液褪色		KMnO₄ 溶液褪色		×
丙烯		溶液褪色				
丙炔		溶液褪色		KMnO₄ 溶液褪色		灰白色

3-3 (1) 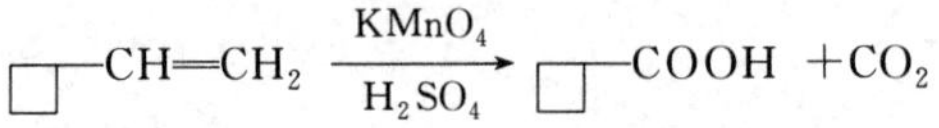 环丁基-CH=CH₂ $\xrightarrow{KMnO_4}{H_2SO_4}$ 环丁基-COOH + CO₂

(2) 环戊烷 + Cl₂ $\xrightarrow{光照}$ 氯代环戊烷 + HCl

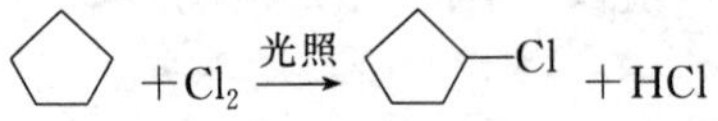

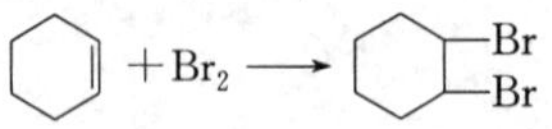

(3) 环己烯 + Br₂ ⟶ 1,2-二溴环己烷

(4) 1,1-二甲基环丙烷：
- H₂, Ni ⟶ CH₃—CH₂—CH(CH₃)—CH₃（应为 2-甲基丁烷结构）
- Br₂ ⟶ CH₂(Br)—CH₂—C(CH₃)₂—CH₃
- HBr ⟶ CH₃—CH₂—C(Br)(CH₃)—CH₃

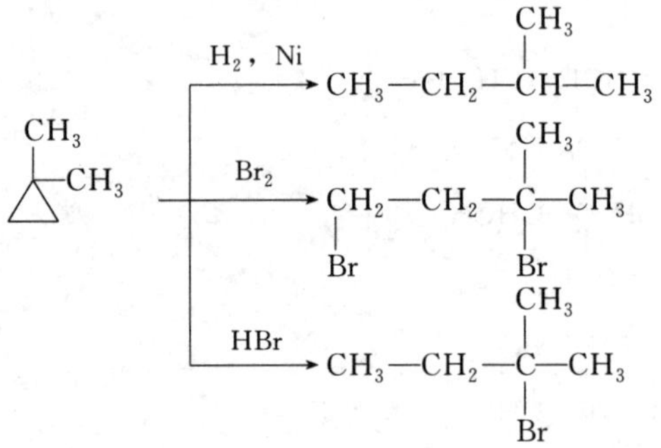

(5) 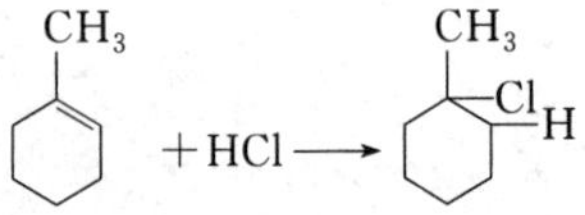 1-甲基环己烯 + HCl ⟶ 1-甲基-1-氯环己烷

3-4 A. 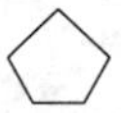 环戊烷   B. CH₃CH=CHCH₂CH₃

主要化学反应：

(1) 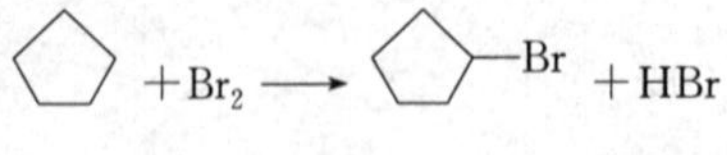 环戊烷 + Br₂ ⟶ 溴代环戊烷 + HBr

(2) 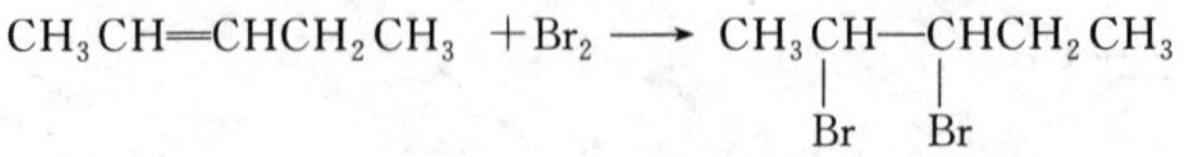 CH₃CH=CHCH₂CH₃ + Br₂ ⟶ CH₃CH(Br)—CH(Br)CH₂CH₃

CH₃CH=CHCH₂CH₃ $\xrightarrow{KMnO_4}$ CH₃COOH + CH₃CH₂COOH

习题

一、

1. 1-甲基-4-异丙基环己烷

   4-甲基环己烯

5-乙基-1,3-环己二烯

2. CH₃-环丁基-CH₂CH₃   环己烯-CH(CH₃)₂

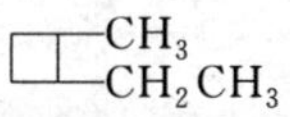

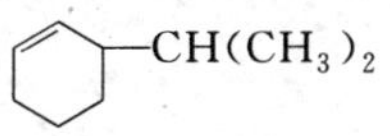

3. 环丙烷＞环丁烷＞环戊烷

4. 含氢最少与含氢最多　马氏

5. (1) 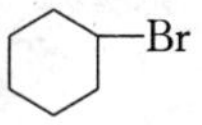 环己基-Br

(2) CH₃-C(CH₃)(Br)-CH₂-CH(H)-CH₂-CH₃

(3) 环丙基(CH₃)(COOH)　　CH₃COOH

(4) 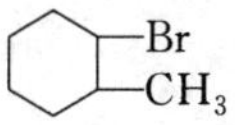 环己基(Br)(CH₃)

(5) 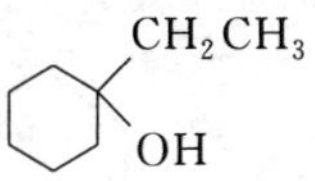 环己基(CH₂CH₃)(OH)

二、1~4　B A D C

三、1~4　√ × × ×

四、(1) 1,2-二甲基环丙烷

(2) 5-甲基环戊二烯

(3) 1-甲基-4-烯丙基环己烷

五、1. 甲基环丙烷：
- H₂、Ni / △ → CH₃—CH₂—CH₂—CH₃
- Br₂/CCl₄ 室温 → CH₂(Br)—CH₂—CH(Br)—CH₃
- HI → CH₃—CH₂—CH(CH₃)—I (含CH₃-CH₂-CH(I)-CH₃结构)

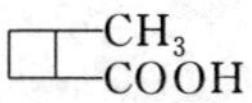

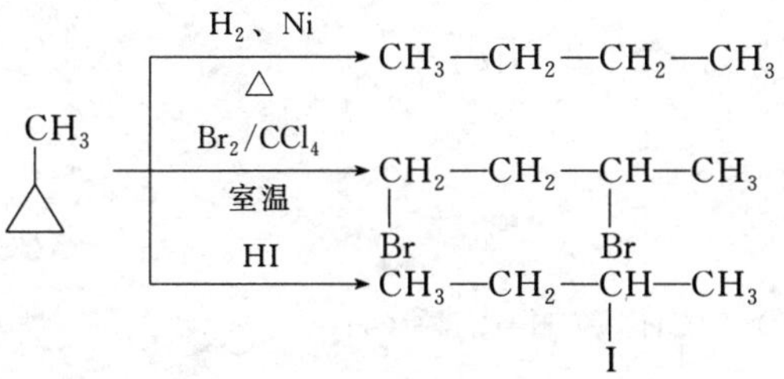

2. 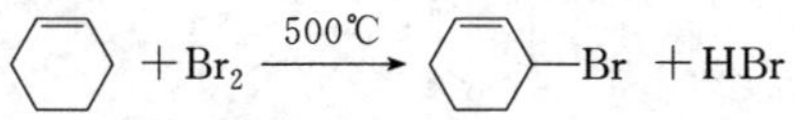 环己烷 + Br₂ ——500℃——→ 环己基-Br + HBr

3. 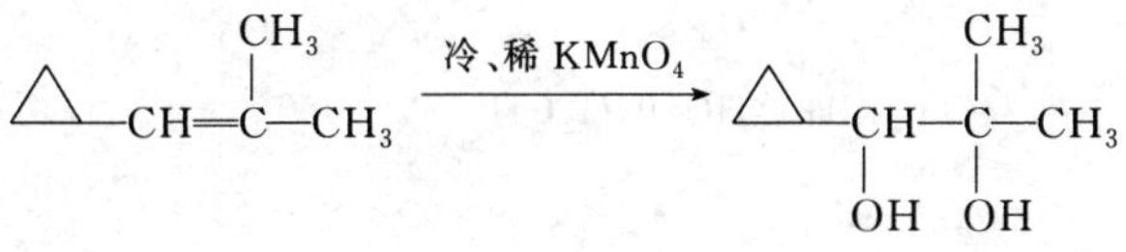 环丙基-CH=C(CH₃)-CH₃ ——冷、稀KMnO₄——→ 环丙基-CH(OH)-C(CH₃)(OH)-CH₃

六、
1-戊烯	酸性KMnO₄溶液	溶液褪色(并有气泡)
2-戊烯		溶液褪色
1,2-二甲基环丙烷		无现象 → Br₂/CCl₄ → 溶液褪色
环戊烷		无现象 → 无现象

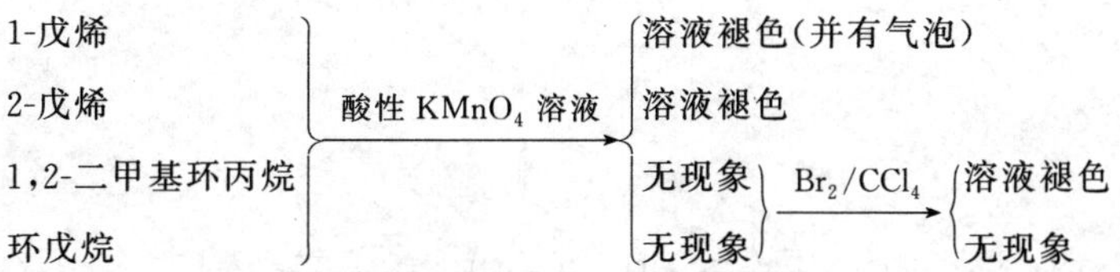

七、A. 环丙基-CH₃　　B. CH₃CH=CHCH₃

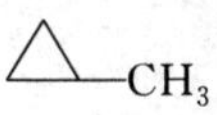

C. $CH_3CH-CHCH_3$
      | |
      Br H

$\begin{Bmatrix} \triangle\text{—}CH_3 \\ CH_3CH=CHCH_3 \end{Bmatrix}$ + HBr ⟶ $CH_3CH-CHCH_3$
                                                                              | |
                                                                              Br H

八、A. $\triangle\genfrac{}{}{0pt}{}{CH_3}{CH_3}$ B. $CH_3-\underset{\underset{CH_3}{|}}{C}=CHCH_3$

C. $CH_2=\underset{\underset{CH_3}{|}}{C}-CH_2CH_3$

$\begin{Bmatrix} \triangle\genfrac{}{}{0pt}{}{CH_3}{CH_3} \\ CH_2=\underset{\underset{CH_3}{|}}{C}-CH_2CH_3 \end{Bmatrix}$ $\xrightarrow{KMnO_4, H^+}$ $CH_3-\overset{O}{\overset{\|}{C}}-CH_2CH_3$ + CO_2

第四章 芳香烃

第三节

4-1

(1) 1-甲基-4-乙苯 (2) 1,2,3,5-四甲苯

(3) 2,2,4,4-四甲基-3-苯基戊烷 (4) 1,3-二甲基-4-叔丁苯

(5) 3-苯基-2-戊烯

4-2

(1) 邻-CH₃-C(CH₃)₃ 苯   (2) PhCH₂-CH=CH-CH₂Ph

(3) CH_3CH_2-⟨对⟩-$CH(CH_3)_2$ (4) $CH_3\underset{\underset{Ph}{|}}{C}HCH\underset{\underset{}{|CH_3}}{}CH_2CH_3$

第五节

4-3

(1) ⟨苯⟩ + $(CH_3)_2C=CH_2$ $\xrightarrow{AlCl_3}$ Ph-$\underset{\underset{CH_3}{|}}{\overset{\overset{CH_3}{|}}{C}}$-$CH_3$ $\xrightarrow[Cl_2]{Fe, \triangle}$

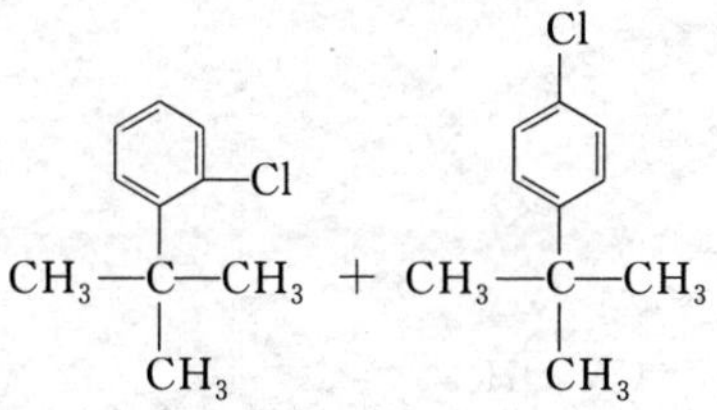

(1) [邻-氯叔丁苯] + [对-氯叔丁苯]

(2) 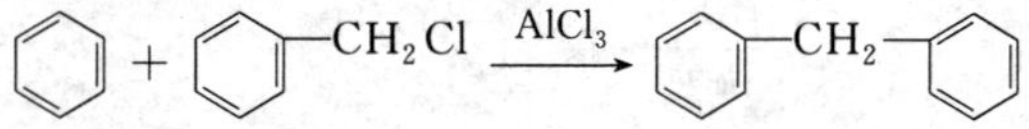 苯 + PhCH₂Cl →(AlCl₃) 二苯甲烷

(3) 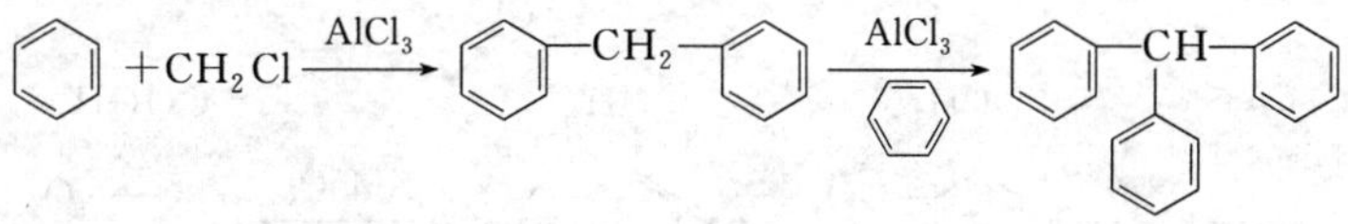 苯 + CH₂Cl →(AlCl₃) 二苯甲烷 →(AlCl₃, 苯) 三苯甲烷

(4) 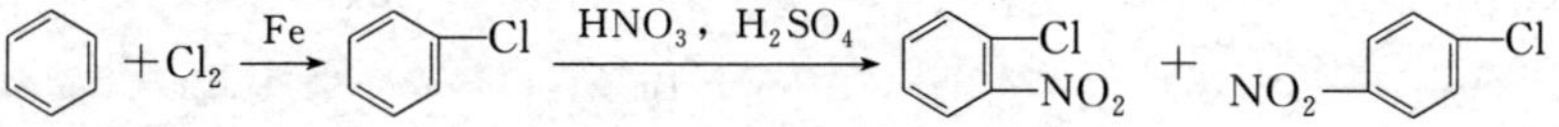 苯 + Cl₂ →(Fe) 氯苯 →(HNO₃, H₂SO₄) 邻-氯硝基苯 + 对-氯硝基苯

(5) 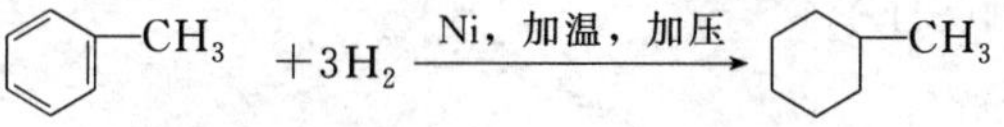 甲苯 + 3H₂ →(Ni, 加温, 加压) 甲基环己烷

第八节

4-5 (1) 1,5-二甲基萘　(2) 2-磺酸基萘

(3) 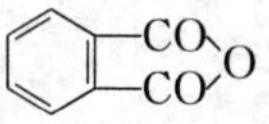 邻苯二甲酸酐　(4) 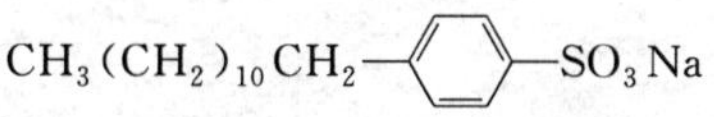 $CH_3(CH_2)_{10}CH_2$—C₆H₄—SO_3Na

习题

一、

1. 烯烃、炔烃、二烯烃　环烷　α-氢的烷基苯

2. 增加反应物硫酸的浓度　降低生成物水的浓度　加热稀酸水解

3. 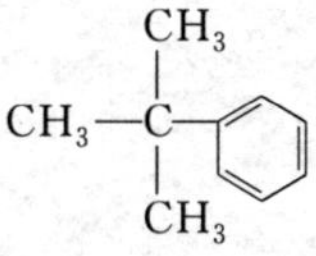 叔丁苯 (CH₃)₃C—C₆H₅

4. 发烟硫酸

5. 甲 1,4-二溴苯　乙 1,2,3-三溴苯　丙 1,2,4-三溴苯

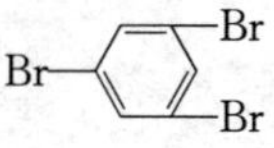

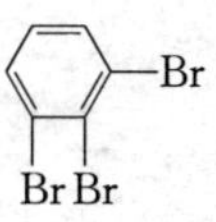

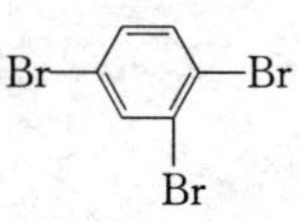

6. ②

二、1～5　D　C　(AB)　A　B

三、1～5　×　×　×　×　√

四、

(1) 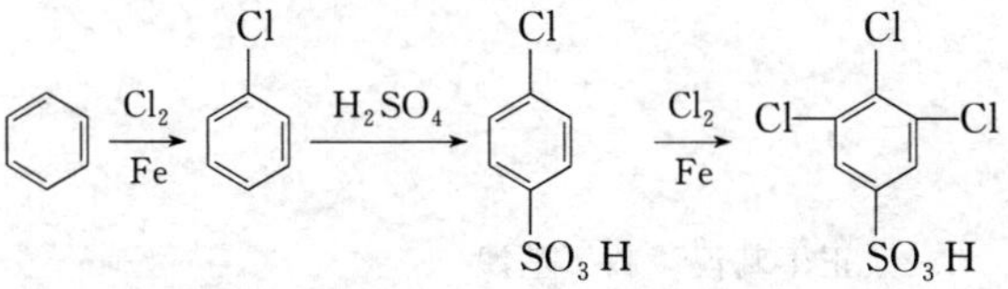 苯 →(Cl₂/Fe) 氯苯 →(H₂SO₄) 对氯苯磺酸 →(Cl₂/Fe) 3,4-二氯-(对位)苯磺酸

(2) 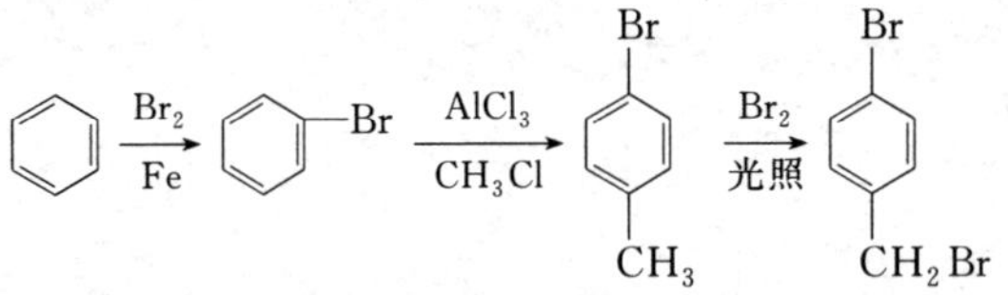 C₆H₆ →[Br₂/Fe] C₆H₅Br →[AlCl₃/CH₃Cl] 对-BrC₆H₄CH₃ →[Br₂/光照] 对-BrC₆H₄CH₂Br

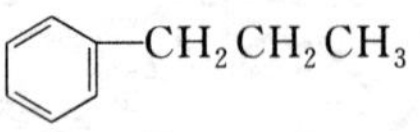

(3) 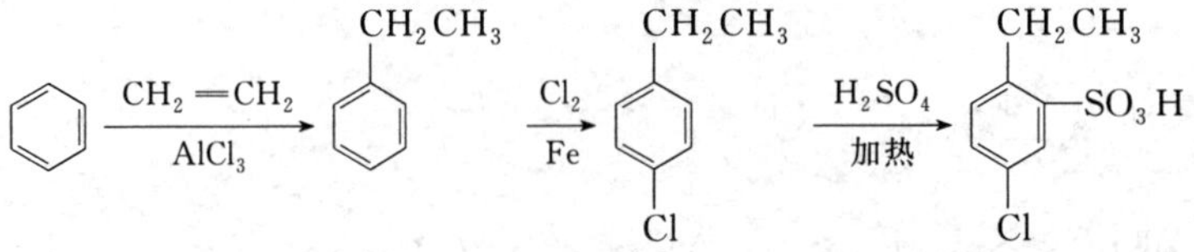 C₆H₆ →[CH₂=CH₂/AlCl₃] C₆H₅CH₂CH₃ →[Cl₂/Fe] 对-ClC₆H₄CH₂CH₃ →[H₂SO₄/加热] 2-乙基-5-氯苯磺酸

(4) 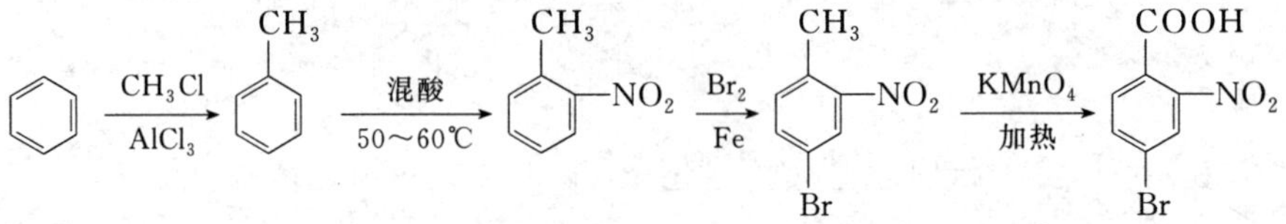 C₆H₆ →[CH₃Cl/AlCl₃] C₆H₅CH₃ →[混酸 50~60℃] 邻硝基甲苯 →[Br₂/Fe] 2-甲基-3-硝基-5-溴苯 →[KMnO₄/加热] 2-硝基-4-溴苯甲酸

五、A. C₆H₅CH₂CH₂CH₃ 或 C₆H₅CH(CH₃)₂

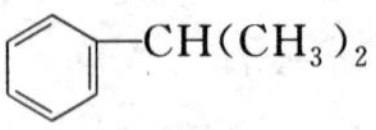

B. 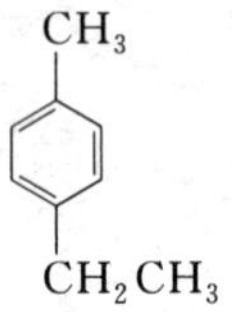 对-CH₃C₆H₄CH₂CH₃

C. 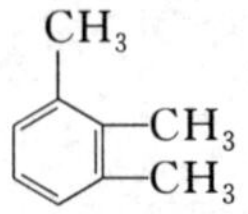 1,2-二甲基-3-甲基苯（邻位三甲苯结构）

第五章 卤代烃

第二节

5-1
(1) 2,2-二甲基-1-溴丙烷   (2) 2,2-二氯戊烷
(3) 1-氟-2-氯-3-溴庚烷   (4) 2-甲基-2-氯丁烷
(5) 3,4-二甲基环戊烯   (6) 3,5-二氯-1-环己烯

5-2
(1) 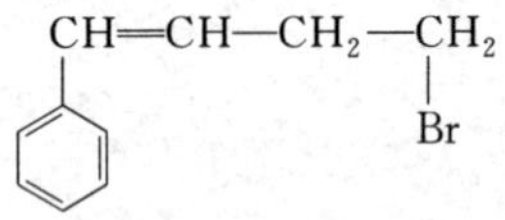 C₆H₅CH=CHCH₂CH₂Br
(2) 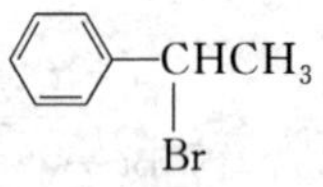 C₆H₅CHBrCH₃
(3) 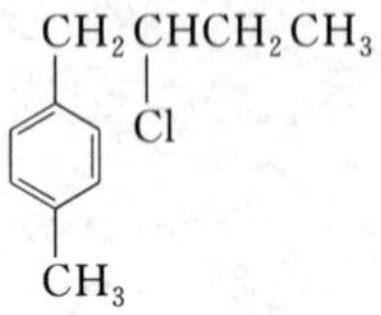 对-CH₃C₆H₄CH(Cl)CH₂CH₃
(4) 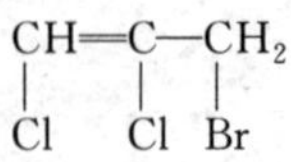 CH₂=C(Cl)–CH(Cl)CH₂Br... CH₂=C–CH₂ 上 Cl, Cl, Br
(5) 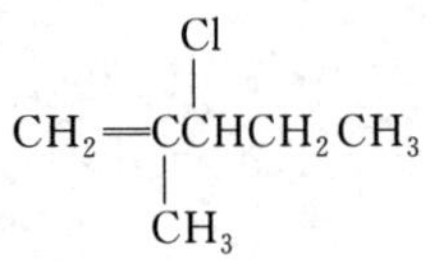 CH₂=C(CH₃)–CH(Cl)CH₂CH₃

5-3
(1) 正丙基溴＞异丙基溴   (2) 正丁基溴＞叔丁基溴

(3) 正丁基溴＞正丁基氯　　　　(4) 正戊基碘＞正戊基氯

第六节

5-4

(1) $(CH_3)_2CHCH=CH_2$

(2) $CH_3CH_2CH=CH(CH_3)_2$

(3) $CH_3CH=CHCH=CHCH_3$

5-5

(1) 不能，因为分子中有一个更为活泼的羟基，金属会和它反应。

(2) 能，虽有一个醚键的存在但对分子进行格代反应无影响。

5-6

(1) 正丁基溴、叔丁基溴、烯丙基溴 $\xrightarrow{AgNO_3/乙醇}$ ×、沉淀、沉淀 $\xrightarrow{Br_2/CCl_4}$ ×、褪色

(2) $CH_2=CHCH_2Cl$、$(CH_3)_2CHCl$、$CH_3CH=CHCl$、$CH_3(CH_2)_4CH_3$ $\xrightarrow{AgNO_3/乙醇}$ 沉淀（常温）、沉淀（加热）、×、× $\xrightarrow{Br_2/CCl_4}$ 褪色、×

习题

一、

1. 四氯化碳　氯仿

2. 升高　减小

3. CH_3CH_2Cl　⟨苯环⟩　CCl_4　CH_3CH_2Br　CH_3CH_2I

4. $CH_2=CHCH_2Cl$、CH_3CH_2I　CH_3CH_2Cl、$CH_2=CHCl$　CCl_4

5. A. $CH_3(CH_2)_3Br$　　B. $CH_3-\underset{\underset{Br}{|}}{\overset{\overset{CH_3}{|}}{C}}-CH_3$　　$CH_3-\underset{}{\overset{\overset{CH_3}{|}}{CH}}-CH_2Br$

二、1～5　D B B D D

三、1～5　× × × × √

四、

1. $CH_2=CH_2 + HCl \xrightarrow[130\sim250℃]{AlCl_3} CH_3CH_2Cl$

2. ⟨苯⟩ $+ CH_3Cl \xrightarrow{AlCl_3}$ ⟨苯-CH_3⟩ $\xrightarrow[光照]{Cl_2}$ ⟨苯-CH_2Cl⟩

3. $CH_3\underset{\underset{CH_3}{|}}{C}=CH_2 + HBr \longrightarrow CH_3\underset{\underset{CH_3}{|}}{\overset{\overset{Br}{|}}{C}}CH_3$

五、此题主要从卤代烷的活泼性来考虑，活泼的卤代烷以消去反应为主，最不活泼的以水解为主。

课后习题答案　　277

A. $\underset{\underset{Br}{|}}{CH_3-\overset{\overset{CH_3}{|}}{C}-CH_3}$ B. $CH_3(CH_2)_3Br$ 或 $CH_3-\overset{\overset{CH_3}{|}}{CH}-CH_2Br$

C. $CH_3CH_2\underset{\underset{Br}{|}}{CH}CH_3$

第六章 醇、酚和醚

第一节

6-1 (1) $CH_3CH_2CH_2CH_2CH_2OH$ 1-戊醇

(2) $CH_3\underset{\underset{OH}{|}}{CH}CH_2CH_2CH_3$ 2-戊醇

(3) $CH_3CH_2\underset{\underset{OH}{|}}{CH}CH_2CH_3$ 3-戊醇

(4) $\underset{\underset{OH\ CH_3}{|\ \ \ \ |}}{CH_2CHCH_2CH_3}$ 2-甲基-1-丁醇

(5) $CH_3\underset{\underset{CH_3}{|}}{\overset{\overset{OH}{|}}{C}}CH_2CH_3$ 2-甲基-2-丁醇

(6) $CH_3\underset{\underset{CH_3OH}{|\ \ \ \ |}}{CH\ CH}CH_3$ 3-甲基-2-丁醇

(7) $\underset{\underset{CH_3\ \ OH}{|\ \ \ \ \ \ \ |}}{CH_3CHCH_2CH_2}$ 3-甲基-1-丁醇

(8) $CH_3-\underset{\underset{CH_3}{|}}{\overset{\overset{CH_3}{|}}{C}}-CH_2OH$ 2,2-二甲基-1-丙醇

6-2

(1) 3,3-二甲基-1-丁醇   (2) 2,3-二甲基-4-庚醇

(3) 3-甲基-2-乙基-1-丁醇   (4) 1-甲基环己醇

6-3

(1) 乙醇的酸性大于 β-氯乙醇的酸性

(2) 水的酸性大于正丙醇的酸性

6-4

(1) $\left.\begin{array}{l}\text{1-丁醇}\\\text{1-氯丁烷}\end{array}\right\}\xrightarrow{\text{钠}}\left\{\begin{array}{l}\text{气体}\\\times\end{array}\right.$

(2) $\left.\begin{array}{l}\alpha\text{-苯乙醇}\\\beta\text{-苯乙醇}\end{array}\right\}\xrightarrow{\text{卢卡斯试剂}}\left\{\begin{array}{l}\text{静置片刻浑浊}\\\times\end{array}\right.$

(3) $\left.\begin{array}{l}\text{2-甲基-1-丙醇}\\ \text{叔丁醇}\end{array}\right\} \xrightarrow{\text{卢卡斯试剂}} \left\{\begin{array}{l}\text{迅速浑浊}\\ \times\end{array}\right.$

6-5

(1) $\text{C}_6\text{H}_{11}\text{OH} + \text{Na} \longrightarrow \text{C}_6\text{H}_{11}\text{ONa} + \frac{1}{2}\text{H}_2\uparrow$

(2) $CH_3CH_2OH \xrightarrow{KBr+H_2SO_4} CH_3CH_2Br + H_2O$

(3) $(CH_3)_2CHCH_2OH \xrightarrow{HCl} (CH_3)_2CHCH_2Cl + H_2O$

6-6

(1) $CH_3CH_2C(CH_3)_2OH \xrightarrow{H_2SO_4, \Delta} \left\{\begin{array}{l} CH_3CH=C(CH_3)_2 \\ CH_3CH_2C(CH_3)_2-O-C(CH_3)_2CH_2CH_3 \end{array}\right.$

(2) $(CH_3)_2CHCH_2CH(OH)CH_3 \xrightarrow{H_2SO_4, \Delta} \left\{\begin{array}{l} (CH_3)_2CHCH=CHCH_3 \\ (CH_3)_2CHCH_2CH(CH_3)-O-CH(CH_3)CH_2CH(CH_3)_2 \end{array}\right.$

6-7 甲醇 丙三醇

6-8 $Cu(OH)_2$

第二节

6-9 （1）对氯甲基苯酚   或   4-氯甲基苯酚

（2）5-甲基-2-异丙基苯酚

6-10

(1) $\left.\begin{array}{l}\text{甲苯}\\ \text{苯酚}\end{array}\right\} \xrightarrow{FeCl_3} \left\{\begin{array}{l}\times\\ \text{蓝紫色}\end{array}\right.$

(2) $\left.\begin{array}{l}\text{环己醇}\\ \text{苯酚}\end{array}\right\} \xrightarrow{FeCl_3} \left\{\begin{array}{l}\times\\ \text{蓝紫色}\end{array}\right.$

(3) $\left.\begin{array}{l}\text{对甲苯酚}\\ \text{苯甲醇}\end{array}\right\} \xrightarrow{FeCl_3} \left\{\begin{array}{l}\text{蓝紫色}\\ \times\end{array}\right.$

6-11

(1) $CH_3\text{-C}_6H_4\text{-OH} + BrCH_2\text{-C}_6H_5 \xrightarrow[H_2O, \Delta]{NaOH} CH_3\text{-C}_6H_4\text{-O-CH}_2\text{-C}_6H_5$

(2) $C_6H_5OH + (CH_3CO)_2O \xrightarrow[H_2O, \Delta]{NaOH} C_6H_5OCOCH_3 + CH_3COONa$

6-12 $CH_3\text{-C}_6H_4\text{-OH}$ (间甲苯酚)

6-13

 (1) 石炭酸　(2) 焦性没食子酸　(3) 来苏尔

第三节

6-14

 (1) 乙基叔丁基醚　　　　(2) 1-甲氧基-3-乙氧基丙烷

 (3) 对甲苯基乙基醚

6-15　(1) 用冷的浓硫酸　　　(2) 先用 $CaCl_2$ 吸水,再用金属钠处理

6-16

 (1) $CH_3CH_2CH_2OCH_2CH_3 + HI \xrightarrow{低温} CH_3CH_2CH_2I + CH_3CH_2OH$

 (2) $C_2H_5OC_2H_5 + HI \xrightarrow{低温} C_2H_5I + C_2H_5OH$

 (3) 萘-OC_2H_5 + HI $\xrightarrow{低温}$ 萘-I + C_2H_5OH

习题

一、

 1. 升高　低　高

 2. 氢键

 3. 伯醇＞仲醇＞叔醇　叔醇＞仲醇＞伯醇

 4. 乙二醇　凝固

 5. 甲醇

 6. 碘化钾淀粉　蓝紫色　$FeSO_4$ 和 KSCN　红色

 7. 乙醚　重

 8. 石炭酸　焦性没食子酸　来苏尔

 9. 苯酚　醇羟基

 10.（5）（4）（3）（2）（1）

二、1~9　D D B A B B A C A

三、1~8　× × √ × √ √ × √

四、(1) 硫酸＞碳酸＞苯酚＞水

 (2) 苯酚＞对甲苯酚＞苯甲醇

五、

 1. $CH_4 + Cl_2 \longrightarrow CH_3Cl + NaOH \xrightarrow{醇溶液} 2CH_3OH \xrightarrow{高温} CH_3OCH_3$

 2. $CH\equiv CH + H_2 \xrightarrow{林德拉} 2CH_2=CH_2 \xrightarrow{催化剂} CH_3CH=CHCH_3 + H_2$

  $\xrightarrow{催化剂} CH_3CH_2CH_2CH_3 + Cl_2 \xrightarrow{光照} CH_3CH_2CH_2CH_2Cl + NaOH$

  $\xrightarrow{醇溶液} CH_3CH_2CH_2CH_2OH$

六、化合物分子式 $C_6H_{14}O$

A. $CH_3-CH_2-\underset{\underset{OH}{|}}{CH}-CH_2CH_3$ B. $CH_3CH_2-\overset{\overset{O}{\|}}{C}-CH_2CH_3$

C. $CH_3CH=CHCH_2CH_3$ D. $CH_3CH_2CH=CHCH_2CH_3$

第七章 醛和酮

第一节

7-1

(1) 3-甲基-2-乙基戊醛

(2) 2,2-二甲基-3-戊酮

(3) 5-甲基-4-己烯醛

(4) α-苯基丙酮

7-2

(1) $CH_3CH_2\underset{\underset{CH_3}{|}}{CH}CHO$ (2) CCl_3CHO (3) $CH_3-CH_2-CH=CH-CHO$

(4) $C_6H_5CH_2\overset{\overset{O}{\|}}{C}CH_3$ (5) $\underset{\underset{Br}{|}}{CH_2}-CH_2-\overset{\overset{O}{\|}}{C}-\underset{\underset{Cl}{|}}{CH_2}$

第二节

7-3

(1) 戊醇＞戊醛 (2) 戊醛＞正戊烷 (3) 苄醇＞苯甲醛

第三节

7-4

(4) ＞ (2) ＞ (3) ＞ (1)

7-5

(1) $\left.\begin{array}{l}\text{环己醇}\\\text{2-己酮}\end{array}\right\}\xrightarrow{\text{饱和 NaHSO}_3}\left\{\begin{array}{l}\times\\\text{出现结晶分离}\end{array}\right.$

(2) $\left.\begin{array}{l}\text{苯酚}\\\text{苯甲醛}\end{array}\right\}\xrightarrow{\text{饱和 NaHSO}_3}\left\{\begin{array}{l}\times\\\text{结晶后在稀酸下水解成苯甲醛}\end{array}\right.$

7-6

(1) $\left.\begin{array}{l}\text{1-丙醇}\\\text{丙醛}\\\text{丙酮}\end{array}\right\}\xrightarrow{\text{饱和 NaHSO}_3}\left\{\begin{array}{l}\times\\\text{结晶}\\\text{结晶}\end{array}\right.\xrightarrow{\text{银氨溶液}}\left\{\begin{array}{l}\text{银镜}\\\times\end{array}\right.$

(2) $\left.\begin{array}{l}\text{苯乙酮}\\\text{苯甲醛}\\\text{苄醇}\end{array}\right\}\xrightarrow{\text{饱和 NaHSO}_3}\left\{\begin{array}{l}\text{析出结晶}\\\text{析出结晶}\\\times\end{array}\right.\xrightarrow{\text{托伦试剂}}\left\{\begin{array}{l}\times\\\text{银镜}\end{array}\right.$

课后习题答案

7-7 A. CH_3-CH_2-MgBr B. $CH_3-\underset{OH}{\underset{|}{CH}}-CH_2CH_3$ C. $CH_3-\underset{CH_2CH_3}{\underset{|}{\overset{OH}{\overset{|}{C}}}}-OCH_2CH_2OH$

习题

一、

1. 羰基 羰基 C=O

2. 蚁醛 刺激味的气体 易 福尔马林 分子间脱水 多聚甲醛

3. CH_3CHO $CH_3\overset{O}{\overset{\|}{C}}CH_3$ $C_6H_5\overset{O}{\overset{\|}{C}}H$ $C_6H_5\overset{O}{\overset{\|}{C}}CH_3$

4. 氢键 缔合现象

5. 稀酸 稀碱

二、1~8 D D B C A C D A

三、1~5 √ × × × ×

四、

(1) 丙醛、丙酮、正丙醇、异丙醇 —卢卡斯试剂→ {×, ×, ×, 静置片刻浑浊} —托伦试剂→ {银镜, ×, ×} —肼→ {结晶, ×}

(2) 苯甲醇、苯甲醛、正丁醛、苯乙酮 —肼→ {×, 结晶, 结晶, 结晶} —品红试剂→ {紫红色, 紫红色, ×} —浓硫酸→ {紫红色消失, ×}

五、

1. $CH_3C\equiv CH + H_2O \xrightarrow[H_2SO_4]{HgSO_4} CH_3\overset{O}{\overset{\|}{C}}CH_3 \xrightarrow[NaOH]{NaOI} CHI_3\downarrow + CH_3COONa$

2. $CH_2=CH_2 + CO + H_2O \xrightarrow{[Co(CO)_4]_2} CH_3CH_2CHO \xrightarrow[稀OH^-]{C_6H_5CHO} C_6H_5\underset{CH_3}{\underset{|}{\overset{OH}{\overset{|}{CH}}}}CH-CHCHO$

3. $2CH_3CH_2CHO \xrightarrow{稀NaOH} CH_3CH_2\underset{}{\overset{OH}{\overset{|}{CH}}}\underset{}{\overset{CH_3}{\overset{|}{CH}}}CHO \xrightarrow{\Delta} CH_3CH_2\underset{}{\overset{CH_3}{\overset{|}{C}}}=CHCHO$

$\xrightarrow[Ni]{H_2} CH_3CH_2CH_2-\underset{}{\overset{CH_3}{\overset{|}{CH}}}CH_2OH$

4. $(CH_3)_3CCHO + HCHO \xrightarrow{\text{浓 NaOH}} HCOONa + CH_3-\underset{\underset{CH_3}{|}}{\overset{\overset{CH_3}{|}}{C}}-CH_2OH$

六、A. CH_3CH_2CHO B. $CH_3-\overset{O}{\underset{}{C}}-CH_3$

七、A. $CH_3\underset{\underset{CH_3}{|}}{\overset{}{C}}=CCH_2CH_2CHO$ B. $CH_3\overset{O}{\underset{}{C}}CH_2CH_2COOH$

化学反应式：

(1) $CH_3\underset{\underset{CH_3}{|}}{C}=CCH_2CH_2CHO + H_2N-NH-\bigcirc \longrightarrow CH_3\underset{\underset{CH_3}{|}}{C}=CCH_2CH_2CH=N-NH-\bigcirc$

(2) $CH_3\underset{\underset{CH_3}{|}}{C}=CCH_2CH_2CHO \xrightarrow[\text{[Ag(NH}_3)_2\text{OH]}]{\text{托伦试剂}} CH_3\underset{\underset{CH_3}{|}}{C}=CCH_2CH_2COONH_4 + 3NH_3\uparrow + Ag\downarrow$

(3) $CH_3\underset{\underset{CH_3}{|}}{C}=CCH_2CH_2CHO \xrightarrow[H^+,\triangle]{\text{过量 KMnO}_4} CH_3\overset{O}{C}CH_3 + CH_3\overset{O}{C}CH_2CH_2COOH$

(4) $CH_3\overset{O}{C}CH_2CH_2COOH \xrightarrow{\text{NaOI}} CHI_3\downarrow + HOOCCH_2CH_2COOH$

第八章 羧酸及其衍生物

第一节

8-1

    (1) 2,3,4-三甲基戊酸 (2) 2,5-二甲基-3-庚烯酸

    (3) 对异丙基苯甲酸 (4) 4-羟基-5-甲基己酸

8-2

(1) $CH_3\underset{\underset{CH_3}{|}}{CH}CHCH_2COOH$ (2) $CH_3CH_2-\underset{\underset{CH_3CH_3}{|\ \ |}}{\overset{\overset{CH_3}{|}}{C}}-CH-CH_2-COOH$

(3) $\bigcirc\underset{COOH}{\overset{OH}{|}}$ (4) $HOOC-\underset{\underset{CH_3\ CH_2CH_3}{|\ \ \ \ |}}{CH-CH}-COOH$

8-3 (1)（依次编号）④＞⑤＞③＞①＞②＞⑥

    (2)（依次编号）④＞⑤＞③＞②＞①

8-4

(1) $CH_3CH_2COOH + NH_3 \longrightarrow CH_3CH_2COONH_4 \xrightarrow{\triangle} CH_3CH_2CONH_2 + H_2O$

(2) $HCOOH + CH_3CH_2COOH \xrightarrow[\triangle]{P_2O_5} CH_3CH_2COOOCH$

(3) $CH_3CH_2COOH + \underset{}{\bigcirc}\!-\!OH \xrightarrow[\triangle]{H^+} CH_3CH_2COO\!-\!\underset{}{\bigcirc} + H_2O$

(4) $CH_3CH_2COOH \xrightarrow{LiAlH_4} CH_3CH_2CH_2OH$

(5) $CH_3CH_2COOH \begin{cases} \xrightarrow{PCl_3} CH_3CH_2COCl + H_3PO_3 \\ \xrightarrow{SOCl_2} CH_3CH_2COCl + SO_2\uparrow + HCl \end{cases}$

(6) $\underset{}{\bigcirc}\!-\!CH_3 \xrightarrow[H^+,\triangle]{KMnO_4} \underset{}{\bigcirc}\!-\!COOH \xrightarrow{P_2O_5} \underset{}{\bigcirc}\!-\!COOOC\!-\!\underset{}{\bigcirc}$

8-6

(1) 甲醇、甲醛、甲酸 —斐林试剂→ {×, 铜镜, 铜镜} —石蕊试纸→ {×, 红色}

(2) 甲酸、乙酸、丙烯酸 —溴水→ {×, ×, 褪色} —托伦试剂→ {银镜, ×}

8-7

(1) $CO + NaOH \xrightarrow[0.6\sim1MPa]{210℃} HCOONa \xrightarrow[-H_2]{>360℃} \begin{array}{c}COONa\\|\\COONa\end{array} \xrightarrow{稀硫酸} \begin{array}{c}COOH\\|\\COOH\end{array}$

(2) $CH\equiv CH + H_2O \xrightarrow[98\sim105℃,\ 0.15MPa]{HgSO_4,\ 稀硫酸} CH_3CHO \xrightarrow[70\sim80℃,\ 0.2\sim0.3MPa]{O_2,\ 催化剂} CH_3COOH$

(3) $\underset{}{\bigcirc} + 3H_2 \xrightarrow[加温,加压]{Ni} \underset{}{\bigcirc} \xrightarrow[AlCl_3]{异构体} CH_3CH_2CH_2CH_2CH_3$

$\xrightarrow[H^+]{KMnO_4} HOOC(CH_2)_4COOH$

(4) $\underset{}{\bigcirc}\!-\!Br + Mg \xrightarrow[回流]{干醚} \underset{}{\bigcirc}\!-\!MgBr + CO_2 \xrightarrow[低温]{无水乙醚}$

$\underset{}{\bigcirc}\!-\!COOMgBr \xrightarrow[H^+]{H_2O} \underset{}{\bigcirc}\!-\!COOH$

(5) $CH_3COCH_2Br + NaCN \xrightarrow[回流]{H_2O-乙醇} CH_3COCH_2CN + NaBr \xrightarrow{水解} CH_3COCH_2COOH$

(6) (也可用氧气在铜或银催化剂下氧化)

$CH_3CH_2OH \xrightarrow[H^+,\triangle]{KMnO_4} CH_3CHO \xrightarrow[H^+,\triangle]{KMnO_4} CH_3COOH$

第二节

8-8

(1) $CH_3\overset{O}{C}\overset{O}{C}CH_2CH_3$ (2) 对羟基苯甲酰氯 (HO-C6H4-COCl)

(3) 苯甲酸酐 (C6H5-COOOC-C6H5)   (4) CH_3COO-苯基

(5) 乙二醇碳酸酯 (OC-O-CH2-CH2-O-CO 环)   (6) $CH_3CH_2CON(CH_3)_2$

8-9
 (1) 4-甲基戊酰氯 (2) 2,2-二甲基丁酰氯 (3) N,N-二甲基丙酰胺
 (4) 间溴苯甲酰胺 (5) 苯甲酸-3-甲基丁酯 (6) 苯甲酸酐

8-10 由高到低 (1)(2)(3)
  原因：伯、仲、叔胺分子中的氢原子逐渐减少，这样形成氢键的数目越少，所以沸点逐渐降低。

8-11 由低到高 (2)(5)(1)(4)(3)

8-12
 例：(1) $RCOX + H_2O \xrightarrow{室温} RCOOH + HX$

  (2) $RCOOCOR' + H_2O \xrightarrow{煮沸} RCOOH + HOOCR'$

  (3) $RCOOR' + H_2O \xrightarrow{H^+ 或 OH^-} RCOOH + R'OH$

  (4) $RCONH_2 + H_2O \begin{cases} \xrightarrow{HCl} RCOOH + NH_4Cl \\ \xrightarrow{NaOH} RCOONa + NH_3 \end{cases}$

 它们水解时要求的反应条件在逐渐提高，其活性顺序为：酰卤＞酸酐＞酯＞酰胺。

8-14
(1)
$CH_3COCl \begin{cases} \xrightarrow{H_2O} CH_3COOH + HCl \\ \xrightarrow{CH_3OH} CH_3COOCH_3 + HCl \\ \xrightarrow{NH_3} CH_3CONH_2 + HCl \\ \xrightarrow{LiAlH_4} CH_3CH_2NH_2 \end{cases}$

(2)
$CH_3COOC_2H_5 \begin{cases} \xrightarrow{H_2O} CH_3COOH + CH_3CH_2OH \\ \xrightarrow{CH_3OH} CH_3COOCH_3 + CH_3CH_2OH \\ \xrightarrow{NH_3} CH_3CONH_2 + CH_3CH_2OH \\ \xrightarrow{LiAlH_4} CH_3CH_2OH \end{cases}$

(3)

$(CH_3CO)_2O \longrightarrow \begin{cases} \xrightarrow{H_2O} CH_3COOH \\ \xrightarrow{CH_3OH} CH_3COOCH_3 + CH_3CH_2OH \\ \xrightarrow{NH_3} CH_3CONH_2 + CH_3COONH_4 \\ \xrightarrow{LiAlH_4} CH_3CH_2OH \end{cases}$

8-15

(1) 邻苯二甲酸酐 $+ 2CH_3OH \xrightarrow{H_2SO_4}$ 邻苯二甲酸二甲酯(COOCH₃, COOCH₃)

(2) $CH_3CONH_2 + H_2O \begin{cases} \xrightarrow{HCl} CH_3COOH + NH_4Cl \\ \xrightarrow{NaOH} CH_3COONa + NH_3 \end{cases}$

(3) PhCOOH $\xrightarrow{PCl_5}$ PhCOCl $\xrightarrow{H_2O}$ PhCOOH

(4) $CH_2=CHCH_2COOC_2H_5 \xrightarrow[\text{醇钠}]{Na, LiAlH_4} CH_2=CHCH_2CH_2OH + CH_3CH_2OH$

8-16

(1) PhCOOH $\xrightarrow{PCl_5}$ PhCOCl $\xrightarrow{NH_3(过量)}$ PhCONH$_2$ $\xrightarrow[NaOH]{NaBrO}$ PhNH$_2$

(2) $CH_3CH_2CONH_2 \begin{cases} \xrightarrow{HCl} CH_3COOH + NH_4Cl \\ \xrightarrow{NaOH} CH_3COONa + NH_3 \uparrow \end{cases}$

(H⁺ 或 OH⁻)

(3) $CH_3CH_2CONH_2 \xrightarrow{R'OH} CH_3CH_2COOR + NH_3 \uparrow$

(4) $CH_3CH_2CONH_2 \xrightarrow{LiAlH_4} CH_3CH_2CH_2NH_2$

(5) $CH_3CH_2CONH_2 \xrightarrow{P_2O_5} CH_2CH_2CN + H_2O$

(6) $CH_3CH_2CONH_2 \xrightarrow[NaOH]{NaOX} CH_3CH_2NH_2$

习题

一、

1. 醋酸 CH_3COOH $CH_3-\overset{\overset{O}{\|}}{C}-OH$ 羧基 弱 强 冰醋酸

2. 多种高级脂肪酸 液 不饱和 褪去 脂肪 饱和 高
酯 水解 甘油 皂化 肥皂

3. (1) HCOOH   (2) $H_2C_2O_4$

(3) PhCOOH   (4) $CH_3CH_2CH_2\underset{\underset{CH_3}{|}}{\overset{\overset{CH_3}{|}}{C}}HCOOH$

(5) 苯甲酸酐 (C₆H₅CO)₂O (6) $C_{17}H_{35}COOH$

(7) 萘-2-基-CH_2COOH (8) $CH_3-CO-N(CH_3)_2$

二、1~5 D A C C A

三、1~5 × × × × √

四、

1. $C_6H_5COOH \xrightarrow{SOCl_2}$ C₆H₅COCl $\xrightarrow{CH_3OH}$ C₆H₅COOCH₃

2. C₆H₅COOH $\xrightarrow{NH_3}$ C₆H₅COONH₄ $\xrightarrow{\triangle}$ C₆H₅CONH₂ $\xrightarrow[NaOH]{Br_2}$ C₆H₅NH₂

3. $CH_3-C_6H_4-COOC_2H_5 \xrightarrow[Na, C_2H_5OH]{LiAlH_4}$ $CH_3-C_6H_4-CH_2OH$

4. $C_6H_5CONH_2 \xrightarrow{P_2O_5}$ C₆H₅CN + H₂O

5. $(CH_3)_2CHCOOH \xrightarrow{PCl_3} (CH_3)_2CHCOCl \xrightarrow{NH_3} (CH_3)_2CHCONH_2 \xrightarrow[NaOH]{NaBrO} (CH_3)_2CH_2NH_2$

五、

1. 乙醇 / 乙酸 / 乙醛 $\xrightarrow{Na}$ 气体 / 气体 / × 石蕊试纸 ×/红色

2. 甲酸 / 乙酸 / 乙二酸 $\xrightarrow{托伦试剂}$ 银镜/×/× $\xrightarrow[H^+]{KMnO_4}$ ×/×/褪色

3. 乙酸 / 乙酰氯 / 乙酰胺 $\xrightarrow{石蕊试纸}$ 红色/×/× $\xrightarrow[室温]{AgNO_3}$ ×/白色沉淀/×

4. 甲酸 / 丙酸 / 乙酸丙酯 $\xrightarrow{托伦试剂}$ 银镜/×/× $\xrightarrow{石蕊试纸}$ 红色/×

六、

1. 直接用高锰酸钾氧化

2. $C_6H_5CH_3 \xrightarrow{MnO_2\ 65\%,\ H_2SO_4\ 40\%}$ C₆H₅CHO $\xrightarrow{HCN}$ C₆H₅CH(OH)CN

$\xrightarrow{水解}$ C₆H₅CH(OH)COOH $\xrightarrow{H_2}$ C₆H₅CH₂COOH

3. $CH_3COOH \xrightarrow{Cl_2} CH_2ClCOOH \xrightarrow{NaCN} NC-CH_2COOH \xrightarrow{水解} CH_2(COOH)_2$

七、A. CH_3CH_2COOH　　　　B. $HCOOCH_2CH_3$　　　　C. CH_3COOCH_3

化学反应式：

(1) $2CH_3CH_2COOH + Na_2CO_3 \longrightarrow 2CH_3CH_2COONa + H_2O + CO_2\uparrow$

(2) $HCOOCH_2CH_3 \xrightarrow[\triangle,\ H_2O]{NaOH} HCOOH + CH_3CH_2OH$

(3) $CH_3CH_2OH + NaIO \longrightarrow CH_3CHO + H_2O + NaI$

(4) $CH_3CHO + NaIO \longrightarrow CHI_3\downarrow + HCOONa + NaOH$

八、

A. $CH_3CH_2\overset{\overset{O}{\|}}{C}-O-\overset{\overset{O}{\|}}{C}CH_3$　　　　B. $CH_3CH_2COOCH_2CH_3$

C. CH_3COOH　　　　D. CH_3COCl　　　　E. $CH_3COOCH_2CH_2CH_3$

反应方程式：

$CH_3CH_2\overset{\overset{O}{\|}}{C}-O-\overset{\overset{O}{\|}}{C}CH_3 \xrightarrow{CH_3CH_2OH} CH_3CH_2COOCH_2CH_3 + CH_3COOH$

$CH_3COOH \xrightarrow{SOCl} CH_3COCl \xrightarrow{CH_3CH_2CH_2OH} CH_3COOCH_2CH_2CH_3$

九、A. $CH_3-\underset{\underset{O}{\overset{|}{CH_2-\overset{\|}{C}}}}{\overset{|}{CH}}\overset{\overset{O}{\|}}{\underset{\diagdown}{C}}O$　　　　B. $CH_3-\underset{CH_2-COOH}{\overset{|}{CH}}-\overset{\overset{O}{\|}}{C}-OC_2H_5$

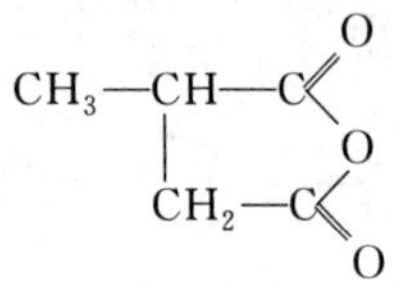

C. $CH_3-\underset{CH_2-\overset{\|}{\underset{O}{C}}-OC_2H_5}{\overset{|}{CH}}-COOH$　　　　D. 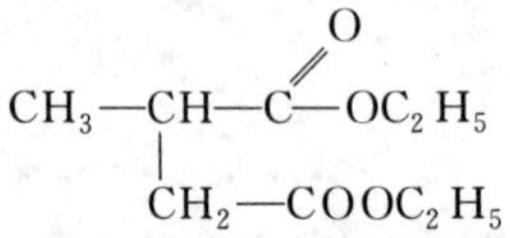 $CH_3-\underset{CH_2-COOC_2H_5}{\overset{|}{CH}}-\overset{\overset{O}{\|}}{C}-OC_2H_5$

反应过程：

$CH_3-\underset{CH_2-\underset{O}{\overset{\|}{C}}}{\overset{|}{CH}}\overset{\overset{O}{\|}}{\underset{\diagdown}{C}}O \xrightarrow{CH_3CH_2OH} \left\{\begin{array}{l} CH_3-\underset{CH_2-COOH}{\overset{|}{CH}}-\overset{\overset{O}{\|}}{C}-OC_2H_5 \\ \\ CH_3-\underset{CH_2-\overset{\|}{\underset{O}{C}}-OC_2H_5}{\overset{|}{CH}}-COOH \end{array}\right. \xrightarrow{SOCl_2} \left\{\begin{array}{l} CH_3-\underset{CH_2-COCl}{\overset{|}{CH}}-\overset{\overset{O}{\|}}{C}-OC_2H_5 \\ \\ CH_3-\underset{CH_2-\overset{\|}{\underset{O}{C}}-OC_2H_5}{\overset{|}{CH}}-COCl \end{array}\right.$

$\longrightarrow \left\{\begin{array}{l} CH_3-\underset{CH_2-COOC_2H_5}{\overset{|}{CH}}-\overset{\overset{O}{\|}}{C}-OC_2H_5 \\ \\ CH_3-\underset{CH_2-COOC_2H_5}{\overset{|}{CH}}-\overset{\overset{O}{\|}}{C}-OC_2H_5 \end{array}\right.$

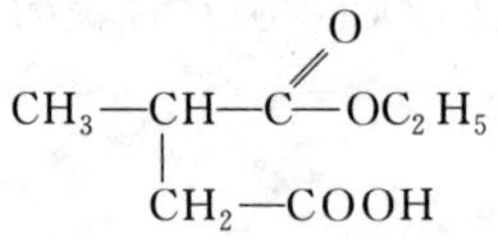

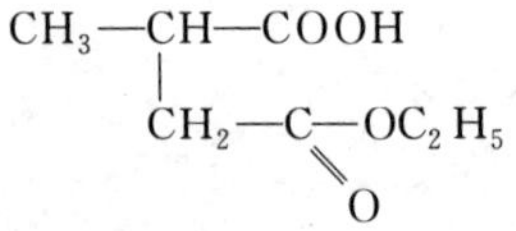

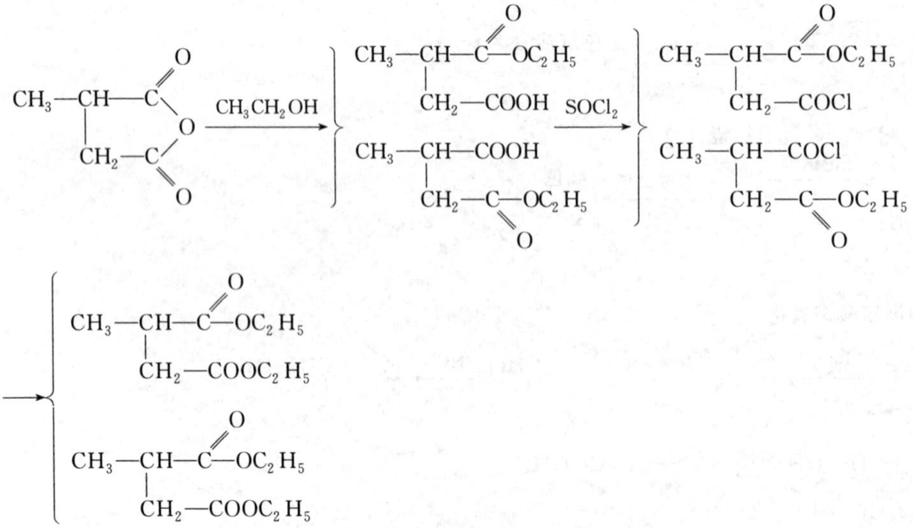

第九章 含氮有机化合物

第一节

9-1

(1) 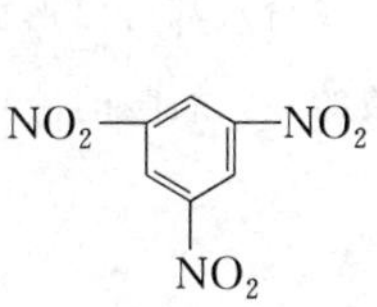 1,3,5-三硝基苯 (NO₂ 三个,1,3,5位)

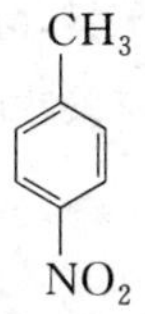

(2) 对硝基甲苯

(3) 邻硝基苯磺酸

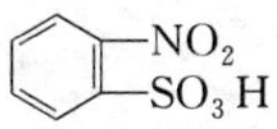

(4) 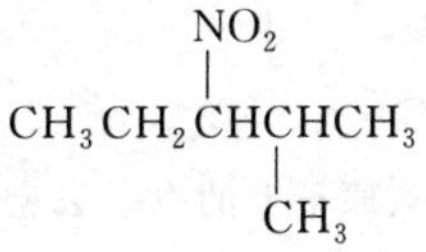 $CH_3CH(CH_3)CH(NO_2)CHCH_3$ 结构：$CH_3CH\underset{CH_3}{|}CH(NO_2)CHCH_3$

9-2

还原剂有：(1) Fe+HCl (2) Sn+HCl (3) $(NH_4)_2S$ (4) NH_4HS (5) Na_2S

有两种还原方法：部分还原和全部还原。

9-3

(1) 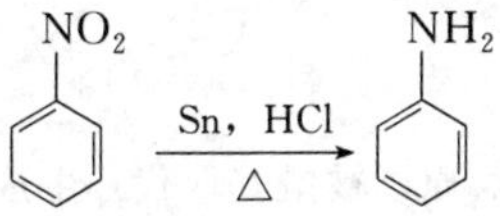 硝基苯 $\xrightarrow{Sn, HCl, \Delta}$ 苯胺

(2) 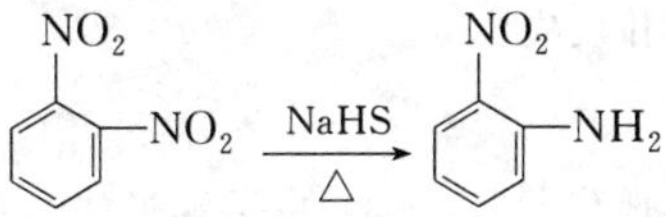 邻二硝基苯 $\xrightarrow{NaHS, \Delta}$ 邻硝基苯胺

(3) 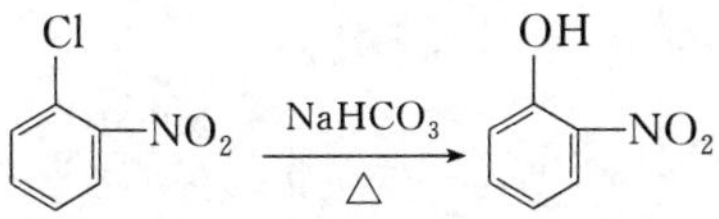 邻硝基氯苯 $\xrightarrow{NaHCO_3, \Delta}$ 邻硝基苯酚

(4) 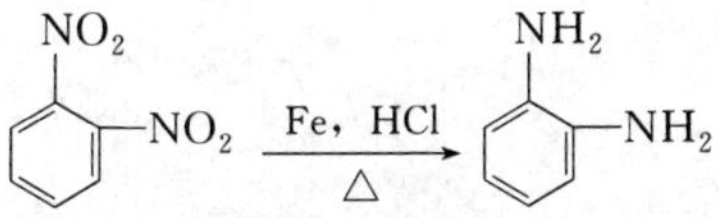 邻二硝基苯 $\xrightarrow{Fe, HCl, \Delta}$ 邻苯二胺

9-4 酸性由弱到强比较：依次编号①＜②＜③＜④

9-5 不能，因为—NO_2可使苯环强烈钝化，苯环活性降低。

9-6 因为硝基可使苯环强烈钝化，故二硝基化合物中苯环的活性比一硝基化合物弱。

9-7 (1) 直接用混酸硝化 (2) 先氯化，后水解，再混酸条件下硝化

(3) 直接烷基化（CH_3Cl） (4) 先50~60℃混酸硝化，再硝化

第二节

9-8 (1) 环己胺 (2) 己二胺 (3) 二甲胺

(4) N,N-二甲基苯胺 (5) 氢氧化四乙基铵 (6) 2,4-二甲基-3-氨基戊烷

9-9

(1) 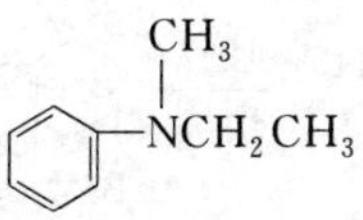 $C_6H_5N(CH_3)CH_2CH_3$ (N-甲基-N-乙基苯胺)

(2) 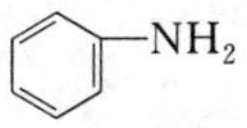 苯胺 $C_6H_5NH_2$

(3) 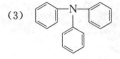   (4) CH₃CH₂NHCH₂CH₃

(5) (CH₃)₃N   (6) NH₂—⟨⟩—OH

9-10 因为烃和醚分子间或者与水之间都不能形成氢键，而伯胺、仲胺分子间或与水都可以形成氢键。但由于氮原子的电负性小于氧原子的电负性，所以胺的氢键没有醇和羧酸的强，故胺的沸点比分子量相近的烃和醚高，而比醇和羧酸低。

9-11
(1) 依次编号：由高到低③②①
(2) 依次编号：由高到低②③①

9-12 芳香胺分子中引入供电子基使氮原子上的电子云密度增大，接受质子的能力增强，故碱性增强，且引入越多，碱性越强。若引入吸电子基时，使氮原子上的电子云密度变小，接受质子的能力减弱，故碱性减弱，同样引入越多，碱性越弱。

9-13
(1) 依次编号：由大到小①②③
(2) 依次编号：由大到小②①③④
(3) 依次编号：由大到小②①③

9-14 原因：伯胺、仲胺能与酰卤、酸酐等酰基化试剂反应，氨基上的氢原子被酰基取代，生成胺的酰基衍生物。因叔胺的氮原子上没有氢原子，故不能发生酰基化反应。

9-15 不能，原因：
(1) 由于苯胺很容易与卤素反应，因而很难直接制备一元卤代苯胺；(2) 由于苯胺对氧化剂较为敏感，苯胺直接硝化易引起氧化反应。

9-16

(1) C₆H₅—NH₂ →(CH₃OH / H₂SO₄)→ C₆H₅—NHCH₃

(2) (CH₃)₂NH →((CH₃CO)₂O)→ (CH₃)₂NCOCH₃

(3) C₆H₅—NH₂ →(NaNO₂+HCl, 0~5℃)→ C₆H₅—N₂Cl + 2H₂O + NaCl

(4) C₆H₅—NH₂ →(浓硫酸)→ C₆H₅—N⁺H₃ ⁻OSO₃H

9-17

(1) C₆H₅—NH₂ →(浓H₂SO₄)→ C₆H₅—N⁺H₃ ⁻OSO₃H →(浓HNO₃)→ 3-NO₂-C₆H₄—N⁺H₃ ⁻OSO₃H →(OH⁻)→ 3-NO₂-C₆H₄—NH₂

(2) C₆H₅—NH₂ →((CH₃CO)₂O)→ C₆H₅—NHCOCH₃ →(Br₂)→ 4-Br-C₆H₄—NHCOCH₃ →(H₂O / OH⁻)→ 4-Br-C₆H₄—NH₂

(3) $\underset{NH_2}{\underset{|}{C_6H_4}}-CH_2CH_3 \xrightarrow{(CH_3CO)_2O} \underset{NHCOCH_3}{\underset{|}{C_6H_4}}-CH_2CH_3 \xrightarrow[H^+]{KMnO_4} \underset{NHCOCH_3}{\underset{|}{C_6H_4}}-COOH \xrightarrow[OH^-]{H_2O} \underset{NH_2}{\underset{|}{C_6H_4}}-COOH$

(4) $C_6H_5NH_2 + NaNO_2 + HCl \longrightarrow C_6H_5N_2Cl \xrightarrow[\Delta]{H_2O} C_6H_5OH + N_2\uparrow + HCl$

9-18

(1) $C_6H_5Cl + NH_3 \xrightarrow[\text{加压}]{\Delta} C_6H_5NH_2$

(2) $CH_3CON(CH_3)_2 \xrightarrow{LiAlH_4} CH_3CH_2N(CH_3)_2$

(3) $NH_3 + CO_2 \xrightarrow[\Delta]{\text{加压}} NH_2COONH_4$

(4) $ClCH_2CH_2Cl + NH_3 \xrightarrow[\text{加压}]{\Delta} H_2NCH_2CH_2NH_2 + NH_4Cl$

(5) $CH_3CH_2CONH_2 \xrightarrow[Br_2]{NaOH} CH_3CH_2NH_2$

(6) $CO(NH_2)_2 + H_2O \xrightarrow{\text{酶}} 2NH_3\uparrow + CO_2\uparrow$

(7) $C_6H_5-NO_2 \xrightarrow{Fe, HCl} C_6H_5-NH_2$

(8) $CO(NH_2)_2 \xrightarrow{HNO_2} CO_2\uparrow + N_2\uparrow + H_2O$

第三节

9-19

(1) $CH_3CH_2CH_2CHCH_3$
          $|$
          CN

(2) $NC(CH_2)_2CN$

(3) CH_3CN

(4) $CH_2=CHCN$

(5) $C_6H_5-CH_2CN$

(6) $o\text{-}O_2N\text{-}C_6H_4\text{-}CH_2CN$

9-20

(1) $CH_3CH_2CH_2CN \xrightarrow[H^+]{H_2O} CH_3CH_2CH_2COOH$

(2) $CH_3CH_2CONH_2 \xrightarrow[\Delta]{P_2O_5} CH_3CH_2CN$

(3) $NC(CH_2)_4CN \xrightarrow[Ni]{H_2} NH_2(CH_2)_6NH_2$

(4) $C_6H_5-CH_2Cl \xrightarrow{NaCN} C_6H_5-CH_2CN$

(5) $C_6H_5-N_2Cl \xrightarrow{CuCN, KCN} C_6H_5-CN$

(6) $CH_3CH_2CN \xrightarrow[H^+]{CH_3CH_2OH} CH_3CH_2COOCH_2CH_3$

第四节

9-21 （1）芳伯胺和亚硝酸在低温和强酸溶液条件下生成重氮盐的反应叫重氮化反应。

反应条件为：低温（0~5℃）进行，温度过高会分解，通常用盐酸和硫酸做酸介质且酸过量，以免副反应发生。但亚硝酸要适量，过量会使重氮盐分解。反应的终点可用淀粉碘化钾试纸试验，呈蓝色为终点。过量的亚硝酸可用尿素除去。

（2）重氮盐与酚或芳香胺反应，生成有颜色的偶氮化合物的反应称为偶合反应或偶联反应。

反应条件为：重氮盐与酚类的偶合反应要求在弱碱性介质（pH=8~10）或弱中性（pH=5~7）条件下进行。

9-22 因为 Cl— 的亲核能力和还原性均较弱，故重氮盐和氯化钾不容易反应，但是它们可以和氯化亚铜反应，通过自由基取代过程产生芳香氯代物，此反应称为 Sandmeyer 反应（sandmeyer 反应就是先将苯胺类化合物重氮化，然后再引入其他基团，该反应成功的一个关键就是先制备好重氮盐，然后将重氮盐溶液加入所要引入基团的溶液中），卤化亚铜在反应中起到反应剂和催化剂的作用。

9-23

(1) 间硝基苯胺 $\xrightarrow{NaNO_2, HCl}{0\sim5℃}$ 间硝基重氮苯氯化物（N_2Cl）

(2) $C_6H_5N_2Cl$ + 间甲基苯酚 $\xrightarrow{NaOH, 0℃}$ 偶氮化合物（2-甲基-4-羟基偶氮苯）

(3) $C_6H_5N_2Cl \xrightarrow{Cu_2Br_2, HBr} C_6H_5Br + N_2\uparrow$

(4) $C_6H_5N_2Cl \xrightarrow{C_2H_5OH} C_6H_6 + N_2\uparrow + CH_3CHO$

(5) $C_6H_5N_2Cl \xrightarrow[\Delta]{CuCN, KCN} C_6H_5CN \xrightarrow{H_2O, H^+} C_6H_5COOH$；$\xrightarrow{H_2, Ni} C_6H_5CH_2NH_2$

(6) $CH_3-C_6H_4-NH_2 \xrightarrow{NaNO_2, H_2SO_4}{0\sim5℃} CH_3-C_6H_4-N_2HSO_4$

(7) $C_6H_5N_2Cl \xrightarrow{SnCl_2, HCl} C_6H_5NHNH_2 \cdot HCl \xrightarrow{NaOH} C_6H_5NHNH_2$

9-24

(1) $C_6H_5NH_2 \xrightarrow{NaNO_2, HCl}{0\sim5℃} C_6H_5N_2Cl \xrightarrow[KCN]{CuCN} C_6H_5CN \xrightarrow{H_2O, H^+} C_6H_5COOH$

(2) $C_6H_5NH_2 \xrightarrow{NaNO_2, HCl}{0\sim5℃} C_6H_5N_2Cl \xrightarrow[CH_3COONa]{C_6H_5NH_2} C_6H_5-N=N-C_6H_4-NH_2$

$\xrightarrow{NaNO_2, HCl}{0\sim5℃} C_6H_5-N=N-C_6H_4-N_2Cl \xrightarrow[H_2O]{H_3PO_2} C_6H_5-N=N-C_6H_5$

(3) $C_6H_6 \xrightarrow{混酸}{55℃} C_6H_5NO_2 \xrightarrow{Fe, Cl_2}$ 3-氯硝基苯 $\xrightarrow{NaHCO_3}{130℃}$ 3-硝基苯酚

(4) 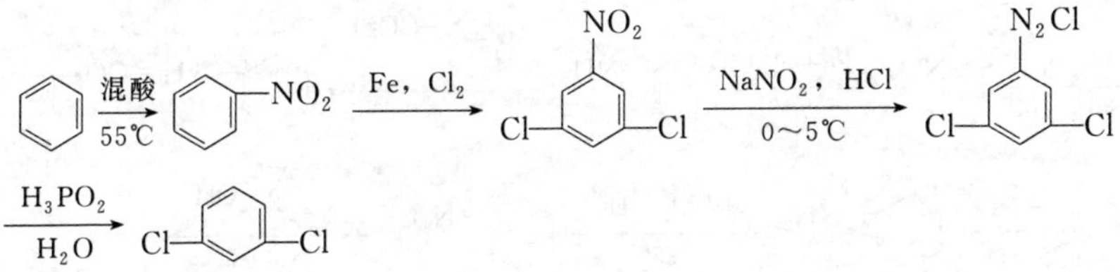 [benzene] →混酸/55℃→ [C₆H₅NO₂] →Fe, Cl₂→ [3,5-二氯硝基苯] →NaNO₂, HCl / 0~5℃→ [3,5-二氯重氮盐] →H₃PO₂/H₂O→ [1,3-二氯苯]

(5) CH₃—C₆H₄—NH₂ →(CH₃CO)₂O→ CH₃—C₆H₄—NHCOCH₃ →KMnO₄/H⁺→ HOOC—C₆H₄—NHCOCH₃ →H₂O, H⁺→ HOOC—C₆H₄—NH₂ →LiAlH₄→ HO—C₆H₄—NH₂

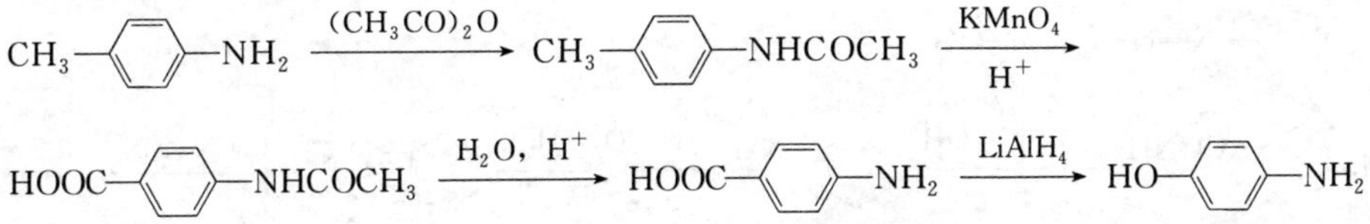

习题

一、

1. —N₂— —N₂— 碳原子 非碳原子 重氮化合物 —N₂—碳原子 偶氮化合物

2. 强 弱

3. 烃基 R—NO₂ 脂肪烃基 脂肪族硝基化合物 芳香烃基 芳香族硝基化合物

4. (1) 乙酰苯胺 C₆H₅NHCOCH₃   (2) TNT [2,4,6-三硝基甲苯]

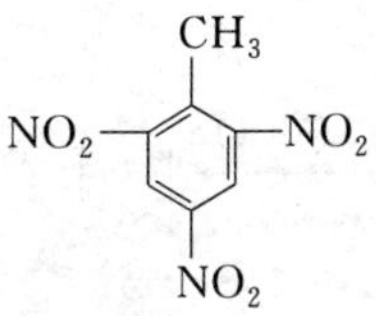

   (3) 丙烯腈 CH₂=CHCN

   (4) EDTA (CH₂COOH)₂NCH₂CH₂N(CH₂COOH)₂

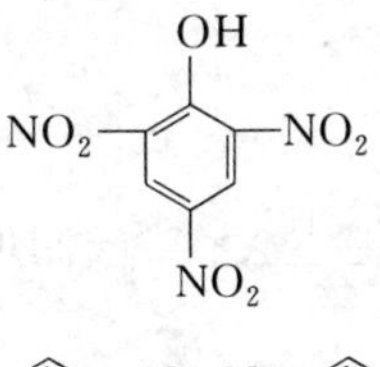

   (5) 苯胺 C₆H₅NH₂   (6) 苯乙腈 C₆H₅CH₂CN

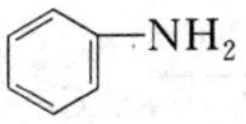

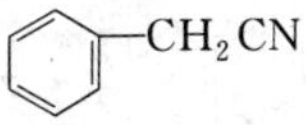

   (7) 苦味酸 [2,4,6-三硝基苯酚]   (8) 苄胺 C₆H₅CH₂NH₂

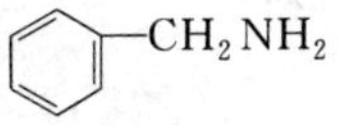

   (9) 偶氮苯 C₆H₅—N=N—C₆H₅

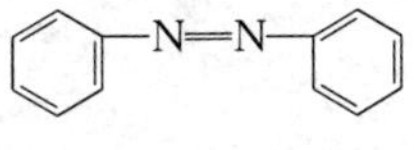

二、1~5 B C A D C

三、1~5 × × × × ×

四、

1. 乙胺＞氨＞苯胺＞三苯胺
2. 己胺＞环己胺＞苯胺＞对甲氧基苯胺
3. 苄胺＞苯胺＞苯甲酰胺＞间氯苯胺
4. 戊胺＞环己胺＞乙酰苯胺＞苯胺
5. 尿素＞甲胺＞甲酰胺＞邻苯二甲酰亚胺

五、

1. 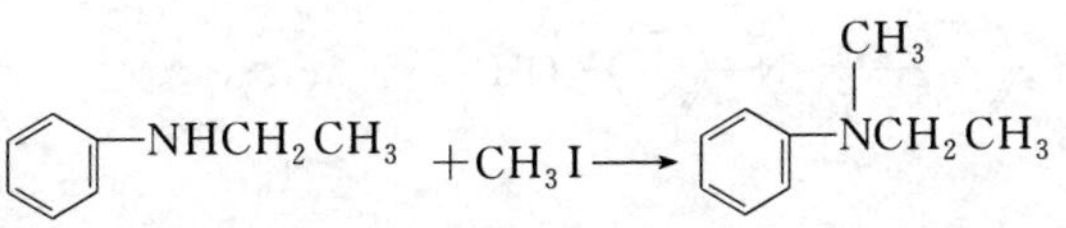 C₆H₅—NHCH₂CH₃ + CH₃I ⟶ C₆H₅—N(CH₃)(CH₂CH₃)

2. C₆H₆ —(HNO₃/H₂SO₄)→ C₆H₅NO₂ —(Fe+HCl)→ C₆H₅NH₂ —(C₆H₅COCl)→ C₆H₅NHCOC₆H₅

3. C₆H₅NO₂ —(Fe+HCl)→ C₆H₅NH₂ —(NaNO₂, HCl, 0~5℃)→ C₆H₅N₂Cl —(C₆H₅OH/NaOH)→ C₆H₅—N=N—C₆H₄—OH (para)

4. C₆H₅CONH₂ —(Br₂+NaOH)→ C₆H₅NH₂ —(NaNO₂, HCl, 0~5℃)→ C₆H₅N₂Cl —(CuCN-KCN)→ C₆H₅CN —(H₂O/H⁺)→ C₆H₅COOH

5. C₆H₅NH₂ —(NaNO₂, HCl, 0~5℃)→ C₆H₅N₂Cl
   - —(C₆H₅N(CH₃)₂)→ C₆H₅—N=N—C₆H₄—N(CH₃)₂
   - —(H₂O, Δ)→ C₆H₅OH + N₂↑

6. C₆H₅NH₂ —(CH₃COCl)→ C₆H₅NHCOCH₃
   - —(HNO₃, 乙酐中)→ 对-O₂N-C₆H₄-NHCOCH₃
   - —(HNO₃, 乙酸中)→ 邻-O₂N-C₆H₄-NHCOCH₃

六、

1. C₆H₆ —(混酸, 55℃)→ C₆H₅NO₂ —(Fe, Cl₂)→ 3,5-二氯硝基苯 —(NaNO₂, HCl, 0~5℃)→ 3,5-二氯重氮盐 —(H₃PO₂/H₂O)→ 1,3-二氯苯

2. C₆H₆ —(混酸, 55℃)→ C₆H₅NO₂ —(Fe, HCl)→ C₆H₅NH₂ →
   - —(NaNO₂, HCl, 0~5℃)→ C₆H₅NHCOCH₃ —(Br₂)→
   - —((CH₃CO)₂O)→ C₆H₅N₂Cl —(H₂O, Δ)→

   —(Br₂)→ 3-Br-C₆H₄-NHCOCH₃ —(H₂O/OH⁻)→ 3-Br-C₆H₄-NH₂

   —(H₂O, Δ)→ C₆H₅OH

   C₆H₅OH + 4-Br-C₆H₄-NH₂ —(NaOH, 0℃)→ 4-Br-C₆H₄-N=N-C₆H₄-OH

3. 苯 $\xrightarrow[\text{AlCl}_3]{\text{CH}_3\text{Cl}}$ 甲苯 $\xrightarrow[\triangle]{\text{浓 H}_2\text{SO}_4}$ 2,4-二磺酸甲苯 $\xrightarrow{\text{混酸}}$ 2,4-二磺酸-3-硝基甲苯 $\xrightarrow[150℃]{\text{H}^+,\text{H}_2\text{O}}$ 间硝基甲苯

$\xrightarrow[0\sim5℃]{\text{NaNO}_2,\text{HCl}}$ 间甲基重氮氯 $\xrightarrow[\triangle]{\text{H}_2\text{O}}$ 间甲酚

4. 苯 $\xrightarrow[55℃]{\text{混酸}}$ 硝基苯 $\xrightarrow{\text{Fe, HCl}}$ 苯胺 $\xrightarrow{\text{Br}_2}$ 2,4,6-三溴苯胺 $\xrightarrow[0\sim5℃]{\text{NaNO}_2,\text{HCl}}$ 2,4,6-三溴重氮盐 $\xrightarrow{\text{H}_3\text{PO}_2 \atop \text{H}_2\text{O}}$ 1,3,5-三溴苯

5. 苯胺 $\xrightarrow[0\sim5℃]{\text{NaNO}_2,\text{HCl}}$ 重氮盐 $\xrightarrow{\text{H}_3\text{PO}_2 \atop \text{H}_2\text{O}}$ 苯 $\xrightarrow[\text{AlCl}_3]{\text{CH}_3\text{Cl}}$ 甲苯 $\xrightarrow{\text{混酸}}$ 对硝基甲苯 $\xrightarrow[\text{H}^+]{\text{KMnO}_4}$ 对硝基苯甲酸 $\xrightarrow{\text{COCl}}$ 对硝基苯甲酰氯

6. 甲苯 $\xrightarrow{\text{混酸}}$ 对硝基甲苯 $\xrightarrow[\text{Fe}]{\text{Br}_2}$ 2,6-二溴-4-硝基甲苯 $\xrightarrow{\text{Fe, HCl}}$ 2,6-二溴-4-氨基甲苯

七、

1. 苯胺 / 环己胺 / 苯甲酰胺 $\xrightarrow{\text{漂白粉}}$ {紫色 / × / ×} $\xrightarrow{\text{NaNO}_2,\text{HCl}}$ {× / 放出气体}

2. 苯胺 / 苯酚 / 环己胺 $\xrightarrow{\text{漂白粉}}$ {紫色 / × / ×} $\xrightarrow{\text{FeCl}_3}$ {蓝紫色 / ×}

3. 甲胺 ┐
   二甲胺 ├ NaNO₂, HCl → ┌ 放出气体
   三甲胺 ┘   ├ 黄色油状液体
                         └ ×

4. 苯胺 ┐ 溴水 → ┌ 白色沉淀 FeCl₃ → ┌ 紫色
   苯酚 ├   ├ ×   ├
   硝基苯 ┘   └ ×   └ ×

5. 邻甲基苯胺 ┐
   N-甲基苯胺 ├ NaNO₂, HCl → ┌ 放出气体
   N,N-二甲基苯胺 ┘   ├ 黄色油状液体
                              └ 出现绿色

八、

$\underset{A}{\text{邻硝基甲苯}}$ $\xrightarrow{Fe+HCl}$ $\underset{B}{\text{邻甲基苯胺}}$ $\xrightarrow[0\sim5℃]{NaNO_2+HCl}$ $\underset{C}{\text{邻-CH}_3\text{-C}_6\text{H}_4\text{-N}_2\text{Cl}}$ $\xrightarrow[HCl]{CuCN}$ $\underset{D}{\text{邻-CH}_3\text{-C}_6\text{H}_4\text{-CN}}$

$\xrightarrow[\text{水解}]{HCl}$ $\underset{E}{\text{邻-CH}_3\text{-C}_6\text{H}_4\text{-COOH}}$ $\xrightarrow[KMnO_4]{H^+}$ $\underset{F}{\text{邻苯二甲酸}}$ $\xrightarrow{\Delta}$ $\underset{G}{\text{邻苯二甲酸酐}}$

九、A. $CH_3CHCH_2CHNH_2$
          $|$ $|$
          CH_3 CH_3

   B. CH_3CHCH_2CH-OH
          $|$ $|$
          CH_3 CH_3

   C. $CH_3CHCH=CHCH_3$
          $|$
          CH_3

十、A. C₆H₅—COONH₄   B. C₆H₅—CONH₂   C. C₆H₅—NH₂

第十章 其他类有机化合物简介

第一节

10-1

(1) 2-噻吩甲酸　　(2) 2-吡咯甲醛　　(3) 2-羟甲基呋喃

(4) 2,3-二甲基呋喃　　(5) 3-乙基喹啉

10-2

(1) β-吲哚乙酸　（吲哚环）-CH₂COOH

(2) 四氢糠醇　（四氢呋喃环）-CH₂OH

(3) 糠醛　（呋喃环）-CHO

(4) 5-喹啉磺酸　（喹啉环）-SO₃H

(5) γ-吡啶甲酸　（吡啶环）-COOH

(6) 氯代呋喃　（呋喃环）-Cl

第二节

10-4

(1) 淀粉 / 葡萄糖 —碘→ 蓝色 / ×

(2) 纤维素 / 淀粉 —碘→ 蓝色 / ×

(3) 蔗糖 / 麦芽糖 —托伦试剂→ × / 银镜

(4) 葡萄糖 / 蔗糖 —托伦试剂→ 银镜 / ×

10-5

(1) $CH_2(OH)-CH(OH)-CH(OH)-CH(OH)-CH(OH)-CHO + 2Ag(NH_3)_2OH \xrightarrow{\text{水浴},\triangle}$

$CH_2(OH)-CH(OH)-CH(OH)-CH(OH)-CH(OH)-COONH_4 + 2Ag\downarrow + 3NH_3\uparrow$

(2) $CH_2(OH)-CH(OH)-CH(OH)-CH(OH)-CH(OH)-CHO + 2Cu^{2+} + NaOH + H_2O \xrightarrow{\triangle}$

$CH_2(OH)-CH(OH)-CH(OH)-CH(OH)-CH(OH)-COONa + Cu_2O + 4H^+$

(3) $CH_2(OH)-CH(OH)-CH(OH)-CH(OH)-CH(OH)-CHO \xrightarrow{\text{溴水}} CH_2(OH)-CH(OH)-CH(OH)-CH(OH)-CH(OH)-COOH$

(4) $CH_2(OH)-CH(OH)-CH(OH)-CH(OH)-CH(OH)-CHO \xrightarrow{\text{催化氢化}} CH_2(OH)-CH(OH)-CH(OH)-CH(OH)-CH(OH)-CH_2-OH$

习题

一、

1. 线型　体型　线型　卷曲　共价

2. 环状　C、O、S、N等　成环　杂原子　杂原子　类似苯环稳定结构和一定芳香性的

3. 塑料　合成纤维　合成橡胶　塑料

4. $C_6(H_{12}O)_6$　$CH_2(OH)-CH(OH)-CH(OH)-CH(OH)-CH(OH)-CHO$　羟基　醛基　银镜

二、1～5　D A A D A

三、1～5　× × × × ×

四、

(1) 在浓硫酸作用下，噻吩与松木片作用呈蓝色，而苯酚没有此现象；或者苯酚在氯化铁作用下呈蓝紫

色，而噻吩没有此现象，由此可以把它们区别开。

(2) 葡萄糖与托伦试剂作用，有银镜现象；或葡萄糖与斐林试剂作用，有砖红色沉淀，而蔗糖均没有此现象，由此可以把它们区别开。

(3) 碘与淀粉作用变蓝色，而蔗糖没有此现象，由此可以把它们区别开。

五、A. 呋喃-CHO　　B. 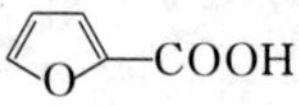 呋喃-COOH　　C. 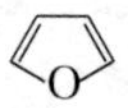 呋喃

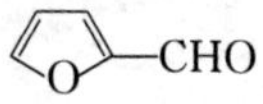

参 考 文 献

[1] 初玉霞. 有机化学. 4版. 北京：化学工业出版社，2020.

[2] 陈剑波. 有机化学. 广州：华南理工大学出版社，2004.

[3] 张法庆. 有机化学. 4版. 北京：化学工业出版社，2021.

[4] 邓苏鲁. 有机化学. 4版. 北京：化学工业出版社，2005.

[5] 高职高专化学教材编写组. 有机化学. 5版. 北京：高等教育出版社，2010.

[6] 陈润杰. 生活中的化学（1，2）. 上海：上海远东出版社，2003.

[7] 邓苏鲁，黎春南. 有机化学例题与习题. 2版. 北京：化学工业出版社，2005.

[8] 许寿昌. 有机化学. 北京：高等教育出版社，1993.

[9] 高鸿宾. 有机化学. 天津：天津大学出版社，2003.

[10] 高鸿宾，王庆文. 有机化学. 2版. 北京：化学工业出版社，2005.

[11] 姚虎卿. 管国锋. 化工辞典. 5版. 北京：化学工业出版社，2014.

[12] 王秀芳. 有机化学. 2版. 北京：化学工业出版社，2004.

[13] 冯蕴华，马锦疆. 有机化学实验. 北京：化学工业出版社，1989.

[14] 袁红兰，金万祥. 有机化学. 4版. 北京：化学工业出版社，2020.

[15] 刘珍. 化验员读本. 4版. 北京：化学工业出版社，2004.